Dr. Hubert Spiekers
Prof. Dr. Volker Potthast

Erfolgreiche Milchvieh-fütterung

Bibliografische Information **Der Deutschen Bibliothek**
Die Deutsche Bibliothek verzeichnet diese Publikation in der Deutschen Nationalbibliografie;
detaillierte bibliografische Daten sind im Internet über http://dnb.ddb.de

DLG-Verlags-GmbH, Eschborner Landstraße 122, 60489 Frankfurt am Main

Druck auf chlorfreiem Papier

Umschlag, Satz und Layout: Ralph Stegmaier, Frankfurt am Main
Herstellung: Nina Eichberg, Frankfurt am Main

Druck und Verarbeitung: Brönners Druckerei, Frankfurt am Main
Printed in Germany
ISBN 3-7690-0573-2

Inhalt

Teil C
Praktische Fütterung

Teil D
Fütterung: Milchinhaltstoffe, Gesundheit, Fruchtbarkeit und Umwelt

Teil E
Grundlagen der Energie- und Nährstoffversorgung

Teil F
EDV, Management

Teil G
Empfehlungen zur Versorgung (Bedarfswerte)

Anhang

Verzeichnis der Abkürzungen

TM	Trockenmasse
ME	Umsetzbare Energie
NEL	Nettoenergie-Laktation
MJ	Mega-Joule
ECM	Energiekorrigierte Milch (bei: 4 % Fett, 3,4 % Eiweiß) *Berechnungsformel: (0,38 x Fett (%) + 0,21 x Eiweiß (%) + 1,05) / 3,28*
FMV	Futtermittelverordnung
MLF	Milchleistungsfutter
SW	Strukturwert (nach de Brabander)
BCS	Body Condition Score (Beurteilung der Körperkondition)

Rohnährstoffe

XA	Rohasche
XP	Rohprotein
XL	Rohfett
XF	Rohfaser
XX	N-freie Extraktstoffe

Proteinwerte

UDP	unabbaubares Rohprotein
nXP	nutzbares Rohprotein am Darm
RNB	Ruminale-N-Bilanz

Kohlenhydrate

XS	Stärke
bXS	beständige Stärke
XZ	Zucker
	XZ + XS - bXS = unbeständige Stärke und Zucker auch *vKH* (pansenverfügbare Kohlenhydrate Stärke und Zucker)
NDF	Neutral-Detergenzien-Faser (neutral detergent fibre)
NFC	Nichtfaser-Kohlenhydrate (non-fibre carbohydrates) (TM – XA – XL – XP – NDF)
ADF	Säure-Detergenzien-Faser (acid detergent fibre)

Mineralstoffe

Ca	Calcium
P	Phosphor
Na	Natrium
Mg	Magnesium
K	Kalium
S	Schwefel
Cl	Chlor
Co	Kobalt
Cu	Kupfer
Mn	Mangan
Se	Selen
Zn	Zink
DCAB	Kationen-Anionen-Bilanz

Erläuterung von Begriffen der Futterkonservierung und Tierernährung

Ante partum, abgekürzt a.p.

Vor der Kalbung

Post partum, abgekürzt p.p.

Nach der Kalbung

Body Condition Score, abgekürzt BCS

Subjektive Beurteilung des Futterzustands (Fettreserven) nach einem amerikanischen System in Noten von 1 (mager) bis 5 (fett).

Bruttoenergie, abgekürzt GE

Bezeichnet die im Futtermittel gebundene Energie. Freisetzung bei der vollständigen Verbrennung (Brennwert).

Energie korrigierte Milch, abgekürzt ECM

Auf gleichen Gehalt an Energie korrigierte Milch, um Milch mit unterschiedlichen Gehalten an Fett und Eiweiß zu vergleichen. Standard ist Milch mit 4,0 % Fett und 3, 4 % Eiweiß → 3,28 MJ. Je 0,1 % Fett verschiebt sich der Wert um 0,038 MJ und je 0,1 % Eiweiß um 0,021 MJ je kg Milch.

Extraktionsschrote

Rückstand aus der Ölgewinnung durch Extraktion, Rohfettgehalte im Bereich 2 bis 4 %.

Koloniebildende Einheiten, abgekürzt KBE

Mikroorganismen kommen in der Natur meist in Gruppen vor. Diese werden in der Mikrobiologie als Kolonie bezeichnet. Bei den üblichen Nachweisverfahren werden somit auch nicht einzelne Zellen, sondern vielmehr ihre sichtbaren Kolonien erfasst, die aus wenigen Zellen hervorgegangen sind.

Mega-Joule, abgekürzt MJ

Physikalisch definierte Einheit für Energie. (1 MJ entspricht 239 Kilokalorien)

Milchsäurebakterien, abgekürzt MSB

Homofermentative Milchsäurebildung: Die maßgeblichen Pflanzenzucker (z. B. Glucose und Fructose) werden zu über 90 % in Milchsäure umgewandelt. Dies erfolgt weitgehend verlustarm, ohne die Entstehung von CO_2. Milchsäure wird homofermentativ durch Bakterien der Gattungen Enterococcus und Pediococcus sowie einem Teil der Gattung Lactobacillus gebildet.
Heterofermentative Milchsäurebildung: Bei diesem Gärungstyp werden aus den o. g. Zuckern neben Milchsäure vor allem Essigsäure, Alkohol und CO_2 gebildet. Viele der natürlich vorkommenden Milchsäurebakterien zählen zu diesem Typ, darunter die gesamte Gattung Leuconostoc.
Durch vermehrte Essigsäurebildung bei gleichzeitig ausreichender Absenkung des pH-Wertes wird ein Hemmeffekt auf Hefen und Schimmelpilze und dadurch eine bessere Haltbarkeit der Silagen nach der Entnahme erzielt.

Neutral-Detergenzien-Faser, abgekürzt NDF

Rückstand aus der Analytik mit einer neutralen Detergenzien-Lösung. Erfasst werden die Hemicellulose, die Cellulose und das Lignin. Um die Erfassung von Kieselsäure und Silikaten zu vermeiden, empfiehlt sich bei Grobfutter eine ergänzende Veraschung.

Netto-Energie-Laktation, abgekürzt NEL

Energie-Bewertungs-System für Milchkühe; Maßstab für den Energiebedarf der Tiere und für den Energiegehalt von Futtermitteln. Die Netto-Energie wird in Megajoule (MJ) – einer physikalisch definierten Einheit für Energie – angegeben. Beispiel: Der Erhaltungsbedarf einer 650 kg schweren Kuh beträgt 37,7 Megajoule Netto-Energie-Laktation, abgekürzt 37,7 MJ NEL. (Netto-Energie Laktation ist der Anteil der Umsetzbaren Energie, der im Produkt (Milch, Zuwachs, Kalb) erscheint und für die Erhaltung benötigt wird.)

Ölkuchen

Rückstand aus der Ölgewinnung durch Abpressung, Rohfettgehalte über 8 %.

Passagerate

Durchflussgeschwindigkeit des Futterbreis in Vormagen und/oder Darm; variiert mit Höhe der Futteraufnahme.

Pufferkapazität, abgekürzt PK

Unter Pufferkapazität versteht man die Eigenschaft des Futters, der Ansäuerung durch Milchsäurebildung aufgrund des Vorhandenseins basisch wirkender Bestandteile entgegenzuwirken.

Rohasche, abgekürzt XA

Mineralischer Rest, der nach dem Verbrennen von Futtermitteln verbleibt. (Veraschung bei 550 °C)

Rohfaser, abgekürzt XF

In verdünnter Säure und Lauge unlösliche Gerüstsubstanzen (Cellulose und andere). Rohfaser kann in größeren Anteilen nur der Wiederkäuer nutzen. Die Kleinlebewesen (Bakterien und Protozoen) im Pansen des Wiederkäuers bilden daraus überwiegend Essigsäure, welche die Milchkuh für den Aufbau des Milchfettes benötigt.

Rohfett, abgekürzt XL

Wird durch die Extraktion mit Petroläther bestimmt (nach Salzsäure-Aufschluss).

Rohprotein, abgekürzt XP

Der Rohproteingehalt ergibt sich aus dem Stickstoffgehalt, der mit 6,25 multipliziert wird (Protein enthält durchschnittlich 16 % Stickstoff). Für die Mastrinder und Mutterkühe erfolgt die Bewertung der Futtermittel auf der Basis Rohprotein.

nutzbares Rohprotein am Darm, abgekürzt nXP

Das nutzbare Rohprotein ist die am Darm anflutende Rohproteinmenge. Quellen sind das Bakterieneiweiß und das unabgebaute Futterprotein. Futterbewertung und Eiweißbedarf werden bei der Milchkuh in nXP ausgedrückt.

Ruminale N-Bilanz, abgekürzt RNB

In den Vormägen wird N (Stickstoff) aus dem Futterprotein freigesetzt und von den Mikroben zur Bildung von Mikrobenprotein eingebaut. Die Ruminale N-Bilanz gibt an, ob im Pansen bei der Umsetzung der einzelnen Futtermittel N im Mangel oder im Überschuss ist. Maßgebend ist die RNB in der gesamten Ration.

Stickstofffreie Extraktstoffe, abgekürzt NfE bzw. XX

Diese Nährstoffgruppe wird durch Differenzrechnung ermittelt und umfasst: Stärke, Zucker, Pektin, Hemicellulose und auch Cellulose.

XX = TM - (XA + XP + XL + XF)

Strukturwert, abgekürzt SW

Relativzahl zur Bewertung der Futterstruktur; Basis sind Kauzeitmessungen (Speichelfluss) und Fütterungsversuche zum kritischen Kraftfutteranteil in der Ration.

Synchronismus

Ausdruck für die Gleichzeitigkeit des Abbaus von Kohlenhydraten und Protein im Vormagen; durch Gleichzeitigkeit maximales Mikrobenwachstum.

Total-Misch-Ration, abgekürzt TMR

Komplett gemischte Ration für bestimmte Leistungsgruppen, die keine zusätzlichen Kraftfuttergaben erforderlich macht.

Trockenmasse, abgekürzt TM

Anteil eines Futtermittels, der nach Trocknung bis zur Gewichtskonstanz (bei 105 °C) übrigbleibt.

Umsetzbare Energie, abgekürzt ME

Maßstab für den Energiegehalt und den Energiebedarf bei Jungrindern und in der Rindermast. Die ME hat die Stärkeeinheit abgelöst. Gemessen wird die ME in MJ. (Die Umsetzbare Energie ist der Anteil der gesamten chemisch gebundenen Energie, der nach Abzug der Energieverluste in Kot, Harn und Methan für Umsetzungen im Tierkörper zur Verfügung steht.)

Versuchsansätze

Je nach verwendeter Methodik werden folgende Ansätze unterschieden:
in-situ: Einlage von mit Futter gefüllten Nylonsäckchen in den Pansen (Bestimmung der Abbaucharakteristik über Messung der Verschwindens aus dem porösen Säckchen z. B. Proteinabbau in der Zeit)
in-vitro: Messungen im Labor unter Verwendung von Pansensaft, Beispiele: Messung der Gasbildung im Rahmen des Hohenheimer Futterwerttests (HFT), Messung des Abbaus im Ansatz von Tilley und Terry (Abschätzung der Verdaulichkeit), Proteinabbau beim modifizierten HFT nach Raab (Messung der Ammoniak-Freisetzung)
in-vivo: Messung am Tier; Beispiele: Bestimmung der Verdaulichkeit an Hammeln, Proteinabbau bei fistulierten Kühen

1. Vorwort

Das vorliegende Buch möchte dem an der praktischen Milchviehfütterung interessierten Landwirt, Berater, Tierarzt, Schüler und Studierenden die aktuellen Erfahrungen und Kenntnisse sowie die daraus resultierenden Empfehlungen näher bringen. An der Konzeption der vorangegangenen Auflagen wurde daher bewusst festgehalten. Im Vordergrund steht die erfolgreiche Umsetzung der Erkenntnisse in die praktische Fütterung der Milchkühe. Die theoretischen Grundlagen stehen daher gezielt am Ende des Buchs, um diese bei Bedarf zur Vertiefung nachzulesen.

Eine Weiterentwicklung für die praktische Fütterung ist sicherlich das **„Vorgehen mit System"**. Im Betrieb sind zunächst die Möglichkeiten und die Ausgangslage zu erfassen und zu analysieren, um damit auf fundierter Basis konkrete produktionstechnische Ziele zu formulieren. Im nächsten Schritt ist ein Plan zur Umsetzung mit den konkreten Maßnahmen und einer zeitlichen Ablaufplanung zu erstellen. Abgerundet wird das Vorgehen durch verschiedene Maßnahmen im Controlling. Das nötige Fachwissen für dieses **Füttern mit System** möchte das vorliegende Buch liefern.

Die Einführung behandelt daher die Ableitung von Zielen und Ansatzpunkten in der Milchviehfütterung. Die zur Verfügung stehenden Strategien in der Fütterung werden diskutiert. Es folgt eine intensive Besprechung der Futtermittel, um diese klar einzuordnen und die kritischen Punkte herauszuarbeiten. Auf dieser Basis gilt es, die erforderliche Vorgehensweise in der Rationsplanung festzumachen. Futter- und Rationsplanung sind die Werkzeuge, um den Erfolg im Stall zu programmieren. Die Erfolgskontrolle erfolgt im Rahmen des **Rationscontrollings**. Dargestellt und erläutert werden die Instrumente bei unterschiedlichster Fütterungstechnik von der Einzeltierfütterung bis zur Gruppenfütterung mit Total-Misch-Ration (TMR).

Die verwendeten Kenngrößen sind zunächst die in der Praxis bewährten und vom DLG Arbeitskreis Futter und Fütterung empfohlenen. Das Buch ist hierbei auf dem aktuellsten Stand, da die Autoren an den neuesten Empfehlungen maßgeblich mitgearbeitet haben. Es ist daher auch selbstverständlich, dass sich im vorliegenden Buch insbesondere die DLG-Informationen zur Mischration und zur Struktur- und Kohlenhydratbewertung wiederfinden. Ziel des Buches ist unter anderem, die Empfehlungen aus der Arbeit der Fütterungsberatung und der DLG noch stärker in die Praxis zu bringen. Mit dem aktuellen Instrumentarium ist die Praxis in Deutschland unseres Erachtens nach auch international mehr als wettbewerbsfähig.

Da der internationale Austausch stetig zunimmt, werden ganz bewusst im Rahmen der Futterkenngrößen auch die Detergenzienfasern (NDF, ADF) angesprochen. Zielwerte und die Inhaltsstoffe in den Futtermitteln sind dargestellt. Es ist durchaus wünschenswert, dass hier zukünftig eine Anpassung an internationale Standards erfolgt.

Neben der Milchkuhfütterung sind auch die Kälber- und Jungrinderaufzucht dargestellt, da hier der Grundstein für den Erfolg bei der Milchkuh gelegt wird. Bei den Kälbern wurde auf den Erfahrungen im Landwirtschaftszentrum Haus Riswick, Kleve, aufgebaut, die von **Norbert Heiting** zusammengestellt wurden. Zur besseren Illustration finden sich im Buch eine Reihe von Bildern. Diese wurden von **Annette Menke** ausgewählt und in den Text eingefügt.

Allen am Gelingen des vorliegenden Buchs Beteiligten, insbesondere auch denen, die im Rahmen der Erarbeitung der Empfehlungen des DLG Arbeitskreises Futter und Fütterung bzw. der Fütterungsreferenten sich aktiv eingebracht haben, gilt unser Dank.

Ihnen, verehrte Leser, wünschen wir neben dem gewünschten Erfolg im Stall viel Spaß im Umgang mit dem Buch. Wir hoffen, dass sich unsere Begeisterung für das umfangreiche Gebiet der Milchviehfütterung auf Sie und Ihre Arbeit überträgt. An konstruktiven Rückmeldungen zu der vorliegenden 4., völlig neu bearbeiteten Auflage sind wir sehr interessiert.

Teil A
Ziele erfolgreicher Milchviehfütterung

1. Ziele und Ansatzpunkte

Die Ausgestaltung der Fütterung beeinflusst die Kosten und die Leistungen in der Milchviehhaltung maßgeblich. Ein gezieltes Vorgehen mit einer entsprechenden Fütterungsstrategie ist für eine erfolgreiche Milchviehhaltung daher unverzichtbar. Die Fütterungsstrategie hat sich dabei an den einzelbetrieblichen Gegebenheiten auszurichten. Eine generelle Empfehlung, die für alle Betriebe zutrifft, kann nicht gegeben werden.

Die Ziele und Wege zum Erfolg sind einzelbetrieblich festzulegen. Der Tabelle A.1.1 sind die wesentlichen Ziele und Ansatzpunkte zu entnehmen. Alle Vorgaben haben sich an den auch zukünftig steigenden Leistungen der Kühe zu orientieren. Der Milchmenge kommt dabei eine erheblich höhere Bedeutung zu als den Milchinhaltsstoffen. Weiter zu beachten sind die Punkte Langlebigkeit, Gesundheit und Futterkosten. Bei den Futterkosten ist maßgebend, welche Leistungen den Kosten gegenüberstehen. Es gilt daher heute nicht mehr, die Futterkosten zu minimieren, sondern sie zu optimieren. Ebenfalls von Relevanz ist der Arbeitsaufwand für die Fütterung, wobei Arbeitszeit und Arbeitsqualität eine große Rolle spielen. Die Wirkungen auf die Umwelt über die Nährstoffausscheidungen und die Ausgasung von Ammoniak sind zu beachten. Aktuelle Fragen in Richtung Verbraucherschutz wie z.B. Vermeidung schädlicher Keime können ebenfalls von Bedeutung sein.

Die Ansatzpunkte zur Optimierung der Fütterung im Hinblick auf die gewünschte Zielrichtung liegen im betriebseigenen Futter und dessen gezielter Ergänzung im Rahmen einer systematischen Rationsplanung und Rationskontrolle. Wichtig sind in diesem Zusammenhang die richtige Fütterungstechnik und das passende Fütterungssystem. Bereits mit dem Bau des Milchviehstalles, den betrieblichen Einrichtungen und der Betriebsorganisation werden hier wichtige Weichen gestellt. In der Bau- und Logistikplanung ist daher klar festzulegen, welche Fütterungsstrategie zukünftig zur Anwendung kommen soll.

Tabelle A.1.1

Ziele und Ansatzpunkte zur Ausrichtung der Fütterungsstrategie von Milchkühen

Ziele	Ansatzpunkte
• Milchleistung: - hohe Milchmenge - günstige Milchinhaltsstoffe • langlebige und gesunde Kühe • passende Futterkosten • wenig und angenehme Arbeit • Schonung der Umwelt/Verbraucherschutz	• Futterbau/Grünlandwirtschaft • Weideführung • Futterwerbung/Futterkonservierung • Fütterungssystem • Fütterungstechnik • Rationsplanung • Rationskontrolle

Tabelle A.1.2

Zielvorgaben für Zukunftsbetriebe in der Milcherzeugung

Jungrinderaufzucht	Milchviehhaltung	
Belegung:	Milch, kg/Tier und Jahr	9.000
mit 16 Monaten und	Eiweiß, %	3,4
420 kg Lebendmasse	Fett, %	4,2
	Lebendmasse, kg je Kuh	675
	Nutzungsdauer, Anzahl Laktationen	> 3,5

Anzustreben sind gesunde Tiere, die sich durch ein funktionelles und haltbares Euter sowie gute Klauen auszeichnen!

1.1 Zielfindung

Wie bereits angeführt, sind die Ziele einzelbetrieblich auf Basis der Möglichkeiten im Betrieb und der Ziele des Unternehmens festzulegen. Für das obere Drittel der Milchviehhalter bieten sich die Ziele in der Tabelle A.1.2 an, um auch zukünftig noch zu den erfolgreichen Betrieben zu gehören. Die produktionstechnischen Ziele betreffen die Jungrinder und die Milchkühe.

Bei den Jungrindern sollte ein Erstkalbealter von 25 Monaten das Ziel sein. Hierzu ist ein Erstbelegungsalter von 16 Monaten erforderlich. Entscheidend ist hierfür ein ausreichendes Gewicht bei der Belegung von ca. 420 kg. Die Milchkühe sollten 9.000 kg Milch pro Jahr mit passenden Inhaltsstoffen erzeugen; dies bei guter Gesundheit und einer Nutzungsdauer von im Mittel 3,5 Laktationen und mehr. Von besonderer Bedeutung ist die Klauengesundheit, da Kühe mit schlechten Klauen auch nicht genügend lang am Trog stehen und fressen. Die Futteraufnahme ist das A und O zur Erreichung der dargestellten Ziele.

Mit den im Weiteren aufgezeigten Maßnahmen zur Ausgestaltung der Fütterung sollen diese Ziele ermöglicht werden. Selbstverständlich geht dies nur mit einem systematischen Vorgehen. Neben der Schwachstellenanalyse bedarf es der gezielten Planung und Festlegung von Maßnahmen, die auch den Pflanzenbau, die Betriebsorganisation und die Logistik einschließen.

1.2 Ansatzpunkte

Der erste Ansatzpunkt im Bereich der Fütterungsstrategie ist die Frage der Futtererzeugung. Was wird wie angebaut? Der Anteil Silomais hat konkrete Folgen für die Wahl und Ausgestaltung der Fütterungsstrategie. Erhebliche Reserven stecken beim Grünland im Bereich der Sorten und Arten und der gezielten Grünlandbewirtschaftung. Mit steigender Leistung erhöhen sich die Anforderungen an das betriebseigene Futter. Der Landwirt hat die Futterqualität jedoch selbst im Griff, da er über die erforderlichen Maßnahmen entscheidet. Das erforderliche Wissen zur Erzeugung von „Top-Silagen" im Bereich Futterbau und Futterkonservierung ist vorhanden und bedarf nur der auf den Betrieb zugeschnittenen Umsetzung.

Hierbei hat auch die Futtergewinnung mit System zu erfolgen. Die Ziele ergeben sich aus den Erfordernissen der festgelegten wiederkäuer- und bedarfsgerechten Fütterung. Zur Zielerreichung sind die geeigneten Maßnahmen herauszuarbeiten und der Weg der Umsetzung festzulegen. Hierzu gehört z.B. auch der sachgerechte Einsatz von Silierzusätzen; wirken können diese jedoch nur, wenn die gesamte Silierkette und die Futtervorlage auf hohe Futterqualitäten ausgerichtet sind.

Neben dem eigenen Futter und dem Zukauf ist die Fütterungstechnik und damit das Fütterungssystem von Belang. Zukünftig wird der Mischwagen hier im Vordergrund stehen. Die Vorteile des Mischwagens sollten über die Wahl der passenden Fütterungsstrategie genutzt werden.

Die konkrete Rationsplanung hat sich an den Möglichkeiten des Betriebes zu orientieren. Ein wichtiger Punkt ist hier neben der Planung der Tagesrationen die Futter-

Tabelle A.1.3

Fahrplan zu Leistungssteigerung im Betrieb Meyer

Wirtschaftsjahr	Ist 2002/3	Ziel 2004/5	2006/7
Milch, kg/Kuh/Jahr	8.800	9.200	10.000
Fett, %	4,2	4,2	4,1
Eiweiß, %	3,3	3,4	3,4
Erstkalbealter, Monate	29	26	25
variable Futterkosten, Cent/kg ECM	8,4	8,0	8,0

Maßnahmen
- Umbau der Lüftung in 2003
- Beifütterung der Jungrinder auf der Weide
- Einrichtung der Vorbereitungsgruppe in 2004
- Systematisches Controlling durch Intensivierung der Beratung

mengenplanung. Diese hat sich wiederum an der realisierten betrieblichen Futterproduktion und den Möglichkeiten am Futtermittelmarkt zu orientieren.

Abgerundet werden die Punkte durch die systematische Rationskontrolle. Es gilt, Fehler zu vermeiden oder zumindest frühzeitig zu erkennen, um Leistungseinbußen und Störungen der Gesundheit zu verhindern und die Futterkosten zu optimieren. Alle Ansatzpunkte müssen ineinander greifen, um die gewünschten Ziele in der vorgegebenen Zeit zu erreichen.

Beispiel: Aus der Tabelle A.1.3 ist ein Beispiel zur Leistungssteigerung ersichtlich. Möglich sind jährliche Steigerungen in der Milchleistung um 400 kg je Kuh. Der Landwirt Meyer im Beispiel möchte die Milchleistung entsprechend steigern und gleichzeitig die Futterkosten im Griff behalten. Entscheidende Punkte im Betrieb sind die Einrichtung einer zweigeteilten Haltung und Fütterung der Trockensteher, die Verbesserung von Kuhkomfort und Lüftung, die Beifütterung der Jungrinder und die gezielte Nutzung der Fütterungsberatung im Rahmen einer „Bestandsbetreuung". Die angestrebten Ziele und die vereinbarten Maßnahmen sind durch ein systematisches Controlling nachzuhalten.

Das Beispiel zeigt, wo die Möglichkeiten liegen. Zur Umsetzung gilt es, die passende Fütterungsstrategie zu wählen und die wichtigsten Grundsätze in der Fütterung zu beachten.

1.3 Grundsätze der Fütterung

Alle Fütterungsstrategien sollten die in Tabelle A.1.4 aufgeführten Grundsätze der Fütterung berücksichtigen. Der erste Punkt ist eine hohe Gewichtung der Konstanz der Fütterung und damit verbunden gleitende Futterumstellungen; dies aus physiologischen Gründen und auf Grund der Möglichkeit des Controllings. Nur wer eine konstante Fütterung betreibt, kann Ursachen und Wirkungen im Bereich der Fütterung beurteilen und wenn nötig die erforderlichen Anpassungen vornehmen. Es gilt, die Pansenmikroben und die Kuh als Wirtstier optimal zu versorgen. Anpassungen der Pansenmikroben erfordern ein bis zwei Wochen, und die erforderlichen Veränderungen der Pansenwand dauern vier bis sechs Wochen. Dies gilt zum Beispiel für die Umstellung auf kohlenhydratreiche Fütterung (Stärke und Zucker) nach der Kalbung.

Dass sich die Fütterung am Bedarf der Tiere und den Erfordernissen des Wiederkäuers orientieren muss, liegt auf der Hand. Die Umsetzung ist jedoch die eigentliche Herausforderung in der Milchviehfütterung. Neben der Rationsplanung und Gestaltung ist der Auswirkung am Tier die größte Bedeutung beizumessen. Das Schlagwort ist die Fütterung auf Kondition. Ziel ist eine optimale Kondition der Kühe zum Trockenstellen und zur Kalbung.

Abbildung A.1.1

Nur Kühe, die sich wohlfühlen geben die gewünschte Milch

Tabelle A.1.4

Grundsätze für eine erfolgreiche Milchkuhfütterung

- hohe Konstanz in der Fütterung
- gleitende Futterumstellungen gewährleisten
- bedarfs- und wiederkäuergerechte Fütterung
- Fütterung auf Kondition

Tabelle A.1.5

Maßgaben zur Fütterung der Milchkuh auf Kondition

Ziel: optimale Kondition der Kuh zum Trockenstellen und zur Kalbung

- Einstellung der Kondition durch angepasste Fütterung im letzten Drittel der Laktation
- knappe energetische Versorgung in den ersten 4 Wochen der Trockenstehzeit
- gezielte Anfütterung 2 Wochen vorm Kalbetermin bis 5 Wochen nach der Kalbung

Fütterung auf Kondition. Die Problematik liegt in der Umsetzung dieses Ziels. Der Tabelle A.1.5 sind die entscheidenden Punkte zur Zielerreichung zu entnehmen. Unter Kondition wird im vorliegenden Kontext in erster Linie der Futterzustand, ausgedrückt in den Fettreserven, verstanden. Von Bedeutung ist jedoch die Fitness der Tiere insgesamt. Gewisse Fettreserven (**BCS 3,5**) sind zur Kalbung erwünscht und können zur Abdeckung des Leistungsbedarfs nach der Kalbung genutzt werden. Anzusetzen sind etwa 0,5 kg Lebendmasseabnahme je Tag. Im ersten Laktationsdrittel ergibt sich so ein tolerabler Verlust an Körpermasse von **30 – 40 kg**.

Die Trockenstehzeit eignet sich nicht zur Behebung von Konditionsmängeln aus der Laktation. Ein Abfleischen in der Trockenstehzeit kann Leberschäden fördern. Im letzten Drittel der Laktation sollte die angestrebte Kondition durch eine entsprechend angepasste Fütterung eingestellt werden. Unterkonditionierte Tiere, insbesondere die erstlaktierenden Kühe, sollten entsprechend hoch versorgt werden. Überkonditionierte, zur Verfettung neigende Tiere sind energetisch knapp zu versorgen. Dies, obwohl die Leistung dieser Tiere dadurch leicht zurückgeht. Über die entsprechende Einsparung an Leistungsfutter resultiert jedoch kein ökonomischer Nachteil. Die Beurteilung der Kondition sollte über den **B**ody **C**ondition **S**core (**BCS**) erfolgen.

In der Trockenstehzeit sind die Kühe zunächst energetisch knapp (Erhaltung plus 5 bis 8 kg Milch) zu versorgen. Zwei Wochen vor der Kalbung sollte mit der gezielten Vorbereitungsfütterung begonnen werden. Dann sollten nach Möglichkeit die gleichen Futtermittel wie in der folgenden Laktation eingesetzt werden. Unabhängig vom Fütterungssystem sind die trockenstehenden Tiere daher in zwei separaten Gruppen zu halten. Die zur Kalbung anstehenden Rinder sind aus hygienischen Gründen so früh wie möglich in die Herde zu integrieren. In der Vorbereitungszeit sollten die Kühe für Erhaltung und etwa 10 – 12 kg Milch versorgt werden.

2. Strategien

2.1 Fütterungssystem

Zur wiederkäuer- und bedarfsgerechten Versorgung der Milchkühe sind verschiedene Rationen erforderlich. Unstrittig ist die notwendige Differenzierung zwischen Trockenstehern und melkenden Tieren. Weiterhin fest ist die Empfehlung, die Trockenstehzeit in die Phasen „Trocken" und „Vorbereitung" im Hinblick auf Fütterung und Haltung zu teilen. Sinnvoll wäre dabei auch eine Trennung zwischen Kühen und Färsen, da die Färsen auf Grund des weiteren Körperwachstums und verminderter Futteraufnahme in der Vorbereitungszeit und der Laktation höhere Anforderungen an die Ration stellen als Kühe. Die Anforderungen der melkenden Kühe variieren stark in Abhängigkeit von der Leistung, dem Laktationsstand und der Futteraufnahme der Tiere. Zur Verdeutlichung der Unterschiede sind in der Tabelle A.2.1 die empfohlenen Versorgungen der Milchkühe mit Energie, nutzbarem Rohprotein und Mineralstoffen aufgeführt. Zur Sicherstellung der Stickstoff-Versorgung der Pansenmikroben ist ergänzend die Ruminale N-Bilanz (RNB) einzustellen.

Insbesondere die Angaben je kg Trockenmasse zeigen, dass sich im Lauf der Laktation je nach Leistung stark unterschiedliche Anforderungen an die Ration ergeben. Je nach Fütterungsstrategie wird diesen in unterschiedlichem Maß Rechnung getragen.

Tabelle A.2.1

Empfohlene Versorgung von Milchkühen mit Energie, nutzbarem Rohprotein und Mineralstoffen (650 kg LM, 4,0 % Fett, 3,4 % Eiweiß)

Leistung (kg Milch)	TM-Aufnahme* (kg/Tag)	Energie MJ NEL	nXP g	Ca g	P g	Na g	Mg g
1. Angaben je Kuh und Tag							
10	12 – 13	71	1.300	50	32	14	18
15	14 – 15	87	1.725	67	42	18	22
20	16 – 17	103	2.150	84	53	21	25
25	17,5 – 18,5	120	2.575	99	62	25	29
30	19 – 20	136	3.000	115	71	28	32
35	21 – 22	153	3.425	131	82	32	33
40	23 – 24	169	3.850	148	91	35	34
45	24,5 – 25,5	185	4.275	163	100	38	36
50	26 – 27	202	4.700	178	109	41	37
2. Angaben je kg Trockenmasse							
10	12 – 13	5,7	107	4,1	2,6	1,3	1,6
15	14 – 15	6,1	123	4,7	2,9	1,3	1,6
20	16 – 17	6,4	137	5,2	3,3	1,3	1,6
25	17,5 – 18,5	6,6	146	5,5	3,5	1,4	1,6
30	19 – 20	6,8	155	5,9	3,6	1,4	1,6
35	21 – 22	7,0	162	6,1	3,8	1,4	1,6
40	23 – 24	7,1	167	6,3	3,9	1,4	1,6
45	24,5 – 25,5	7,2	174	6,5	4,0	1,5	1,6
50	26 – 27	7,3	177	6,7	4,1	1,5	1,6

** ab 60. Laktationstag*

Tabelle A.2.2

Fütterungsstrategien für Milchkühe

I. Ausfütterung der Einzelkuh

- Grobfutter plus Kraftfutter nach Leistung
- aufgewertete Grundration plus Kraftfutter nach Leistung

II. Ausfütterung der Gruppe

- „Flat-Rate-Feeding"; gruppenbezogene Kraftfuttergabe
- Total-Misch-Ration (TMR)

Entweder wird die Einzelkuh gezielt ausgefüttert oder die Gruppe (siehe Tabelle A.2.2). Aus physiologischer und ökonomischer Sicht hat sich unter den hiesigen Bedingungen die Ausfütterung der Einzelkuh als System bewährt. Luxuskonsum wird so vermieden und das Leistungsvermögen der Einzeltiere weitgehend ausgeschöpft. Aus technischer Sicht hat sich zur Umsetzung im Laufstall die Kraftfuttergabe über Abrufstationen voll bewährt. Die einzelne Kuh kann so gezielt und wiederkäuergerecht mit Kraftfutter versorgt werden. Über den Abruf ist auch ein gutes Fütterungscontrolling beim Einzeltier zu realisieren. Die Aufnahme der Ration am Trog kann jedoch nur für die Gruppe beurteilt werden. Bei getrennter Vorlage der Komponenten am Trog kann auf die Rationszusammensetzung beim Einzeltier nur bedingt Einfluss genommen werden.

Eine Weiterentwicklung des Systems ist die Verfütterung einer aufgewerteten Grundration am Trog. Diese Mischration deckt dann den Bedarf für Erhaltung und 20 – 30 kg Tagesleistung ab. Höhere Leistungen werden durch tierindividuelle Kraftfuttergaben abgedeckt. Je nach Einstellung der Mischration am Trog können mehr die Vorteile der Ausfütterung der Einzelkuh oder der Mischration genutzt werden. Dies kann in Betrieben durchgeführt werden, die sowohl über Mischwagen als auch Kraftfutterstationen verfügen. Die Gründe dafür sind:

- Verbesserung der Futteraufnahme,
- höherwertiges Kraftfutter braucht nicht an alle Tiere verfüttert zu werden,
- Reduzierung der Grobfutterverdrängung durch Teileinmischen von Kraftfutter,
- Kostenreduzierung durch Einsparung von Kraftfutter insgesamt,
- Verhinderung von Verfettung bei unausgeglichenen Herden,
- reduzierte Nährstoffausscheidung.

Die Nährstoffkonzentrationen in den aufgewerteten Mischungen haben sich dabei an der Milchleistung der Betriebe und den Zielen zu orientieren. Über die Mischration sind die in Tabelle A.2.3 angeführten Milchleistungen abzudecken. Je gleichmäßiger die Herde ist, um so höher sollte die Mischration eingestellt sein, um die Vorteile dieses Systems zu nutzen. Leistungen oberhalb der angeführten Leistungen werden durch tierindividuelle Kraftfuttergaben am Abrufautomat oder im Melkstand abgedeckt. Bei energiereichen Grundrationen kann der Abruf des Kraftfutters am Abrufautomat zurückgehen. Dies ist bei der Anordnung und Steuerung der Abrufautomaten und der Auswahl des Kraftfutters zu beachten.

In der Gruppenfütterung sind zwei Verfahren zu unterscheiden. Neben der Total-Misch-Ration (TMR) wird insbesondere in Großbritannien das „Flat-Rate-Feeding“ betrieben. In diesem System erhalten alle Tiere einer Gruppe gleiche Mengen an Kraftfutter je Tag. Üblich ist die Einteilung in eine frisch- und eine altmelke Gruppe. Die erzielbaren Leistungen sind mit der tierindividuellen Kraftfuttergabe vergleichbar.

Tabelle A.2.3

Empfehlungen zur Ausrichtung der Mischration in Kombination mit Abrufstation

Leistungsniveau der Herde: kg Milch/Tier und Jahr	**6.000**	**8.000**	**10.000**
Abzudeckende Leistung über Mischration; kg Milch/Kuh und Tag	18 – 22	22 – 26	26 – 32

Spitzenleistungen bei Einzeltieren werden jedoch nicht voll ausgeschöpft. Ein gewisses Vorhalten in der Kraftfuttermenge empfiehlt sich, um die Tiere auf ihre volle Leistung zu bringen. Grobfutter ist zur freien Aufnahme anzubieten.

Aus pansenphysiologischer Sicht ideal ist die Total-Misch-Ration, da hier die Tiere kaum selektieren können und daher der Landwirt die Ration gezielt steuern kann. Strittig ist, ob grundsätzlich abgestufte Mischungen in Leistungsgruppen zum Einsatz kommen müssen. Die generelle Empfehlung ist die Einrichtung von zumindest zwei Leistungsgruppen bei den laktierenden Tieren. Eine Gruppe beinhaltet die frischmelken Tiere und eine die altmelken Tiere, die mit der hochwertigen Ration zu stark konditioniert würden. Je nach Leistungsniveau und Management sind diese bei den Gruppen unterschiedlich groß. In der Regel ist es so, dass mit steigendem Leistungsniveau der Herde die Gruppe der altmelken Tiere kleiner wird. Im Mittel sind etwa 60 % der Tiere in der hochleistenden und 40 % in der niedrigleistenden Gruppe. Die Fütterung in den Gruppen sollte sich an der mittleren Leistung plus 2 – 3 kg Milch je Tag orientieren. Entscheidend ist die realisierte Futteraufnahme. Dem „Fütterungs-Controlling" kommt hier folglich große Bedeutung zu.

Eine Leistungsgruppe für alle Tiere empfiehlt sich nur für wenige Betriebe, die dann auch das gesamte Betriebsmanagement auf diese Vorgabe abstellen. Die Futterkosten liegen dabei grundsätzlich höher als bei Gruppenfütterung, da ein gewisser Luxuskonsum in Kauf zu nehmen ist. Amerikanische Untersuchungen zeigen einen um etwa 30 % höheren Verbrauch an Kraftfutter. Dies wird durch Erfahrungen in der hiesigen Praxis bestätigt. Voraussetzung für das Verfahren mit nur einer Leistungsgruppe ist, dass alle Tiere eine hohe Persistenz und daher bis zum Schluss der Laktation einen hohen Nährstoffbedarf haben, weshalb sie nicht zu stark überkonditioniert werden. Garanten hierfür sind eine gleichmäßige Herde auf sehr hohem Leistungsniveau, die mit einem konsequenten Management gefahren wird. In einer Herde mit 8.500 kg Leistung sollten beispielsweise Kühe mit weniger als 28 kg Tagesleistung und 140 Laktationstage nicht mehr belegt werden, und das Trockenstellen der Kühe hätte mit etwa 20 kg Tagesleistung (bzw. entsprechend dem BCS) zu erfolgen.

Aus Sicht der Fütterung sind Leistungsgruppen in allen Systemen zu empfehlen. Durch die Leistungsgruppen können auch die unterschiedlichen Futterqualitäten insbesondere beim Grobfutter gezielter und effektiver eingesetzt werden. Da die Einrichtung von Gruppen aus organisatorischen und arbeitswirtschaftlichen Gründen nicht immer machbar und vertretbar ist, wird die Mischration plus tierindividueller Kraftfuttergabe für viele Betriebe zunächst das System der Wahl sein. Je größer der Betrieb, desto sinnvoller ist der Übergang zur TMR mit Leistungsgruppen. In Großbetrieben, wo Gruppen aus technischer Sicht zwingend sind, sollten diese auch nach Leistung konsequent versorgt werden.

Bei ausgeglichenen Grobfutterqualitäten ergeben sich zwischen TMR und Fütterung der Grundration am Trog plus Abrufstation keine Unterschiede in der Aufnahme an Futter und der Leistung der Tiere. Dies belegen aktuelle Versuchsergebnisse der LVA in Iden. Je vielseitiger die Ration, um so größer sind die möglichen Effekte durch Mischration. Die Futterkosten sind bei TMR und Leistungsgruppen ebenfalls vergleichbar. Beide Systeme sind aus Sicht der Fütterung somit zu empfehlen.

2.2 Futtervorlage

Entscheidend für den Fütterungserfolg ist eine gute Futtervorlage. Zu empfehlen ist die Vorlage des Grobfutters zur freien Aufnahme. Um eine ausreichende Futteraufnahme zu gewährleisten, ist ein Futterrest von 5 % anzustreben. Eine Alternative zur Fütterung am Trog ist die Vorratsfütterung. Erhebungen in der Praxis zeigen, dass mit Vorratsfütterung ähnliche Leistungen zu erzielen sind wie mit der Fütterung am Trog, sofern ein Tier- Fressplatzverhältnis von **1 : 1** gewährleistet ist. Der Vorteil der Vorratsfütterung ist, dass immer Futter vorliegt. Die Möglichkeiten der Fütterung am Trog werden in der Praxis vielfach nicht ausreichend genutzt. Voraussetzungen für die Vorratsfütterung sind gleichmäßige Grobfutterqualitäten oder die Vorlage des Futters als Mischung, um die Selektion der Futtermittel gering zu halten.

In der Vorratsfütterung können maximal 2,5 Kühe auf einem Fressplatz gehalten werden (siehe Tabelle A.2.4). Bei der Fütterung am Trog sollte je Kuh 1 Fressplatz vorhanden sein, um Einzelkomponenten gezielt zuteilen zu können. Als Vorteil der Fütterung am Trog ergibt sich im Hinblick auf die Eutergesundheit, dass alle Kühe nach dem Melken zunächst fixiert werden. Bei Einsatz von Mischrationen sollte für die hochleistende Gruppe ein Fressplatz je Tier zur Verfügung stehen. Machbar ist jedoch eine Relation von 2 : 1 bzw. bis 2,5 : 1 für die altmelken oder trockenstehenden Tiere.

Tabelle A.2.4

Empfehlungen zur Futtervorlage und zum erforderlichen Tier-Fressplatzverhältnis bei Milchkühen

Grobfutter	**ad libitum** **5 % Futterrest**
Verfahren	**Kühe/Fressplatz**
• Einzelkomponenten am Trog	1
• Vorratsfütterung	maximal 2,5
*Mischration (TMR)**	
• hochleistend	1 eventuell bis 2
• altmelk/trocken	bis 2,5

** einmal täglich mischen, Futter stetig nachschieben*

Solange sich die vorgelegte Ration während der Vorlage nicht erwärmt (> 5 °C), kann das Anmischen der Ration einmal täglich erfolgen.

Beim Kraftfutter ist zwischen Ausgleichskraftfutter und Milchleistungsfutter zu unterscheiden. Das Ausgleichsfutter ist in der Regel für alle Kühe ähnlich zu bemessen. Die Gabe kann am Trog bei fixierten Tieren oder eingemischt in der Grundration erfolgen. Bei der Einmischung ist zu beachten, dass in Abhängigkeit von der Futteraufnahme auch unterschiedliche Mengen an Ausgleichsfutter aufgenommen werden. Milchleistungsfutter wird in der Regel nach Leistung zugeteilt. Je Mahlzeit sollten maximal 3 kg für Kühe und 2 kg pro Färse zugeteilt werden (siehe Tabelle A.2.5). Im Melkstand beträgt die maximale Menge 2 bis 2,5 kg Kraftfutter je Mahlzeit.

Abrufstationen sind grundsätzlich so einzurichten, dass **zwei** Futtersorten verabreicht werden können. Nur so kann für die hochleistenden Tiere ein separates hochwertiges Futter gezielt eingesetzt werden. Bei der Mischration erfolgt die Zuteilung des Kraftfutters nach Leistung über die Gruppen bzw. über Abrufstationen. Bei Einrichtung eines automatischen Melksystems kann die ergänzende Kraftfuttergabe über den Melkautomat erfolgen. Da die Tiere im Melkautomaten weniger lang verbleiben als in einem konventionellem Melkstand, sind die maximalen Kraftfuttermengen je Besuch bei den Färsen mit 1,5 kg und bei den Kühen mit 2 kg zu veranschlagen. Höhere Mengen sind möglich, wenn genügend Zeit gegeben werden kann.

Bereits in der Bau- und Organisationsplanung ist die Fütterung bei Weidegang zu berücksichtigen. Grundsätzlich ist hier eine Beifütterung von Grobfutter zu empfehlen. Je Kuh und Tag sollten zumindest 3 kg Trockenmasse Mais- oder Grassilage ein-

Tabelle A.2.5

Empfehlungen zur Kraftfuttervorlage bei Milchkühen

Ausgleichskraftfutter	**bis zum Ausgleich**
Milchleistungsfutter	**nach Leistung**
Verfahren	**kg/Mahlzeit***
• am Trog	2 bis 3
• im Melkstand	2 bis 2,5
• im Melkautomat	1,5 bis 2
Abrufautomat	2 Futtersorten
Mischration	TMR (2 Gruppen)
"	+ Abrufstationen
"	+ Melkautomat mit Kraftfutterzuteilung

** geringere Mengen bei Färsen*

geplant werden. Die maximale Menge an Kraftfutter ist dann auf etwa 8 kg bei den Kühen und 6 kg für die Färsen zu beschränken. Bei wachsenden Herden und knapper hofnaher Fläche dürfte sich der Anteil Beifutter weiter erhöhen. Um die Gleichmäßigkeit der Energie- und Nährstofffreisetzung zu gewährleisten, sind mehrere kürzere Weideperioden zu empfehlen. Ideal ist der ständige Zugang der Tiere zum Grobfutter im Stall. Bei Einsatz von Abrufstationen für das Kraftfutter zum Weidegang ist ein genügend langer Aufenthalt im Stall einzuplanen.

2.3 Rationskontrolle

Unabhängig von der gewählten Fütterungsstrategie sollte die Rationskontrolle die Fütterungsstrategie abrunden. Einige Ansatzpunkte zur Rationskontrolle sind der Tabelle A.2.6 zu entnehmen. Jeder Betriebsleiter sollte für sich zwei bis drei Punkte aus dem Katalog auswählen, die er konsequent zur Rationskontrolle nutzt. Es gilt, Fehler zu vermeiden bzw. frühzeitig zu erkennen, um größere Leistungseinbußen zu verhindern.

Im Hinblick auf die Protein- und Energieversorgung sind die Harnstoff- und Milcheiweißgehalte sehr aussagefähig. Maßgebend sind jedoch nicht die Werte der Einzeltiere, sondern der Leistungsgruppen. Neben der absoluten Höhe der Werte ist

Tabelle A.2.6

Empfehlungen zur Rationskontrolle bei der Milchkuh

Wasser	• Qualität und Verbrauch
Futterverzehr	• Verbrauch an Kraftfutter (g/kg ECM) • Kraftfutter-Abruf • Probewägungen beim Grobfutter, Verbrauch an Mischration • Rationsabgleich: Analyse der Mischration etc.
Leistungsdaten	• Herdenmilch, Menge und Inhaltsstoffe • Milchkontrolle (Fett, Eiweiß, Harnstoff etc.)
Tierbeobachtung	• Kondition (Fettauflage) • Haarkleid etc. • Kotkonsistenz • Pansen- und Wiederkautätigkeit • Blut- und Speichelproben*

** bei Vorlage akuter Probleme*

der Entwicklung große Bedeutung beizumessen. Die Analyse von Blut oder Speichel empfiehlt sich nur in besonderen Problemsituationen, da diese Werte einer sorgfältigen Interpretation bedürfen und die Nachkontrolle der Fütterung nicht ersetzen.

Fazit

Die zu wählende Fütterungsstrategie ergibt sich aus den Zielen und Möglichkeiten des Betriebs. Bereits bei der Bauplanung ist dies zu berücksichtigen. Abgestellt werden sollte die Fütterungsstrategie und deren Umsetzung auf die Gegebenheiten im Einzelbetrieb. Neben den Kühen sind auch die Jungrinder in die Betrachtung einzubeziehen. Zukünftige Entwicklungstendenzen wie Leistungshöhe, Herdengröße und die technische Ausstattung im Bereich Futtervorlage Technik und Melktechnik sind dabei einzubeziehen.

Teil B
Futtermittel – Bewertung und Beschreibung

1. Grundsätzliches

Grundlage für eine erfolgreiche Fütterung sind letztlich die mit den verabreichten Futtermitteln aufgenommenen Nährstoffe. Kaum ein einziges Futtermittel ist dabei so beschaffen, dass es den Bedarf der Tiere rundum und vollständig abdecken kann. Dies umso mehr, als der Bedarf sich in Abhängigkeit von der Leistung und vom Graviditäts-Laktationszyklus stark ändert.

Es gilt daher, die zur Verfügung stehenden Futtermittel so geschickt zu kombinieren und zu ergänzen, dass der Bedarf optimal gedeckt wird, ohne dass jedes Tier im Bestand eine einzelne Ration erhalten muss.

Voraussetzung ist zum einen ein angemessener Gehalt an Energie und Nährstoffen in der Ration, zum anderen die einwandfreie Beschaffenheit der Futtermittel.

„Nur beste Futtermittel in den Trog" heißt dabei, dass die zur Verfütterung gelangenden Futtermittel hygienisch und konservierungstechnisch von einwandfreier Qualität sein müssen und gleichzeitig den Ansprüchen der Tiere in optimaler Weise genügen sollen.

Die nachfolgenden Ausführungen sollen die wertbestimmenden Eigenschaften verschiedener, gebräuchlicher Futtermittel im Überblick beschreiben und so Anhaltspunkte für die Futter- und Rationsplanung geben.

1.1 Inhaltsstoffe

Die Futtermittel bestehen neben Wasser aus Asche, Protein, Fett und Kohlenhydraten. Da die einzelnen Fraktionen über Vorschriften zur Analytik festgelegt sind, ist die stoffliche Zuordnung nicht immer eindeutig. Dem wird durch die Vorsilbe **Roh** (z. B. bei **Roh**protein) Rechnung getragen. Das Protein wird zum Beispiel über den Stickstoff definiert. Stickstoff mal 6,25 ist gleich Rohprotein, da Protein im Mittel 16 % Stickstoff enthält. Im Einzelfall kann Rohprotein sowohl Stickstoff in Form von Harnstoff oder Ammoniak als auch Protein umfassen. In den Abkürzungen steht für **Roh ein X**. Folglich wird Rohprotein mit **X** für Roh und **P** für Protein mit **XP** abgekürzt. Die klassischen Rohnährstoffe sind Rohasche (XA), Rohprotein (XP), Rohfett (XL), hierbei steht das L für Lipid, Rohfaser (XF) und die Stickstofffreien Extraktstoffe (XX). Bei den N-freien (N steht für Stickstoff) Extraktstoffen wird das zweite X verwendet, um die unklare Definition zu verdeutlichen, da die **XX** als reine Rechengröße resultieren und eine Vielzahl chemischer Stoffe umfassen (siehe Abbildung B.1.1).

1.1.1 Energie

Der Energiegehalt der Futtermittel ist das wichtigste Kriterium, da hierdurch einerseits meist die Leistungsgrenzen der Ration bestimmt werden und andererseits die Energie der wichtigste Kostenfaktor in der Fütterung ist. Der Energiegehalt ist wesentlich von der Verdaulichkeit der Nährstoffe im Verdauungstrakt, insbesondere im Pansen, abhängig. Diese wiederum wird zu einem wesentlichen Anteil von dem Grad der Verholzung (Lignifizierung) der Rohfaser, also der Zellwand-Bestandteile, bestimmt. Dies erklärt, weshalb beispielsweise Stroh einen sehr geringen, Futterrüben hingegen einen sehr hohen Energiegehalt aufweisen.

Der für Milchkühe relevante Anteil an der in den Futtermitteln enthaltenen Energie wird als Nettoenergie Laktation (NEL) bezeichnet und in Mega-Joule (MJ) angegeben. Sehr niedrige Gehalte sind beispielsweise solche unter 5 MJ/kg Trockenmasse, sehr hohe solche von 7 MJ und mehr. Für Aufzuchtrinder erfolgt die Angabe in Umsetzbarer Energie (ME). Hohe Gehalte liegen hier über 11.0 MJ ME je kg TM und niedrige unter 8 MJ ME.

1.1.2 Protein

Als Protein bezeichnet man das in den Futtermitteln enthaltene Eiweiß, welches normalerweise aus Aminosäuren besteht. Säugetiere benötigen eine gewisse Menge an bestimmten Aminosäuren, aus denen sie körpereigenes Eiweiß aufbauen. Einige dieser Aminosäuren können im Stoffwechsel selbst produziert werden, andere müssen mit der Nahrung zugeführt werden. Daher sind Säugetiere auf eine bestimmte „Qualität", das heißt, auf eine bestimmte Zusammensetzung der Futtermittel an Aminosäuren, angewiesen.

Eine Besonderheit besteht hingegen beim Wiederkäuer: Hier wird das im Futter enthaltene Eiweiß zum überwiegenden Anteil in den Vormägen (Pansen) abgebaut, gleichzeitig wird über das Wachstum der Mikroben Eiweiß synthetisiert, welches dann im Dünndarm verdaut wird. Dies ist die wichtigste Eiweißquelle für die Milchkühe, die daher im Allgemeinen nicht auf eine besondere Qualität des Futtereiweißes angewiesen sind.

1.1.3 Kohlenhydrate und Struktur

Der größte Teil der Futtermittel besteht aus Kohlenhydraten. Im Zellinhalt sind die hochverdaulichen Kohlenhydrate wie Stärke, Zucker, Pektin und in der Zellwand die Cellulose und Hemicellulosen, deren Verdaulichkeit stark vom Grad der Lignifizierung (Verholzung) und vom Fütterungsniveau abhängt, enthalten. Die einzelnen Kohlenhydrate haben in stark unterschiedlichem Maß Einfluss auf:

- die Strukturwirkung der Ration (Speichelfluss, Säurebildung bzw. pH-Wert im Pansen etc.),
- das Wachstum der Pansenmikroben und somit auf die Menge an Mikrobenprotein (Freisetzung von Energie im Vormagen),
- die Bildung von Milchzucker und Milchfett,
- die Höhe der Futteraufnahme und
- die hormonelle Steuerung des Stoffwechsels der Kuh.

Es ist daher unstrittig, dass für die Rationsplanung bei der hochleistenden Kuh eine gezielte Kohlenhydratversorgung angezeigt ist. Die Futterbewertung und die Rationsplanung wurden daher entsprechend erweitert.

Um die Kohlenhydratversorgung zu gewährleisten, ist eine erweiterte Futtermittelanalyse und Bewertung erforderlich. Empfohlen werden die Größen:

- Zucker,
- Zucker und unbeständige Stärke,
- beständige Stärke,
- Rohfaser.

Die Gehalte an Stärke und Zucker lassen sich analytisch fassen. Aus den Tabellen sind die Beständigkeiten der Stärke zu entnehmen. Alternativ können die in Amerika und Großbritannien üblichen Größen NDF (Neutral-Detergenzien-Faser), ADF (Säure-Detergenzien-Faser) und NFC (Nicht-Faser-Kohlenhydrate) Verwendung finden. Die NDF ist die Summe der Faserbestandteile. Wird von der Organischen Substanz die NDF, das Rohprotein und das Rohfett abgezogen, so verbleiben die Nichtfaser-Kohlenhydrate (NFC). Diese umfassen Stärke, Zucker, Pektine etc. Die ADF sind die nach Säureaufschluss verbleibenden Faserbestandteile und umfassen die Cellulose und das Lignin.

Die Strukturwirkung der Ration wird über die chemischen Größen nur unzureichend beschrieben. Ergänzend wird daher die Anwendung des Strukturwerts (**SW**) nach der belgischen Arbeitsgruppe von de Brabander empfohlen.

Abbildung B.1.1

Chemische Zusammensetzung einer Pflanze (nach Kirchgeßner, verändert)

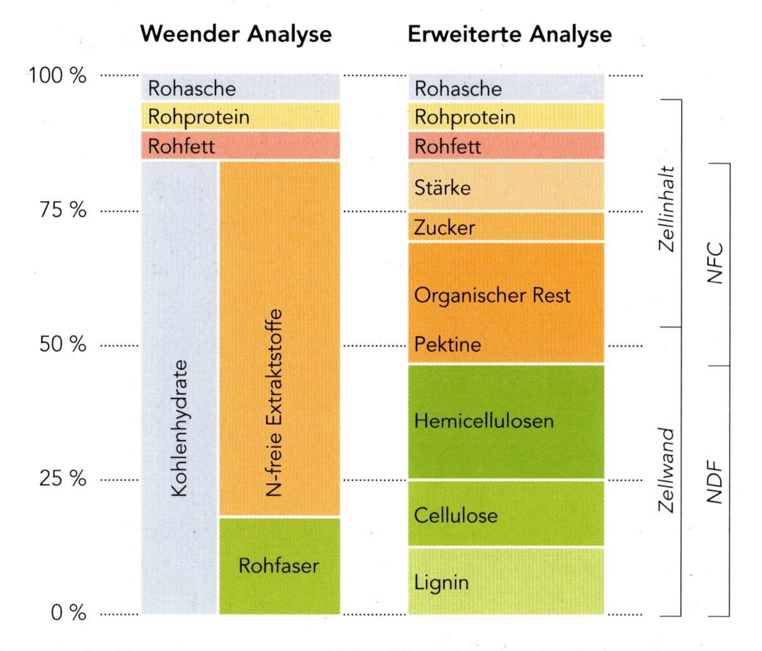

NDF = Neutral-Detergenzien-Faser **ADF** = Säure-Detergenzien-Faser

NFC = Nichtfaser-Kohlenhydrate = Trockenmasse - (Rohasche + Rohprotein + Rohfett + NDF)
N-freie Extraktstoffe = Trockenmasse - (Rohasche + Rohprotein + Rohfett + Rohfaser).

1.1.4 Mineralstoffe und Spurenelemente

Die Mineralstoffe im Futter werden nach ihrem mengenmäßigen Anteil in Mengen- und Spurenelemente unterschieden. Üblicherweise werden die Mengenelemente auch als Mineralstoffe bezeichnet, während die Spurenelemente gesondert Beachtung finden. Zu den Mengenelementen zählen Calcium, Kalium, Natrium, Magnesium, Phosphor und andere. Mit Ausnahme des Kaliums, das in pflanzlichen Futtermitteln immer reichlich vorhanden ist, spielen die vorgenannten Elemente eine Rolle in der Fütterung – sie sind in einigen Fällen nur unzureichend vorhanden und müssen ergänzt werden. Zu den in der Fütterung relevanten Spurenelementen zählen Mangan, Zink, Kupfer, Cobalt und Selen. Das Grobfutter musss meist mit diesen Elementen ergänzt werden; handelsübliches Kraftfutter (Milchleistungsfutter) sollte normalerweise entsprechend ausgestattet sein und für die nach NEL abgedeckte Leistung auch die notwendigen Mineral- und Wirkstoffe liefern.

1.1.5 Vitamine

Die meisten Vitamine werden im Pansen der Tiere in ausreichendem Maße durch die Mikroben erzeugt. Sie müssen daher nicht mit dem Futter zugeführt werden. Da es allerdings sehr schwierig ist, den Bedarf an Vitaminen exakt zu ermitteln (dies schon allein deshalb, weil die Vitamine unterschiedlichste Funktionen im Stoffwechsel haben), gehen Angaben oft weit auseinander. Aus Vorsichtsgründen wird daher speziell für hochleistende Kühe das Futter (meist das Mineralfutter) vitaminiert.

Eine Ausnahme bildet das ß-Carotin, welches nicht synthetisiert wird. Vielfach werden Fruchtbarkeits-Störungen mit einem Mangel an ß-Carotin in Verbindung gebracht, da dieses eine besondere Funktion speziell für die Ausbildung der Schleimhäute hat. Eine geringe Versorgung mit ß-Carotin lässt sich an der Farbe des Blut-Serums erkennen.

Daher sind für die Fütterung vielfach Mineralfutter mit entsprechenden Gehalten an ß-Carotin im Einsatz, bisweilen wird dieses auch über spezielle Würfel gesondert verabreicht.

Bei den trockenstehenden Kühen kommt auch der Versorgung mit Vitamin E besondere Bedeutung zu. Die Abdeckung erfolgt über höhere Gehalte im Mineralfutter.

1.2 Qualität

1.2.1 Hygienische Beschaffenheit

Neben der Ausstattung der Futtermittel mit Struktur, Energie und Nährstoffen ist selbstverständlich eine gute Qualität Voraussetzung für Gesundheit, Fruchtbarkeit und Leistung der Kühe. Dabei ist mit Qualität hier vor allem die Unverdorbenheit gemeint. Es soll also keinerlei Belastung mit Schaderregern vorliegen – dies betrifft sowohl größere Lebewesen wie Kornkäfer oder Würmer als auch Mikroorganismen. Letztere können einerseits zum Verderb des Futtermittels (Fäulnis, Zersetzung, Fehlgärung), führen als auch die Gesundheit der Tiere oder die Produkteigenschaften gefährden (Salmonellen, Listerien, Schimmelpilze).

Vorbeuge schafft hier vor allem Sauberkeit bei der Lagerung. Silos müssen von Zeit zu Zeit gründlich gereinigt werden. Es genügt keineswegs, sie einfach nur zu „entleeren", was ohnehin kaum gelingt, da sich meist in Ecken Verklumpungen bilden, die sich oftmals auch durch mechanisches Klopfen oder Rütteln von außen nicht entfernen lassen.

Gleiches gilt auch für Fördereinrichtungen, Rohrleitungen und Kraftfutter-Stationen, ebenso natürlich für andere Futterlager, z.B. Getreide-Flachlager.

Zur Kontrolle gehört auch die Beurteilung nach sensorischen Gesichtspunkten – schlechte Farbe oder muffiger Geruch deuten auf Verderb hin.

1.2.2 Gärqualität und Stabilität

Bei Silagen, die heute einen großen Anteil in der Milchviehfütterung ausmachen, spielt die Gärqualität eine herausragende Rolle.

Ziel der Silierung ist es, das Futter vor dem Verderb zu schützen. Dazu wird es zerkleinert, zügig eingelagert, sorgfältig verdichtet (damit möglichst wenig Luft im Futterstock verbleibt) und mit Folie (DLG-geprüft!) abgedeckt. Die einsetzende mikrobielle Aktivität führt unter Luftabschluss zu einem vermehrten Wachstum von Milchsäure-Bakterien. Die von diesen produzierte Milchsäure führt unter optimalen Bedingungen zu einem so schnellen und starken Abfall des pH-Wertes (Säuerung), dass die Mikroorganismen inaktiviert werden und Verderb unterbleibt.

Werden die o.g. Bedingungen nicht strikt eingehalten, dann ist u.U. mit Sauerstoff-Eintritt in den Futterstock zu rechnen, wodurch Fäulnisbildner gefördert werden und die Futterqualität erheblich vermindert wird, bis hin zum Verderb. Auch können sich Chlostridien (Buttersäurebildner) vermehren. Gelangt mit Chlostridien belastetes Futter in die Milch (z.B. über die Stallluft), so ist die Verarbeitungstauglichkeit der Milch stark herabgesetzt.

Ein weiteres Problem stellt die mögliche Sauerstoff-Zufuhr nach dem Öffnen des Silos dar. Dadurch entwickeln sich schnell Schimmelpilze und Hefen. Verschimmelte Silagen können Pilzgifte enthalten und gehören nicht in den Futtertrog!

Vorbeugende Maßnahmen sind die strikte Einhaltung der o.g. Silier-Bedingungen, vor allem eine gute Verdichtung. Leider tritt das Problem oft bei guten Silagen mit hohem Nährstoffgehalt auf, da hier leicht verfügbare Nährstoffe für das Wachstum der Hefen und Pilze zur Verfügung stehen.

Wichtig ist ein genügender Vorschub bei der Entnahme. Daher sind Fahrsilos in den Abmessungen so zu gestalten, dass die Anschnittfläche nicht mehrere Tage der Luftzufuhr ausgesetzt ist.

Grundsätzlich kann die Anwendung bestimmter Silierzusätze das Risiko der Nacherwärmung mindern. Dies muss aber beim Befüllen des Silos erfolgen. Nachträgliche Behandlungen bringen wenig Effekt, da die Mittel nicht im Futter verteilt werden können.

Eine weitere Gruppe von Silier-Hilfsmitteln kann zu einer Verbesserung des Futterwertes beitragen, so bespielsweise bestimmte Stämme an Milchsäure-Bakterien. Hier ist im Einzelfall der Aufwand gegen den zu erwartenden Effekt abzuwägen.

1.2.3 Technische Eigenschaften

Zur Qualität der Futtermittel zählen ebenfalls Eigenschaften wie Fließfähigkeit (speziell bei solchen, die in Silos gelagert werden), Vermeidung von Verklumpungen, aber auch die Härte bei Pellets (zu gering bedeutet Abrieb und ggf. Entmischung, zu hart bereitet Probleme beim Kauen).

1.3 Preiswürdigkeit

Grundsätzlich ist der Futterwert nicht nur mit einer Zahl zu beschreiben. Insofern ist auch die Preiswürdigkeit eines Futtermittels nicht nur an einem Parameter zu messen. Andererseits steht man oft vor der Auswahl verschiedener Futtermittel, die miteinander konkurrieren. In diesen Fällen reduziert sich die Ermittlung der Preiswürdigkeit auf diejenigen Parameter, mit denen die Futtermittel untereinander konkurrieren. Wenn also beispielsweise in der Fütterung von Milchkühen entschieden werden soll, ob als Ausgleichsfutter Getreide oder melassierte Trockenschnitzel eingesetzt werden sollen, dann haben diese beiden Futtermittel jeweils die Funktion, möglichst viel Energie und möglichst wenig Protein in die Ration zu bringen. Hier genügt oftmals der Bezug zur Energie, im vorliegenden Fall also die Kosten in Cent je 10 MJ NEL.

Ansonsten wird der Bezug zu einer bekannten Größe gewählt. Meist wird hierfür Weizen und Sojaextraktionsschrot verwendet. Es wird für jedes einzelne Futtermittel errechnet, wieviel kg Weizen und wieviel kg Sojaextraktionsschrot notwendig sind, um die gleiche Energie und die gleiche Menge an nXP zu liefern wie 100 kg des Futtermittels. Wenn für Weizen und Sojaschrot bekannte Preise unterstellt werden, läßt sich dann anhand dieser naturalen Austauschmengen errechnen, wie teuer das entsprechende Futtermittel sein darf. Die Formeln hierzu sind dem nebenstehenden Kasten zu entnehmen.

Die Energie- und nXP-Gehalte werden jeweils auf 1 kg Futter bezogen.

Für die Beratung und die landwirtschaftliche Praxis hat es sich als sinnvoll erwiesen, die naturalen Austauschmengen für die wichtigsten Futtermittel bereits auszurechnen und zu tabellieren, sofern man von einheitlichen Inhaltsstoffen in den Futtermitteln ausgeht. Dann brauchen nur noch die aktuellen Preise eingesetzt zu werden, so dass sich die Vergleichspreise recht schnell errechnen lassen.

Berechnung der Preiswürdigkeit (PV) von Futtermitteln nach der Austauschmethode

$$PV = A \times PW + B \times PS$$

$$A = \left\{ \frac{(EV - ES \times \frac{RV}{RS})}{(EW - ES \times \frac{RW}{RS})} \right\} \qquad B = \left\{ \frac{RV}{RS} - A \times \frac{RW}{RS} \right\}$$

wobei

PV = Preis für das Vergleichsfutter (€/dt)
A = kg Weizen und
B = kg Sojaschrot (naturale Austauschmengen)
PW = Preis für Weizen (€/dt)
PS = Preis für Sojaschrot (€/dt)
EW = Energie in Weizen
ES = Energie im Sojaschrot
RW = nXP in Weizen
RS = nXP im Sojaschrot
EV = Energie im Vergleichsfutter
RV = nXP im Vergleichsfutter

Die hier vorgestellte Austausch-Methode darf aber nur für solche Futtermittel angewendet werden, die linear substituierbar sind. Schwierig wird es bereits, wenn man beispielsweise die Preiswürdigkeit für Biertreber oder Pressschnitzel errechnen will. Der Wert für Biertreber kann beispielsweise nur so lange gelten, wie Protein in der Ration fehlt. Werden hingegen Rohproteinüberschüsse in Kauf genommen, dann darf der Vergleichspreis nicht mehr einfach angewendet werden. Darüber hinaus bezieht sich der Preis letztlich auf das Futtermittel am Trog. Gerade bei den genannten Futtermitteln muss berücksichtigt werden, dass ein bestimmter Aufwand für den Transport, die Lagerung und die Verfütterung notwendig ist. Außerdem treten Verluste bei der Lagerung auf, die in Ansatz gebracht werden müssen.

Der beste Weg zur Ermittlung der Preiswürdigkeit eines Futtermittels bleibt daher der Vergleich von Rationen. Hierbei müssen für vorhandene Leistungsrichtungen und Leistungen jeweils bedarfsgerechte Rationen aufgestellt werden, die das zu prüfende Futtermittel entweder enthalten oder nicht.

Bei der linearen (und auch nicht linearen) Optimierung von Futterrationen wird heute vielfach ein sogenannter „Schattenpreis" ausgewiesen, der besagt, um wieviel ein angebotenes Futtermittel billiger sein müßte, damit es zu nennenswertem Anteil in die Ration aufgenommen würde. Alternativ kann man bei solchen Berechnungen auch ein

Futtermittel mit fixen Anteilen in der Ration vorgeben und die resultierenden Preise vergleichen.

Dieser letzte Weg ist die sauberste Lösung zur Ermittlung der Preiswürdigkeit, da hierbei praktisch alle relevanten Faktoren und Inhaltsstoffe berücksichtigt werden. Mit den heute verfügbaren Techniken dürfte dies in den meisten Fällen auch kein großes Problem mehr sein.

Fazit

Ebenso wie der Futterwert nur in den seltensten Fällen in einer Zahl ausgedrückt werden kann, wird sich die Preiswürdigkeit eines Futtermittels meist nicht nur an wenigen Parametern messen lassen. Bei vergleichbaren Futtermitteln kann es hilfreich sein, mit Hilfe der Austauschmethode einen schnellen Überblick über die Preiswürdigkeit zu bekommen. Letztlich kann aber nur die Berechnung über einen Rationsvergleich zeigen, was ein Futtermittel in einer Ration wert sein darf. Bei Grob- und Saftfutter müssen in jedem Fall die Lagerungsverluste und Aufwendungen für Lagerung und Vorlage berücksichtigt werden.

2.
Beschreibung der Futtermittel

Futtermittel lassen sich nach verschiedenen Kriterien unterteilen. So gibt es wirtschaftseigene und Zukauf-Futtermitttel, Einzel- und Mischfuttermittel, Grob- und Kraftfuttermittel.

Sinnvoll erscheint ein Unterteilung nach dem Energiegehalt. Daher werden im folgenden die Futtermittel in drei Kategorien eingeteilt und beschrieben:

1. **Grobfutter:** Alle Ganzpflanzenprodukte (frisch, siliert und natürlich getrocknet) sowie Cobs und Stroh. Grobfutter zeichnen sich durch eine hohe Strukturwirksamkeit aus.
2. **Saftfutter:** Teile von Pflanzen bzw. Verarbeitungsprodukte mit einem TM-Gehalt < 55 %: Rüben, Wurzeln, Knollen, Maisnebenprodukte, Biertreber, Pressschnitzel, Zitrus- und Apfeltrester, Schlempen, LKS, Molke, Magermilch, Vollmilch u. a. Saftfutter liegen im Strukturwert zwischen Kraft- und Grobfutter.
3. **Kraftfutter:** Industriell hergestellte Mischfutter, Einzelkomponenten (Energie- und Proteinträger): Alle einmischbaren Komponenten mit einem TM-Gehalt > 55 % und einem Energiegehalt > 7 MJ NEL/kg TM, also auch Feuchtgetreide, Sodagrain, CCM, Melasse und Trockengrün. Abweichend hiervon ist auch Mineralfutter zu dieser Gruppe zu zählen. Kraftfutter hat praktisch keinen Strukturwert.

Die nachfolgende Beschreibung der Futtermittel soll keine vollständige Aufzählung sein und erst recht keine Futterwerttabelle ersetzen. Sie soll vielmehr die grundlegenden Eigenschaften der wichtigsten zur Verfügung stehenden Futtermittel charakterisieren und ihren Einsatzbereich aufzeigen.

Dabei ist ebenfalls unterschieden in Grobfutter, Saftfutter und Kraftfutter.

Dementsprechend werden in den Grafiken die wertbestimmenden Inhaltsstoffe bzw. Eigenschaften dargestellt:

Beim Grobfutter ist wie auch beim Saftfutter der Gehalt an Trockenmasse entscheidend für die Zuteilung bzw. Einmischung. Beim Kraftfutter liegt dieser meist im Bereich zwischen 86 und 90 %, von feuchterem Getreide einmal abgesehen. Daher wird hier auf die Darstellung des TM-Gehaltes verzichtet. Hingegen ist der Gehalt an

Tab. B.2.1

Bewertung von Grobfutter, Saftfutter und Kraftfutter (Alle Werte (außer TM u. SW) auf 1 kg TM bezogen)

Parameter	Futtertyp	Grobfutter	Saftfutter	Kraftfutter
TM, %	niedrig	10	10	–
	hoch	80	45	–
NEL, MJ	niedrig	4,5	6,5	6,0
	hoch	7,0	8,0	8,5
nXP, g	niedrig	110	120	120
	hoch	160	220	300
RNB, g	negativ	-8	-10	-15
	positiv	8	15	25
bXS, g	niedrig	–	0	0
	hoch	–	200	250
vKH*, g	niedrig	–	10	90
	hoch	–	600	600
SW	niedrig	+1	0	-0,5
	hoch	4	1,1	1

** im Vormagen verfügbare Kohlenhydrate (Stärke und Zucker)*

Stärke bei den Grobfuttern mit Ausnahme der Maissilage und GPS meist recht gering, so dass in diesem Überblick auf deren Darstellung verzichtet werden kann. Auf die Besonderheiten bei den genannten Ganzpflanzen-Silagen wird gesondert eingegangen.

Die Grafiken sollen einen schnellen Überblick darüber geben, ob die wertbestimmenden Bestandteile im Bereich „gering", „mittel" oder „hoch" einzustufen sind. Diese Bereiche sind für die drei Futtermittel-Gruppen wie in Tabelle B.2.1 definiert.

Grobfutter

Da beim Grobfutter oft mit großen Schwankungen zurechnen ist, sind hier Bereiche aufgezeigt, in denen sich die Inhaltsstoffe bewegen. Die Ruminale Stickstoff-Bilanz (RNB) ist gesondert aufgeführt, da hier nicht „niedrig" oder „hoch" gilt, sondern „negativ" oder „positiv". Die Grafiken haben das in den Abbildungen B.2.1 bis 3 skizzierte Aussehen.

Abbildung B.2.1

Skizzierung der Inhaltsstoffe in Grobfutter

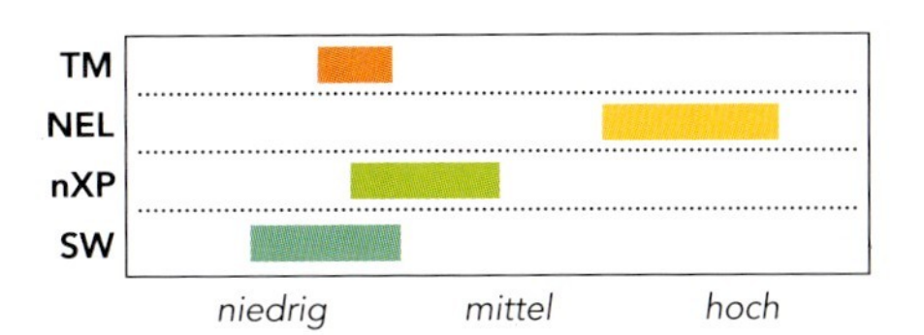

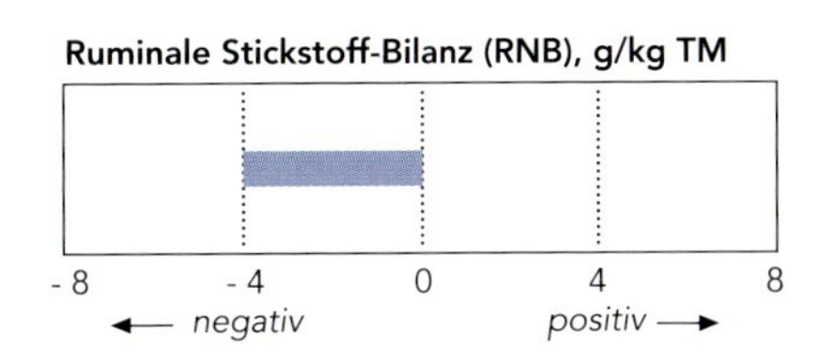

Abbildung B.2.2

Skizzierung der Inhaltsstoffe in Saftfutter

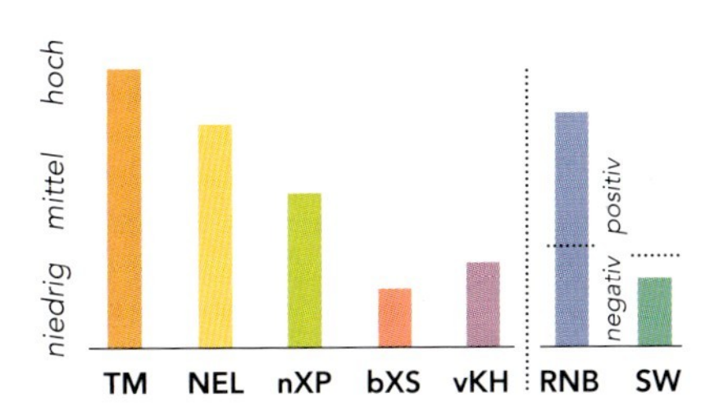

Abbildung B.2.3

Skizzierung der Inhaltsstoffe bei Kraftfuttermitteln

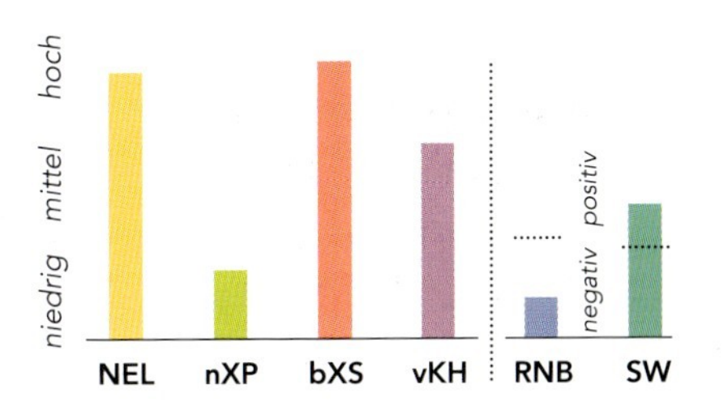

Saftfutter und Kraftfutter

Bei den energiereicheren Saftfuttern und vor allem den Kraftfuttern sind die Schwankungen meist nicht so stark. Daher wird hier mit den Säulen lediglich der Bereich dargestellt, in den der entsprechende Gehalt einzuordnen ist.

Da der Gehalt an Trockenmasse in Saftfuttern sehr unterschiedlich sein kann (deutlich unter 10 % bei Schlempe, mehr als 40 % bei Maiskleberfutter), sind die TM-Gehalte hier zusätzlich aufgeführt.

Die RNB kann auch hier wie bei den Grobfuttern negativ oder positiv sein. Die Darstellungen sollen so die Auswahl der Futtermittel z.B, nach diesem Kriterium ermöglichen.

Die Strukturwirksamkeit der Saftfutter liegt zwischen der von Grob- und Kraftfuttermitteln. Bei den Kraftfuttern ist die Strukturwirksamkeit insgesamt sehr gering. Durch den Einsatz von Saftfuttermitteln im Austausch gegen Kraftfutter kann so bei gleicher Energieversorgung die Strukturwirkung der Ration verbessert werden. Dennoch gibt es auch beim Kraftfutter Unterschiede, die sich in einem negativen oder einem positiven Wert darstellen können. So lassen sich bei der Konzeption von Kraftfutter-Mischungen die verschiedenen Anforderungen im Hinblick auf unterschiedliche Grobfutter-Verhältnisse berücksichtigen.

Positivliste für Einzelfuttermittel. Im Zuge verschiedener „Krisen“ und Skandale im Futtermittelbereich wurden in den letzten Jahren Forderungen nach einer Auflistung all der Futtermittel laut, die in der Fütterung der Nutztiere Verwendung finden dürfen. Eine solche geschlossene Liste existierte im deutschen Futtermittelrecht bis ca. 1997. Im Zuge der Harmonisierung des EU-Futtermittelrechtes wurde dies dann abgeschafft, da davon ausgegangen wurde, dass die Hersteller oder „In-Verkehr-Bringer“ von Futtermitteln die geltenden Grundsätze der Sorgfaltspflicht beachten und somit eine aufwändige Eingrenzung auf die genannte Liste nicht notwendig sei.

2001 wurde von der „Normenkommission für Einzelfuttermittel“ im Zentralausschuss der Deutschen Landwirtschaft (dieser wird gebildet aus dem Deutschen Bauernverband, der Deutschen Landwirtschafts-Gesellschaft, dem Deutschen Raiffeisenverband und dem Verband der Landwirtschaftskammern) damit begonnen, eine solche Positivliste zu erstellen.

Deren Inhalt besteht nicht nur in einer einfachen Listung. Vielmehr wird für jedes einzelne Futtermittel-Ausgangserzeugnis eine eindeutige Bezeichnung und eine exakte Beschreibung vorgegeben. Darüber hinaus werden anzugebende Inhaltsstoffe definiert sowie klare Kriterien zur Abgrenzung unterschiedlicher Qualitäten. Schließlich – und dies ist der entscheidende Punkt – werden für jedes Futtermittel Herkunft und Herstellungswege beschrieben und festgelegt. Erzeugnisse, die diesen Kriterien nicht entsprechen, sind somit nicht gelistet.

Dabei darf man nicht nur von „klassischen“ Futtermitteln wie Getreide oder Rüben ausgehen. Dem Verbraucher von Lebensmitteln steht heute eine unüberschaubare Anzahl an konfektionierten Produkten zur Verfügung – von Konserven über Milch- und Schokoladenprodukte bis hin zu Knabber- und Süßwaren. Bei der Herstellung dieser Produkte fallen Nebenerzeugnisse an, und es wäre sicher weder ökologisch noch ökonomisch vertretbar, diese Erzeugnisse (sofern sie Lebensmittelqualität aufweisen) oder falsch konfektionierte Lebensmittel (falsche Größe, Form Verpackung, Farbe) oder überlagerte Ware zu vernichten. Eine Nutzung über die Fütterung ist der sinnvollste Weg, sofern Unbedenklichkeit und entsprechende Qualitäts-Kriterien gegeben sind.

Dies hat allerdings mit der notwendigen Sorgfalt zu erfolgen. Solange dieser Weg als „Abfall"-Entsorgung verstanden wird, kann kaum davon ausgegangen werden, dass mit der notwendigen Sorgfalt bei der Herstellung vorgegangen wird.

Wer Futtermittel erzeugt, hat Verantwortung für die menschliche und tierische Gesundheit. Hier kann die Positivliste ihren entscheidenden Beitrag leisten.

Die Liste liegt seit März 2003 in einer zweiten Auflage vor, sie wird ständig überarbeitet und aktualisiert. Die jeweils aktuelle Fassung ist im Internet unter **www.futtermittel.net** einzusehen.

Derzeit ist diese Liste nicht Bestandteil futtermittelrechtlicher Regelungen. Dies kann nur über entsprechende Änderungen der europäischen Gesetzgebung erfolgen. Sie ist aber bereits jetzt Bestandteil einer freiwilligen Vereinbarung der Wirtschaft im Rahmen des Systems „Qualität und Sicherheit (Q & S)" für die Fleischproduktion.

Futtermittel, die nicht in der Positivliste aufgeführt sind, ansonsten aber die futtermittelrechtlichen Vorschriften erfüllen, dürfen nach wie vor in den Verkehr gebracht bzw. verfüttert werden.

Es ist allerdings davon auszugehen, dass die Abnehmer von Veredlungsprodukten in zunehmendem Maße Wert auf qualitätsgesicherte Ware legen. Ein analoges System für Milch wird daher derzeit (Mai 2003) diskutiert.

Landwirte sind also gut beraten, sich bei der Auswahl der Futtermittel an den Anforderungen der Positivliste zu orientieren und auf deren Einhaltung Wert zu legen.

2.1 Grobfutter

Beim betriebseigenen Grobfutter dominiert heute die Gewinnung von Silage. Daher steht diese im Vordergrund der Betrachtung.

Nur beste Silagen in den Trog. Voraussetzung einer an den Nährstoffansprüchen der Nutztiere orientierten Fütterung sind daher beste Silagen. Entscheidend ist hierbei, dass die Qualität bis zur Futteraufnahme am Trog gewährleistet ist. Futterwert und Futteraufnahme sind maßgebend für die Leistungsfähigkeit der Ration.

Neben dem Energiegehalt und dem Proteinwert sind Aspekte der Strukturwirkung, der Kohlenhydratversorgung, der Wirkstoffversorgung und nicht zuletzt der Gärqualität, der hygienischen Beschaffenheit und der Stabilität der Silage von Belang. Eine Abschätzung des Strukturwertes kann bei Gras-, Mais- und Getreideganzpflanzensilage

Tabelle B.2.2

Anzustrebende Gehalte in Gras- und Maissilage

Parameter	Einheit	Grassilage	Maissilage
Trockenmasse	%	30 – 40	28 – 35 [1]
Rohasche	% i. d. TM	< 10	< 4,5
Rohprotein	% i. d. TM	< 17 [2]	< 9
Rohfaser	% i. d. TM	22 – 25	17 – 20
NDF	% i. d. TM	40 – 48	35 – 40
SW	/kg TM	2,6 – 2,9	1,5 – 1,7
Stärke	% i. d. TM	keine	> 30
ME	MJ/kg TM	≥ 10,6 bzw. ≥ 10,0 [3]	≥ 10,8
NEL	MJ/kg TM	≥ 6,4 bzw. ≥ 6,0 [3]	≥ 6,5
nXP	g/kg TM	> 135	> 130
RNB	g/kg TM	< 6	- 7 bis - 9

1) in Abhängigkeit vom Kornanteil
2) 15 % bei Ackergrassilage
3) 1. Schnitt bzw. Folgeschnitte

auf Basis der Gehalte an Rohfaser oder NDF erfolgen. Bei Häcksellängen unter 20 mm ist auch diese bei der Abschätzung des Strukturwerts zu berücksichtigen. Ziel- bzw. Orientierungswerte für die analytisch fassbaren Größen des Futterwertes sind der **Tabelle B.2.2** zu entnehmen. Die Werte beziehen sich auf die Fütterung von Milchkühen und Mastrindern.

Aufgeführt sind die Werte für Gras- und Maissilage. Bei der Grassilage ergeben sich in der Regel abnehmende Energie- und nXP-Werte vom ersten zu den Folgeschnitten. Der Stärkegehalt ist bei der Maissilage zu beachten. Neben der Stärkemenge ist auch deren Abbauverhalten von Belang. Mit steigender Ausreife erhöht sich die Beständigkeit der Stärke im Vormagen. Bei der Grassilage sollten auch die Zuckergehalte bestimmt werden. Eine Ermittlung und Abschätzung der dargestellten Größen erfolgt über die Analyse des Grobfutters.

Die Gärqualität der Silagen lässt sich ebenfalls analytisch ermitteln. Wichtige Punkte sind der pH-Wert, die Gärsäuren und der Anteil Ammoniak. Der Ausgangskeimgehalt mit Schadorganismen, der Gärverlauf, die Verdichtung und die Mietenpflege entscheiden über die hygienische Beschaffenheit und die Stabilität der Silagen. Zur Verbesserung dieser Größen gibt es zahlreiche Ansatzpunkte vom Pflanzenbau über die Futterernte und Siliertechnik bis zum Einsatz von Siliermitteln (s. Broschüre: Futterkonservierung, 2002).

Weide

Eine besondere Stellung in der Fütterung nimmt die Weide ein. Die Energiegehalte des Weideaufwuchses schwanken je nach Jahreszeit, Aufwuchshöhe und Pflanzenbestand zwischen 6,0 und 7,0 MJ NEL/kg TM. Die Verdaulichkeit der jungen Weide kann 80 % übersteigen und entspricht somit etwa dem Niveau von Kraftfutter. Anhaltswerte für die Einstufung der Weide sind den Tabellen (s. Futterwerttabellen im Anhang) zu entnehmen. Unterschieden wird zwischen Frühjahr (Mai/Juni) und Sommer (Juli bis September). Im Frühjahr ist die Qualität besser als im Sommer. Ursächlich sind die unterschiedlichen Wachstumsbedingungen bei zunehmender bzw. abnehmender Tageslänge. Die Rohproteingehalte sind teils höher als in der Tabelle ausgewiesen.

Beim Einsatz der Weide ist zunächst zu beachten, dass die Futterumstellung möglichst gleitend erfolgt. Zu empfehlen ist eine zweiwöchige Übergangsfütterung. Ist eine Beifütterung im Stall nicht möglich (z. B. bei Jungrindern), so sollte auf der Weide Heu, Gras- oder Maissilage in ausreichender Qualität und Menge angeboten werden.

Milchkühen sollten durchgängig mind. 3 kg Trockenmasse an Grobfutter je Kuh und Tag zur Weide beigefüttert werden, um die stark schwankende Futteraufnahme auf der Weide auszugleichen und die Weide gezielt zu ergänzen. Die Stärke der Beifütterung ist dem Angebot auf der Weide stets anzupassen. Beigefüttert werden sollte z. B. Maissilage oder eine geeignete Grassilage.

Die Kraftfuttergabe ist zu begrenzen, da Weide in stärkerem Maße verdrängt wird als die üblichen Futterkonserven. Bewährt hat sich die Beschränkung auf 8 kg Milchleistungsfutter je Kuh und Tag. Je höher die beigefütterte Grobfuttermenge und je günstiger die Verteilung der Kraftfuttergaben ist, umso besser können hohe Leistungen über die entsprechende Beifütterung von Kraftfutter ermolken werden.

Ideal ist die gleichzeitige Zugangsmöglichkeit zu Weide, Grob- und Kraftfutter. Der Halbtagsweide ist die „Siestaweide" auf Grund der besseren Nährstoff-Synchronisation vorzuziehen. Unter „Siestaweide" ist eine zweimal täglich beschränkte Weide von zwei bis drei Stunden zumeist im Anschluss an die Melkzeiten zu verstehen.

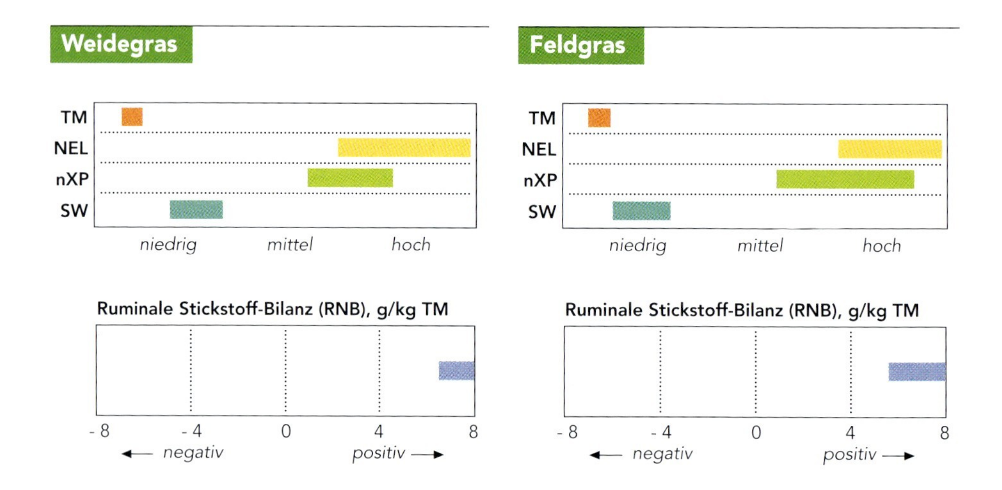

Gras

In den Sommermonaten wird an fast alle Milchkühe Weidegras verfüttert. Es ist aus der Sicht der Ernährung unerheblich, ob die Fütterung im Stall oder durch Weidegang erfolgt. Bei der Weide handelt es sich in der Regel um ein Gemisch aus Gräsern, das zudem einen bestimmten Klee- beziehungsweise Kräuteranteil enthält. Die Nährstoffzusammensetzung hängt wesentlich von der Intensität der Düngung und dem Zeitpunkt der Nutzung ab. Generell ist eine ausgeglichene Düngung zu empfehlen. Die Stickstoffdüngung beeinflußt neben dem Massenertrag vor allem den Rohproteingehalt des Aufwuchses. Sie sollte in ihrer Höhe so gewählt werden, dass die volle Wachstumskapazität des Grases ausgenutzt wird, darüber hinaus aber keine Erhöhung des Rohproteingehaltes mehr erfolgt. Mehr als 17 % Rohprotein in der Trockenmasse in Weidegras, Grassilage und Heu sind in der Fütterung eine Belastung und daher ein Grund, der Stickstoffdüngung etwas mehr Aufmerksamkeit zu widmen.

Hinweise auf mittlere Nährstoff- und Energiegehalte des Weidegrases in Abhängigkeit von dem Nutzungszeitpunkt gibt die Tabelle 1 im Anhang.

Aufgabe der Weidewirtschaft ist es, den Kühen immer energiereiches Gras (15 bis 20 cm Wuchshöhe) in ausreichender Menge zur Verfügung zu stellen. Die Zahlen in der Tabelle 1 im Anhang verdeutlichen den Rückgang des Energiegehaltes im Gras durch eine verzögerte Nutzung. Gleichzeitig bedingt eine späte Nutzung eine Verringerung der Futteraufnahme. Der geringe positive Effekt, der in der Erhöhung des Trockenmassegehaltes liegt, wird durch den starken Abfall der Verdaulichkeit wieder umgekehrt.

Insgesamt hat das Weidegras infolge des niedrigen Trockenmassegehaltes eine geringere physikalische Struktur als Heu oder Grassilage, der Rohfasergehalt liegt dagegen im wünschenswerten Bereich. Probleme ergeben sich vielfach bei der Kotkonsistenz. Über die Wei-

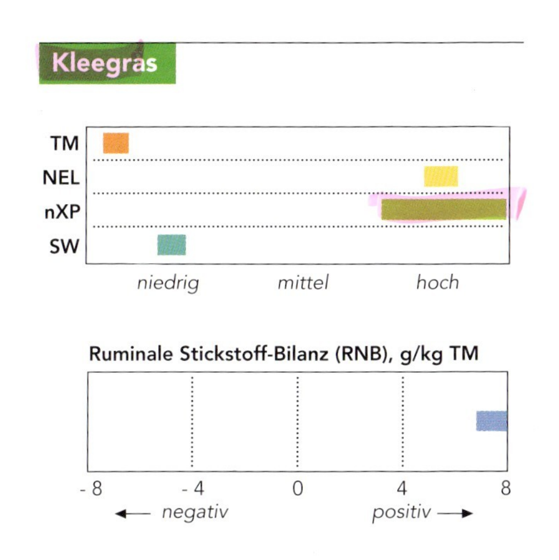

defühurung und eine gezielte Beifütterung ist hier ein Ausgleich zu schaffen.

Die mögliche Futteraufnahme an Weidegras schwankt um 8 bis 17 kg Trockenmasse je Tag. Damit können neben der Erhaltung 2 bis 20 kg Milch erzeugt werden. Höhere Leistungen erfordern eine Zufütterung von Kraftfutter, daneben muss gleichzeitig Grobfutter eingesetzt werden, damit auch bei hohen Leistungen eine wiederkäuergerechte Ration sichergestellt ist.

Grassilage

Anwelksilagen. Anwelksilagen werden im konventionellen Futterbau überwiegend aus Gräsern hergestellt; der Anbau von Klee- und Luzernegrasgemischen ist rückläufig. Im Bereich der Extensivierung von Grünland und dem ökologischen (organischen) Landbau kommt dem Weißklee eine hohe Bedeutung zu. Die weißkleebetonten Aufwüchse haben vielfach einen hohen Futterwert und sind nutzungselastischer als reine Grasaufwüchse.

Das Gras wird in der Regel von Mähweiden und Wiesen gewonnen. Der Ackergrasanbau in Monokultur, zum Beispiel mit Welschem Weidelgras, ist aber wegen der höheren Erträge von Bedeutung. Aufgrund der besseren Siliereigenschaften und der vielfach höheren Futteraufnahme ist ein Trockenmassegehalt der Silage von wenigstens 30 % anzustreben. In Fahrsilos sollte der Trockenmassegehalt nach oben auf 40 bis 45 % begrenzt werden, da bei noch höheren Gehalten das Festwalzen des Grases Probleme aufwirft. In Hochbehältern ist dagegen ein Trockenmassegehalt von über 45 % möglich, ja für eine reibungslose Entnahme der Silage sogar von Vorteil.

Für das Anwelken wird bei guter Witterung (Sonnenschein) 1 Tag benötigt.

Grundsätzlich ist die Silierung so zu planen, dass vom Erntebeginn (Schneiden) bis zum Abdecken des Silos nicht mehr als **35** Stunden benötigt werden. Wenden beschleunigt den Trocknungsprozeß deutlich. Wie beim Heu, so bestimmt auch bei der Silage der Schnittzeitpunkt des Grases die Verdaulichkeit und damit den Energiegehalt. Die Nährstoffgehalte sind im Anhang je kg Trockenmasse (TM) angegeben, da nur so ein Vergleich mit anderen Futtermitteln möglich ist. Auch bei der Futteraufnahme ist eine Mengenangabe nur aussagefähig, wenn der Trockenmassegehalt bekannt ist. 40 kg Silage mit 20 % Trockenmasse sind eben deutlich weniger als 25 kg Silage mit 40 % Trockenmasse.

Die Tabelle 1 im Anhang macht deutlich, dass mit der Erhöhung des Rohfasergehaltes durch den späteren Schnitt eine merkliche Abnahme des Energie- und Rohproteingehaltes verbunden ist. Der Energiegehalt der Weidelgrassilage liegt um 10 bis 15 % höher als in Silagen aus Weide- und Wiesengrasgemischen.

Silagen aus dem zweiten Schnitt und weiteren Schnitten liegen bei gleichem Rohfasergehalt im Energiegehalt etwa um 10 % unter denen im ersten Schnitt.

Die Futteraufnahme ist in erheblichem Maße von dem Schnittzeitpunkt abhängig. Sie liegt etwa zwischen 13 und 9 kg Trockenmasse je Kuh und Tag. Die Energiedifferenz beträgt dann 34 bis 38 MJ NEL, die für 11 bis 12 kg Milch reichen würde. Daneben hängt die Futteraufnahme allerdings auch von der Stabilität der Silage ab. Durch unsachgemäßes Silieren bedingte Fehlgärungen oder Nacherwärmungen vermindern die mögliche Silageaufnahme recht beträchtlich. Grassilage kann als alleiniges Futter für Milchkühe eingesetzt werden.

Behandlung der Silagen beim Füttern. Durch sorgfältige Siliertechnik können stabile Silagen erzeugt werden. Trotzdem sind auch bei der Entnahme aus dem Silo einige Regeln zu beachten:

- Möglichst kleine und glatte Anschnittflächen am Silostock.
- Kurze Lagerdauer zwischen Entnahme und Verfütterung der Silage.
- Keine Vorratshaltung von Silage auf dem Futtertisch.
- Silage mehrmals am Tag frisch den Kühen vorlegen oder Mischration nachschieben.

Bei unsachgemäßer Entnahme und Lagerung außerhalb des Silos kommt es zu Umsetzungen durch Bakterien, Hefen und Schimmelpilze. Dies führt zum Abbau von Milchsäure, Zucker und Eiweiß und somit zu Nährstoffverlusten. Gleichzeitig erwärmt sich die Silage, die Futteraufnahme wird beeinträchtigt. Weiterhin kann auch als Folge der Keimgehalt der Milch ungünstig beeinflußt werden.

Nasssilagen. Bei der Nasssilage aus Gras wird, wie bei der Anwelksilage, der Nährstoff- und Energiegehalt entscheidend durch den Schnittzeitpunkt bestimmt. Für die Silagebereitung wird das Gras nicht oder nur wenig angewelkt, der Trockenmassegehalt liegt zwischen 15 und 25 %. Triftige Gründe für die Bereitung von Nasssilage können nur ungünstige Witterungsverhältnisse (nahender Regen, geringe Sonnenscheindauer, Herbstgras) sein. Die kürzere Werbungsdauer vermindert zwar die Verluste auf dem Felde, allerdings wird durch den geringeren Trockenmassegehalt und das Anhaften von Sand die Bildung von Buttersäure gefördert und damit der Gärverlauf negativ beeinflußt. In der Regel kommt es daher nicht immer zu einer optimalen Milchsäurebildung. Die Essigsäuregehalte sind oft höher als in den Anwelksilagen (stechender Geruch), was die Futteraufnahme aber nicht grundsätzlich negativ beeinflußt.

Die Silierverluste (Essigsäure, Sickersaft) sind höher als bei der Anwelksilage, so dass die geringeren Feldverluste wieder ausgeglichen werden. Um dies zu vermeiden, empfiehlt sich der Einsatz chemischer, DLG-anerkannter Siliermittel der Wirkungsrichtung 1a. Die Futteraufnahme ist insbesondere durch die oftmals schechtere Vergärung und auch durch den geringen Trockenmassegehalt vielfach reduziert. Im Rohprotein-, Rohfaser- und Energiegehalt gibt es bei gleichen Schnittzeitpunkten und gleicher Graszusammensetzung zwischen Nass- und Anwelksilage bei sachgerechter Silierung grundsätzlich keine Unterschiede. Bei hochleistenden Kühen sollte zusätzlich Heu beziehungsweise stark angewelkte Silage verabreicht werden. Eine Begrenzung der Nasssilageration auf bis 7 kg Trockenmasse je Kuh und Tag ist von Vorteil.

Nasssilage empfiehlt sich nicht als Alleinfutter für hochleistende Milchkühe.

Heu

Heu ist ein wertvolles, aber mit einem hohen Wetterrisiko behaftetes Grobfutter. Das gilt besonders für die Bodentrocknung, bei der eine Schönwetterperiode von 3 bis 5 Tagen notwendig ist, um einen Trockenmassegehalt von mehr als 80 % zu erreichen. Durch die Unterdachtrocknung lassen sich die Werbungsdauer verkürzen und die Nährstoffverluste senken. Gut geborgenes Heu verändert seinen Nährstoffgehalt bei trockener Lagerung innerhalb eines Jahres kaum.

Neben der Witterung hat der Schnittzeitpunkt des Grases einen großen Einfluß auf die Qualität des Heues. Die mit zunehmendem Alter des Grases einsetzende Verholzung bewirkt eine Erhöhung des Rohfasergehaltes und eine Abnahme der Verdaulichkeit. Gleichzeitig sinken auch der Rohprotein- und der Energiegehalt deutlich ab.

Diese Zusammenhänge werden in der Tabelle 1 im Anhang deutlich.

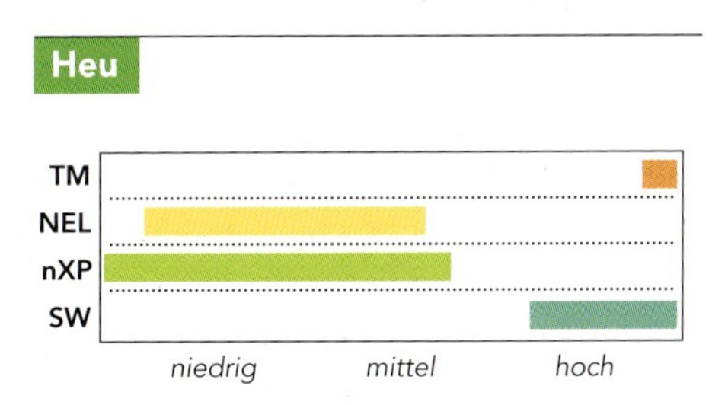

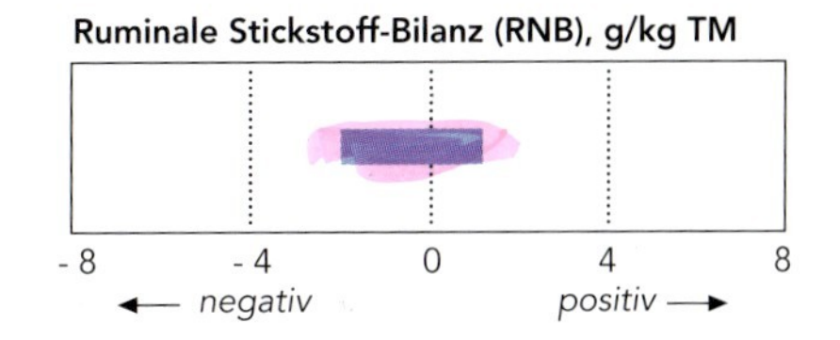

Mais

Die positive Entwicklung des Maisanbaus in der Bundesrepublik Deutschland kennzeichnet den steigenden Beliebtheitsgrad dieser Pflanze in der Fütterung.

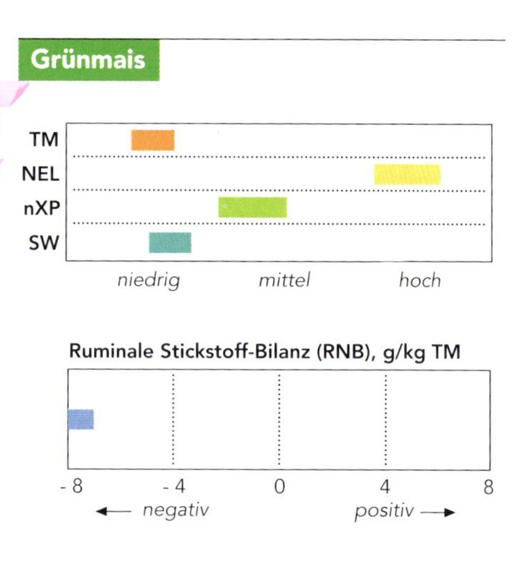

Dafür ist eine Reihe von Gründen verantwortlich. Der Mais stellt geringe Ansprüche an den Boden und bietet eine gute Verwertungsmöglichkeit für die Gülle. Er bringt hohe Erträge mit einer günstigen Energiekonzentration. Hinzu kommt seine vielseitige Verwendung in Form von Grünmais, Maissilage (mit unterschiedlichen Varianten), Lieschkolbenschrotsilage sowie Corn-Cob-mix (CCM) und schließlich der Körnermais.

Die Nährstoffzusammensetzung der Maispflanze ändert sich im Verlauf der Vegetation. Die Ursache liegt in der Verlagerung der Nährstoffe aus Stängeln und Blättern in die Kolben. Bis zur Teigreife nimmt die Nährstoffkonzentration im Kolben und auch in der Gesamtpflanze zu. Der günstigste Erntezeitpunkt liegt deshalb in der Teigreife. Anzustreben ist ein Trockenmassegehalt im Korn von 58 – 60 %. In diesem Stadium hat die Gesamtpflanze einen Trockenmassegehalt von 28 bis 35 %. In klimatisch ungünstigeren Lagen des Küstenraumes und der Mittelgebirge werden diese Trockenmassegehalte aber nur bei optimaler Witterung erreicht. Geringere Trockenmassegehalte sind vielfach gleichbedeutend mit geringerem Kolbenanteil und niedrigerer Energiekonzentration.

Die Nutzung der Maispflanze als Grünmais in der Milchreife mit Trockenmassegehalten um 22 % ist in der Regel nur in futterknappen Zeiten sinnvoll, weil Ertrag verschenkt wird. Bei abnehmendem Graswuchs im Herbst ist allerdings gehäckselter Grünmais für Milchkühe ein günstiges Übergangsfutter.

In der Regel wird der Mais als Futterkonserve für den Winter angebaut. Aufgrund seiner Nährstoffzusammensetzung (hoher Zuckergehalt, geringer Proteingehalt) besitzt er eine gute Siliereignung, besondere Siliérzusätze sind nicht erforderlich. Allerdings müssen, wie bei der Grassilagebereitung, auch hier alle siliertechnischen Regeln eingehalten werden.

In der Nährstoffzusammensetzung bestehen zwischen Grünmais und Maissilage keine wesentlichen Unterschiede.

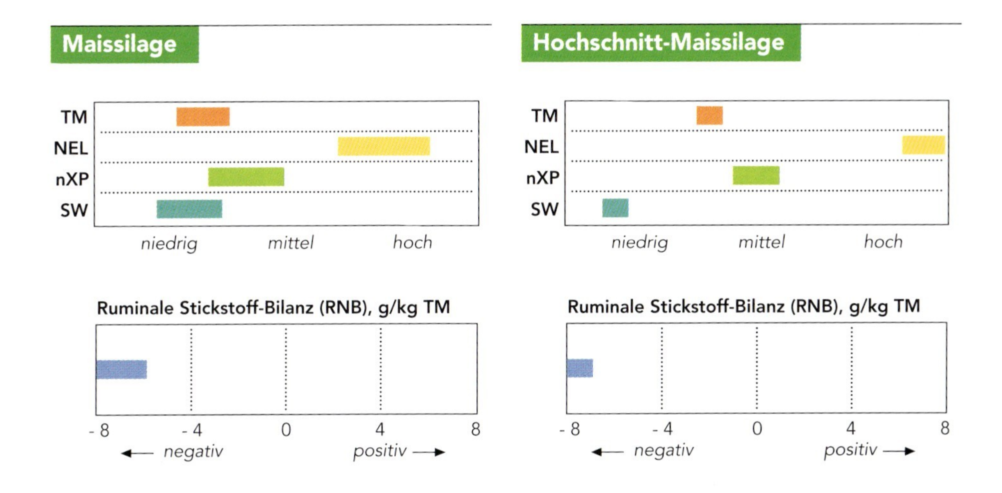

Maissilage

Grünmais und Maissilage sind energiereiche, eiweißarme Futtermittel mit mittlerem Rohfasergehalt. Maissilage nimmt eine Zwischenstellung zwischen Saftfutter mit Grobfutterwirkung und Grobfutter ein. Der Strukturwert nimmt mit steigendem Rohfasergehalt zu und ist im mittleren Bereich einzustufen. Dies erklärt sich dadurch, dass Maissilage ein Gemisch aus Restpflanze und Korn darstellt. Daher ist Maissilage auch nicht immer als alleiniges Grobfutter geeignet. Maissilage mit weniger als 28 % Trockenmasse kann etwa ein Drittel und Maissilage mit höheren Trockenmassegehalten etwa die Hälfte bis zwei Drittel der Grobfutterration ausmachen. In ausgewogenen Milchviehrationen ist es empfehlenswert, einen Maissilageanteil von 6 bzw. 9 kg TM je Kuh und Tag nicht zu überschreiten.

Hat die Maissilage einen Trockenmassegehalt von über 30 %, so kann ihr Anteil auf zwei Drittel der Grobfutterration erhöht werden. Dann kann es allerdings zu einer Energie-Überversorgung und überhöhten Mengen an beständiger Stärke kommen, der Kraftfuttereinsatz ist entsprechend zu reduzieren. Die Überversorgung mit beständiger Stärke ist insbesondere bei altmelken Tieren zu beachten.

Da die Maissilage eine Mischung aus Grobfutter (Stängel, Blätter, Spindel) und Kraftfutter (Korn) darstellt, lässt sich durch das Verhältnis von Korn und Restpflanze der Energiegehalt steuern. Somit hat man beispielsweise durch die Schnitthöhe ein Instrument zur Verfügung, um die für den einzelnen Betrieb richtige Balance zwischen Energiekonzentration einerseits und Energieertrag andererseits zu bestimmen. Durch den Hochschnitt steigt der Energiegehalt und sinkt der Strukturwert (s. Abb.)

Maissilage muss meistens durch Grassilage oder Heu ergänzt werden.

Tab. B 2.3

Energie-, Nährstoff- und Strukturwert verschiedener Teile der Gerste

Pflanzenteil	Rohfaser, g/kg TM	NEL, MJ/kg TM	nXP, g/kg TM	SW
Korn	57	8,1	164	- 0,06
Stroh	420	3,5	76	4,30
GPS	227	5,7	124	1,94

Getreide-Ganzpflanzensilage (GPS)

Die bekanntesten Ganzpflanzensilagen sind Grassilage und Maissilage. Heute werden mit diesem Begriff vorwiegend Silagen aus anderen Pflanzen, nämlich Gerste, Weizen und Ackerbohnen, bezeichnet, bei denen Körner und Stroh gemeinsam geerntet werden. Für die Ernte ist der Schnittzeitpunkt anzustreben, bei dem die Pflanze die höchste Energiekonzentration (MJ NEL/kg TM) besitzt. Außer dem Schnittzeitpunkt ist dafür das Korn-Stroh-Verhältnis maßgebend.

Beim Getreide sinkt die Energiekonzentration bis zur Blüte deutlich ab. Gerste und Weizen erreichen nach einem erneuten Anstieg des Energiegehaltes ein Maximum am Ende der Milchreife beziehungsweise zu Beginn der Teigreife. Durch die weitere Abreife findet eine schnelle Verholzung (Ligninbildung) der Halme statt, die wieder zu einem Absinken der Energiekonzentration führt.

Auch gute Gerstensilage erreicht nicht immer den Energiegehalt von guter Grassilage mit ähnlichen Rohfasergehalten. Die Rohproteingehalte sind mit denen von Maissilage vergleichbar, allerdings liegt der Energiegehalt der Maissilage je kg Trockenmasse um 15 % höher.

Zum Vergleich sind in der **obigen** Tabelle (B.2.3) noch die Nährstoff- und Energiegehalte von Gerstenkorn, Gerstenstroh und einem Gemisch von beiden aufgeführt. Offenbar gibt es jedoch regionale Unterschiede, die wesentlich im Korn : Stroh-Verhältnis begründet sind. Unter günstigen Bedingungen werden dann durchaus die Werte von Maissilage erreicht. Bisherige Erfahrungen

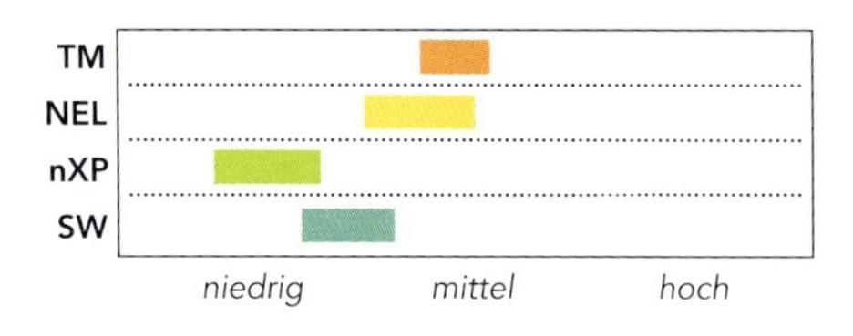

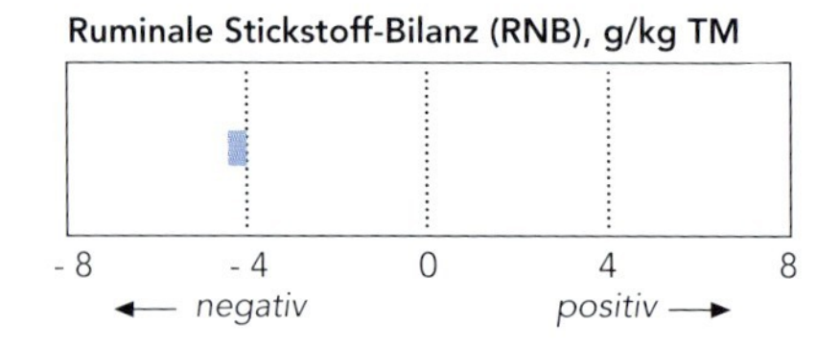

zeigen, dass Gerste mit einem Trockenmassegehalt von über 45 % in der Konservierung Schwierigkeiten bereitet (Schimmelbildung, Erwärmung). Es ist notwendig, kurz und exakt zu häckseln und gut zu walzen. Ganzpflanzensilagen sind kein alleiniges Grobfutter für hochleistende Kühe.

Raps und Rübsen

In der Regel werden Raps und Rübsen als Zwischenfrüchte angebaut. Sie stehen daher nur eine begrenzte Zeit des Jahres frisch zur Verfügung. Daraus ergeben sich Probleme in der Fütterung, die durch zu große Tagesmengen beziehungsweise zu hohe Sandgehalte im Futter verursacht werden. Es ist daher besser, diese Futtermittel nur begrenzt in der Ration zu berücksichtigen und frisch nicht verfütterbare Mengen rechtzeitig zu silieren. Als Problem ergeben sich die hohen Mengen an Sickersaft.

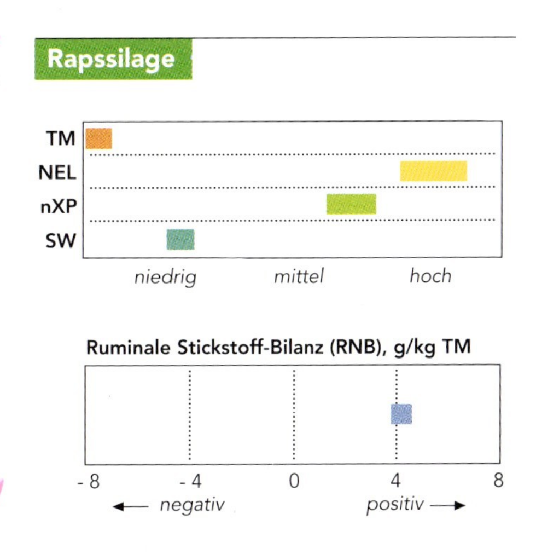

Raps und Rübsen sind hochverdauliche und energiereiche Futtermittel. Die Rohproteingehalte sind hoch und erreichen teilweise in Abhängigkeit von der Stickstoffdüngung Werte von mehr als 20 % in der Trockenmasse. Der daraus resultierende Eiweiß-(Stickstoff-)überschuss muss in der Gesamtration ausgeglichen werden. Infolge des geringen Trockenmassegehaltes sind diese Zwischenfrüchte eher begrenzt einzusetzen. Eine Begrenzung der Futtermenge auf 4 kg Trockenmasse je Kuh und Tag (30 bis 35 kg frisch bzw. siliert) und eine volle Grobfutterration (7 bis 8 kg TM) sind als Ausgleich notwendig. Wegen einer möglichen Geschmacksbeeinflussung der Milch ist die Fütterung erst nach dem Melken zu empfehlen.

Eine längere Lagerung von frischem Raps und Rübsen muss vermieden werden. Die Pflanzen enthalten häufig Nitrat, welches bei Erwärmung des Futters Nitratvergiftungen bei den Tieren verursachen kann (siehe Kapitel D.3.6).

Stoppelrüben und Markstammkohl

Stoppelrüben werden als Zwischenfrucht nach Getreide angebaut. Es handelt sich um sehr wasserreiche, rohfaserarme Futtermittel.

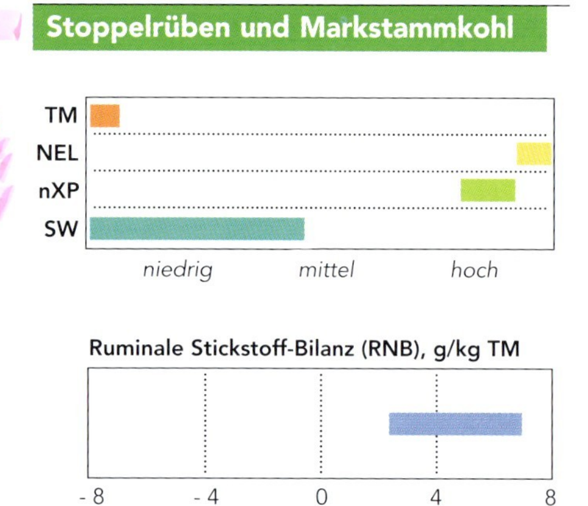

Im Herbst ist eine Frischverfütterung möglich und auch üblich. Allerdings gewinnt die Silierung inzwischen an Bedeutung, so dass Stoppelrüben über einen längeren Zeitraum dosiert eingesetzt werden können. Bei der Silierung ist der auftretende Gärsaft zu beachten. Wegen dieser Problematik und der Kohlhernie ist der Einsatz stark rückläufig.

Fütterungsprobleme ergeben sich aufgrund großer Tagesmengen und hoher Sandgehalte. Saubere Ernteverfahren sind daher wichtig.

Markstammkohl wird als Haupt- und als Zwischenfrucht angebaut. Da er frostverträglich ist, kann er bis in den Winter hinein frisch verfüttert werden. Eine Silierung ist nach Zerkleinerung ebenfalls möglich. Der Wassergehalt ist aber sehr hoch, die Rohprotein- und Rohfasergehalte sind gering bis mittel.

Stoppelrüben und Markstammkohl sind energiereiche Futtermittel, die in ihrer Wirkung dem Kraftfutter nahe kommen. Ihre fehlende Struktur muss in der Ration durch eine volle Grobfuttergabe ausgeglichen werden.

Beim Einsatz von Stoppelrüben und Markstammkohl sind einige Fütterungshinweise zu beachten. Eine Begrenzung auf etwa 4 kg Trockenmasse je Tier und Tag ist zu empfehlen. Das sind 30 bis 40 kg der frischen beziehungsweise silierten Futtermittel. Höhere Mengen führen zu unausgeglichenen Rationen, weil von den Tieren daneben nicht mehr genügend Grobfutter aufgenommen wird. Außerdem ist eine Geschmacksbeeinflussung der Milch zu erwarten. Aus diesem Grunde sollte die Verfütterung möglichst nach dem Melken erfolgen.

Stroh

Stroh wird seit jeher in der Rindviehhaltung neben der Einstreu auch als Futtermittel eingesetzt. Gerade in futterknappen Jahren steigt der Beliebtheitsgrad sprunghaft an. Das liegt daran, dass Stroh die Funktion der Grobfuttermittel Heu- und Grassilage übernehmen kann, wenn die Ernten unterdurchschnittlich ausgefallen sind. Stroh hat einen Rohfasergehalt von über 40 % und infolge der hohen physikalischen Struktureffekte einen optimalen Strukturwert.

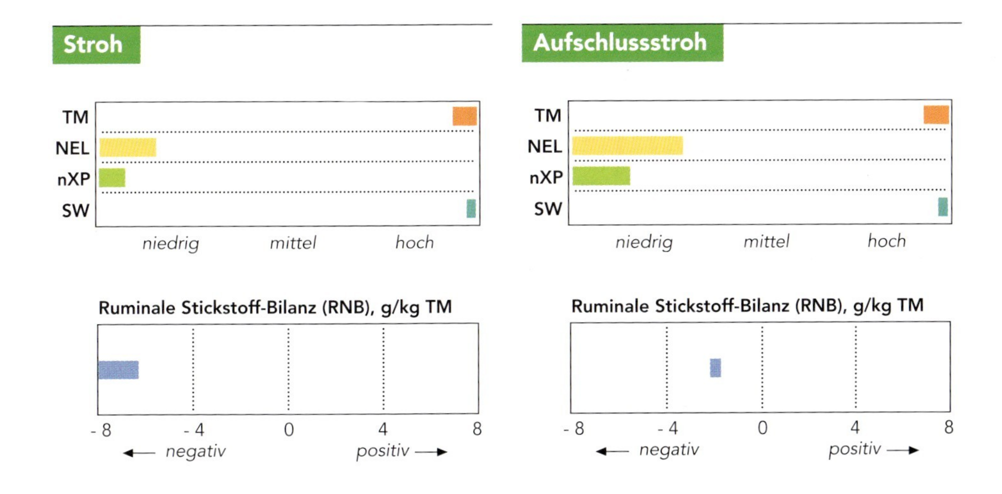

Allerdings sind der Rohprotein- und der Energiegehalt besonders niedrig. Ursache für den niedrigen Energiegehalt ist die schlechte Verdaulichkeit. Stroh ist zwar reich an Zellulose, aber diese ist von einer inkrustierenden Substanz, dem Lignin, umgeben, welches die Zellulose vor dem mikrobiellen Abbau im Pansen weitgehend schützt. Der Stroheinsatz ist demnach auf folgende Bereiche begrenzt:

- Als Grobfutter zu hochverdaulichen Futtermitteln (Weidegras, Zuckerrübenblatt, Zwischenfrüchte), um hier die Strukturwirkung zu übernehmen,
- als Sättigungsfutter bei Tieren mit geringer Leistung, altmelkenden und vor allem bei trockenstehenden Kühen.

Maximal können etwa 6 kg TM aus Stroh je Kuh und Tag aufgenommen werden.

Allerdings wird mit dieser Menge noch nicht einmal der Erhaltungsbedarf gedeckt. Stroh ist deshalb als alleiniges Futtermittel nicht geeignet. Bei hochleistenden Kühen ist sein Einsatz überhaupt nicht möglich, ohne eine Nährstoffunterversorgung in Kauf zu nehmen.

Aufschlussstroh

Es wird schon seit geraumer Zeit versucht, durch einen Aufschluss den Futterwert von Stroh zu verbessern. Aufschlusssubstanzen sind Natronlauge (NaOH) und Ammoniak (NH_3). Durch diese Mittel wird die Zellulose dem mikrobiellen Abbau teilweise wieder zugänglich gemacht, die Verdaulichkeit und auch die Futteraufnahme steigen an. In der Praxis kann die Verbesserung der Verdaulichkeit bis zu 10 %-Punkte betragen. Dadurch steigt der Energiegehalt des behandelten Strohs gegenüber unbehandeltem Stroh um etwa 20 bis 25 %. Die Trockenmasseaufnahme erhöht sich um etwa 50 bis 60 %. In den letzten Jahren wurde vorrangig mit Ammoniak als Aufschlussmittel gearbeitet. Der Umgang mit flüssigem Ammoniak ist allerdings nicht gefahrlos, entsprechende Auflagen haben dazu geführt, dass solche Verfahren nur in „Notzeiten" Anwendung finden.

Aufgeschlossenes Stroh eignet sich, die Wirtschaftlichkeit des Aufschlusses vorausgesetzt, vor allem für die Jungrinderaufzucht.

Der Kraftfutteraufwand kann durch diese Maßnahme auf die Hälfte reduziert werden. Allerdings dürfen die Kosten für den Stroh-Aufschluss den Wert der Kraftfuttereresparnis nicht übersteigen. Für die Milchviehfütterung ist Aufschlussstroh, wie schon erwähnt, nur in futterknappen Zeiten sinnvoll. Allerdings bleibt dabei zu bedenken, dass es sich dann um ein Verfahren auf „Abruf" handelt, für das im Moment des Bedarfs häufig die technischen Vorrichtungen fehlen.

Zuckerrübenblätter

Zuckerrübenblätter sind in frischem und siliertem Zustand ein beliebtes Futtermittel. Zuckerrübenblattsilage wird auch bei sehr unbefriedigendem Gärverlauf von den Tieren noch gern gefressen. Einen entscheidenden Einfluß auf die Silagequalität und den Nährstoffgehalt der Silage hat die Verschmutzung. Abgesehen von der Witterung spielt dabei das Ernteverfahren eine große Rolle. Neue Verfahren haben inzwischen aber zu günstigeren Erntebedingungen geführt.

Vielfach kommt das Blatt bei der Ernte nicht mehr mit dem Boden in Berührung, wodurch die Verschmutzung deutlich vermindert wird. Allerdings haben verschiedene Vollernter Schlegelköpfer, die das Blatt vorwiegend ohne Rübenkopf bergen. Dadurch sinkt die Erntemenge um etwa 15 %, was beim Zukauf von Zuckerrübenblatt nach Anbaufläche Beachtung verdient. Die Differenz im Energiegehalt zwischen sauberen und verschmutzten Zuckerrübenblättern beträgt rund 20 %. Bei einem Rationsanteil von 5 kg Trockenmasse entspricht diese Differenz etwa dem Energiewert von 1 kg Kraftfutter. Der Trockenmassegehalt der Zuckerrübenblätter, ob frisch oder als Silage, liegt fast immer unter 20 %. Der Rohproteingehalt kommt mit 13 bis 14 % dem von mittlerer Grassilage gleich. Der Rohfasergehalt ist sehr nied-

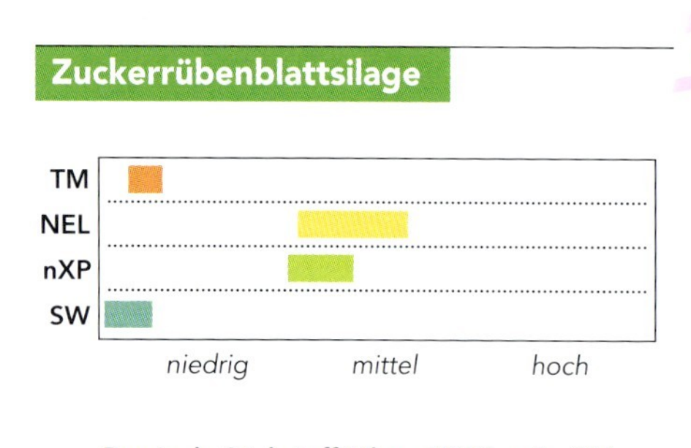

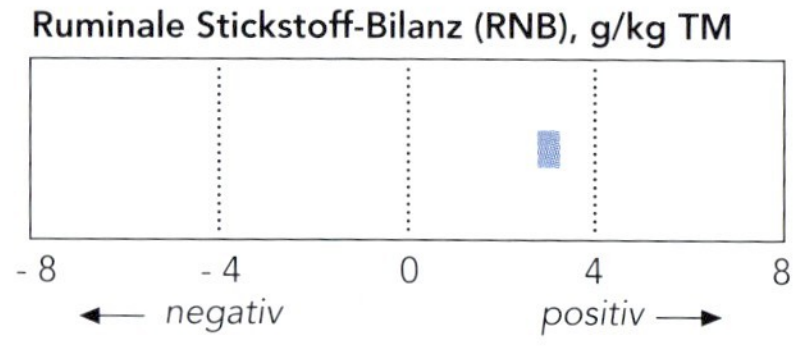

rig und mit dem von Kraftfutter vergleichbar. Zuckerrübenblatt muss in der Ration durch Grobfutter ergänzt werden.

2.2 Saftfutter

Biertreber

Bei der Biertreberherstellung fallen die Biertreber am Ende des Maischprozesses an. Es handelt sich um die Rückstände des Malzes, das aus der entkeimten Gerste hergestellt wird. Sie enthalten Spelzen, Schalen, Fett, Stärkereste sowie etwa 75 % des Proteins vom Ausgangsmaterial.

Eine Trocknung lohnt bei den derzeitigen Energiekosten nicht, so dass nur eine Verfütterung der frischen oder silierten Biertreber in Frage kommt. Der Trockenmassegehalt der frischen Biertreber schwankt in Abhängigkeit vom Brauverfahren zwischen 20 und 25 %. Erfolgt die Abrechnung über ein Volumenmaß (Scheffel, Sud), so werden diese Unterschiede teilweise ausgeglichen. Wird allerdings über Gewicht verkauft, so sollte der Trockenmassegehalt beim Kauf berücksichtigt werden.

Frische Biertreber sind nur 3 bis 4 Tage ohne Nachteile zu lagern. Ist eine kontinuierliche Belieferung nicht möglich, so ist das Silieren notwendig. Bei Beachtung der Siliergrundsätze wird eine einwandfreie Qualität erzielt. Allerdings ist, wie bei anderen Futtermitteln auch, mit rund 5 – 10 % Silierverlusten zu rechnen.

Bei den üblichen Biertrebern treten außerdem etwa 15 % Haftwasser aus. Hierdurch steigt der Gehalt an Trockenmasse von 21 % bei der Anlieferung auf etwa 24 %. Die Nährstoffgehalte in diesem Sickersaft sind gering, dennoch ist ein Auffangen erforderlich. Zu empfehlen ist das Abbinden des Sickersaftes über einer Unterlage von 5 % Melasseschnitzel.

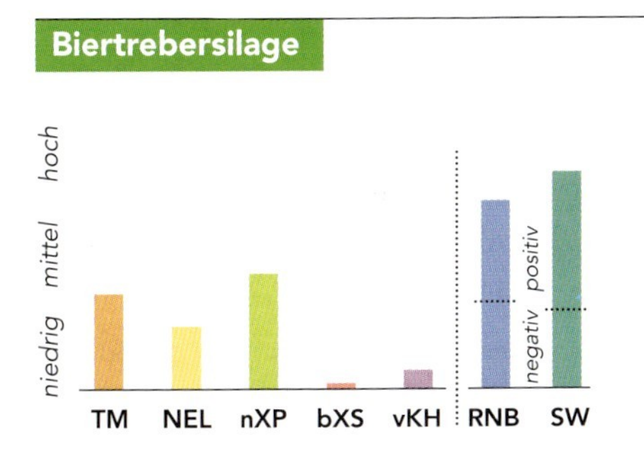

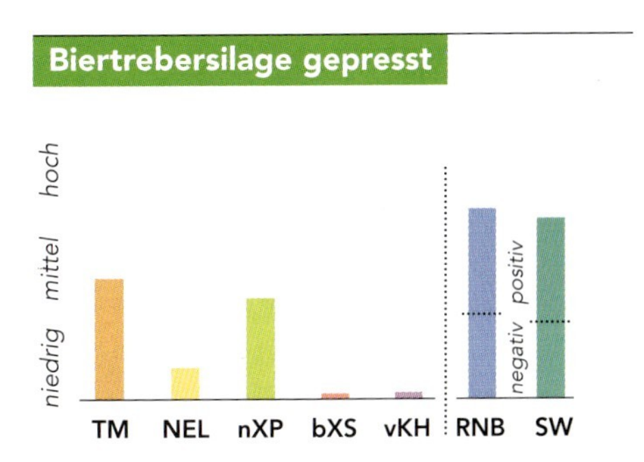

Abbildung B.2.4

Biertrebersilage

Biertreber haben im Vergleich zu Kraftfutter einen mittleren Energiegehalt. Wegen des hohen Eiweißgehaltes eignen sie sich besonders zum Ausgleich eiweißarmer Futtermittel. Auf Grund der hohen Beständigkeit des Proteins im Vormagen liegt der nXP-Gehalt vergleichsweise hoch.

An Milchkühe werden üblicherweise 6 bis 10 kg Biertreber beziehungsweise Biertrebersilage, im Einzelfall bis zu 15 kg täglich je Tier und Tag verfüttert. Im allgemeinen ist davon eine positive Beeinflussung der Milchleistung zu erwarten. In Versuchen wurde bei einer Menge von 15 kg täglich ein positiver Einfluss auf die Milchleistung festgestellt, ohne dass der Fettgehalt absank. Allerdings wurde hier auch konsequent Kraftfutter und nicht etwa Grobfutter durch Biertreber ersetzt.

Der Energiegehalt wird teils sehr unterschiedlich angegeben, Studien haben gezeigt, dass der in Verdauungsversuchen ermittelte Gehalt an ME bzw. NEL stark von der an die Hammel verfütterten Trebermenge bzw. deren Anteil in der Ration abhängt. Da diese oft weit höher lagen als vergleichbare Anteile in Milchvieh-Rationen, darf der NEL-Gehalt realistisch mit 6,9 MJ/kg TM angesetzt werden.

Lieschkolbenschrotsilage

Lieschkolbenschrotsilage (LKS) fällt bei der Ernte von Maiskolben an und ist ein energiereiches Kraftfutter mit 8,0 bis 8,4 MJ NEL/kg TM je nach Kornanteil. Sie besitzt einen niedrigen Rohfasergehalt und einen eher geringen Strukturwert und kann demnach nur anstelle von Kraftfutter gezielt nach Leistung eingesetzt werden. Bei niederleistenden Kühen besteht die Gefahr der Überversorgung mit Energie und beständiger Stärke. Auf ein ausgeglichenes Eiweiß-Energieverhältnis in der Gesamtration ist zu achten.

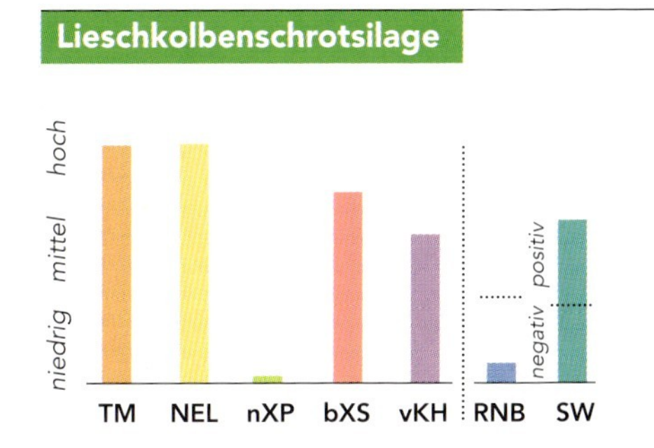

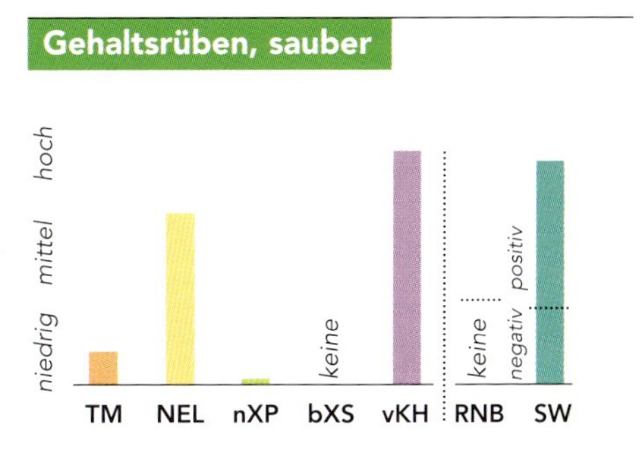

Rüben

Rüben gehören zu den ältesten und bekanntesten wirtschaftseigenen Futtermitteln. Aus arbeitswirtschaftlichen Gesichtspunkten und wegen der fehlenden Flächenbeihilfe ist der Rübenanbau vor allem in Betrieben mit größeren Kuhbeständen rückläufig.

Infolge der hohen Verdaulichkeit werden die Rüben von den Kühen gerne gefressen. Vor der Verfütterung ist eine Reinigung und Zerkleinerung erforderlich.

Rüben zeichnen sich durch einen hohen Wassergehalt aus. Trotzdem ist die Energiekonzentration höher als bei allen anderen wirtschaftseigenen Futtermitteln. Sie ist vergleichbar mit guten Kraftfuttermitteln.

Die Rohproteingehalte sind niedrig, so dass Rüben über eine sehr stark negative RNB verfügen und daher besonders zum Ausgleich eiweißreicher Futtermittel in der Ration geeignet sind.

Je nach Trockenmassegehalt liefern 6 bis 8 kg Rüben die Energie von 1 kg Kraftfutter. Der Grobfutteranteil kann in einer Ration mit Rüben kleiner sein als in einer Ration ohne Rüben, da Futterrüben eine eher positive Strukturwirkung besitzen. Zu empfehlen ist jedoch der Austausch gegen Kraftfutter. Pro Tag sollten nicht mehr als 4 kg Trockenmasse Rüben je Kuh verfüttert werden.

Die Lagerung der Rüben erfolgt gewöhnlich in frostsicheren Mieten. Die Verluste betragen dabei 10 bis 15 %. Die mit dieser Lagerung und anschließenden Verfütterung verbundene Handarbeit ist beträchtlich. Daher werden die Rüben teils mit Mais zusammen im Verhältnis 1 : 3 siliert.

Allerdings erfordert dieses Verfahren einen höheren technischen Aufwand während des Silierens. Für die Verfütterung wird dagegen kein zusätzlicher Arbeitsgang und keine gesonderte technische Einrichtung benötigt.

Die Nährstoffverluste dürften im Bereich der allgemeinen Silierverluste von etwa 10 % liegen. Nachteilig ist der hohe Wassergehalt, besonders dann, wenn der Mais selbst nur 28 % Trockenmasse erreicht. Durch die Beimischung von 20 % Rüben sinkt der

Trockenmassegehalt der Gesamtsilage von 28 % auf rund 25,6 %. Mit 25 kg Maissilage werden bei diesem Mischungsverhältnis nur 5 kg Rüben pro Kuh und Tag verfüttert.

Kartoffeln

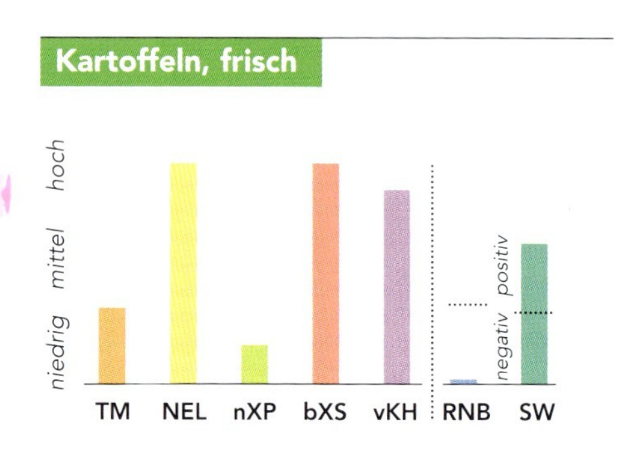

Kartoffeln sind sehr stärkereich und haben somit einen sehr hohen Energiegehalt. Da zudem die Beständigkeit der Stärke bei frischen Kartoffeln mit 30% recht hoch ist, eignen sich Kartoffeln für hochleistende Kühe, sofern sie sinnvoll in die Ration eingebracht werden. Dabei ist auf zwei Dinge zu achten: Kartoffeln müssen schmutzarm und frei von grünen Stellen sein (Gefahr von Solanin). Außerdem besteht bei der Verfütterung ganzer Kartoffeln die Gefahr von Schlundverstopfungen. Beim Einmischen im Mischwagen treten in der Regel keine Probleme auf. Wichtig ist der kontinuierliche Einsatz, da die Kuh sich (und die Vormägen) an die hohen Stärkemengen adaptieren muss.

Nebenprodukte der Kartoffelverarbeitung wie z.B. **Kartoffelpülpe, Schälabfälle** oder **Rückstellungen** fallen regional in unterschiedlichen Mengen und Nährstoffzusammensetzungen an. Auch hier handelt es sich meist um Produkte mit recht hohen Energiegehalten. Eine Analyse empfiehlt sich vor allem dann, wenn größere Mengen über einen längeren Zeitraum eingesetzt werden. Solche Produkte sind oftmals preiswert zu haben und eignen sich ganz besonders als Komponente in Futtermischungen (TMR).

Bei **Nebenprodukten der Herstellung von Pommes-Frites** ist unbedingt darauf zu achten, ob hier bereits Fett-Zusätze enthalten sind. In diesen Fällen ist der Fettgehalt meist begrenzend für den Einsatz. Analysenergebnisse oder eine verlässliche Deklaration sollten dann unbedingt vorliegen.

Vorsicht ist geboten, wenn davon ausgegangen werden muss, dass „gebrauchte" Fritierfette enthalten sind. Diese entsprechen oft nicht den Anforderungen an Futterfette.

Maiskleberfutter (siliert)

Maiskleberfutter (Cornglutenfeed) fällt bei der Stärkefabrikation (Nassverfahren) aus Mais an. Es handelt sich dabei nicht um ein einheitliches Produkt, sondern um ein Gemisch aus Maiskleber, stärkehaltigen Maisschalen und Maispülpe. Genau genommen handelt es sich somit um ein Mischfutter. Die futtermittelrechtlich vorgegebene Beschreibung ist etwas vage, so dass ein relativ großer Spielraum in der Zusammensetzung besteht. Da dies aber mit zollrechtlichen Bestimmungen zu tun hat, ist im Moment eine Änderung kaum durchführbar.

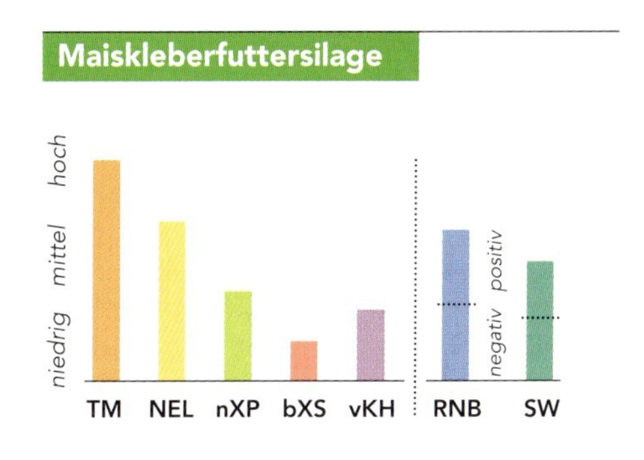

Das unterschiedliche Mischungsverhältnis kann auch einen schwankenden Rohproteingehalt zur Folge haben.

Erfahrungsgemäß liegt der Rohproteingehalt mehr an der unteren Grenze. Der Rohfasergehalt erreicht in der Regel Werte unterhalb von 10 %. Insofern zählt Maiskleberfutter zu den energiereichen Futtermitteln (s. auch Maiskleberfutter S.76).

Bei dem nassen Maiskleberfutter handelt es sich um Produkte einzelner europäischer Stärkefabriken. Die Praxis zeigt, dass hier im Gegensatz zu dem getrockneten, auf dem Weltmarkt gehandelten Maiskleberfutter eine hohe Konstanz in der Zusammensetzung gegeben ist. Zu beachten sind beim Einkauf mögliche Schwankungen im Trockenmassegehalt.

Möhrentrester (siliert)

Aus der Gewinnung von Möhrensaft resultieren die Möhrentrester. Die Trockenmassegehalte schwanken zwischen 12 und 16 %. Es ist davon auszugehen, dass der Futterwert mit dem von Pressschnitzeln vergleichbar ist. Aktuelle Bestimmungen zur Verdaulichkeit liegen nicht vor.

Pressschnitzel

Bei der Zuckerherstellung fallen Nassschnitzel an, die frisch oder getrocknet ein beliebtes Futtermittel sind. Die Trocknung wird im Zuge der Energieverteuerung ökonomisch problematisch. Daher ist die direkte Abgabe der Nassschnitzel an die Landwirtschaft sinnvoll. Der Wassergehalt der Nassschnitzel ist mit rund 90 % sehr hoch, durch Pressen

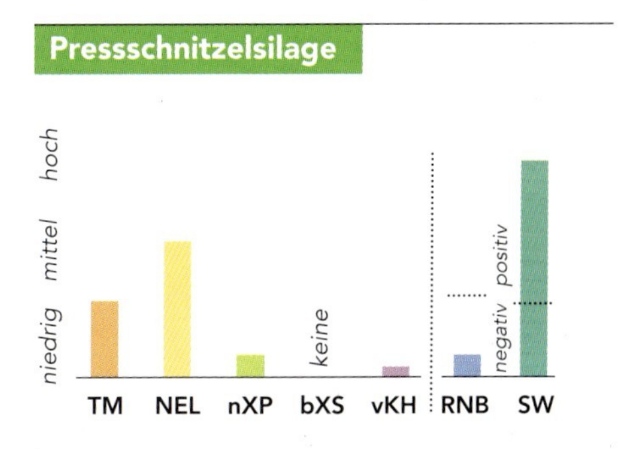

kann ein Teil dieses Wassers entzogen werden. Die so gewonnenen Pressschnitzel erreichen einen Trockenmassegehalt von etwa 20 – 25 %, zum Teil auch über 25 %. Damit wird die zu transportierende Masse auf die Hälfte reduziert, die Schnitzel werden für Silierung und Verfütterung in der Handhabung vorteilhafter.

Die Pressschnitzel verlassen den Produktionsprozess mit einer Temperatur von 50 °C. Schnelles Befüllen und Abdecken der Silos ist für einen zügigen Gärverlauf wichtig. Auf das Festwalzen sollte nicht verzichtet werden. Die Temperatur im Innern des Silos sinkt jeden Tag etwa um 1 °C, so dass nach einem Monat mit der Fütterung begonnen werden kann.

Pressschnitzel sind eiweißarm, energiereich und haben einen mittleren Rohfasergehalt. Infolge des relativ langsamen Abbaus inden Vormägen zählen sie zu den strukturreichen Saftfuttermitteln. Allerdings besitzen sie einen hohen Anteil an Zellulose und Pektin, die für die Milchviehfütterung günstig sind. Obwohl Fütterungsversuche mit sehr großen Pressschnitzelmengen erfolgreich durchgeführt worden sind, sollte in der Praxis die Tagesmenge auf 20 bis 30 kg (4 bis 6 kg Trockenmasse) je Kuh beschränkt werden. Eine Ergänzung durch Grobfutter ist erforderlich.

Als weiteres Futtermittel werden seit einigen Jahren Rübenkleinteile angeboten. Hierbei handelt es sich um ein Gemisch aus Rübenspitzen und Rübenköpfen. Das Produkt wird zerkleinert und abgepresst ausgeliefert. Der Gehalt an Trockenmasse schwankt zwischen 12 und 18 %. Die Verdaulichkeit liegt im Bereich von Zuckerrübenblattsilage. Es resultieren daher Energiegehalte unterhalb von 6,5 MJ NEL/kg TM.

Schlempe

Schlempen fallen bei der Korn- oder Kartoffelbrennerei an. Sie haben daher meist nur regionale Bedeutung. Oft wird Rindermast betrieben, um die Schlempe einer sinnvollen Verwertung zuzuführen. Die Bedeutung geht aber derzeit zurück.

In der Milchviehfütterung lässt sich Schlempe einsetzen. Im allgemeinen wird sie frisch und in heißem Zustand verabreicht, die Tiere regeln die Futteraufnahme bei abfallender Temperatur.

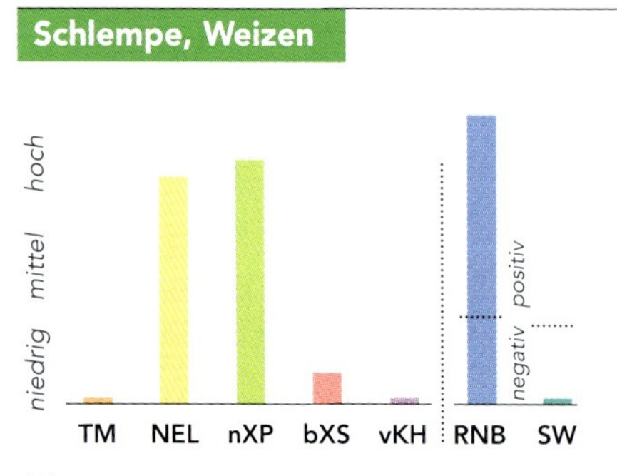

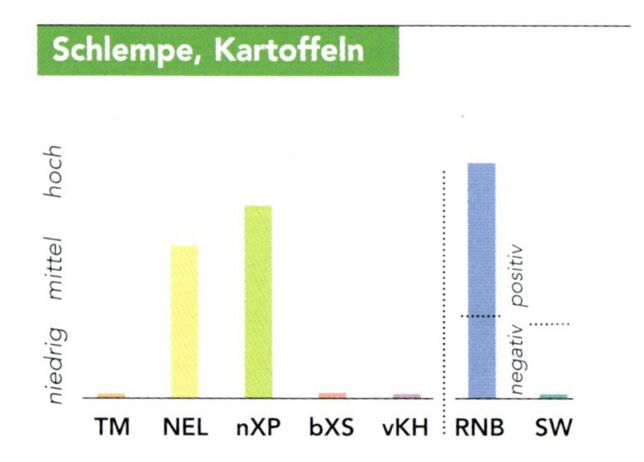

Ein Problem ist der sehr geringe Trockenmasse-Gehalt (4 – 7 %). Dieser macht eine Beurteilung der Energie- und Nährstoffversorgung schwierig, da beispielsweise eine Differenz von 1 %-Punkt im TM-Gehalt (z. B. 4 statt 5 %) bereits eine Differenz von 20 % im Energiegehalt eines kg Schlempe darstellt.

Mit der Zunahme der Bio-Äthanol-Gewinnung könnte der Anteil Schlempen in der Fütterung steigen. Allerdings ist davon auszugehen, dass dann großtechnische Anlagen errichtet werden und die Schlempen in getrockneter Form vermarktet werden.

Bei regelmäßigem Einsatz frischer Schlempe sollte der TM-Gehalt regelmäßig überprüft werden.

2.3 Kraftfutter

Einzelfuttermittel (Kraftfuttermittel)

Einzelfuttermittel oder Einzelkomponenten sind die im Handel befindlichen und gesetzlich zugelassenen pflanzlichen und tierischen (Milchprodukte) Erzeugnisse. In der Positivliste sind rund 320 Einzelfuttermittel aufgeführt. Für die Milchviehfütterung kommen ausschließlich Erzeugnisse pflanzlicher Herkunft in Betracht.

Neben ganzen Pflanzensamen spielen Nebenerzeugnisse, die bei der Nahrungs- und Genußmittelproduktion anfallen, die größte Rolle. Der Wiederkäuer kann diese Futtermittel durch sein spezielles Verdauungssystem, im Gegensatz zu anderen Tierarten, besonders gut verwerten.

Die meisten Einzelfuttermittel kommen nicht direkt auf den landwirtschaftlichen Betrieb, sondern in Form von Mischfutter. Trotzdem ist die Kenntnis der Eigenschaften zur richtigen Einordnung der jeweiligen Einzelfuttermittel notwendig. Besonders auch deshalb, weil viele dieser Futtermitteln infolge von Bearbeitung und Behandlung und aufgrund ihrer Herkunft im Nährstoffgehalt erheblich schwanken können. Nachfolgend werden die wichtigsten Einzelfuttermittel kurz beschrieben.

Zur besseren Übersicht werden daneben die Gehalte an Energie (NEL), nutzbarem Rohprotein (nXP), beständiger Stärke (bXS), pansenverfügbaren Kohlenhydraten (unbeständige Stärke und Zucker) (vKH) sowie die Ruminale Stickstoff-Bilanz (RNB) und der Strukturwert (SW) in einer Grafik dargestellt.

Ackerbohne

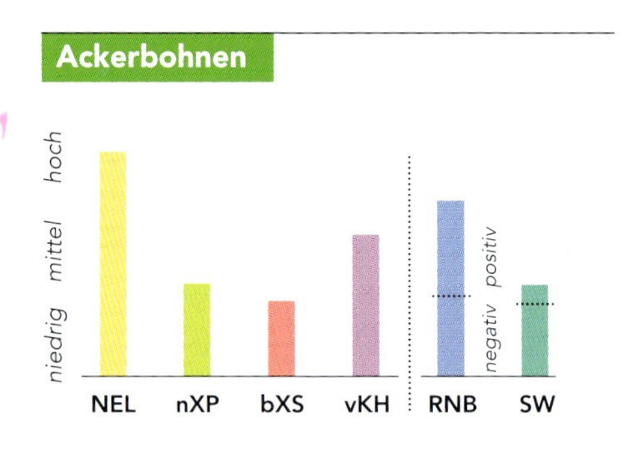

Die Ackerbohne wächst auch in unserem Klima, wird aber vorwiegend in wärmeren Bereichen angebaut. Die Samen befinden sich in einer Hülse und sind je nach Art 2 bis 4 cm lang. Ihre Farbe schwankt von hell- bis dunkelbraun. Der Fettgehalt ist mit etwa 2 % sehr gering. Der Rohproteingehalt erreicht in der Trockenmasse nahezu 30 % und kennzeichnet die Bohne als Eiweißfuttermittel. Da der Anteil an unabbaubarem Rohprotein jedoch mit 15 % relativ niedrig liegt, resultiert ein vergleichsweise niedriger nXP-Wert. Der Rohfasergehalt liegt bei 8 bis 10 %. Der größte Teil der N-freien Extraktstoffe besteht aus Stärke, so dass der Energiegehalt den Wert der Gerste erreicht.

Die biologische Wertigkeit des Bohneneiweißes ist unterdurchschnittlich. Für die Rinderfütterung hat das aber keine Bedeutung, so dass einem Einsatz aus ernährungsphysiologischer Sicht nichts im Wege steht.

In Milchviehmischfuttern kann die Ackerbohne zum Ausgleich der RNB gut verwendet werden. Es ist aber zu berücksichtigen, dass der hohe Gehalt von etwa 40 bis 45 % Stärke und der eher mäßige Gehalt an nXP die Einsatzmenge begrenzen.

Babassukerne

Babassukerne sind die Früchte der Babassupalme. Diese wird 15 bis 20 m hoch und trägt am Ende 15 bis 20 gefiederte bis zu 6 m lange Wedel. Zwischen den Wedeln hängen die ein bis zwei Meter langen Fruchtbündel. Die Einzelfrüchte haben etwa die Größe eines Gänseeies. Die Kerne sind von einer Steinschale, vom Fruchtfleisch und von einer Faserschicht umgeben. Die Kerne sind sehr fettreich (über 60 %) und dienen der Ölgewinnung. Die dabei anfallenden Rückstände sind **Babassukuchen** beziehungsweise **Babassuextraktionsschrot**. Sie sind den Kokos- und Palmkernprodukten ähnlich. In der Regel liegen die Babassuerzeugnisse im Eiweißgehalt etwas höher und im Energiegehalt etwas niedriger. Letzteres ist auf den höheren Rohproteingehalt zurückzuführen.

Baumwollsaat

Bei der Baumwollsaat handelt es sich um die Früchte der Baumwollpflanze, die etwa einen Meter hoch wird. Sie wird in den Tropen und Subtropen angebaut. Die

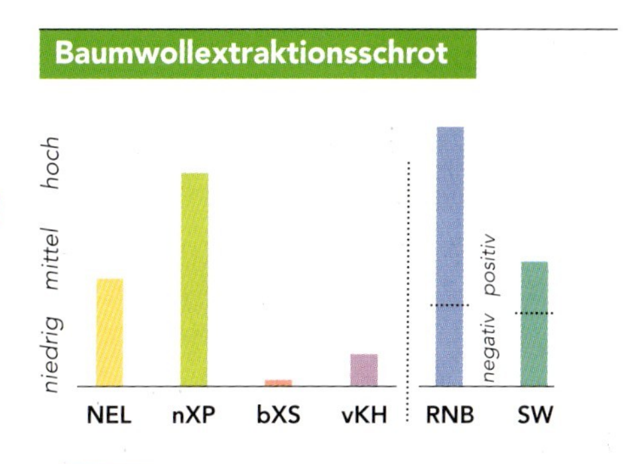

Samen befinden sich in Kapseln und sind von feinen Haaren, die die Baumwollfaser liefern, umgeben und enthalten 15 bis 30 % Öl. Bei der Ölgewinnung fallen als Nebenprodukte die **Baumwollsaatkuchen** beziehungsweise **-extraktionsschrote** an.

Der Futterwert ist abhängig von dem Schalenanteil, und zwar wird geschälte, teilgeschälte und ungeschälte Saat hergestellt. Die Nährstoffgehalte schwanken erheblich, weil die Schalen viel Rohfaser enthalten, die zudem schlecht verdaulich ist. Der Rohproteingehalt liegt zwischen 25 und 50 % und der Rohfasergehalt zwischen 10 und 25 %. Daraus ergeben sich auch wechselnde Energiegehalte. Gerade bei diesem Futtermittel wird deutlich, dass der Name einer Komponente nicht für Qualität bürgt, sondern dass eine nähere Definition noch erforderlich ist.

Baumwollsaatprodukte sind als Kraftfutterkomponenten gut geeignet. Vorsicht ist lediglich bei der Verfütterung an Jungtiere angebracht, weil die Baumwollsamen das giftig wirkende Gossypol enthalten.

Zur Zeit ist der Einsatz von Baumwollsaatrückständen wegen der häufig vorkommenden Aflatoxingehalte erheblich eingeschränkt.

Erdnuss

Die Erdnuss ist eine Pflanze der Tropen. Sie ist ein Schmetterlingsblütler und wird als krautiges Gewächs etwa 50 bis 80 cm hoch. Allerdings wachsen nach dem Abblühen die Blütenstängel in die Erde und bilden dort die Fruchtanlagen. Die ausgereifte Frucht ist eine 4 bis 5 cm lange Hülse, die meist zwei Samenkörner enthält. Geschälte Erdnüsse enthalten etwa 50 % Fett, die Schalen rund 50 % Rohfaser mit schlechter Verdaulichkeit. Die Ölgewinnung erfolgt aus geschälten, teilweise geschälten beziehungsweise ungeschälten Erdnüssen.

Die Qualität der **Erdnusskuchen** beziehungsweise **-extraktionsschrote** ist daher sehr unterschiedlich. Der Rohfasergehalt liegt zwischen 6 und 28 %. In Abhängigkeit vom Rohfasergehalt variiert auch der Energiegehalt je kg TM von 5,0 bis 7,5 MJ NEL. Für die Rinderfütterung sind Erdnussprodukte gut geeignet. Allerdings bereitet der schwer kontrollierbare Aflatoxingehalt häufig erhebliche Schwierigkeiten. Viele Firmen sehen daher zur Zeit von einer Verwendung der Erdnussprodukte im Mischfutter ab.

Erbse

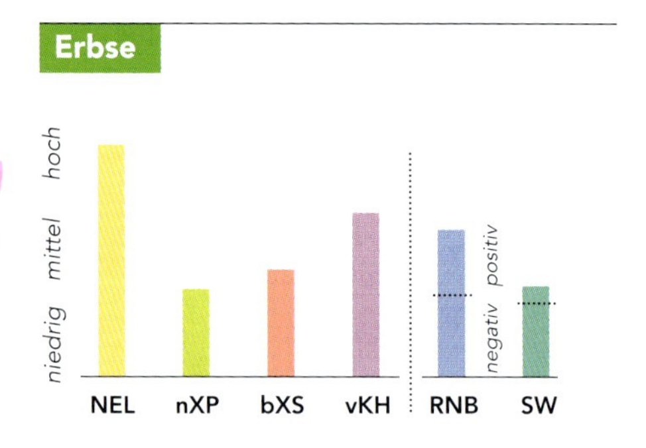

Die Erbse ist eine Hülsenfrucht im gemäßigten Klimabereich und wird vorwiegend für die monogastrische (Mensch, Geflügel etc.) Ernährung angebaut.

Durch die Förderung des Körnerleguminosenanbaus innerhalb der EG findet sie aus futterbaulicher Sicht jetzt größeres Interesse, so dass auch für Rinder Erbsen zur Verfügung stehen. Die runden Früchte haben eine gelbe, grüne oder graue Farbe.

Der Futterwert der Erbsen ist sehr hoch. Der Rohfasergehalt liegt meistens unter 2 %, der Rohproteingehalt erreicht im Mittel 25 % und schwankt nur gering. Die Beständigkeit des Rohproteins ist mit 15 % niedrig, was den relativ geringen nXP-Gehalt erklärt.

Die Erbsen zählen zu dem stärkereichen Futtermitteln und haben demzufolge einen sehr hohen Energiegehalt. Sie sind für die Mischfutterherstellung gut geeignet; eine mengenmäßige Begrenzung auf 20 bis 30 % in der Mischung wird allerdings durch den hohen Stärkegehalt von 55 bis 60 % und den mäßigen nXP-Gehalt erforderlich.

Getreide

Das Getreide dient weltweit in erster Linie der menschlichen Ernährung, wird aber auch in größeren Anteilen in der Fütterung von Schweinen und Geflügel eingesetzt. Neben den bei uns bekannten Arten **Roggen, Weizen, Triticale, Gerste, Hafer** und **Mais** gibt es noch **Reis** und **Milocorn (Hirse)**.

Allen Getreidearten gemeinsam ist ein hoher Stärkegehalt, der in Abhängigkeit vom Rohfasergehalt trotzdem noch deutliche Unterschiede aufweist. So enthält Hafer etwa 40 % Stärke, Roggen und Gerste über 50 %, Weizen, Mais und Milocorn (Hirse) über 60 % und Reis sogar über 70 % Stärke. Der Rohfasergehalt schwankt zwischen 2 und 12 % und der Rohproteingehalt zwischen 8 und 12 %, der nXP-Gehalt liegt zwischen 140 und 170 g je kg TM.

Alle Getreidearten haben einen sehr hohen Energiegehalt. Das energieärmste Getreide ist der Hafer (7,0 MJ NEL/kg TM). Die Gehalte steigen in der Reihenfolge Reis (8,1 MJ NEL/kg TM), Gerste (8,1 MJ NEL/kg TM), Triticale (8,3 MJ NEL/kg TM), Milocorn (8,4 MJ NEL/kg TM), Mais (8,4 MJ NEL/kg TM), Roggen (8,5 MJ NEL/kg TM) und Weizen (8,5 MJ NEL/kg TM) an.

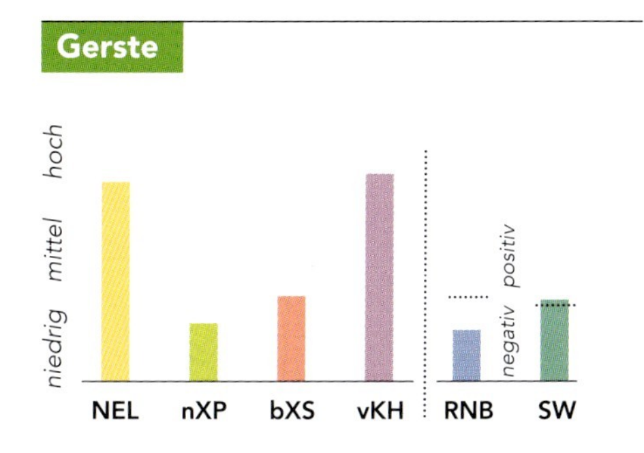

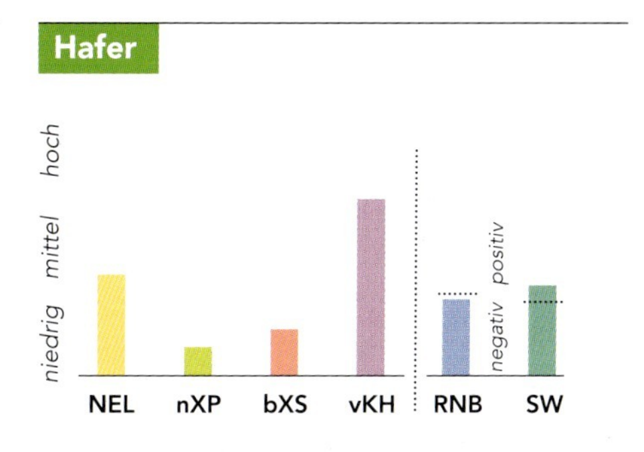

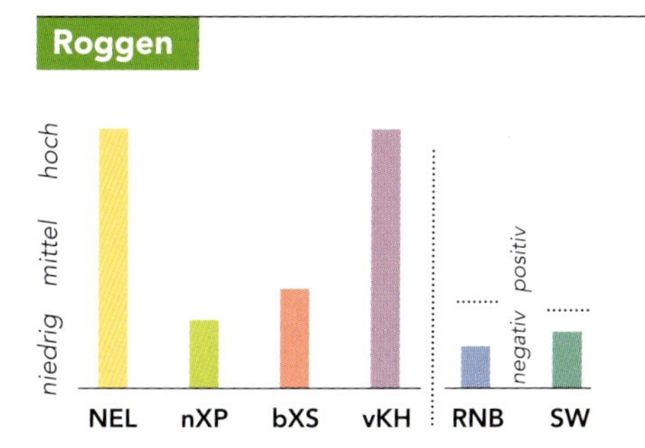

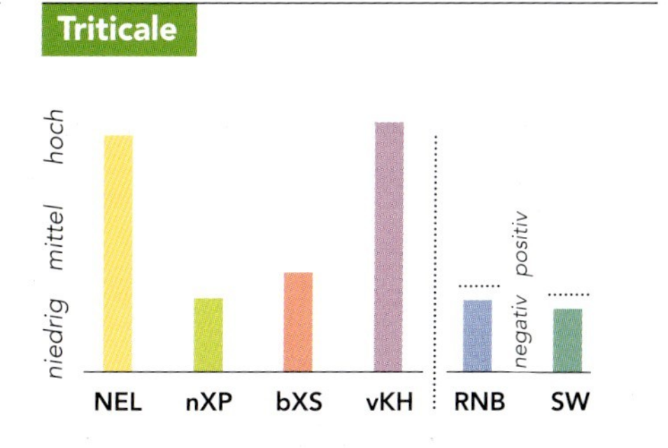

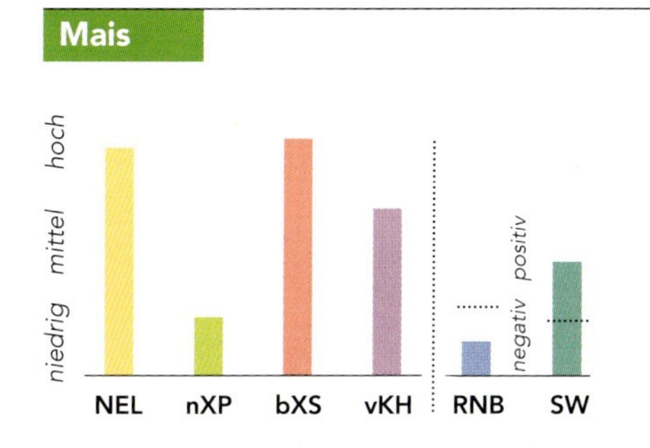

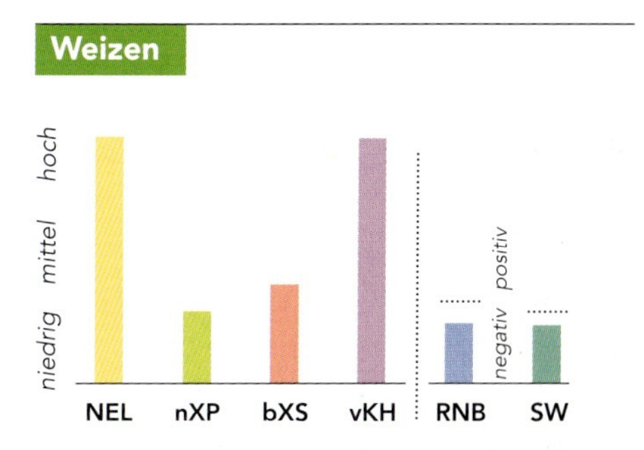

Insgesamt zeichnet sich Getreide durch relativ niedrige nXP-Werte und negative RNB aus. Hoch hingegen sind die Gehalte an pansenverfügbaren Kohlenhydraten (vKH). Stark unterschiedlich sind die Mengen an beständiger Stärke (bXS).

Relativ niedrig sind diese beim Hafer, hoch beim Mais. Die Unterschiede im Gehalt an Kohlenhydraten und deren Abbaubarkeit in den Vormägen sind auch maßgebend für die Unterschiede im Strukturwert. Roggen, Triticale und Weizen haben auf Grund der raschen und intensiven Umsetzungen in den Vormägen negative SW. Beim Körnermais liegt auf Grund des langsamen und unvollständigen Stärkeabbaus der SW im positiven Bereich.

Die Angaben zu den Inhaltsstoffen von Triticale sind zum Teil unterschiedlich, hier hat durch veränderte Sorten möglicherweise in den letzten Jahren eine Verschiebung der Rohproteingehalte und damit auch der RNB nach unten stattgefunden.

In der Milchviehfütterung kann Getreide gut verwendet werden, es ist aber nicht wie bei Schwein und Geflügel zwingend erforderlich. Wegen der negativen RNB eignet es sich zum Ausgleichen eiweißreicher Rationen. Die Einsatzmenge wird neben dem Eiweißausgleich durch den hohen Stärkegehalt bestimmt. Es ist zu empfehlen, Getreide nicht fein zu vermahlen, sondern grob zu schroten oder besser zu quetschen. Dadurch wird der Stärkeabbau im Pansen gebremst und eine ungünstige Verschiebung des Verhältnisses von Essigsäure zu Propionsäure vermieden. In Milchviehmischfuttern können in Abhängigkeit vom Grobfutter und der Einsatzmenge bis zu 50 % Getreide eingesetzt werden, sofern auf andere Stärketräger verzichtet wird. Mischungen mit Getreide liegen aber im Preis vielfach etwas höher.

Getreide-Nachprodukte

Bedeutender als das Getreide selbst sind in der Fütterung die Nachprodukte, die bei der Herstellung von Nahrungsmitteln anfallen. Es handelt sich um Nachmehle, Futtermehle, Kleien und Schälkleien, die nachfolgend kurz beschrieben werden.

Bei der Feinvermahlung von Weizen, Roggen und Mais zu Backmehl fallen die sogenannten Nachmehle an. Sie besitzen einen hohen Stärkegehalt (über 40 %) und einen sehr niedrigen Rohfasergehalt. Daraus resultiert ein sehr hoher Energiegehalt, der den des Vollkornes noch übertrifft.

Je nach Kleberanteil und Getreideart schwankt der Rohproteingehalt zwischen 10 und 20 %. Wegen des hohen Energiegehaltes werden Nachmehle für Schweinefutter bevorzugt eingesetzt, sind aber auch in Milchviehmischfuttern zu verwenden.

Die Futtermehle ähneln in ihrer Nährstoffzusammensetzung dem Vollgetreide. Allerdings liegen die Rohproteingehalte etwas höher, nämlich zwischen 12 und 20 %. Es gibt Weizen-, Roggen-, Gerste-, Hafer- und Maisfuttermehl sowie gelbes und weißes Reisfuttermehl. Die Schalenanteile in den Futtermehlen müssen gering sein, so dass ein Rohfasergehalt von 3 bis 9 % eingehalten werden kann. Deutlich höhere Rohfasergehalte deuten auf eine Vermischung mit Kleien beziehungsweise Schalen hin. Häufig werden die Futtermehle, die zwischen den Nachmehlen und den Kleien anzusiedeln sind, noch als Bollmehle bezeichnet.

Der Energiegehalt der reinen Futtermehle entspricht etwa dem des Vollgetreides, bei den schalenreichen Getreidearten liegt er sogar darüber.

Auch die Futtermehle werden vornehmlich in Schweinefuttern verwandt, sind aber in Milchleistungsfuttern ebenfalls einzusetzen.

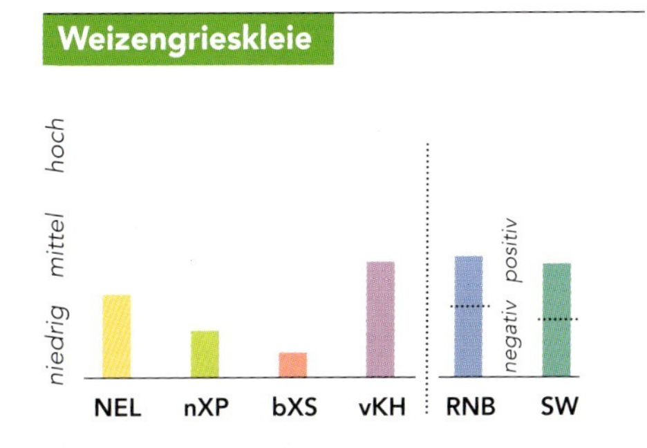

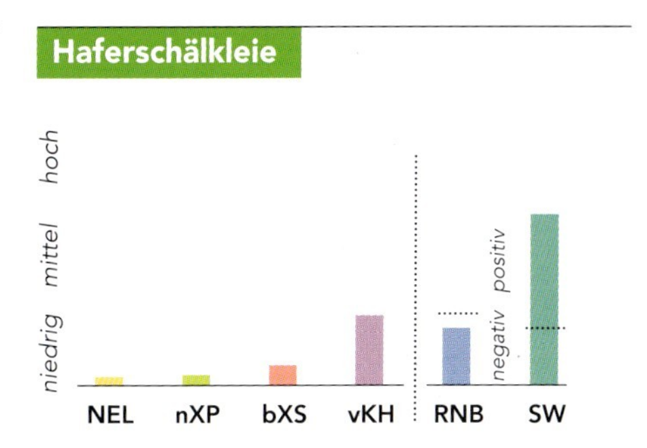

Die bekanntesten Nachprodukte der Müllerei sind die Kleien. Sie enthalten vorwiegend die Getreideschalen mit Anteilen von Spelzen und in Abhängigkeit vom Ausmahlungsgrad unterschiedlich viel Stärke. Angeboten werden Weizen-, Roggen-, Gerste-, Mais- und Reiskleie. Die Rohproteingehalte liegen zwischen 12 und 16 %. Der Rohfasergehalt übersteigt mit 8 bis 15 % den des Vollgetreides. Daraus resultiert ein mittlerer bis hoher Energiegehalt mit recht deutlichen Schwankungen. Eine Abgrenzung der Kleien zu den energiearmen Schälkleien ist über den Rohfasergehalt möglich. Kleien haben aufgrund ihrer guten Bekömmlichkeit einen guten Ruf in der Fütterung. Probleme treten hier und da durch stärkeren Milbenbesatz auf.

Kleien werden vornehmlich in der Rinderfütterung eingesetzt und sind eine wichtige Komponente in Milchleistungsfuttern.

Reisnachprodukte

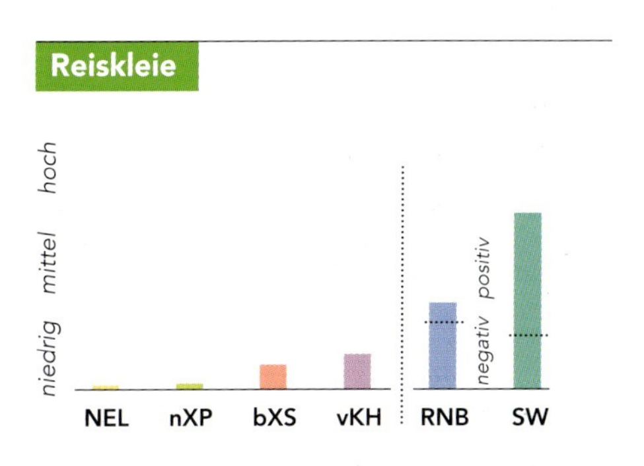

Hin und wieder ist Reiskleie (Reisfuttermehl) verstärkt als Mischfutterkomponente im Handel. Offenbar handelt es sich aber um Reisfuttermehl mit einem Zusatz von Reisschalen (Ricebran-Pellets). Diese Reisschalen sind aber als Futtermittel wertlos und unter Umständen schädlich und deshalb nicht zugelassen. Ihr Zusatz mindert den Futterwert von Reiskleie. Bemerkenswert ist der hohe Fettgehalt (12 bis 15 %) der Reisnachprodukte.

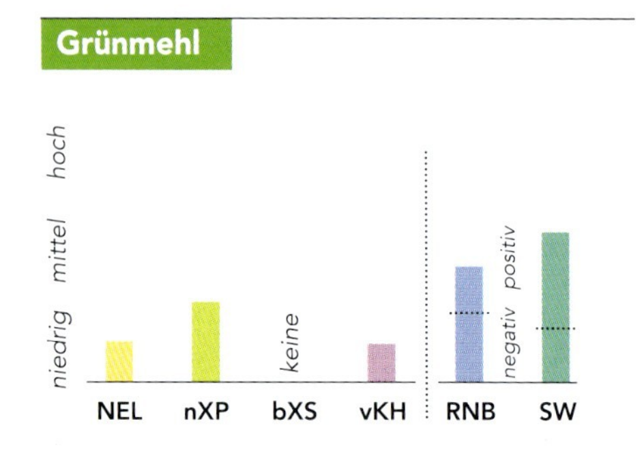

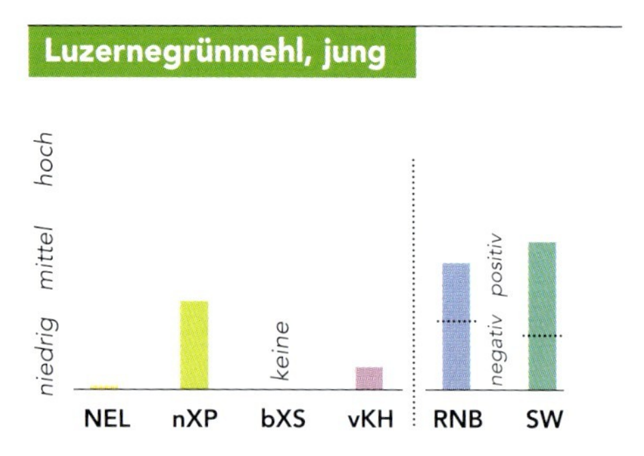

Trockengrün

Bei diesen Futtermitteln handelt es sich um künstlich getrocknetes Grünfutter aus Gras, Klee oder Luzerne. Der Zweck der Trocknung ist eine möglichst verlustarme Konservierung und eine Anhebung der Proteinbeständigkeit. Im Zuge der Energieverteuerung hat dieses Verfahren aber an Wettbewerbskraft erheblich eingebüßt.

Die Qualität des Trockengrüns wird nach dem Rohprotein- und Energiegehalt beurteilt. Der Rohproteingehalt erreicht Werte zwischen 15 und 25 %, der Rohfasergehalt sollte 20 bis 25 % nicht überschreiten, denn mit ansteigendem Rohfasergehalt sinkt der Energiegehalt. Der Energiegehalt bewegt sich in einem mittleren Bereich.

Trockengrün wird aber nicht vorrangig als Energieträger, sondern vielmehr als nXP-Träger und natürlicher Carotinträger in der Milchviehfütterung benutzt. Gute Qualitäten sollten 180 bis 200 mg Carotin je kg enthalten. Es ist jedoch zu berücksichtigen, dass der Carotingehalt bei längeren Lagerzeiten sinkt. Die Abbauraten können zwischen 4 und 10 % pro Monat liegen.

Zu carotinarmen Rationen (hohe Anteile von Maissilage, Rüben, Pressschnitzel oder auch schlecht geborgene Silage) ist die Zufütterung von Grünmehl zu empfehlen.

Neben den Grünmehlpellets, bei denen das getrocknete Gut vorher vermahlen wird, gibt es mit regionaler Bedeutung auch Cobs und Briketts. Bei diesen Produkten bleibt die Struktur erhalten, da das Grüngut in gehäckselter Form getrocknet und gepresst wird. Sofern junges Ausgangsmaterial eingesetzt wird, enthalten die Cobs und Briketts eine hohe Nährstoff- und Energiekonzentration. Dadurch werden hohe Verzehrsmengen erreicht, welche die Energie- und nXP-Versorgung hochleistender Kühe verbessern können.

Allerdings ist die Heißlufttrocknung von Grünfutter mit hohen Energiekosten belastet und nur unter besonderen Bedingungen überhaupt wirtschaftlich. Des Weiteren sind in letzter Zeit Probleme mit Dioxinen bekannt geworden. Diese können entstehen, wenn eine direkte Trocknung mit ungeeigneten Brennstoffen durchgeführt wird (Altholz, imprägniertes oder harzhaltiges Holz, Kohle, schweres Heizöl etc.) oder der

Trocknungs- bzw. Feuerungsprozess nicht sachgemäß durchgeführt wird. Beim Bezug von Trockengrün sollte man daher auf die Angabe des Trocknungsverfahrens und des Brennstoffs bestehen.

Kapok

Bei Kapok handelt es sich um den Samen des Kapokbaumes (Wollbaumes), der in den Tropen heimisch ist. Die hohen Bäume tragen Kapselfrüchte von 10 bis 20 cm Umfang. In den Kapseln befinden sich 10 bis 20 Samen, die eine harte Schalen aufweisen und in weiche seidige Fasern (Kapokwolle) eingebettet sind.

Kokospalme

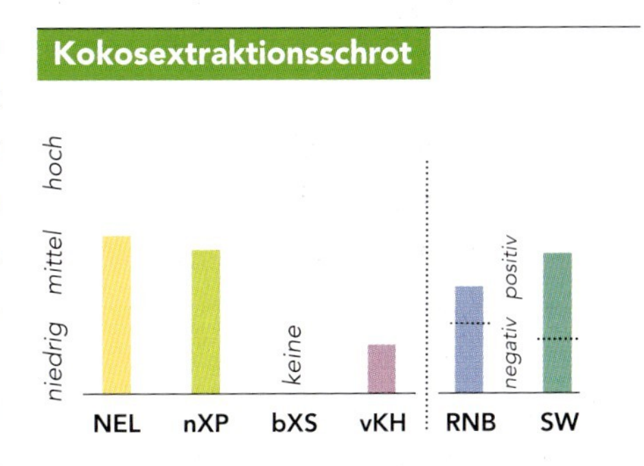

Die Kokospalme wächst hauptsächlich im südostasiatischen Raum. Sie erreicht eine Höhe von 25 bis 30 m und hat an der Spitze gefiederte 4 bis 6 m lange und etwa einen Meter breite Blätter. In den Blattachseln wachsen die Blütenstände, aus denen sich die Früchte entwickeln.

Die Kokosnuss besitzt unter der etwa 5 cm starken Faserschicht eine Steinschale, die das innen anhaftende Fruchtfleisch umschließt. Der darunter liegende Hohlraum ist mit Kokosmilch gefüllt.

Das Fruchtfleisch (Kopra) ist sehr fettreich (60 bis 70 %) und dient der Ölgewinnung. Zurück bleiben die bekannten **Kokoskuchen** und **-extraktionsschrote**. Es handelt sich um wertvolle Kraftfuttermittel mit hohem Energiegehalt. Der Rohproteingehalt liegt bei etwa 20 %, der Rohfasergehalt um 15 bis 17 %. Auf Grund des hohen Anteils an unabbaubarem Rohprotein liegt der nXP-Gehalt relativ hoch und die RNB eher niedrig.

Den Kokosprodukten wird eine besondere Wirkung auf den Milchfettgehalt nachgesagt, die allerdings nur vorübergehend ist. Beachtenswert ist jedoch der hohe Gehalt an gut verdaulicher Zellulose, der die Kokosprodukte zu beliebten Komponenten im Milchleistungsfutter macht. Jedoch wird in letzter Zeit auch bei ihnen ein erhöhter Gehalt an Aflatoxin festgestellt, so dass der Anteil im Mischfutter häufig unter 10 % liegt.

Lein

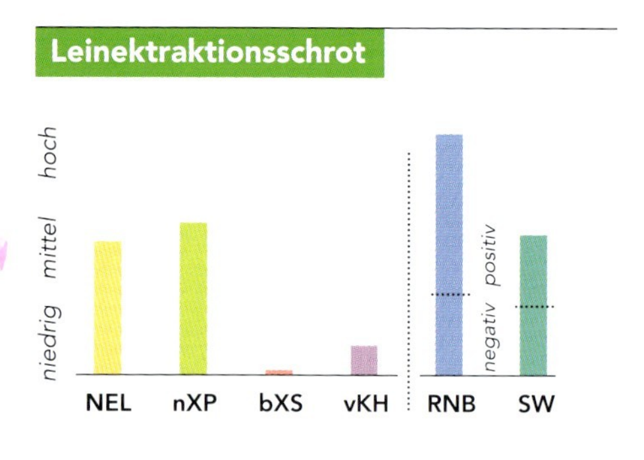

Das Hauptanbaugebiet des Leins erstreckt sich über die trockenen, subtropischen Gebiete. Die glänzenden bräunlich-schwarzen Samen befinden sich in einer Kapsel und enthalten etwa 30 % Fett. Als Futtermittel finden die Samen kaum noch Verwendung, dafür aber die **Leinkuchen** beziehungsweise **Leinextraktionsschrote**, die bei der Ölgewinnung anfallen.

Wegen der Einheitlichkeit des Ausgangsmaterials gibt es unter Beachtung der Unterschiede im Rohfettgehalt nur geringe Schwankungen im Nährstoffgehalt. Der Rohproteingehalt liegt zwischen 35 und 40 % und der Rohfasergehalt bei etwa 10 %. Entsprechend hoch sind die Gehalte an nXP und die RNB. Auch der Energiegehalt der Leinrückstände ist positiv zu bewerten. Gelobt wird die Diätwirkung, die auf dem Gehalt an Schleimstoffen und ungesättigten Fettsäuren beruht. Darauf ist auch die Bevorzugung für Kälberfutter zurückzuführen.

Allerdings enthält der Lein mit dem Linamarin ein blausäurehaltiges Glykosid. Bei den gewohnten und notwendigen Einsatzmengen sind jedoch noch keine Schäden bei Tieren beobachtet worden.

Maisprodukte

Maisstärke – vor allem aus ausgereiften Körnern – ist physiologisch anders zu bewerten als Getreidestärke. Während letztere in den Vormägen rasch umgesetzt wird und damit zu einer hohen Säureproduktion führt, wird Maisstärke zum einen nicht vollständig und zum anderen langsamer im Pansen umgesetzt. Dies hat zum einen den

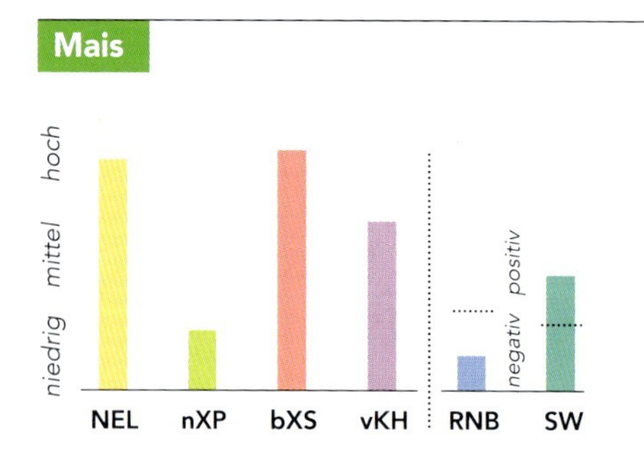

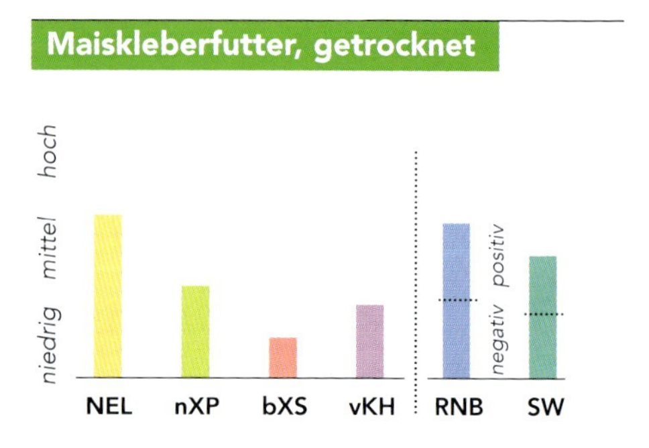

Abb. B.2.5

Vorteile einer höheren Stärkebständigkeit (n. Flachowsky)

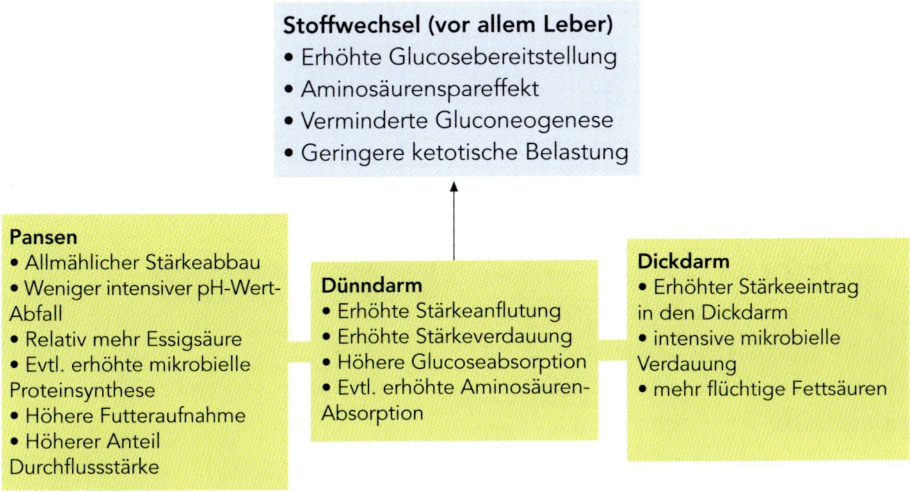

Stoffwechsel (vor allem Leber)
- Erhöhte Glucosebereitstellung
- Aminosäurensparеffekt
- Verminderte Gluconeogenese
- Geringere ketotische Belastung

Pansen
- Allmählicher Stärkeabbau
- Weniger intensiver pH-Wert-Abfall
- Relativ mehr Essigsäure
- Evtl. erhöhte mikrobielle Proteinsynthese
- Höhere Futteraufnahme
- Höherer Anteil Durchflussstärke

Dünndarm
- Erhöhte Stärkeanflutung
- Erhöhte Stärkeverdauung
- Höhere Glucoseabsorption
- Evtl. erhöhte Aminosäuren-Absorption

Dickdarm
- Erhöhter Stärkeeintrag in den Dickdarm
- intensive mikrobielle Verdauung
- mehr flüchtige Fettsäuren

Vorteil einer nicht so großen Gefahr der Übersäuerung (Acidose), zum anderen wird ein Teil der Stärke direkt am Dünndarm verdaut und trägt damit zur Verbesserung der Glucoseversorgung im Stoffwechsel bei. Dieser Weg ist energetisch günstiger als der „Umweg" über die Propionsäure, so dass letztlich für hochleistende Kühe Vorteile entstehen (s. Abb. B.2.5).

Die Abbildungen B.2.6 und B.2.7 zeigen die unterschiedliche Struktur von Mais- und Roggenstärke. Deutlich ist zu erkennen, dass die Maisstärke (bei gleicher Ver-

Abb. B.2.6

Maisstärke unter dem Mikroskop, 200fache Vergrößerung

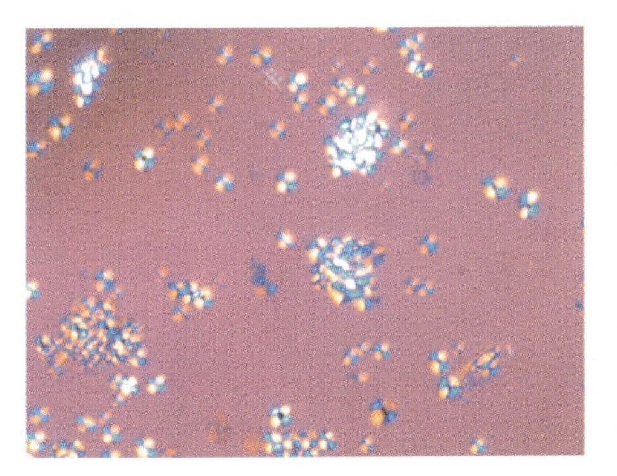

Abb. B.2.7

Roggenstärke unter dem Mikroskop, 200fache Vergrößerung

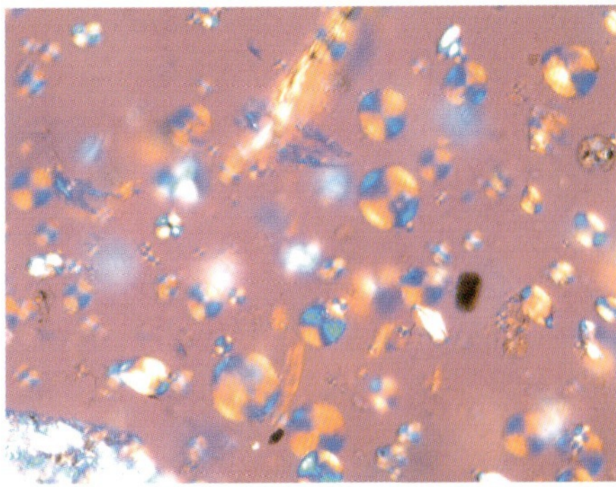

größerung) kleinere Korngrößen aufweist. Darüberhinaus erkennt man zahlreiche „Ansammlungen" von Stärkekörnern, während in der Roggenstärke die Stärkekörner meist einzeln vorliegen.

Man geht davon aus, dass diese unterschiedliche physikalische Struktur der Stärke verantwortlich für die unterschiedliche Abbau-Dynamik der Stärke in den Vormägen ist.

Maiskeimextraktionsschrot

Die Maiskeime werden von den eingequellten Maiskörnern auf mechanischem Wege abgetrennt und anschließend entölt. Zurück bleibt das **Maiskeimextraktionsschrot**. Die Nährstoffzusammensetzung schwankt, je nachdem, ob neben dem Keim selbst noch Mehl- und Schalenanteile enthalten sind. Der Rohproteingehalt liegt zwischen 15 und 25 %, der Rohfasergehalt um 10 %. Maiskeimschrot ist ein energiereiches Futtermittel. Schlechtere Qualitäten sind nur möglich, wenn das Produkt zum Beispiel durch Maisspindelmehl, spelzenhaltige Reisfuttermehle und ähnlichem verfälscht ist.

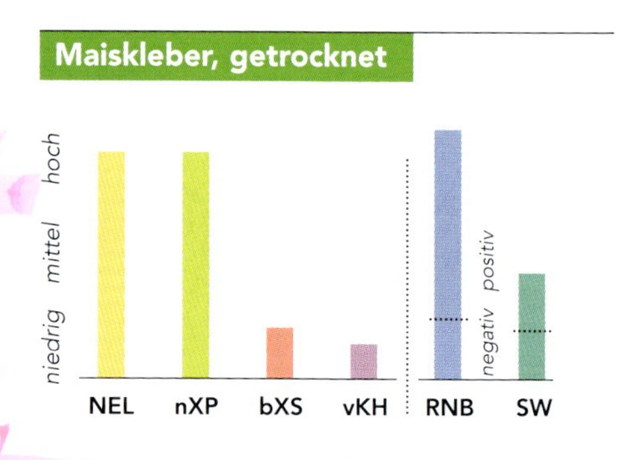

Maiskeimschrot wird von den Rindern gerne gefressen und ist daher eine gute Komponente für Mischfutter.

Maiskleberfutter (Cornglutenfeed) fällt bei der Stärkefabrikation (Nassverfahren) aus Mais an. Es handelt sich dabei nicht um ein einheitliches Produkt, sondern um ein Gemisch aus Maiskleber, stärkehaltigen Maisschalen und Maispülpe.

Das Mischungsverhältnis kann unterschiedlich sein, was auch einen schwankenden Rohproteingehalt zur Folge hat. Es wird deshalb zwischen Maiskleberfutter mit mehr als 30 % Rohprotein und Maiskleberfutter mit 20 bis 30 % Rohprotein unterschieden. Erfahrungsgemäß liegt der Rohproteingehalt mehr an der unteren Grenze. Der Rohfasergehalt erreicht in der Regel Werte unterhalb von 10 %. Insofern zählt Maiskleberfutter zu den energiereichen Futtermitteln. Es ist eine beliebte Komponente in fast allen Milchviehmischfuttern. Durch die Trocknung des Produktes bei mäßiger Temperatur wird das Eiweiß geringfügig denaturiert, so dass seine Abbaubarkeit im Pansen vermindert wird.

Für die Qualität der Maiskleberfutter ist der Stärkegehalt von größerer Bedeutung als der Rohproteingehalt. Partien mit höheren Stärkegehalten sind in der Regel auch höher verdaulich.

Nicht zu verwechseln sind die Maiskleberfutter mit dem **Maiskleber.** Hierbei handelt es sich um eine sehr eiweißreiche Fraktion aus der Stärkefabrikation. Je nach Preis kann Maiskleber eine hervorragende Eiweißergänzung und damit eine Alternative zu Raps- oder Sojaextraktionsschrot darstellen.

Maniok

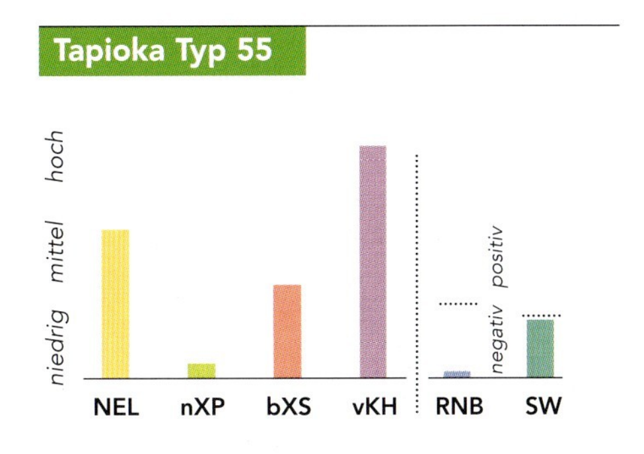

Maniok oder Tapioka, wie es früher bezeichnet wurde, ist erst seit 30 Jahren als Futtermittel von Bedeutung. Seitdem sind allerdings die Importe nach Westeuropa sehr schnell angestiegen.

Die Maniokprodukte werden aus den Wurzeln des Kassavestrauches gewonnen. Hauptanbaugebiete sind Südostasien (Thailand), Afrika und Südamerika. Der Strauch selber wird 2 bis 3 m hoch. Tapioka ist in erster Linie ein Stärketräger. Die RNB ist sehr stark negativ.

Melasse

Ein Nachprodukt der Zuckergewinnung ist die Melasse. Je nach Ausgangsmaterial wird zwischen Rüben- und Zuckerrohrmelasse unterschieden. Die Beschaffenheit ist zähflüssig, die Farbe dunkelbraun bis schwarz.

Melasse hat einen Trockenmassegehalt von 70 – 75 % und einen Zuckergehalt von rund 50 %. Der Zucker ist für den hohen Energiegehalt verantwortlich. Melasse enthält keine Rohfaser und etwa 10 bis 12 % Rohprotein. In der Fütterung ist sie vielseitig verwendbar. Häufig wird sie als Geschmacksverbesserer in Verbindung mit Stroh ver-

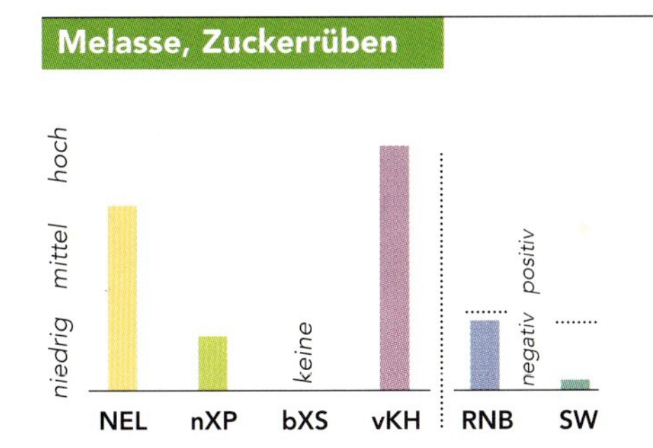

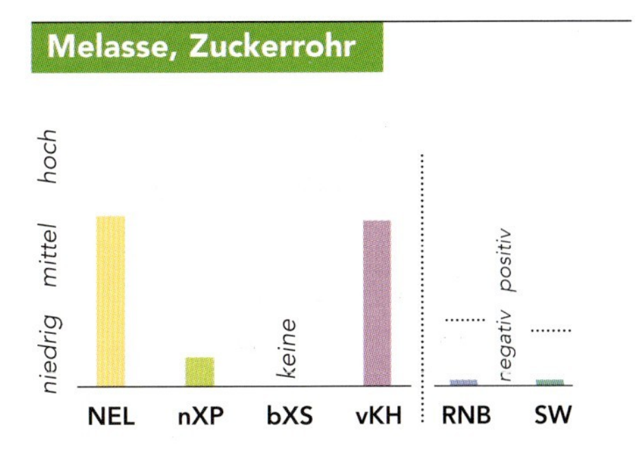

Tabelle B.2.4

Inhaltsstoffe von Melasse nach DLG-Futterwerttabellen 1997

Parameter	Einheit	Rüben	Zuckerrohr
TM-Gehalt	%	77	74
Zucker	g/kg TM	629	649
Rohprotein	g/kg TM	136	47
nXP	g/kg TM	160	139
RNB	g/kg TM	- 4	- 15
Kalium	g/kg TM	40	44
NEL	MJ/kg TM	7,9	7,8

füttert. Milchkühe sollten wegen des hohen Zuckergehaltes nicht mehr als 1 bis 2 kg pro Tag erhalten. In fast allen Rindermischfuttern ist Melasse in Anteilen von 5 bis 10 % enthalten. Auf Grund des hohen Zuckergehaltes ist der Strukturwert negativ.

Melasse ist ganzjährig verfügbar. Zu unterscheiden ist zwischen Melasse aus Zuckerrohr und Zuckerrüben. Die Rübenmelasse ist etwas zähflüssiger; eine Möglichkeit zur Verbesserung der Fließeigenschaften ist der Zusatz von Wasser. In der Regel wird die Melasse daher mit etwa 70 % Trockenmasse angeboten. Die Inhaltsstoffe der beiden Melasseprodukte sind aus der Tabelle B.2.4 ersichtlich.

In der Trockenmasse ist der Zucker wertbestimmend. Die Gehalte sind etwa gleich. Eine merkliche Differenz besteht beim Rohproteingehalt mit 136 g bei Rübenmelasse und 47 g/kg Trockenmasse bei Zuckerrohrmelasse. Auswirkung hat dies auf die Werte nXP und RNB. Etwa gleich sind die Gehalte an NEL in der Trockenmasse.

Abbildung B.2.8

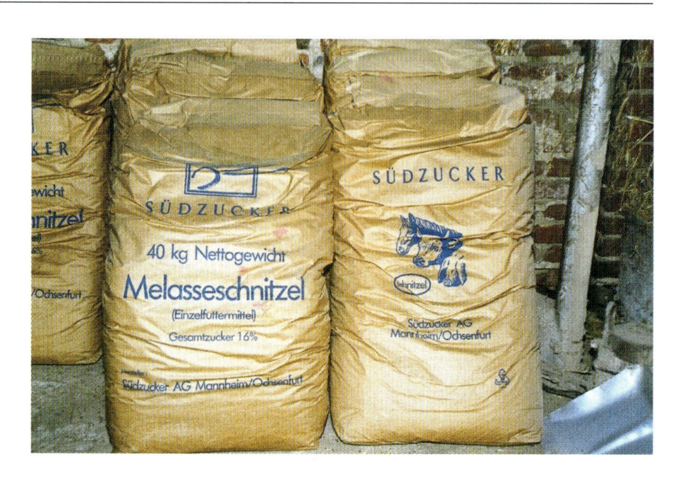

Melasseschnitzel in Säcken zur Einmischung in den Mischwagen

Ölpalmen

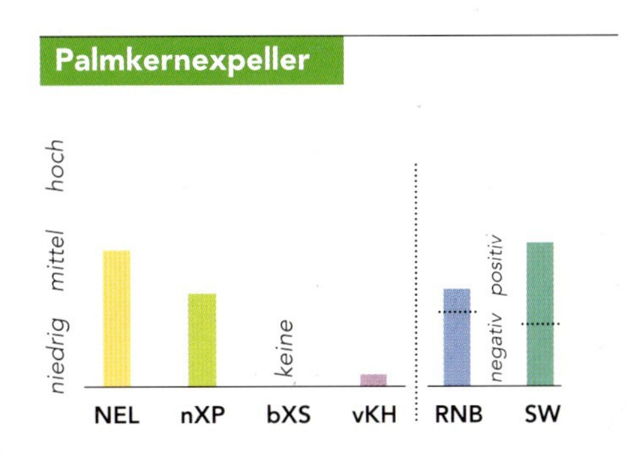

Die Ölpalmen haben Ähnlichkeiten mit der Kokospalme, sie sind jedoch kleiner (10 bis 15 m Höhe) und kommen in Afrika, Asien und Amerika vor. Der reife Fruchtstand ähnelt einer riesigen Erdbeere. Er enthält 1000 bis 2000 Früchte von der Größe einer Pflaume. Außen befindet sich das Fruchtfleisch, darunter eine Steinschale, die den Palmkern umschließt. Das Fruchtfleisch enthält etwa 55 %, der Kern etwa 45 bis 50 % Öl. Bei der Ölgewinnung fallen **Palmkernkuchen** beziehungsweise **-extraktionsschrote** an, die in der Zusammensetzung den Kokosprodukten sehr nahe kommen. Der Rohfasergehalt liegt mit 20 bis 22 % jedoch höher. Daraus resultiert ein etwas geringerer Energiegehalt. Die Steinschalen haben keinen Futterwert und werden daher entfernt. Bei den Palmkernprodukten werden hin und wieder größere Schwankungen im Nährstoff- und Energiegehalt festgestellt. Relativ hoch ist die Beständigkeit des Proteins mit etwa 40 %.

Im allgemeinen sind Palmkernprodukte beliebte Komponenten für Mischfutter, da sie hochverdauliche Zellulose enthalten. Allerdings wird auch in diesen Futtermitteln vermehrt Aflatoxin festgestellt.

Raps

Raps ist eine alte heimische Kulturpflanze. Die Rapssaat enthält etwa 40 % Fett und ist deshalb zur Ölgewinnung geeignet. Als Rückstände fallen die Rapsextraktionsschrote an. Infolge des einheitlichen Ausgangsmaterials schwanken die Nährstoffgehalte des Rapsextraktionsschrotes kaum, der Rohproteingehalt erreicht etwa 40 % und der Rohfasergehalt rund 13 bis 14 %. Der Energiegehalt liegt auf mittlerem Niveau.

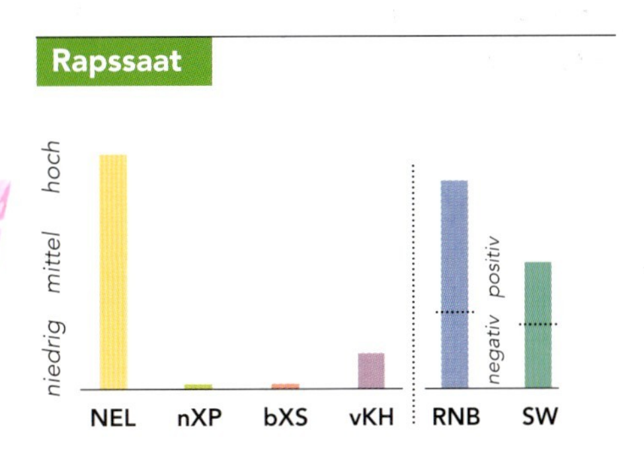

Früher war der Einsatz von Rapsextraktionsschrot in der Milchviehfütterung stark umstritten, überwiegend aufgrund der geschmacklichen Nachteile. Ursache dafür sind die Senföle und Glucosinolate, die die Futteraufnahme und die Bekömmlichkeit stark beeinträchtigen.

Die Pflanzenzüchtung hat zwischenzeitlich erhebliche Anstrengungen

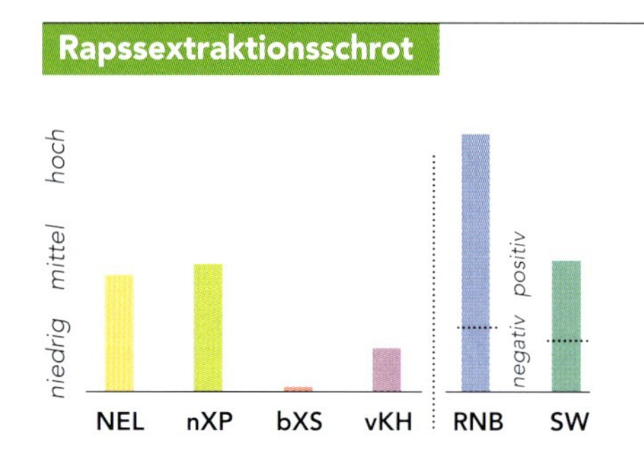

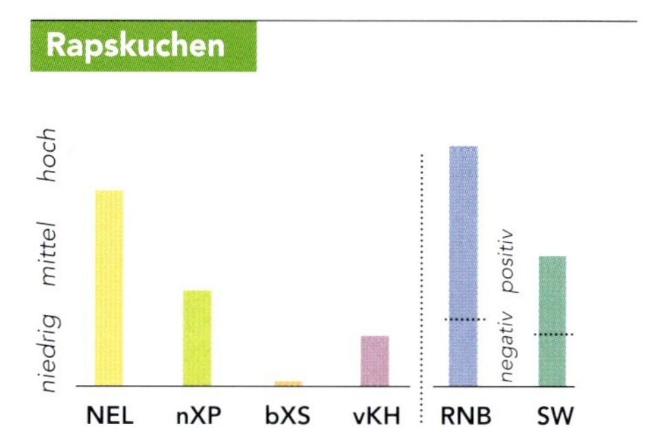

unternommen mit dem Erfolg, dass die heutigen Rapssorten senfölfrei und glucosinolatarm sind. Rapsextraktionsschrot dieser Herkünfte ist gleichwertig mit anderen Eiweißfuttermitteln.

Relativ günstig ist der Anteil an unabbaubarem Rohprotein mit 30 %, was den relativ hohen nXP-Gehalt erklärt. Das Protein selbst zeichnet sich durch einen vergleichsweise hohen Gehalt an Methionin aus.

Insbesondere aus der Ölgewinnung mittels Kaltpressung resultieren die Rapskuchen. Als Problem in der Praxis ergeben sich immer wieder stark schwankende Gehalte an Rohfett, die dann den Einsatz begrenzen. Im Vergleich zum Extraktionsschrot liegen die nXP-Gehalte erheblich niedriger. Die Eiweißergänzung kann über Rapskuchen daher nur in beschränktem Maße erfolgen.

Sesam

Sesam (orientalischer Flachsdotter) wird in den gemäßigt warmen Gebieten verschiedener Kontinente angebaut. Die Sesampflanze ist ein krautartiges Gewächs von etwa einem Meter Höhe, deren Blüte stark an den Fingerhut erinnert. Die Frucht ist eine Kapsel, in der sich zahlreiche Samen befinden. Der Samen hat einen angenehmen Geschmack und enthält etwa 50 % Öl.

Als Rückstände bei der Ölgewinnung entstehen **Sesamkuchen** und **Sesamextraktionsschrot**. Im allgemeinen sind diese durch eine helle Farbe und einen guten Geschmack gekennzeichnet.

Der Rohproteingehalt liegt über 40 % und der Rohfasergehalt unter 10 %. Aufgrund der hohen Verdaulichkeit zählen die Sesamrückstände zu den energiereichen Futtermitteln. Lediglich der afrikanische Sesam hat wegen der dickeren Schalen einen geringeren Futterwert. Auffallend ist der hohe Phosphorgehalt.

Sonnenblumen

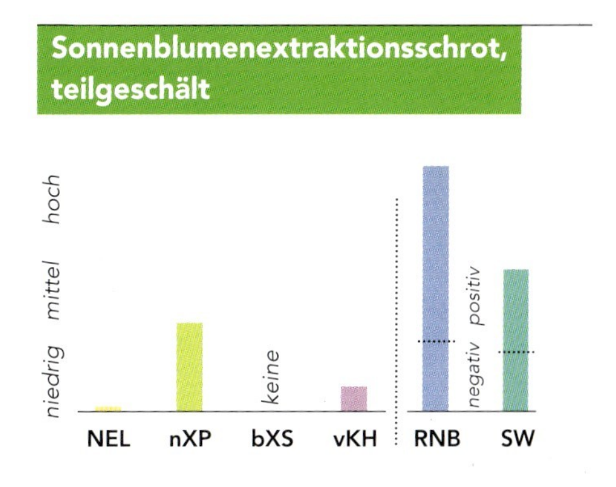

Der Anbau der Sonnenblumen erfolgt in den warmen Ländern Asiens, Europas, Afrikas und Amerikas. Die Pflanze ist einjährig und erreicht eine Höhe von 2,50 bis 3 m. In dem 15 bis 25 cm großen Blütenkorb reifen zwischen 1000 und 2000 Samenkerne heran. Der einzelne Samen besteht aus dem Kern und der Schale. Die Schale ist sehr rohfaserreich und nur in geringem Maße verdaulich. Der Kern hat einen Ölgehalt von 40 bis 60 %. Für die Ölgewinnung werden die Samenkerne entweder geschält, teilweise geschält oder ungeschält verarbeitet.

Entsprechend groß sind die Schwankungen im Nährstoffgehalt der **Sonnenblumenkuchen** beziehungsweise **-extraktionsschrote**. Der Rohproteingehalt schwankt zwischen 25 und 50 %, der Rohfasergehalt zwischen 15 und 35 %. Mit steigendem Schalenanteil sinkt infolge der abnehmenden Verdaulichkeit der Energiegehalt beträchtlich. Für die Qualitätsbeurteilung der Sonnenblumennachprodukte ist daher die Kenntnis des Rohnährstoffgehaltes besonders wichtig.

Sojabohne

Die Hauptanbaugebiete der zu den Hülsenfrüchten zählenden Sojabohne liegen in den USA, Südamerika und Ostasien. In den 3 bis 10 cm langen Hülsen befinden sich jeweils 2 bis 4 eiförmige, gelbliche Samen. Der Fettgehalt ist mit etwa 20 % relativ niedrig, der Eiweißgehalt mit annähernd 35 % recht hoch.

Trotzdem findet die ganze Sojabohne selten als Futtermittel Verwendung. Sie wird überwiegend zur Ölgewinnung herangezogen, das Öl wird ihr durch das Extraktionsverfahren in den Ölmühlen entzogen.

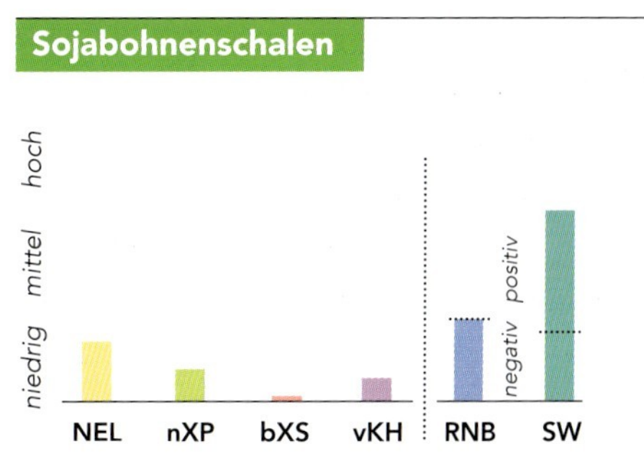

Für die Verfütterung fällt dabei das **Sojaextraktionsschrot** oder **Sojaschrot** an. Es wird nach der Extraktion mit Dampf auf 100 bis 110°C erhitzt beziehungsweise getoastet. Durch das Toasten wird der Antitrypsinfaktor und das Ferment Urease vernichtet. Seit vielen Jahren wird die Abbaubarkeit des Pro-

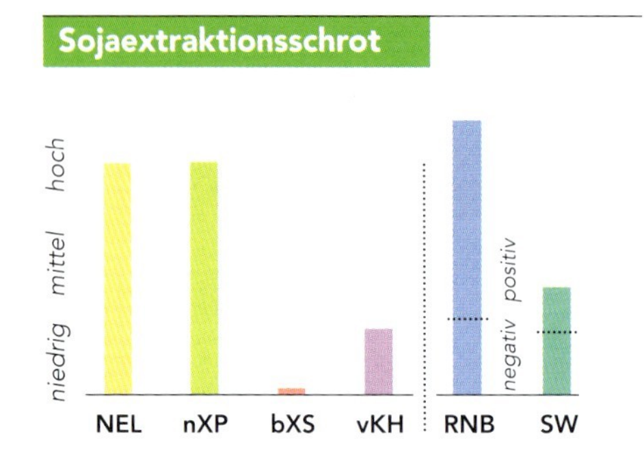

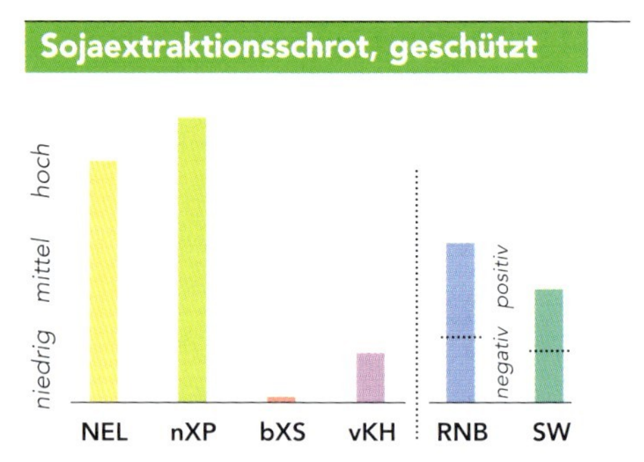

teins im Pansen durch eine noch gezieltere Hitzebehandlung verringert (geschütztes Eiweiß). Weitere Behandlungsverfahren sind die Behandlung mit Ligninsulfon (Holzzucker) und Formaldehyd. Hierdurch steigt der Anteil an unabbaubarem Protein auf 65 %. Es resultieren ein höherer nXP-Gehalt und eine niedrigere RNB.

Der Rohproteingehalt erreicht im Sojaschrot etwa 50 bis 55 % in der Trockenmasse, je nachdem, ob die Bohnen vor der Verarbeitung geschält waren oder nicht. Das Eiweiß ist qualitativ hochwertig und kann bei allen Tierarten verwendet werden. Der Rohfasergehalt ist sehr niedrig und erreicht Werte zwischen 3 und 8 %. Infolge der guten Verdaulichkeit ist Sojaextraktionsschrot sehr energiereich. Vereinzelt kommen aber auch Sojaschrotpartien mit höheren Schalenanteilen auf den Markt. Daher ist beim Kauf grundsätzlich auf die Deklaration zu achten und bei einer größeren Partie eine Analyse des Rohproteingehaltes zu empfehlen.

Es ist auch üblich, in Mischfuttermitteln Sojabohnenschalen einzusetzen. Gute Qualitäten haben bei einem Rohfasergehalt von 38 bis 40 % in der TM einen Energiegehalt von 6,5 bis 6,7 MJ NEL in der TM. Der Rohproteingehalt liegt bei rd. 13 % in der TM.

Trester

Trester fallen bei der Obst- beziehungsweise Traubensaftherstellung an, vorwiegend handelt es sich dabei um **Apfel-, Birnen-** und **Traubentrester**.

Die Schmackhaftigkeit dieser Produkte ist wegen des aromatischen Geruchs recht gut, so dass sie auch als Wildfutter verwendet werden. Der Nährwert ist in der Regel gering, so dass der Einsatz in Leistungsfuttern nicht zu empfehlen ist. Der Rohproteingehalt liegt unter 10 % und der Rohfasergehalt über 25 %. Der Energiegehalt erreicht in der Regel die Werte von Stroh und mittlerem Heu. Dies betrifft besonders die Traubentrester. Die Kerne und Stiele der Trauben haben einen hohen Lignin- und Gerbsäuregehalt, wodurch der Futterwert erheblich gemindert wird. Ursprünglich sind

Traubentrester ein Nebenerzeugnis, das bei der Gewinnung von Saft aus Weintrauben anfällt, aus dem Kerne und Rispen weitgehend entfernt sind. Dieses Produkt, das im Futterwert durchaus besser zu beurteilen ist, befindet sich allerdings kaum im Handel. Von einer Verwendung der Traubentrester im Rindermischfutter sollte daher Abstand genommen werden.

Rübenschnitzel

Bei der Rübensaftgewinnung bleiben die ausgelaugten Rübenschnitzel zurück. Sie enthalten etwa 10 % Trockenmasse und sind daher nicht lagerfähig. Einem Teil der Schnitzel werden etwa 50 % des Wassers durch Pressen entzogen. Diese sogenannten Pressschnitzel werden siliert und dann verfüttert (siehe S. 63).

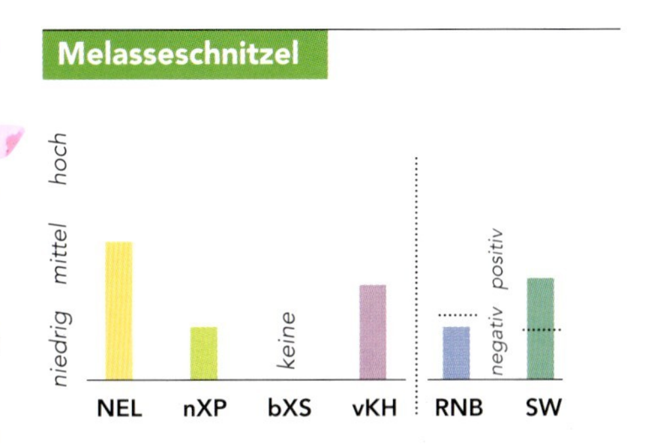

Der überwiegende Teil der Schnitzel wird jedoch in den Zuckerfabriken getrocknet. Sie enthalten noch etwa 5 % Zucker, allerdings wird in den letzten Jahren vermehrt Melasse an die Schnitzel gebunden. Man spricht dann von Melasseschnitzeln, die je nach Melassierungsgrad 10 bis 28 % Zucker enthalten. In Abhängigkeit vom Melasseanteil schwankt auch der Rohfasergehalt zwischen 12 und 20 %. Der Rohproteingehalt liegt bei etwa 10 %. Die RNB ist negativ. Infolge des hohen Zellulose- und Hemizellulosegehaltes sind die Schnitzel gut verdaulich und energiereich. In der Ration kann durch Melasseschnitzel ein Eiweißüberhang (Weidegang, reine Grassilagefütterung) ausgeglichen werden. 2 bis 4 kg können je Tier und Tag ohne Probleme verfüttert werden. Im Mischfutter sind Melasseschnitzel eine Standardkomponente. Je nach Rübenqualität und Aufarbeitung in der Zuckerfabrik variiert der Gehalt an salzsäure-unlöslicher Asche (Sandreste). Auf die Deklaration der Aschegehalte ist daher besonders zu achten.

Zitrustrester

Die bei der Saftgewinnung aus Zitrusfrüchten (Orangen, Zitronen, Limetten, Grapefruit, Bergamotte) anfallenden Rückstände werden getrocknet und gelangen unter dem Namen Zitrustrester in den Handel.

Die Zitrustrester bestehen aus den Schalen, dem Mark und den Kernen. Die Schalen der Zitrusfrüchte enthalten einen hohen Anteil Pektin. Daher werden sie in

Deutschland auch zur Pektingewinnung herangezogen. Die feuchten Rückstände werden der Fütterung direkt zugeführt. Bei den Zitrustrestern liegt der Rohproteingehalt in der Regel weit unter 10 %, der Rohfasergehalt erreicht Werte von 12 bis 14 %. Der überwiegende Anteil besteht also aus Kohlenhydraten. Damit weist die Zusammensetzung eine gewisse Ähnlichkeit mit den Melasseschnitzeln auf. Der Energiegehalt liegt sogar noch geringfügig höher. Es resultiert eine stark negative RNB. Zitrustrester sind folglich eine gute Komponente für rohproteinarme Milchleistungsfutter.

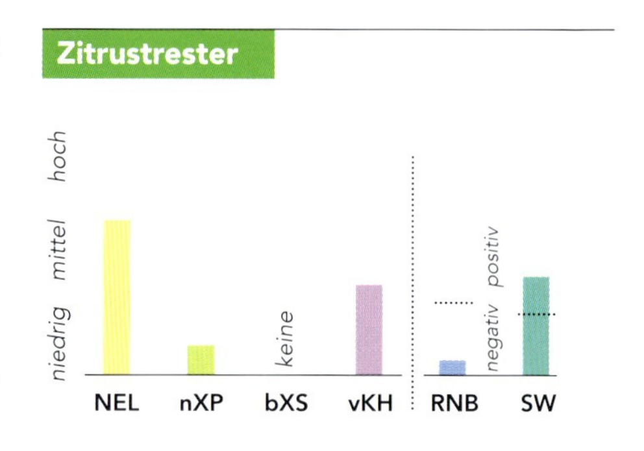

2.4 Mischfuttermittel

In der Milchproduktion ist die Ergänzung des wirtschaftseigenen Futters durch Kraftfuttermittel eine ökonomische und ernährungsphysiologische Notwendigkeit. Sofern der Einsatz von Total-Misch-Ration (TMR, s. S. 189) nicht praktiziert wird, kann der Einsatz von Einzelkomponenten nur in begrenztem Maße erfolgen, weil diese eine sehr unterschiedliche Nährstoffzusammensetzung aufweisen. Einige sind in der Regel nur geeignet, den RNB- oder Energieüberhang des Grobfutters auszugleichen. Darüber hinaus ist es sinnvoll, im Energie- und Proteingehalt ausgeglichenes Kraftfutter einzusetzen. Dieses Ziel kann nur über eine Mischung verschiedener Einzelkomponenten, also ein **Milchleistungsfutter**, erreicht werden.

Heute haben Milchleistungsfutter in der Milchproduktion eine besondere Bedeutung. Die Herstellung und der Vertrieb der Mischfutter (und der gehandelten Einzelfuttermittel) sind durch ein Futtermittelgesetz und eine Futtermittelverordnung geregelt. Die letzte grundlegende Neufassung stammt aus dem Jahre 1975. Der Zweck des Futtermittelgesetzes ist kurz gefasst folgender:

- Die tierische Erzeugung so fördern, dass
  a) die Leistungsfähigkeit der Nutztiere erhalten und verbessert wird und
  b) die von den Nutztieren gewonnenen Erzeugnisse den an sie gestellten qualitativen, insbesondere den lebensmittelrechtlichen Anforderungen entsprechen.
- Sicherzustellen, dass durch Futtermittel die Gesundheit von Tieren nicht beeinträchtigt wird.
- Vor Täuschung im Verkehr mit Futtermitteln, Zusatzstoffen und Vormischungen zu schützen.

2.4.1 Gemengteildeklaration

Eine wesentliche Neuerung war die seit 1976 nicht mehr vorgeschriebene Gemengteildeklaration, das heißt die prozentuale Angabe der Einzelkomponenten. Im wesentlichen hatten zwei Gründe zu dieser Entscheidung geführt: Die Gemengteile weisen deutliche Qualitätsschwankungen auf, und ein Nachweis der Richtigkeit der Mengenangabe ist nicht möglich.

Seit 1987 ist die Angabe der Gemengteile in absteigender Reihenfolge ihres Anteils vorgeschrieben. Zum Herbst 2003 wird die Angabe der prozentischen Anteile Pflicht. Hierbei ist in der Angabe eine Toleranz von 15 % relativ erlaubt, um leichten Änderungen in der Rezeptur aufgrund von Nährstoffschwankungen der Ausgangskomponenten Rechnung zu tragen.

Die Begründung liegt im wesentlichen im politischen Bereich. Dabei spielen die Folgen der BSE-Diskussion und die gewünschte stärkere Verwendung von Getreide im Mischfutter eine wichtige Rolle. Dies wird in der Praxis aber nicht unabhängig von betriebswirtschaftlichen und ernährungsphysiologischen Überlegungen geschehen.

Eine bessere Information des Verbrauchers über den Wert eines Mischfutters wird über die Angabe der prozentualen Zusammensetzung kaum erreicht. Gerade die Komponenten für Rindermischfutter schwanken in ihren Nährstoff- und Energiegehalten beträchtlich, so dass die Kenntnis der Zusammensetzung beispielsweise keine Rückschlüsse zum Energiegehalt eines Mischfutters erlaubt.

Allerdings kann die Kenntnis der Zusammensetzung Hinweise z.B. auf die Beständigkeit der Stärke und des Eiweißes geben.

2.4.2 Inhaltsstoffdeklaration

Das Futtermittelrecht schreibt vor, bei Rindermischfutter die Inhaltsstoffe Rohprotein, Rohfaser, Rohfett und Rohasche zu deklarieren. Diese Werte sind durch eine chemische Analyse überprüfbar. Nach den in der Futtermittelverordnung festgelegten Toleranzen (§ 15) gelten die deklarierten Inhaltsstoffe noch als richtig, wenn die festgestellten Gehalte bei Rohprotein bis zu 10 %, bei Rohfett um 0,8 % (absolut), bei Rohfaser bis zu 15 % und bei Rohasche bis zu 10 % vom Sollwert abweichen.

Diese Toleranzen (Gesamttoleranzen) beinhalten die verfahrensbedingten Fehlerbereiche der chemischen Analyse, der Probenahme, der Probenaufbereitung sowie des Herstellungsprozesses (Rohstoffschwankungen, technologische Arbeitsgenauigkeit, Entmischung).

Bedingt durch die Vielzahl der Einflüsse werden die Abweichungen allerdings niemals immer zu einer Seite gehen. Da sich diese Abweichungen letztlich auch im Ener-

Abbildung B.2.9

Mischfutter verschiedener Herkunft werden in der Energetischen Futterwertprüfung getestet

giegehalt niederschlagen, ist es notwendig, den Energiegehalt zu deklarieren und auch zu kontrollieren.

2.4.3 Kontrolle des Energiegehaltes

Die Kontrolle des Energiegehaltes wird grundsätzlich nach vier verschiedenen Möglichkeiten durchgeführt:

a) Kontrolle im Rahmen der amtlichen Futtermittelüberwachung
b) Kontrolle im Rahmen der Energetischen Futterwertprüfung z.B. der Landwirtschaftskammer Rheinland und des Landes Brandenburg
c) Kontrolle im Rahmen des Vereins Futtermitteltest (VFT) oder des DLG-Gütezeichens
d) Kontrolle auf privater Basis (Freiwillige Vereinbarungen oder Aufträge einzelner).

Zu a): Im Rahmen der amtlichen Futtermittelüberwachung wird vor allem die Einhaltung der futtermittelrechtlichen Vorschriften kontrolliert und überwacht. Dies betrifft sowohl die deklarierten Inhaltsstoffe als auch die Untersuchung auf unerwünschte oder verbotene Stoffe. In diesem Rahmen wird auch der Energiegehalt von Milchleistungsfuttern stichprobenartig überprüft, die Ergebnisse der amtlichen Überwachung werden jedoch der Öffentlichkeit nicht mitgeteilt.

Zu b): Die Landwirtschaftskammer Rheinland untersucht seit mehr als 25 Jahren den Energiegehalt von in Nordrhein-Westfalen angebotenen Milchleistungsfuttern anhand von Verdauungsversuchen an Hammeln (Hammeltest). Dies ist die exakteste Methode der Ermittlung der NEL-Gehalte. Dabei wird jedes zu prüfende Futter über

Abbildung B.2.10

Verdaulichkeitsbestimmung am Hammel

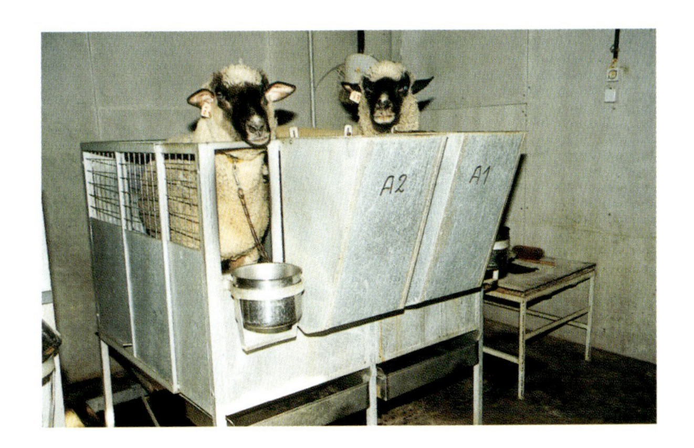

einen Zeitraum von drei Wochen an jeweils fünf Hammel in exakt abgewogenen Mengen zusammen mit Heu gefüttert. In den letzten sieben Tagen des Versuches wird der Kot der Tiere quantitativ erfasst und ebenso wie die Futter analysiert (s. Abb. B.2.10). Zusätzlich wird in jedem Durchgang (vier Prüffutter) die Verdaulichkeit der Nährstoffe des Heus ebenfalls an fünf Hammeln ermittelt. Durch Differenzrechnung läßt sich aus der Verdaulichkeit der Nährstoffe der Prüfrationen und des Heus die Verdaulichkeit der Nährstoffe des jeweiligen Milchleistungsfutters errechnen. Hieraus wiederum kann dann der Gehalt an Umsetzbarer und an Nettoenergie-Laktation (NEL) ermittelt werden. Die Ergebnisse werden in gewissen Abständen in der landwirtschaftlichen Presse mit Nennung der Hersteller und der geprüften Futtertypen veröffentlicht. Auch in Brandenburg wird seit einigen Jahren ein solcher Test durchgeführt.

Ein kürzlich bundesweit durchgeführter „Ringversuch" zur Ermittlung des NEL-Gehaltes von Heu mit Hilfe von Verdauungsversuchen zeigt eine hervorragende Reproduzierbarkeit der Ergebnisse und bestätigt somit die Eignung solcher Versuche als Referenz-Größe zur Ableitung z.B. von Schätzgleichungen für die Energie-Schätzung (s. S. 93).

Zu c): Der Verein Futtermitteltest **(VFT)** wurde 1990 mit dem Ziel gegründet, Mischfutter zu überprüfen und die Ergebnisse der landwirtschaftlichen Öffentlichkeit zugänglich zu machen. Dabei beschränkt sich die Untersuchung nicht auf die Überprüfung deklarierter Gehalte, sondern es wird versucht, die einzelnen Futtertypen ihrem Bestimmungszweck entsprechend zu bewerten. Die Finanzierung erfolgt im wesentlichen durch das Bundesministerium für Ernährung, Landwirtschaft und Forsten sowie Anteilen von Landwirtschaftskammern, Bundesländern und anderen Organisationen wie z.B Landes-Bauernverbände. Die einzelnen Ergebnisse werden regelmäßig in der Landwirtschaftlichen Fachpresse veröffentlicht.

Auch im Rahmen des DLG-Gütezeichens werden Milchleistungsfutter auf ihren deklarierten Energiegehalt überprüft. Dies erfolgt für alle Futtertypen, die das Gütezeichen tragen. Der Beitritt erfolgt freiwillig. Die einzelnen Ergebnisse werden jährlich veröffentlicht.

Abbildung B.2.11

Eigenmischungen für die Vorbereitungsfütterung

Zu d): Jeder Landwirt hat die Möglichkeit, eine Probe seines Futters zu einer Untersuchungsanstalt einzusenden und untersuchen zu lassen, auch auf den Energiegehalt. Bisweilen gibt es für große Abnehmer oder Zusammenschlüsse wie Erzeugergemeinschaften o. ä. Vereinbarungen mit den Herstellern über Kontrollverträge, in deren Rahmen in bestimmten Abständen oder für bestimmte Abnahmemengen Untersuchungen zu Lasten des Herstellers durchgeführt werden.

Letztlich existieren auch Verträge von Herstellern mit Untersuchungsanstalten, die zum Ziel haben, im Rahmen freiwilliger, aber neutraler Untersuchungen die Qualität der Mischfutter zu dokumentieren.

2.4.4 Milchleistungsfutter

Der Mischfutterhersteller hat die Aufgabe, Mischfutter für die jeweilige Leistungsrichtung in Abstimmung auf die verschiedenen Grobfutterverhältnisse zu produzieren. Er bedient sich dabei aller verfügbaren chemischen und biologischen Meßmethoden.

Die wichtigsten Beurteilungskriterien für Milchleistungsfutter werden nachfolgend kurz erläutert.

2.4.4.1 Rohproteingehalt Der Rohproteingehalt dient zur Klassifizierung des Milchleistungsfutters (MLF). Diese Einteilung hat insbesondere praktische Gründe. Es kann anhand des Rohproteingehaltes entschieden werden, ob ein Mischfutter zu der speziellen Grobfuttersituation passt oder ob es zum Beispiel auch noch mit Getreide zu verschneiden ist.

Derzeit gelten folgende Typen an MLF:

I	Typ 1.7	max. 15 % XP
II	Typ 1.8	16 – 20 % XP
III	Typ 1.9	21 – 25 % XP
IV	Typ 1.10	28 – 32 % XP (eiweißreiches Ergänzungsfutter)

Die Typen 1.7 und 1.8 sind zu eiweißreichen, ausgeglichenen beziehungsweise eiweißarmen Grobfutterrationen zu verfüttern. Der Typ 1.9 ist im Verhältnis 1:1 und der Typ 1.10 im Verhältnis 1:2 mit Getreide, Melasseschnitzeln oder anderen energiereichen Einzelfuttermitteln zu verschneiden. Maßgeschneidert für den Proteinwert sind die Gehalte an nXP und die RNB. Die analytischen Maßgaben zur Abschätzung des Anteils an nXP sind zur Zeit in der Einführung. Das Futtermittelrecht geht daher noch von den Rohnährstoffen aus.

In der Verordnung sind obere Grenzwerte für **Rohasche, Rohfett** und **Rohfaser** festgelegt. Diese Inhaltsstoffe haben eine enge Beziehung zum Energiegehalt. Die Gehalte an **Rohprotein, Rohasche, Rohfaser** und **Rohfett** müssen deshalb deklariert werden.

2.4.2.2 Energiegehalt Für den Energiegehalt gibt es keine Deklarationspflicht. Im Rahmen von Vereinbarungen zwischen den Herstellern und der Fütterungsberatung wird aber bei den meisten Milchleistungsfuttern der Energiegehalt angegeben.

Der Energiegehalt eines Mischfutters hängt von der Qualität der Einzelkomponenten ab. Demzufolge erfordern unterschiedliche Energiegehalte auch unterschiedliche Zusammensetzungen. Es hat sich bewährt, den Energiegehalt der Milchleistungsfutter in **Energiestufen** zu deklarieren. Damit wird gleichzeitig auf die Schwierigkeit der Gehaltsangabe und deren Kontrolle hingewiesen. Gleichzeitig hat es sich als richtig erwiesen, die Stufen so groß zu machen, dass eine klare Unterscheidung möglich ist.

Derzeit gelten folgende Energiestufen:

- Energiestufe **2** entspricht 6,2 MJ NEL je kg
- Energiestufe **3** entspricht 6,7 MJ NEL je kg
- Energiestufe **> 3** entspricht mindestens 7,0 MJ NEL je kg
- (derzeit wird eine Energiestufe 4 diskutiert, die dann 7,2 MJ NEL/kg enthalten muss; s.u.).

1 kg Mischfutter der Energiestufe 3 reicht zur Erzeugung von 2,0 kg Milch. Die Energiestufe 3 ist vorwiegend bei hohen Leistungen einzusetzen. Für sehr hohe Leistungen wird vielfach Milchleistungsfutter der Stufe >3 eingesetzt. Bei der Herstellung muss jedoch darauf geachtet werden, dass der Anteil stärkehaltiger Komponenten so begrenzt wird, dass der

Abbildung B.2.12

Mögliche Milchleistung nach NEL und nXP bei steigendem Kraftfutter-Einsatz und 2 kg Vorlauf an nXP aus der Grundration

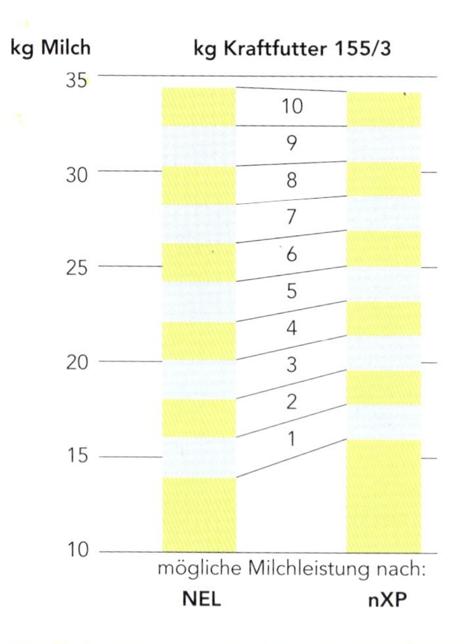

Gehalt an pansenverfügbaren Kohlenhydraten rund 25 % in der Gesamtration nicht überschreitet. Beim Mischfutter sind damit je nach Einsatzmenge und Grundration bis zu 40 % unbeständiger Stärke und Zucker (vKH, pansenverfügbare Kohlenhydrate) möglich. Wenn eine Untergrenze von 8 bis 9 % Rohfaser eingehalten wird, ist dies in der Regel der Fall. Für die meisten Fütterungssituationen ist ein Milchleistungsfutter der Energiestufe 3 die richtige Ergänzung der Grundration. Die Energiestufe 2 kommt eigentlich nur für sehr eiweißreiche Milchleistungsfutter, zum Beispiel Ausgleichskraftfutter oder Mischfutter für weibliche Jungrinder, in Frage.

2.4.4.3 Auswahl des Milchleistungsfutters Die wichtigste Basis für die Auswahl des Milchleistungsfutter (im folgenden MLF" genannt) ist das Grobfutter. Die frühere Empfehlung, die Grundration so auszugleichen, dass sie ein nach Energie und Protein vergleichbares Milchleistungsvermögen aufweist, und dann ein in sich ausgeglichenes Kraftfutter einzusetzen, kann nach der Berechnung auf der Grundlage des nutzbaren Rohproteins (nXP) so nicht aufrecht erhalten werden. Da die Grundration in den allermeisten Fällen einen Überschuss an nXP aufweist, ist es physiologisch wie ökonomisch sinnvoll, zunächst ein MLF mit etwas geringerem als für ausgeglichene MLF notwendigem Gehalt an nXP einzusetzten.

Dazu folgendes Rechenbeispiel:

Ein MLF der Energiestufe 3 hat 6,7 MJ NEL je kg. Bei einem Bedarf der Kühe von 3,3 MJ NEL je kg Milch reicht der NEL-Gehalt von 1 kg dieses MLF für (6,7 ÷ 3,3 = rund 2,0 kg Milch. Der Gehalt an nXP müsste demnach 170 g je kg MLF betragen (85 g / kg Milch × 2,0 kg Milch / kg MLF).

Ein solches MLF ist allerdings recht aufwändig in der Herstellung, da die Auswahl an Proteinträgern mit hohem Anteil an unabbaubarem Protein (UDP) eingeschränkt ist.

Daher empfiehlt sich zunächst ein MLF der Energiestufe 3 mit 155 oder 160g nXP je kg. Erst bei hohen Tagesleistungen (über 30 oder 35 kg) sollte dann ein ausgeglichenes MLF gezielt verwendet werden.

Beispiel: Die Grobfutter-Ration hat ein Potenzial von 14 kg Milch nach NEL und 16 kg nach nXP (s. Abb. B.2.12). Ein Milchleistungsfutter mit 6,7 MJ NEL und 155 g nXP je kg ermöglicht dann jeweils die dargestellten Leistungen:

Mit jedem kg Milchleistungsfutter wird die Differenz im Milchbildungsvermögen nach NEL bzw. nXP geringer, bis bei einer Leistung von rund 33 kg Milch ein Ausgleich erreicht wird. Für Leistungen von mehr als 33 kg Milch ist ein in sich ausgeglichenes und damit auch teureres Kraftfutter einzusetzen.

Da zu Beginn der Laktation ein Teil der erforderlichen Energie für die Milchbildung aus Körpersubstanz stammt, ist für diesen Anteil nXP über das Milchleistungsfutter ergänzend abzudecken. Dies führt dazu, dass für Leistungen oberhalb von 30 kg Milch bei Kühen und 25 kg bei Färsen höhere nXP-Gehalte im Milchleistungsfutter lohnen.

2.4.4.4 Eigenmischungen In Betrieben, die auch Getreide anbauen, ist es möglich und manchmal auch richtig, das Kraftfutter selbst zu mischen. Die zu wählende Zusammensetzung ist einerseits von der Grobfutterration und andererseits von dem im Betrieb vorhandenen Getreide abhängig. Die folgenden Beispiele sollen als Hinweis für die Zusammensetzung von Eigenmischungen dienen (s. Tab. B.2.5).

Abbildung B.2.13

Geschroteter Weizen für die Eigenmischung oder Mischration

Beide Mischungen haben einen Gehalt an pansenverfügbaren Kohlenhydraten (unbeständige Stärke und Zucker) von 30 bis 35 %. Daraus resultiert eine notwendige Mengenbegrenzung von 10 bis 12 kg Kraftfutter je Kuh und Tag. Sofern die Grobfutterration allerdings auch schon größere Stärke- und Zuckermengen (zum Beispiel bei Maissilage) enthält, ist u. U. eine weitere Begrenzung der Kraftfuttermenge erforderlich.

In jedem Falle ist zu prüfen, ob die Herstellung einer eigenen Mischung ökonomisch richtig ist. Neben den Rohstoffkosten sind auch die Kosten für das Mahlen und Mischen sowie die eventuellen Lagerkosten und Zinsen zu berücksichtigen.

2.4.4.5 Beurteilung von Milchleistungsfutter

- *Rohnährstoffanalyse*

Ein Milchleistungsfutter muss einen guten Geruch und Geschmack haben und, sofern es pelletiert ist, eine gute Presslingsqualität aufweisen. Diese Eigenschaften kön-

Tabelle B.2.5

Selbstgemischte Milchleistungsfutter der Energiestufe >3 und 3

Mischung 1 (170/4)		Mischung 2 (160/3)	
20 %	Gerste	31 %	Melasseschnitzel
50 %	Weizen	35 %	Weizen
26,5 %	Sojaextraktionsschrot	31 %	Rapsextraktionsschrot
3 %	Mineralfutter	2,5 %	Mineralfutter
0,5 %	Rapsöl	0,5 %	Rapsöl
7,2	**MJ NEL / kg**	**6,7**	**MJ NEL / kg**
170	g nXP / kg	160	g nXP / kg

nen beurteilt und notfalls auch reklamiert werden. Anders verhält es sich mit dem Nährstoff- und Energiegehalt. Er ist äußerlich nicht erkennbar, sondern nur über eine chemische Analyse zu ermitteln beziehungsweise zu schätzen. Letzteres trifft besonders für den Energiegehalt zu.

Der Hersteller deklariert die Inhaltsstoffe (Nährstoffe) **Rohprotein, Rohfaser, Rohfett** und **Rohasche**. Auf diese deklarierten Werte sind sogenannte Toleranzen anzurechnen, die etwa 10 bis 15 % betragen. DLG-Gütezeichen-Inhaber dürfen allerdings nur 50 % der Toleranzen beanspruchen. Dadurch wird eine höhere Deklarationsgenauigkeit erreicht. Die Inhaltsstoffe können über eine chemische Analyse im Labor festgestellt und mit der Deklaration auf dem Sackanhänger oder Sackaufdruck verglichen werden. Abweichungen zwischen Deklaration und Analyse sind somit einwandfrei festzustellen.

• *Schätzformel*

Mit Hilfe einer Formel kann aus dem Gehalt an Rohnährstoffen der Energiegehalt geschätzt werden. Diese Schätzung ist naturgemäß mit einem Schätzfehler behaftet, da in einer Formel nur Durchschnittswerte berücksichtigt werden können. Abweichungen in der Verdaulichkeit können mit dieser Methode nicht erfasst werden.

Infolge der verbleibenden Unsicherheiten haben die zuständigen Fachgremien empfohlen, eine Schätzformel nur noch in Verbindung mit der **Gasbildung**, also den HFT, zur Energieschätzung anzuwenden.

Für die Anwendung der Schätzformel gelten daher folgende Einschränkungen:

- Sie ist nur für Milchleistungsfutter anwendbar,
- sie setzt eine chemische Analyse des Mischfutters voraus,
- sie ist nicht für Einzelfuttermittel zu verwenden,
- sie muss neuen Situationen angepasst werden (so z. B. 1996),
- sie darf nicht Basis der Mischfutteroptimierung sein.

- *Hohenheimer Futterwerttest (HFT)*

Die Formel zur Schätzung des Energiegehaltes aus den Rohnährstoffen hat den Nachteil, dass sie die Unterschiede in der Verdaulichkeit verschiedener Mischungen nicht erfassen kann. Dies war bisher nur mit dem Verdauungsversuch (Hammeltest) möglich. Dieses Verfahren ist jedoch für eine umfassende Kontrolle von Mischfutter zu teuer. Aus diesem Grunde wurde in Hohenheim von MENKE der Hohenheimer Futterwerttest (HFT), auch Gastest genannt, entwickelt. Der Gastest, in dem die natürlichen Verdauungsverhältnisse des Pansens weitgehend nachgeahmt werden, ist erheblich billiger und schneller als der Hammeltest.

Dazu müssen allerdings die folgenden Bedingungen eingehalten werden:

- Die Tiere, denen Pansensaft entnommen wird, in der Regel Schafe mit Pansenfistel, werden konstant gefüttert, und zwar mit einer Ration bestehend aus 50 % Heu und 50 % Kraftfutter.
- Der Pansensaft wird jeweils zur gleichen Tageszeit entnommen.
- In 4 Kolbenprober (Meßkolben) werden Pansensaft und Futtermittelproben (etwa 200 mg) mit einer Pufferlösung zusammengebracht.
- Jeweils 4 Kolbenprober werden nur mit Pansensaft gefüllt, um die Gasbildung, die alleine aus dem Pansensaft kommt, zu ermitteln.
- In 4 weitere Kolbenprober wird zu dem Pansensaft eine standardisierte Futterprobe aus 70 % Heumehl und 30 % Maisstärke eingefüllt. Dadurch werden Unterschiede im Pansensaft korrigiert.
- Die Kolbenprober werden in einen Rotor gestellt, der sich in einem Trockenschrank bei 39°C mit einer halben Umdrehung pro Minute zur Nachahmung der Pansenmotorik bewegt. Nach 24 Stunden wird die Gasbildung abgelesen.
- Die Gasbildung dient zusammen mit den Rohnährstoffgehalten zur Bestimmung des Energiegehaltes.

Derzeit gilt für die Schätzung des Gehaltes an NEL in Milchleistungsfuttern folgende von der Gesellschaft für Ernährungsphysiologie 1996 beschlossene Formel:

$$
\begin{aligned}
\text{NEL (MJ/kg)} = \; & - XA \times XF \times 0{,}0000487 \\
& + XP \times Gb \times 0{,}0001329 \\
& + XL \times XL \times 0{,}0001601 \\
& + XF \times XF \times 0{,}0000135 \\
& + XX \times Gb \times 0{,}0000631 \\
& + 3{,}81
\end{aligned}
$$

(Rohnährstoffe in g/kg, Gasbildung [Menke u. Steingaß 1987] in ml/200 mg, alle Werte bezogen auf Originalsubstanz)

- *Mikroskopie*

Durch eine mikrokospische Untersuchung können anhand botanischer Merkmale die Bestandteile eines Mischfutters mit großer Sicherheit ermittelt werden. Zwei sehr entscheidende Faktoren sind allerdings gar nicht beziehungsweise nur unzureichend festzustellen. Über die Verdaulichkeit einer Komponente gibt die Mikroskopie keine Auskunft, und die prozentualen Anteile sind nur mit einem Fehler von etwa 10 bis 20 % zu schätzen. Insofern können mit Hilfe der Mikroskopie zwar die Bestandteile eines Mischfutters, nicht aber der Energiegehalt dieses Mischfutters ermittelt werden. Folglich ist die Angabe der Zusammensetzung durch den Hersteller für die Qualitätsbeurteilung von sehr untergeordneter Bedeutung. Hinzu kommt noch, dass der Hersteller die Zusammensetzung in gewissen Grenzen variieren muss, weil die Einzelkomponenten keine konstanten Nährstoff- und Energiegehalte aufweisen.

2.4.5 Mineralfutter

Die verschiedenen Grobfuttermittel weisen zwar typische Mineralstoffverhältnisse, aber deutliche Gehaltsschwankungen auf. Normalerweise reichen die Mineralstoffgehalte nicht aus, um den Bedarf der Milchkühe beziehungsweise Jungrinder zu decken.

Da es kaum möglich ist, von jedem Grobfutter im Betrieb den Mineralstoffgehalt zu analysieren, muss man auch auf regionale Mittelwerte zurückgreifen. Bei den Mineralstoffen sind

- Calcium (Ca)
- Phosphor (P)
- Natrium (Na)
- Kalium (K)
- Magnesium (Mg)

von wesentlicher Bedeutung, wobei das Kalium unter mitteleuropäischen Bedingungen praktisch immer im Überschuss vorhanden ist. Für die Eingruppierung von Futtermitteln kann neben dem absoluten Gehalt auch das Verhältnis von Calcium zu Phosphor hilfreich sein.

In der Tabelle B.2.6 ist für einige Futtermittel eine Einstufung für die Beurteilung des Mineralstoffgehaltes aufgeführt. Ein (+) deutet auf einen Überhang und ein (-) auf einen Mangel hin. Ist dies Zeichen doppelt, so sind Über- beziehungsweise Unterschuss beträchtlich. Stehen bei einem Mineralstoff beide Zeichen, deutet dies auf eine schwache Bedarfsdeckung mit der Möglichkeit einer Unterversorgung hin. Grundsätzlich lassen sich zwei Gruppen bilden, nämlich Ca-reiche und Ca-arme Grobfutter. Diese Unterscheidung wird auch am Ca : P-Verhältnis deutlich. Die meisten Grobfutterrationen sind zudem Na-arm, wenn man berücksichtigt, dass Rüben und Rübenblatt in erster Linie anstelle von Kraftfutter eingesetzt werden. Die Mg-Versorgung wird durch die meisten Rationen gesichert. Der Mg-Anteil in einem Mineralfutter dient der zusätzlichen Absicherung.

2.4.5.1 Mineralfuttertypen Es hat sich als praxisgerecht erwiesen, mit dem Mineralfutter den Mineralstoffgehalt des Grobfutters bzw. der Grundration zu ergänzen und auszugleichen. Das Kraftfutter soll im Mineralstoffgehalt so eingestellt sein, dass eine Versorgung entsprechend dem Energiegehalt gesichert ist. Allerdings sind die meisten Kraftfutterkomponenten P-reich, das Ca : P-Verhältnis liegt fast immer unter 2 :1. Mit zunehmender Kraftfuttermenge verbessert sich daher generell die P-Versorgung in allen Rationen.

Abbildung B.2.14

Lecksteine ergänzen das Angebot an Natrium

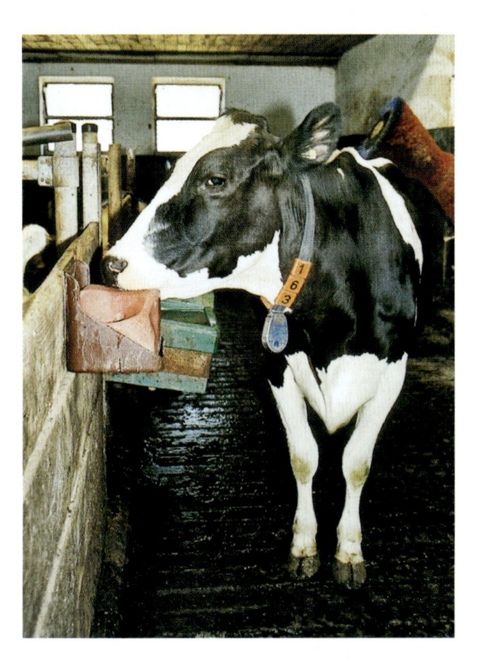

- Mineralfutter für Ca-armes Grobfutter:
  Rationen mit höheren Anteilen an Maissilage benötigen ein Ca- und Na-reiches Mineralfutter zur Ergänzung. Dieses sollte etwa folgende Gehalte aufweisen: 25 % Ca, 0 % P, 10 % Na
- Mineralfutter für Ca-reiches Grobfutter:
  Rationen aus Gras, Klee, Kleegras- und Luzerneheu beziehungsweise -silagen haben einen mehr oder weniger deutlichen Ca-Überschuß. Dieser kann durch Zuckerrübenblätter, Raps und Rübsen weiter erhöht werden. In diesen Situationen, die in Ackerbaustandorten vorkommen können, ist die Zufütterung eines Ca-freien Mineralfutters notwendig.
- Spurenelement- und Vitamin-Ergänzung:
  Nicht in jedem Fall ist eine Ergänzung der Mengenelemente Ca oder P notwendig. Fast immer fehlt es jedoch an Natrium. In diesen Fällen empfiehlt sich die Na-Ergänzung über entsprechende Gaben an Viehsalz (Natriumchlorid, NaCl). Grundsätzlich sollte in diesen Fällen aber eine Ergänzung der Spurenelemente und Vitamine erfolgen. Dies kann über entstprechende im Handel befindliche Spurenelement- und Vitamin-Ergänzer erfolgen, die so ausgestattet sind, dass sie mit einer täglichen Gabe von 50 oder 100 g je Tier und Tag die Grundration ausgleichen.
  Die Futtermittelverordnung läßt genügend Spielraum für die Anpassung an spezielle regionale Gegebenheiten. Darüber hinaus ist es auch möglich, ein mineralstoffreiches Ergänzungsfutter (Ausgleichskraftfutter) mit den entsprechenden Mineralstoffgehalten zu verwenden.

Tabelle B.2.6

Einordnung der Mineralstoffgehalte der wichtigsten wirtschaftseigenen Futtermittel (siehe auch Tabelle Anhang 1)

Futtermittel	Ca	P	Na	Mg	NEL, MJ/kg TM
Weidegras	+	+	-	±	6,6
Heu (Wiese, Weide)	+	±	-	+	5,7
Grassilage	+	+	-	+	6,1
Maissilage	-	-	-	+	6,6
Kleeheu	+	±	-	+	5,5
Luzerneheu	+	±	-	+	5,2
Rübenblatt	+	-	+	+	6,2
Futterrüben	- -	-	+	±	7,6
Raps / Rübsen	+	+	-	±	6,5

+ hoch; ± bedarfsdeckend; - niedrig; - - sehr niedrig

2.4.5.2 Mineralfuttereinsatz Unter Berücksichtigung des zum Grobfutter passenden Mineralfutters wird allgemein der Einsatz von 50 – 150 g je Kuh und Tag empfohlen. Wachsende Rinder erhalten ihrem Gewicht entsprechend geringere Mengen. Es ist sinnvoll, das Mineralfutter an alle Tiere zu füttern, auch wenn in einzelnen Leistungsbereichen die Bilanzrechnung eine ausreichende Versorgung ergibt.

In der Praxis ist die Verabreichung des Mineralfutters an einzelne Tiere schwierig, zumal die Tiere in der Laktation die Leistungsklasse wechseln.

Eine geringere Futteraufnahme bedeutet gleichzeitig eine verminderte Mineralstoffversorgung.

Über das Mineralfutter werden außerdem Spurenelemente und Vitamine verabreicht. Eventuelle Lücken in diesem Bereich werden dadurch geschlossen.

Empfehlung: Ohne Kenntnis der Mineralstoffgehalte im eigenen Futter lohnt die exakte Errechnung einer Mineralstoffbilanz nicht. Die in den Futterwerttabellen enthaltenen Werte sind in der allgemeinen Empfehlung berücksichtigt. Also sollte das für die vorhandene Grundration richtige Mineralfutter mit 50 bis 150 g je Kuh und Tag eingesetzt werden.

Es ist zweckmäßig, das Mineralfutter über das Grobfutter zu streuen bzw. einzumischen, weil dadurch eine gesicherte Aufnahme erreicht wird. Bei Einsatz von Futtermischwagen sollte die Mineral- und Vitaminergänzung möglichst über die Mischration erfolgen. Zur besseren Einmischung empfiehlt sich der Einsatz von Vormischungen. In

Laufställen werden auch Mineralfutterautomaten eingesetzt, bei denen sich zwar der durchschnittliche Verzehr errechnen läßt, aber nicht feststellbar ist, ob alle Kühe gefressen haben. Von Tier zu Tier sind größere Schwankungen bei der Aufnahme zu verzeichnen. Gleiches gilt bei der Verabreichung von Mineralfutter über Leckschalen beziehungsweise Lecksteine. Diese Art der Mineralfuttergabe ist somit nur ein Notbehelf.

2.5 Futter-Zusätze

Propylenglycol. Auch Iso-Propandiol genannt. Dieser Zusatzstoff dient ebenso wie Propionate (Salze der Propionsäure) einer zusätzlichen Energieversorgung. Die Fermentation von Stärke und Zucker im Pansen führt üblicherweise zur Bildung von Propionsäure, die absorbiert und in der Leber zu Glucose umgewandelt wird. Bei knapper Energieversorgung kann die Propionsäurebildung leistungsbegrenzend wirken. Zusätze der oben beschriebenen Art können hier zusätzliche Energie liefern und Aminosäure sparend wirken. Allerdings ist dabei zu beachten, dass die Zusätze keine Energie für die Mikroorganismen im Pansen liefern können. Somit ist die Wirkung dieser Zusätze begrenzt, sie können allenfalls in extremen Situationen ein wenig zur Verbesserung der Stoffwechsellage beitragen. Bewährt haben sich die Zusätze zur Ketoseprophylaxe.

Natrium-Bicarbonat. Ein Salz, welches aufgrund seiner puffernden Wirkung das Absinken des pH-Wertes im Pansen mildern kann. Das Salz selbst ist unschädlich, Natrium ist ohnehin in Grobfutter- Rationen im Mangel, so dass auch größere Mengen (50 – 150 g täglich) eingesetzt werden können. Die Pufferwirkung ist unumstritten, allerdings ist die zeitliche Verabreichung nicht ganz unproblematisch: Wird Natrium-Bicarbonat ins Kraftfutter eingemischt oder zum Grobfutter gegeben, dann löst es sich sehr rasch im Pansen und fließt ab. Zum Zeitpunkt der maximalen Säureproduktion (ca. 2 – 3 Std. nach den Kraftfuttergaben) ist es dann nicht mehr vorhanden, obwohl es gerade zu diesem Zeitpunkt benötigt wird. Anders ist dies in kompletten Rationen (TMR). Vor allem in kraftfutterreichen Rationen kann der Einsatz sinnvoll sein. Der Strukturwert (SW) des Na-Bicarbonats liegt bei 7. Eine gewisse Vorbeuge vor Acidose kann daher über den Zusatz erfolgen. Bei Vorlage von Acidose ist allerdings eine grundlegende Umstellung der Ration erforderlich (s. auch Kapitel D.3.3).

Niacin. Wird der Gruppe der B-Vitamine zugeordnet. Wirkt auf den Energiestoffwechsel der Zellen und kann die negativen Folgen einer Ketose (Acetonämie) mildern. Muss allerdings in hohen Dosierungen (ca. 6 g je Tier und Tag) eingesetzt werden und ist dementsprechend teuer.

Hefe, Bierhefe. Bierhefe (sacchoramyces cerevisiae) zeichnet sich durch hohe Gehalte an Vitamin B aus. Ob die später beschriebenen Wirkungen allerdings auf den Vitamingehalt zurückzuführen sind, ist fraglich.

Vor allem beim Einsatz von Präparaten mit lebenden, inaktivierten Hefezellen wird immer wieder von positiven Wirkungen auf Leistung, Gesundheit, Fruchtbarkeit und Futteraufnahme berichtet. Die Ergebnisse hierzu sind nicht eindeutig und auch nicht erklärbar. Es ist aber nicht auszuschließen, dass bestimmte Stämme dieser Hefe eine stimulierende Wirkung auf die Pansenflora ausüben. So wurde z. B. ein Anstieg der cellulolytischen (Grobfutter-abbauenden) Bakterien und eine Verbesserung der mikrobiellen Syntheseleistung nach Verabreichung solcher Produkte beobachtet. In den USA ist vielfach das sogenannte „drenching" üblich – die Infusion von 24 l Wasser mit Salzen, Propylenglycol sowie u. a. Hefe der genannten Stämme, wodurch die Futteraufnahme in den ersten Wochen nach der Kalbung gesteigert werden soll.

Harnstoff. Bei Wiederkäuern mit Pansentätigkeit ist der Einsatz von NPN-Verbindungen, die für Futterzwecke geeignet sind, erlaubt. In erster Linie ist hier Harnstoff zu Futterzwecken anzusprechen. Der Einsatz von Harnstoff empfiehlt sich aus Sicht der Fütterung grundsätzlich nur in Rationen mit einem Defizit an im Vormagen verfügbaren Stickstoff (RNB). Dies gilt sowohl für Kühe als auch für Mastrinder. Der Einsatz von Harnstoff oder Produkten mit Harnstoff kommt auf Grund der enthaltenen Rohproteingehalte in erster Linie für Mais und Getreideganzpflanzen in Betracht. Aus Sicht der Fütterung empfehlen sich je nach Futterqualität und Rationsgestaltung Harnstoffzugaben von 0,5 bis 1 % der Trockenmasse z.B. bei der Silierung. Futterharnstoff muss eine hohe Reinheit aufweisen und hat im Mittel 46 % N. Dies entspricht einer RNB von **460 g/kg**. Energie (NEL) und nXP ist im Harnstoff nicht enthalten.

Teil C
Praktische Fütterung

1. Voraussetzungen

Die Milcherzeugung erfordert umfangreiche Kenntnisse und eine gezielte Planung, weil sie in zwei Produktionsstufen abläuft. Die erste Stufe ist die Produktion von wirtschaftseigenen Futtermitteln und die zweite Stufe der möglichst effektive Einsatz dieser Futtermittel in der Fütterung. Zwischen beiden Produktionsstufen bestehen enge Wechselwirkungen. So hat zum Beispiel eine zu geringe Futtermenge einen höheren Futtermittelzukauf zur Folge, oder die Höhe der Milchleistung wird von der Qualität des Grobfutters beeinflusst.

Oberstes Ziel muss es sein, für alle Leistungshöhen bzw. -gruppen richtige und übersichtliche Futterrationen zu erstellen. Die leistungsgerechte Rationsgestaltung ist trotzdem schwierig und setzt zahlreiche Informationen voraus. Besonders wichtig ist dabei die Vermeidung eines häufigen Futterwechsels, weil dieser in der Regel immer mit einer Leistungsveränderung verbunden ist.

Alle Maßnahmen in der Milchviehfütterung müssen langfristig geplant werden, denn der Anbau des Futters liegt zeitlich bis zu einem Jahr vor der Verfütterung. Ein systematisches Vorgehen ist für eine ausreichende Futterversorgung und sichere Rationsgestaltung unerlässlich. Die wichtigsten Maßnahmen in der Futtererzeugung sind:

- Anbauplanung
- Futterernte
- Futterkonservierung
- Futterplanung

1.1 Anbauplanung

Der gesamte Futterbau ist, von wenigen Ausnahmen abgesehen, in seiner Ertragsfähigkeit schwer messbar. Die Gewichtseinheit Dezitonne (dt) Futter ist nicht voll aussagefähig, da die verschiedenen Futtermittel einen unterschiedlichen Wassergehalt

Tabelle C.1.1

Futter- und Flächenbedarf je Großvieheinheit für 200 Futtertage

Rationssysteme	Tagesgaben kg TM/Kuh	Flächenbedarf in ha bei Erträgen*) von: dt TM/ha		
		80	100	120
Grassilage	12	0,35	0,28	–
Grassilage	8	0,24	0,19	–
Maissilage	4	–	0,10	0,08
Grassilage	5	0,15	0,11	–
Maissilage	7	–	0,16	0,14
Heu	5	0,14	0,11	–
Futterüben	4	–	0,09	0,07
CCM	2	0,05	0,04	–

**) Verluste: 15 % bei Silage, 10 % bei Heu und Futterrüben, 5 % bei CCM*

haben. Deshalb sollten Kalkulationen und auch der Ertragsvergleich auf der Basis der wasserfreien Substanz (Trockenmasse = TM) erfolgen.

Je höher die Milchleistung der Kühe ist, um so wichtiger wird der Grobfutteranteil in der Ration. Deshalb gilt es vorrangig, den Bedarf an Grobfutter zu decken. Ein Grobfuttermangel kann durch andere Futtermittel nur bedingt ausgeglichen werden und führt oft zu Leistungsverlusten und/oder Gesundheitsstörungen.

Von großem Einfluss auf den Futterertrag sind:

- Klima,
- Bodengüte,
- Pflanzenart,
- Düngung,
- Nutzungshäufigkeit, Schnitthöhe etc.

In der Tabelle C.1.1 wird für einige Futtermittel in Abhängigkeit von den Erträgen der Flächenbedarf für eine Kuh errechnet.

Abbildung C.1.1

Nachsaat zur Verbesserung der Futterqualität

Anhand dieser Daten lässt sich der Futterflächenbedarf für eine Milchkuh recht gut kalkulieren. Die Grobfutteraufnahme erreicht im Mittel etwa 11 bis 12 kg Trockenmasse je Tag. Energiereiche Saftfuttermittel wie Biertrebersilage, Pressschnitzelsilage, Rüben, Kartoffeln und Kartoffelprodukte können Grobfutter teilweise ersetzen. Die Kraftfutter können Grobfutter nicht ersetzen und folglich nur zusätzlich verfüttert werden. Das gilt auch für viele Zwischenfrüchte.

Bei den unterstellten Mengen und Erträgen errechnet sich ein Flächenbedarf von 0,25 bis 0,35 ha Winterfutter je Kuh und Jahr. In der Praxis ist der Bedarf oft größer, da in erheblichem Maß Verluste am Silo und im Stall gegeben sind.

Der Einsatz von LKS, CCM oder Rüben in der Fütterung erhöht den Umfang der Futterfläche, bei 20 kg Rüben je Tag um 0,05 ha je Kuh. Zusätzlich kommen noch die Weidefläche und die Jungviehfutterfläche für den Gesamtbetrieb hinzu. Die Weidefläche sollte je nach Anteil an der Sommerration, Ertragsleistung und Nutzungsintensität etwa 0,1 bis 0,3 ha je Kuh umfassen. Es ist dabei zu berücksichtigen, dass Grasland möglichst wechselseitig als Mähweide zu nutzen ist.

Je Kuh ergibt sich je nach Ertragssituation und Rationsgestaltung ein Bedarf von 0,5 bis 0,7 ha Hauptfutterfläche. Der Flächenbedarf für das Jungvieh errechnet sich nach dem gleichen Schema wie bei den Kühen. Je aufgezogener Färse resultiert je nach Erstkalbealter, Ertragssituation und Rationsgestaltung ein Bedarf von 0,5 bis 1 ha Futterfläche. Werden alle Rinder aufgezogen, so ergibt sich je Kuhplatz einschließlich Nachzucht ein Flächenbedarf von 0,7 bis 1,2 ha. Auf Grund der geringeren Erträge resultieren die höheren Werte für reine Grünlandgebiete.

Futterernte. Für die Ernte der Futtermittel ist eine ausreichende Schlagkraft erforderlich, um das Ernterisiko und damit die Ernteverluste möglichst gering zu halten. Neben eigenen Maschinen sind besonders Lohnunternehmer und Maschinenringe mit entsprechender Ausrüstung hilfreich. Vorrangig ist die termingerechte Ernte. Mit dem richtigen Schnittzeitpunkt wird die wichtigste Entscheidung des Jahres gefällt. Ein zeitiger Schnitt des Grases ist die wesentlichste Voraussetzung für hohe Energiegehal-

Abbildung C.1.2

Aufnahme an Grassilage und Kraftfutter sowie Milchleistung bei zunehmender Energiekonzentration in der Grassilage, 650 kg Lebendmasse (45 % der TM aus Grassilage)

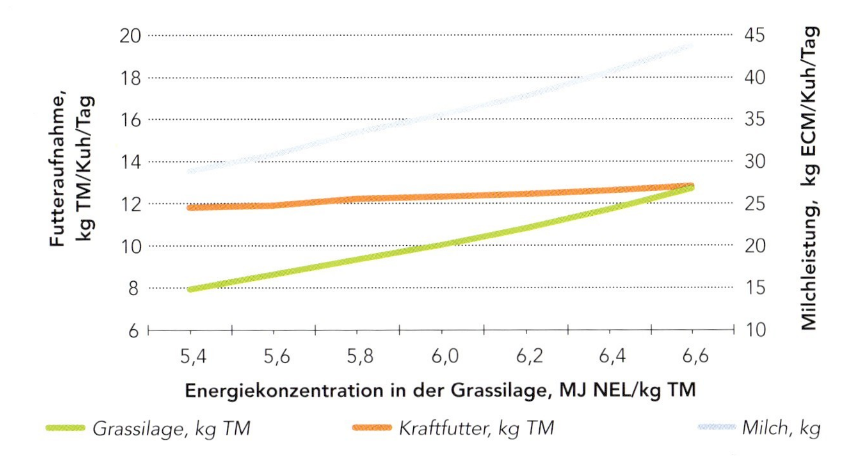

te im Futter und eine hohe Futteraufnahme. Die weiteren Kalkulationen verdeutlichen dies.

Hohe Futterqualität erforderlich. Die hohen Anforderungen an die Qualität des Futters, vor allem an die Energiekonzentration, für eine hohe Futteraufnahme und eine hohe Milchleistung, sind allgemein bekannt. Auch wird die Protein- und Mineralstoffversorgung an die hohe Milchleistung angepasst. Allerdings wird die Bedeutung der Grünlandfutterqualität häufig unterschätzt. Falsch ist die weit verbreitete Meinung, dass beim späteren Schnitt mit höherem TM- bzw. Energieertrag die Futterkosten durch die geringeren Produktionskosten sinken. Im Gegenteil, durch die geringere Futteraufnahme und Milchleistung, durch die zusätzlich erforderliche Kraftfuttermenge sowie durch die abnehmende Grobfutterleistung werden die Futterkosten in der Milchproduktion vielfach deutlich erhöht (s. Tabelle C.1.2).

Eine hohe Milchleistung stellt hohe Ansprüche an die Futterqualität. In der Grünlandwirtschaft ist insbesondere bei der Silagegewinnung eine Anpassung erforderlich. Eine Futterqualität mit etwa 5,9 – 6,1 MJ NEL/kg TM reicht nicht mehr aus. Eine gute Grassilage für Hochleistungskühe sollte mindestens 6,4 MJ NEL/kg TM enthalten. Zur Verdeutlichung sind in der Abb. C.1.2 die Zusammenhänge zwischen der Energiekonzentration in der Grassilage einerseits und Futteraufnahme, Kraftfuttereinsatz und Milchleistung andererseits dargestellt. Der Kurvenverlauf macht deutlich, dass mit zunehmender Energiekonzentration in der Grassilage hiervon auch mehr aufgenom-

Tabelle C.1.2

Unterstellte Energiedichte und Kosten von Grassilage unterschiedlicher Qualität

Typ	NEL-Gehalt	Kosten	
Grobfutter:	**MJ/kg TM**	**Euro/dt TM**	**Cent/10 MJ NEL**
Grassilage, gut	6,5	12	18,5
Grassilage, mittel	6,1	11	18,0
Grassilage, mäßig	5,7	10	17,5
Maissilage	6,6	11	16,7
Mischfutter:	**MJ/kg**	**Euro/dt**	**Cent/10 MJ NEL**
MLF (160/3)*	6,7	16	23,9
Ausgleichskraftfutter (+ 23/2)*	6,2	21	33,9
Mineralfutter	–	50	–

** (160/3) = 160 g nXP und 6,7 MJ NEL/kg; (+23/2) = + 23 g RNB und 6,2 MJ NEL/kg*

men wird, durch die höhere Grobfutteraufnahme mehr Kraftfutter eingesetzt werden kann und die insgesamt höhere Futter- und Energieaufnahme die Erfütterung höherer Milchleistungen ermöglicht.

Frühe Mahd für hohe Energiekonzentration. Günstige Wachstumsbedingungen hinsichtlich Temperatur und Bodenfeuchte führen auf guten Grünlandflächen mit entsprechenden N-Düngermengen am Anfang der Vegetationsperiode zu einem sehr guten und schnellen Frühjahrswachstum. Die tägliche Futterzuwachsrate kann etwa ab Mitte bis Ende April bis zu 150 kg TM/ha und mehr betragen. Mit der hohen Zuwachsrate geht eine schnelle Alterung des Grünlandaufwuchses mit zunehmendem Rohfasergehalt und abnehmender Verdaulichkeit und somit ein rapider Rückgang der Futterqualität einher. Mit zunehmendem Futteralter nehmen Rohproteingehalt und vor allem Energiekonzentration im Grünlandfutter ab. Der Schnitttermin im Frühjahrsaufwuchs ist somit ausschlaggebend für die Qualität und insbesondere für die Energiekonzentration in der Grassilage.

In der Tabelle C.1.3 wurde unter Zugrundelegung der angeführten Rationsgrenzen (Grobfutteranteil in der Ration ≥ 40 % der TM; SW ≥ 1,1) und den Angaben aus Tabelle C.1.2 Rationen für maximale Milchleistungen kalkuliert. Bei Einsatz von Maissila-

Tabelle C.1.3

Rationsbeispiele mit unterschiedlichen Qualitäten an Grasssilage

A) Grünlandstandort

Qualität		Grassilage	
	mäßig	**mittel**	**hoch**
NEL, MJ/kg TM	5,7	6,1	6,5
Grassilage, kg TM/Tag	8,7	9,5	10,4
MLF (160/3) kg/Tag	14,7	16,1	17,6
Mineralfutter, g/Tag	50	50	50
gesamt, kg TM/Tag	*21,7*	*23,7*	*25,9*
Anteil Grassilage, % der TM	40	40	40
SW, /kg TM	1,57	1,37	1,22
mögliche Milchleistung:			
kg/Tag	33	38	44
Futterkosten:			
Euro/Tag	3,25	3,65	4,05
Cent/kg Milch	9,8	9,6	9,3

B) Maisstandort

Qualität		Grassilage	
	mäßig	**mittel**	**hoch**
NEL, MJ/kg TM	5,7	6,1	6,5
Grassilage, kg TM/Tag	4,8	5,2	5,8
Maissilage, kg TM/Tag	4,8	5,2	5,8
Ausgleichskraftfutter (+23/2), kg/Tag	1,5	1,5	1,5
MLF, kg/Tag	14,9	15,2	15,0
gesamt, kg TM/Tag	*24*	*25,1*	*26,1*
Anteil Grobfutter, % der TM	40	41	45
SW, /kg TM	1,18	1,11	1,10
mögliche Milchleistung:			
kg/Tag	38	41	44
Futterkosten:			
Euro/Tag	3,71	3,89	4,05
Cent/kg Milch	9,6	9,4	9,2

Abbildung C.1.3

Nur gepflegtes Grünland bringt Erfolg

ge sind grundsätzlich höhere Milchleistungen möglich, da in der Maissilage über die Maiskörner selbst schon ein Teil Kraftfutter enthalten ist.

Die Beispielskalkulationen verdeutlichen, dass ein früher Schnitt und somit eine hohe Nutzungshäufigkeit aus Sicht der Fütterung und der Futterkosten anzustreben sind. Dies gilt sowohl für den Grünlandstandort als auch für den Maisstandort. In der Kostenbetrachtung blieben die Flächenprämien außer acht. Kosten für die Fläche (Pachtkosten) sind aber einbezogen.

Die zu wählende Futterkonserve hängt unter anderem von der Größe des Viehbestandes ab. Nur in kleineren Beständen und bei der Nutzung von „Naturschutzflächen" wird das Heu seine Bedeutung behalten. Silos mit weniger als 100 m³ Inhalt sind zudem wegen der relativ großen Oberfläche nachteilig. Eine Alternative bei Restflächen ist die Erstellung von Ballensilage.

Auch eine geringe Entnahme bei größeren Silos ist wegen der erhöhten Gefahr von Nacherwärmung und Schimmelbildung und der damit verbundenen Verluste und Gefahren nachteilig. Es muss daher generell geprüft werden, ob es möglich ist, in einem Betrieb bei dem jeweiligen Viehbestand zwei oder drei Silagen gleichzeitig zu verfüttern.

Aus der Sicht der Futterwerbung ist die Grassilage dem Heu überlegen. Die Vorteile sind:

- geringeres Wetterrisiko,
- schnellere Räumung der Flächen,
- geringere Verluste und damit höhere Erträge.

Aus Sicht der Fütterung ist das Heu hinsichtlich der Abbaubarkeit des Rohproteins von Vorteil. Durch eine schnelle und intensive Trocknung erhöht sich der Anteil an unabbaubarem Rohprotein (UDP). Die Risiken der Heugewinnung und die arbeitswirtschaftlichen Aspekte sind jedoch gewichtiger und sprechen klar für die Gewinnung von Silage.

Maissilage ist eine gute Ergänzung zu Heu und Grassilage. Infolge des geringen Eiweißgehaltes kann ein Überhang in der Ration abgebaut werden, und durch die Stärke kann insbesondere die Versorgung mit beständiger Stärke verbessert werden. Außerdem wird durch den Mais die Futterernte im Betrieb etwas verteilt und damit das Ernterisiko gemindert.

Für die Maissilageernte ist ein Exakthäcksler nötig, damit möglichst alle Maiskörner angeschlagen werden. Für die Ernte empfiehlt sich der Einsatz eines Häckslers mit Reibboden. Dadurch wird eine Zerkleinerung der Körner erreicht, ohne die Häcksellänge zu stark zu verkürzen. Beim Silomais ist die Futterqualität in erster Linie abhängig vom Kornanteil und dem Ausreifegrad. Sortenwahl und Anbau sollten daher auf einen hohen Kornanteil ausgerichtet sein. Die Ernte sollte bei einem Trockenmassegehalt im Korn von 58 bis 60 % erfolgen. Über die Schnitthöhe kann die Qualität der Maissilage darüber hinaus gesteuert werden. Der Stängel enthält auf Grund der geringeren Verdaulichkeit erheblich weniger Energie als der Kolben, ist aber auch strukturwirksamer. Einzelbetrieblich ist festzulegen, welche Schnitthöhe anzustreben ist.

Die Grassilageernte erfolgt sowohl mit Feldhäckslern als auch mit Ladewagen. Auf die Strukturwirkung der Grassilage haben beide Verfahren keinen Einfluss. Allerdings ist die Häcksellänge von Bedeutung für das Festfahren der Silagemieten – je kürzer, desto besser gelingt dies. Gleichfalls werden durch die stärkere Zerkleinerung die Nährstoffe für die Gärung besser verfügbar. Die Bereitung von Ballensilagen bietet bei Restmengen logistische Vorteile. Es gelingt allerdings nur unter Beachtung äußerster Sorgfalt beim Wickeln und Lagern, einwandfreie Qualitäten zu erstellen. Gewisse Probleme in der Handhabung der Ballen ergeben sich bei nicht geschnittenem Material bei der Verfütterung. Dies gilt insbesondere für den Einsatz im Mischwagen.

1.2 Futterkonservierung

Heu wird durch den weitgehenden Entzug des Wassers (Restwassergehalt unter 18 %) lagerfähig. Überwiegend erfolgt die Heutrocknung auf dem Feld und hier wiederum auf dem Boden. Dieses Verfahren setzt eine Schönwetterperiode von drei bis fünf Tagen voraus. In der Regel sind die Verluste beachtlich. Die Reutertrocknung hat nur noch örtliche Bedeutung. Hingegen ist in vielen Gegenden die Unterdachtrocknung eine sinnvolle Maßnahme zur Verlustminderung. Die Verkürzung der Feldtrockenzeit bringt gleichzeitig einen Vorteil für den nachfolgenden Aufwuchs. Infolge der erhöhten Energiekosten ist zur Zeit die Kaltbelüftung der Warmbelüftung überlegen. Ein Heu mit rund 86 % Trockenmasse ist unter guten Lagerbedingungen haltbar.

Die Silagebereitung ist in der Regel verlustärmer als die Heuwerbung. Allerdings kann die Konservierung bedeutend risikoreicher sein, sie erfordert daher besondere Sorgfalt.

Das Anwelken des Siliergutes Gras ist aus der Sicht der Gärbiologie und der Fütterung notwendig. Dem entgegen steht die Erschwerung des Festwalzens bei zunehmendem Trockenmassegehalt. Deshalb muss trockenes Material länger und intensiver festgewalzt werden.

Durch die Verdichtung wird eine Verdrängung der Luft aus dem Futterstock erreicht und die Eindringung von Sauerstoff in die geöffnete Silage erschwert. Gleichzeitig ist ein zügiges Befüllen des Silos nötig, um die Zeit der Lufteinwirkung zu begrenzen. Bei längeren Befüllzeiten ist eine Zwischenabdeckung unbedingt zu empfehlen. Es ist darauf zu achten, dass **nicht** die Kapazität des Häckslers beziehungsweise Ladewagens die Walzarbeit bestimmt. Eine ungenügende Verdichtung bringt Nährstoffverluste und Schwierigkeiten in der Fütterung (Erwärmung, Schimmelbildung) mit sich. Nach dem Befüllen eines Silos muss der Futterstock luftdicht abgeschlossen werden. Dafür eignen sich besonders DLG-geprüfte Folien. Zu empfehlen ist die Verwendung einer Unterziehfolie (Malerfolie) und einer Deckfolie. Näheres zur Konservierung ist der Broschüre **Futterkonservierung (6. Auflage, 2002)** der nordwestdeutschen Landwirtschaftskammern zu entnehmen.

Auf UV-Stabilität der Folie ist unbedingt zu achten. Die Folienränder müssen sicher befestigt werden, um einen nachträglichen Lufteintritt zu verhindern. Das Beschweren der Folie ist besonders zur Vermeidung des Flatterns und zur Verdrängung der Restluft notwendig. Am besten eignen sich dafür mit Kieselsteinen befüllte Silosäcke, Erde oder steinfreier Sand. Vielfach noch übliches Beschwerungsmaterial sind alte Autoreifen. Da hier aber Teile der Folie frei bleiben und die Reifen die Folie nicht überall optimal andrücken, ist das Flattern der Folie nicht immer voll unterbunden und eine laufende Kontrolle notwendig, Verletzungen durch Hunde, Katzen, Vögel oder Mäuse bleiben sonst unbemerkt. Lufteintritt führt zum Verderb der Silage.

Hochbehälter sind in der Regel gasdicht. Der Futterstock wird durch den Eigendruck des Materials verdichtet. Im Interesse einer dichten Lagerung und störungsfreien Entnahme sollte im Hochbehälter nur stark angewelktes und kurzgehäckseltes Material siliert werden.

Abbildung C.1.4

Maximal 40 cm Schichthöhe zum optimalen Verdichten

Gärungsbiologie

Die Konservierung der Silagen erfolgt durch eine möglichst schnelle Absenkung des pH-Wertes in den Bereich von 4. Dazu verhilft die Säureproduktion der Mikroorganismen. Besonders erwünscht sind dabei die Milchsäurebakterien (Laktobazillen), da diese die Milchsäure ohne nennenswerte Verluste produzieren. Die Milchsäurebakterien entfalten ihre höchste Aktivität unter Luftabschluss. Besonders zu Beginn treten aber auch sauerstoffliebende Bazillen als Konkurrenz auf. Je schneller und konsequenter die Luftverdrängung und der Luftabschluss erfolgen, um so eher dominiert die Milchsäuregärung. Verbleibt Restluft, so verbrauchen die Gärungsschädlinge den Zucker. Die Silage erhitzt sich. Diese Erwärmung ist ein Hinweis auf hohe Nährstoffverluste. Die gewünschte Vermehrung der Milchsäurebakterien erfordert ausreichende Gehalte an vergärbaren Zuckern (mindestens 8 % in der TM), die im Ausgangsmaterial vorhanden sein müssen. Das Anwelken senkt die erforderliche Absenkung des pH-Werts zur Vermeidung der Buttersäurebildung und ist daher für den sicheren Gärverlauf wichtig. Bei hohen Zuckergehalten, passendem Besatz an Milchsäurebakterien und Luftabschluss ist die Säurebildung optimal. Der absinkende pH-Wert führt schließlich zum Erliegen der bakteriellen Tätigkeit. Die Silage ist damit stabilisiert. Mangelnder Zuckergehalt führt zu einer unzureichenden pH-Wert-Absenkung und häufig zu Fehlgärungen. Besonders beteiligt sind daran die Buttersäurebakterien (Clostridien), auch Sporenbildner genannt. Derartige Silagen „kippen um" und gehen in Fäulnis über.

Ein weiterer Gegenspieler der Buttersäurebildner ist das Nitrat bzw. das daraus gebildete Nitrit. Gras mit niedrigen Nitratgehalten (kleiner **0,4** g je kg TM) kann daher auch angewelkt zur Bildung von Buttersäure neigen. Hier empfiehlt sich der Einsatz

Abbildung C.1.5

Eindringen von Luft am geöffneten Silo vermeiden

von Siliermitteln zur beschleunigten Gärung, um die Clostridien frühzeitig zu hemmen oder der Einsatz chemischer Siliermittel, die Clostridien direkt unterdrücken.

Siliermittel

Der Zusatz von Melasse und Siliermitteln dient der Steuerung, der Beschleunigung und der Intensivierung des Gärverlaufes. Durch den Zusatz von 3 % Melasse zu Gras wird der Zuckergehalt erhöht und dadurch die Gärfähigkeit verbessert. Bei den Silierzusätzen wird unterschieden nach:

- Futterzusatz: Zucker (Melasse), Futterharnstoff
- Säuren beziehungsweise Salzen,
- Milchsäurebakterien.

Der Zucker ist Nährstoff für die Bakterien zur Säureproduktion. Ein Zusatz ist bei sehr feuchtem und auch schwer vergärbarem Ausgangsmaterial angebracht beziehungsweise dann, wenn während der Werbung viel Zucker verlorengegangen ist. Bei sehr feuchtem Siliergut (< 23 % TM) besteht die Gefahr zusätzlicher Verluste über Sickersaft. Futterharnstoff reichert die Silage mit N an (Ausgleich der RNB) und kann über die Bildung von Ammoniak der Aktivität der lactatabbauende Hefen entgegenwirken, was das Risiko der Nacherwärmung mindert. Der Zusatz von Harnstoff (3 kg/t) kommt nur bei Maissilage in Betracht, da hier ein Ausgleich der RNB erforderlich und sinnvoll sein kann.

Säuren und Neutralsalze sind natürliche Substanzen, die üblicherweise im Siliermateriel vorhanden sind oder entstehen. Die Säuren dienen der direkten Absenkung des pH-Wertes. Der Zusatz DLG-anerkannter Produkte der Wirkungsrichtung **1a** erlaubt auch bei ungünstigen Verhältnissen (TM < 25 % etc.) die Erzeugung von Qualitätssilagen.

Heute wird der Einsatz von Milchsäurebakterien empfohlen. Sinn dieser Maßnahme ist die Aktivierung der bakteriellen Tätigkeit mit dem Ziel einer möglichst raschen und gesteuerten Milchsäureproduktion und damit pH-Wert-Absenkung.

Generell muss auch bei dem Einsatz von Siliermitteln mit äußerster Sorgfalt siliert werden. Grundsätzliche Fehler sind durch Siliermittel nicht zu reparieren. Die derzeitig am Markt bedeutsamen Siliermittel sind in der bereits angeführten Broschüre zur Futterkonservierung (s. Anhang) näher beschrieben. Weiterhin werden dort Empfehlungen zur Auswahl und zum Einsatz gegeben. Generell ergeben sich folgende Empfehlungen für Gras- und Maissilage.

Grassilage. Bei der Silierung von Gras empfiehlt sich bei den derzeitigen Kostenrelationen generell der Einsatz von flüssigen, DLG-anerkannten Milchsäurebakterien. Neben der Verbesserung der Gärqualität und der Reduzierung der Gärverluste (Gütezeichen **1b** und **1c**) sollte die Wirksamkeit der Produkte in Richtung **4b** (Verbesserung der Verdaulichkeit) nachgewiesen sein. Unter ungünstigen Bedingungen (TM < 25 %, keine Möglichkeit zum weiteren Anwelken) empfiehlt sich der Einsatz von chemischen Mitteln der Wirkungsrichtung **1a**. Bei allen Siliermitteln ist auf eine exakte und gleichmässige Einbringung zu achten.

Maissilage. Anders ist die Situation bei der Maissilage, da Mais auch ohne Zusatz sehr schnell und sicher konserviert. Hier bringt der Zusatz von Milchsäurebakterien zur Verbesserung der Gärqualität und Minderung der Gärverluste daher nur wenig. Das Problem in der Konservierung von Silomais ist die Stabilität der Silage bis zum Maul der Kuh. Alle Maßnahmen zur Minderung des Risikos der Nacherwärmung und der Schimmelbildung stehen bei der Konservierung der Maissilage daher im Vordergrund.

Nacherwärmung vermeiden! Häufig kann in der Praxis eine Nacherwärmung von Silagen festgestellt werden. Es kommt zu einer erneuten Umsetzung durch Hefen, Bakterien und Pilze, bei der vornehmlich Restzucker und Milchsäure abgebaut werden. Die dadurch entstehenden Verluste sind beträchtlich. Gleichzeitig wird auch die Futteraufnahme der Kühe vermindert. In diesem Zusammenhang wird oft von „Nachgärung" gesprochen. Eine Gärung liegt jedoch nicht vor, da die Umsetzungen unter Verbrauch von Sauerstoff erfolgen. Es handelt sich um **Verderb** mit Wärme- und Schimmelbildung.

Von Nacherwärmungen besonderes betroffen sind gut silierte Gras- und Maissilagen. Fehler in der Siliertechnik und bei der Entnahme fördern die Problematik. Die

Ursachen für die Erwärmung der Maissilage an der Anschnittfläche liegen zunächst im Mengenverhältnis der gebildeten Gärsäuren begründet. Mais siliert sehr gut mit viel Milchsäure und wenig Essigsäure. Im Hinblick auf den Futterwert ist dies wünschenswert. Die Essigsäure fehlt jedoch als Gegenspieler der Hefen. Pilze und Hefen entwickeln sich aber vor allem bei Eintrag von Sauerstoff. Für das Eindringen des Sauerstoffes in das geöffnete Silo sind das Porenvolumen und somit die Dichte, der Zeitpunkt und die Art der Abdeckung, der Vorschub bei der Entnahme sowie die Entnahmetechnik selbst maßgebend. Für die Entwicklung bestimmter Schimmelpilze reichen sehr geringe Sauerstoffmengen. Dies gilt insbesondere für den stark verbreiteten Penicillium roqueforti mit seinen ballförmigen blauen Schimmelnestern. Bei den rötlich gefärbten Pilzen handelt es sich häufig um monascus ruber. Da die Pilze generell Gifte enthalten können, gehören die befallenen Stellen **nicht** in den Futtertrog.

Voraussetzung für aerobe Umsetzungen sind Nährstoffe (Restzucker, Milchsäure, Alkohole etc.), Sauerstoff, eine gewisse Mindestfeuchte und der Besatz mit Hefen und Pilzen. Vor allem gut vergorene Silagen verfügen über hohe Nährstoffmengen, die durch Nacherwärmung verloren gehen können. Die Anforderungen an die Siliertechnik steigen daher mit der Futterqualität der Silagen. **Das entscheidende Kriterium ist hierbei die Verdichtung.** Je besser diese ist, umso schlechter kann der Sauerstoff an der Anschnittfläche eindringen. Natürlich muss auch die Entnahmetechnik durch einen scharfen Schnitt das Auflockern der Anschnittfläche vermeiden. Die Silagen sind so stark zu verdichten, dass nur minimale Mengen an Luft bzw. Sauerstoff an der Anschnittfläche eintreten können.

Das Häckselgut sollte in dünnen Schichten aufgebracht und durch langsames Überfahren mit ausreichendem Druck (kg/cm^2) je Aufstandsfläche flächendeckend verdichtet werden. Ist die Häckselleistung sehr groß, so sollte überlegt werden, ob nicht zwei Mieten gleichzeitig befüllt werden können. Zur Minderung des Nacherwärmungsrisikos sollten Mieten mit nicht zu großer Anschnittfläche erstellt werden, um einen zügigen Vorschub zu gewährleisten. Dies gilt besonders für die Mieten, die im Sommer verfüttert werden sollen. Die Anschnittfläche sollte möglichst nicht in der Hauptwindrichtung liegen. Ist die Miete befüllt, so ist unmittelbar die Silofolie aufzubringen, um jeden weiteren unnötigen Sauerstoffeintrag zu vermeiden. Bei der Entnahme ist auf eine saubere Anschnittfläche zu achten. Die Anschnittfläche soll offen sein (Folie zurückschlagen) und mit einem Netz zur Windbrechung abgedeckt werden.

Werden die angeführten Punkte beachtet, so ist das Risiko der Nacherwärmung und der Schimmelbildung erheblich gemindert. Der Zusatz von chemischen und biologischen Siliermitteln der Wirkungsrichtung 2 (Verbesserung der aeroben Stabilität; auf DLG-Gütezeichen achten) oder von Harnstoff sind weitere Möglichkeiten zur gezielten Reduktion der Nacherwärmung. Während die chemischen Mittel direkt konservierend wirken, geht bei den biologischen Siliermitteln die Wirkung von dem veränder-

Zur Silierung von Gras und Mais ergeben sich folgende Empfehlungen:

- TM-Gehalt: 28 bis 35 % bei Mais; 30 bis 40 % bei Gras
- gleichmäßige Zerkleinerung; Häcksellänge: 4 bis 6 mm bei Mais; < 4 cm bei Gras
- Nachzerkleinerung der Körner
- feste Siloplatte; luftdichte Seitenwände
- ausreichenden Vorschub einplanen (mindestens 1,5 m je Woche im Winter und 2,5 m im Sommer)
- gleichmäßige Befüllung; Schichten: maximal 30 cm bei Mais und 40 cm bei Gras
- Verfestigung mit Walzschlepper oder Radlader mit hohem Gewicht/cm^2 (keine Zwillingsreifen; 2 bar Reifendruck)
- Schnelle Abdeckung der Miete mit Folie; Unterzieh- und Deckfolie verwenden
- Gleichmäßige Beschwerung der Folie durch Siliersäcke etc.
- Entnahme optimieren: keine Auflockerung der Anschnittfläche, Mietenpflege

ten Gärsäuremuster aus. Die heterofermentativen Milchsäurebakterien fördern in der zweiten Gärphase die Bildung von Essigsäure, Propionsäure und Propandiol. Diese Produkte reduzieren die Aktivität der lactatabbauenden Hefen. Beim Harnstoff geht die hemmende Wirkung auf die Hefen vom gebildeten Ammoniak aus. Allen Zusätzen ist gemein, dass eine hundertprozentige Wirkungssicherheit nicht gegeben ist. **Grundsätzlich haben die siliertechnischen Maßnahmen und ein ausreichender Vorschub daher an erster Stelle in der Vermeidung von Nacherwärmungen zustehen.**

Was tun bei Nacherwärmung? Steigt die Temperatur in der Silage um 5° C oder mehr an, so liegt eindeutig eine Nacherwärmung vor. Die Kerntemperatur von ausgekühlten Silagen liegt bei 10 bis 15 °C weitgehend unabhängig von der Umgebungstemperatur, da Silagen kaum Wärme leiten. Temperaturen von 20 °C oder mehr zeigen somit Nacherwärmungen an. In den Randbereichen der Silagen werden durch die Umsetzungen auch Temperaturen von 40 ° C und mehr erreicht. Stoppen lässt sich die Nacherwärmung nur durch eine Umsilierung, da in der Regel mehrere Meter der

Hochwertiges Grobfutter erzeugen! Was ist zu beachten?

Grassilage

- *Erntetermin:* Wiesen, Weiden und Feldgrasbestände im Schossen schneiden.
- *Rohfasergehalt:* 21 bis 24 % der Trockenmasse im Siliergut.
- *Schnitthöhe:* nicht zu tief (> 5 cm) und mit Aufbereiter mähen.
- *Anwelkprozess:* rasches Anwelken durch lockere Breitablage und sofortiges Zetten; Feldliegezeit maximal 35 Stunden.
- *Siliertechnik:* Gras mit 30 bis 40 % Trockenmasse mit Silierwagen / Exakthäckslern silieren, Gras mit bis zu 50 % Trockenmasse als Wickelsilage silieren.
- *Häcksellänge:* kleiner als 4 cm.
- *Siliermittel:* in Abhängigkeit von der Gärfähigkeit des Silierguts wählen (je nach Feuchtegrad, Alter, Witterungsverlauf usw.), homogene Verteilung sicherstellen.

Maissilage

- *Erntetermin:* wenn der Trockenmassegehalt im Siliergut 30 bis 35 % beträgt; 60 % Trockemasse im Korn.
- *Schnitthöhe:* einzelbetrieblich je nach Erfordernissen der Rationsgestaltung und Kostenrelationen festlegen.
- *Siliertechnik:* gleichmäßige Zerkleinerung, Nachzerkleinerung der Körner.
- *Häcksellänge:* 4 bis 6 mm.

Silierung

- *Silobefüllung:* schnelles, sauberes und gleichmäßiges Befüllen.
- *Verfestigung* mit Walzschlepper oder Radlader mit hohem Andrückgewicht (keine Zwillingsreifen; 2 bar Reifendruck).
- *Siloabdeckung:* unmittelbar nach der Befüllung; Einsatz von DLG-geprüfter Folie, Unterzieh- und Deckfolie verwenden, ausreichend mit Silosäcken beschweren und vor Zerstörung schützen, eventuell Netze gegen Krähen einsetzen.

Heuwerbung

- *Schnittzeitpunkt:* von Schossen bis zum Beginn des Ähren-/Rispenschiebens.
- *Anwelkprozess:* baldmöglichstes Zetten; Narbenverletzungen unbedingt vermeiden.
- Bröckelverluste durch schonendes Wenden minimieren, unbedingt auf richtige Geräteeinstellung und Fahrgeschwindigkeit achten.
- *Heu* aus *Bodentrocknung* mit über 85 % Trockenmasse einfahren.

Miete betroffen sind. In der Praxis kommt die Umsilierung zumeist nicht in Betracht, da sie sehr aufwendig und bei Zusatz von Konservierungsstoffen auch relativ teuer ist.

Ein gewisses Gegensteuern ist durch die Erhöhung des Vorschubes möglich. Gegebenenfalls sollte man sich mit dem Nachbarn arrangieren, um insbesondere im Sommer nur eine Miete im Anschnitt zu haben.

Stoppen lässt sich die Erwärmung vor allem bei Grassilage über den Zusatz von Propionsäure. Wenig bringt die Behandlung der Anschnittflächen, da keine Verteilung vor allem in die Tiefe gegeben ist. Praktiziert wird der Einsatz von etwa 3 kg Propionsäure je Tonne Futter im Mischwagen oder eine Einmischung per Hand auf dem Futtertisch. Vorsicht ist hierbei geboten, da Propionsäure bei Hautkontakt erhebliche Schäden verursachen kann. Wiederkäuer können die Propionsäure voll verstoffwechseln. Von den Herstellern werden teils spezielle Zusätze zur Stabilisierung der vorgelegten Mischration angeboten. Auf Grund der dargestellten Zusammenhänge sollten alle vorbeugenden Maßnahmen in der Siliertechnik, der Anlage der Silagen und der Entnahme genutzt werden, die einer Nacherwärmung vorbeugen.

1.3 Futterplanung

Eine sichere Fütterung verlangt eine vorausschauende Planung des Futtermitteleinsatzes. Dafür ist die Erstellung eines Futterverteilplanes und die kontinuierliche Überprüfung und Anpassung im Jahresverlauf notwendig. Der Sinn eines Futterverteilplanes besteht darin, die Bedürfnisse des vorhandenen Tierbestandes und die bestehenden und aufwachsenden Futtervorräte gegenüberzustellen. Folgende Daten bilden die Voraussetzung:

- Der Viehbestand,
- der Fütterungszeitraum,
- die Futtermittelvorräte,
- der Futteranbau,
- der geplante Futterzukauf.

Es ist sinnvoll, die unterschiedlichen Tiergruppen getrennt zu erfassen, und zwar:

- Kühe, (nach Leistungsgruppen)
- Kälber (voraussichtliche Geburten),
- Jungvieh bis 1 Jahr,
- Jungvieh 1 bis 2 Jahre,
- Jungvieh über 2 Jahre (eventuell Mastbullen).

Tabelle C.1.4

Siloraumbedarf je Großvieheinheit für 200 Futtertage

	Grassilage		Grassilage		Maissilage		Maissilage	
Trockenmasse	35 %		45 %		27 %		32 %	
Raumgewicht	6,0 dt/m³		5,0 dt/m³		7,0 dt/m³		6,0 dt/m³	
Tagesgabe	30 kg	20 kg	25 kg	15 kg	15 kg	25 kg	15 kg	25 kg
Raumbedarf je Großvieheinheit	10,0 m³	6,7 m³	10,0 m³	6,0 m³	4,3 m³	7,1 m³	5,0 m³	8,3 m³

Der Zeitraum der voraussichtlichen Winterfütterung ist ebenfalls einfach festzulegen. In der Regel sind 180 bis 210 Tage zu veranschlagen.

Erheblich mehr Aufwand erfordert die Erfassung der Futtermittelvorräte. Hier kommt es auf eine möglichst genaue Messung und eventuelle Gewichtsfeststellung an, um schon im Ansatz Fehlplanungen zu vermeiden.

Heu und Rüben werden üblicherweise in Dezitonnen (dt) erfasst. Für die Silagen erfolgt die Erfassung am besten über das Volumen (m^3). Die Ermittlung der m^3 kann nur mit Hilfe von Bandmaß und Zollstock einigermaßen genau erfolgen.

Auf den Gewichtsinhalt haben Lagerhöhe und Lagerdichte großen Einfluss. Erfahrungswerte können hier weiterhelfen (s. Tabellenanhang).

Für eine aussagefähige Futterplanung sind die Vorräte zu erfassen: Dazu gehören

- Flächenerträge abschätzen,
- Silos ausmessen und
- Inhalt (Futtermenge) berechnen nach der Formel:
  festgestellter Siloraum in m^3 x Raumgewicht der Silage in dt/m^3.

Die Futtervorräte werden auf die einzelnen Tierarten für einen bestimmten Fütterungszeitraum verteilt.

Gleichzeitig muss der Jahresfutterplan auch die Fütterung im Sommer einschließen, gleichgültig, ob die Tiere Weidegang haben oder im Stall gefüttert werden. Die einzelnen Futterperioden müssen lückenlos aufeinanderfolgen. Der Futterplan muss

Tabelle C.1.5

Mittlerer Verbrauch von Rindern an Grobfutter

Tierkategorie	kg TM/Tag
Milchkühe	9 – 13
Jungvieh unter 1 Jahr	2 – 4
Jungvieh 1 bis 2 Jahre	5 – 7
Jungvieh über 2 Jahre	8 – 11

eine Futterreserve für etwa 40 Tage (Trockenzeiten, Ertragsausfälle) berücksichtigen. Beispiele zur Ermittlung des Siloraumbedarfes enthält Tabelle C.1.4.

Für die Rationsberechnung ist es in jedem Fall notwendig, das Futter zu wiegen. Dieses Ergebnis kann dann gleichzeitig für die noch bessere Abschätzung der Futtermittelvorräte verwendet werden und damit die Sicherheit der Planung weiter verbessern.

Futterverteilplan. Mit Hilfe eines Fütterungs- oder Tabellenkalkulationsprogramms lässt sich nach Ermittlung der erforderlichen Daten ein Futterverteilplan erstellen. Es ist selbstverständlich, dass das Rechenprogramm die Grenzen der Futteraufnahme und die Mindestanforderungen an die leistungsgerechte Rationsgestaltung berücksichtigen muss. Die diesbezüglichen Werte sind in der Tabelle C.1.5 zusammengestellt.

Wesentlich ist, dass zunächst der Bedarf an Grobfutter gesichert wird. Dabei werden die Kühe und Kälber bevorzugt behandelt. Die Kühe müssen mindestens 7 kg Trockenmasse, Kälber mindestens 1 kg Trockenmasse je Tag erhalten. Ist nicht genügend Grobfutter in Form von Heu, Grassilage oder Maissilage vorhanden, erfolgt eine Ergänzung mit Stroh. Steht darüber hinaus Grobfutter zur Verfügung, wird zuerst bei den Kühen bis zur Höchstmenge aufgefüllt. Anschließend erhält das Jungvieh Futter bis zu den angegebenen Höchstmengen.

Zuckerrübenblattsilage und ähnliche Futtermittel werden auf 4 kg Trockenmasse und die Futterrüben auf 3,5 kg Trockenmasse je Kuh und Tag begrenzt. Grundsätzlich ist der Futterverteilplan eine grobe Futterbilanz. Das Ergebnis sind keine fertigen Rationen, sondern bestenfalls Rationsvorschläge. Für die endgültige Rationsgestaltung müssen die Futtermittel auf ihren Nährstoff- und Energiegehalt untersucht (siehe Futtermitteluntersuchung) und die Mengen wiederholt gewogen werden. Der Futterverteilplan selbst muss während der Fütterungsperiode ständig überprüft und notfalls korrigiert werden.

Tabelle C.1.6

Beispiel einer Futterplanung im Milchviehbetrieb

Winterfutterplanung

1. Futtervorräte

Futtermittel	TM g/kg	NEL MJ/kg TM	Vorrat m³	Raumgewicht dt TM/m³	Vorrat dt TM
Grassilage 1. Schnitt	350	6,4	400	230	920
Grassilage 2. Schnitt	400	6,1	280	210	588
Maissilage	330	6,6	450	240	1200
Pressschnitzelsilage	220	7,4	220	190	418
Grassilage 3. Schnitt	400	6,0	120	220	264
Stroh	860	3,5	60	120	72
Summe	–	–	*1400*	–	*3462*

2. Futterbedarf (Grobfutter)

Tiergruppe		Anzahl Stück	Zahl der Futtertage	Aufnahme kg TM/Tag	Bedarf dt TM
Kühe (hochleistend)		45	210	10	945
Kühe (niedrigleistend)		40	210	12	1008
Trockenstehende	1.Gruppe	11	210	11	254
Trockenstehende	2.Gruppe	4	210	10	84
Rinder > 2 Jahre		4	180	10	72
Rinder 1-2 Jahre		20	180	7	253
Rinder bis 1 Jahr		20	210	3	126
Summe:		144	1200	–	2742

Fortsetzung der Tabelle folgende Seite

Nach Aufnahme der vorhandenen Grobfuttermengen und der Festlegung der Rationen kann der Futterbedarf und die Abdeckung durch die Vorräte abgeschätzt werden. Entscheidend sind die Futtertage. Die Futterverluste sind beim Grobfutter mit 10 bis 20 % zu veranschlagen. Bei den Saftfuttern sind 10 % Verluste in Ansatz zu bringen. Darüber hinaus ist der Austritt von Haftwasser bei Biertreber und Nebenprodukten der Kartoffelverarbeitung zu berücksichtigen. Beim Biertreber sind dies ca. 15 %, wodurch

Tabelle C.1.6

Beispiel einer Futterplanung im Milchviehbetrieb (Fortsetzung)

3. Futterrationen

Futtermittel		Verbrauch kg TM/Tag	Zahl der Futtertage	Verbrauch dt TM
Ration 1: Kühe	*hochleistend*			
Maissilage		5	9450	473
Grassilage 1. Schnitt		5	9450	473
Pressschnitzelsilage		3	9450	284
Ration 2: Kühe	*niederleistend*			
Maissilage		4	8400	336
Grassilage 1. Schnitt		4	8400	336
Grassilage 2. Schnitt		4	8400	336
Pressschnitzelsilage		1	8400	84
Ration 3: Kühe	*Trocken 1*			
Grassilage 2. Schnitt		8,5	2310	196
Stroh		2,5	2310	58
Ration 4: Kühe	*Trocken 2*			
Maissilage		4	840	34
Grassilage 1. Schnitt		4	840	34
Pressschnitzelsilage		2	840	17
Ration 5: Rinder	*< 1 Jahr*			
Maissilage		1,25	4200	53
Grassilage 1. Schnitt		1,25	4200	53
Pressschnitzelsilage		0,5	4200	21
Ration 6: Rinder	*1 – 2 Jahre*			
Maissilage		2	3600	72
Grassilage 3. Schnitt		5	3600	180
Ration 7: Rinder	*> 2 Jahre*			
Grassilage 3. Schnitt		9	720	65
Stroh		1	720	7

4. Futterbilanz in dt TM

Futtermittel	Vorrat	Verbrauch	Saldo
Grassilage 1. Schnitt	920	896	**34**
Grassilage 2. Schnitt	588	532	**56**
Maissilage	1200	968	**232**
Pressschnitzelsilage	418	406	**12**
Grassilage 3. Schnitt	264	245	**19**
Stroh	72	64	**8**
Summe	3462	3111	**351**

der TM-Gehalt von 21 % auf 24 % ansteigt und die Futtermenge um 15 % fällt.

Das Beispiel in der Tabelle C.1.6 erläutert das Vorgehen in der Futterplanung. Der Futterbedarf an den einzelnen Futtermitteln ergibt sich auf Basis der vorgesehenen Rationen und der Futtertage. Aus den einzelnen Rationen ist der Verbrauch zu addieren.

Abbildung C.1.6

Wägung der Erträge

Der Futterverteilplan ist den innerbetrieblichen Verhältnissen genau anzupassen. Unter Umständen können aus technischen Gründen einige Futtermittel an bestimmte Tiergruppen nicht verfüttert werden. Der wesentliche Vorteil liegt jedoch in der gezielten Reaktion auf unzureichende Futtervorräte. In solchen Fällen ist der Kauf von Ersatzfuttermitteln rechtzeitig möglich und erst auch ökonomisch. Die erste Futtermengenplanung des Jahres sollte im Frühjahr vor der endgültigen Festlegung des Maisanbaus erfolgen. Im Juni nach dem 1. Schnitt Gras und an Hand der Aufwuchsschätzung bei Gras und Mais sollte gegebenenfalls eine Korrektur durchgeführt werden. Der geplante Zukauf von Saft- und Grobfutter kann dann entsprechend angepasst werden.

Vor allem verhindert die richtige Zuteilung der Futtermittel an die unterschiedlichen Tiergruppen Leistungseinbußen. Diese sind unvermeidlich, wenn ein überraschend auftretender Futtermangel eine krasse Rationsänderung zur Folge hat.

1.4 Futter-Untersuchungen

Um das Grobfutter sinnvoll in Rationen einplanen und die Rationen leistungsgerecht und preisgünstig gestalten zu können, müssen Analysen über den Futterwert vorliegen. Hierüber gibt es sicher keine unterschiedlichen Meinungen, wohl aber zur Frage, was und wie untersucht wird.

Da man Kosten sparen will, empfiehlt es sich, für verschiedene Futter die wichtigsten, für den Futterwert entscheidenden Nährstoffe untersuchen zu lassen.

Grundsätzlich sollten die folgenden Gehalte bekannt sein:

Für Grassilagen
Trockenmasse, Asche bzw. Schmutz, NEL, nXP, RNB, Zucker, SW, Ca, P, Na, Mg.

Für Maissilage
Trockenmasse, NEL, nXP, RNB, Stärke, SW.

Für Heu
Trockenmasse, NEL, nXP, RNB, SW, Ca, P, Na, Mg.

Für Getreideganzpflanzensilage sollte das gleiche Untersuchungsspektrum wie bei der Maissilage Anwendung finden. Eine Analyse der Mineralstoffgehalte ist bei der Maissilage sinnvoll aber nicht zwingend, da die Gehalte auf einem relativ niedrigen Niveau liegen. Bei der Grassilage macht auch die Bestimmung des Kaliumgehaltes Sinn, auch wenn Kalium nie in den Mangel gerät. Das Kalium ist für die DCAB (Anionen-Kationen-Bilanz) bei Trockenstehern von Bedeutung. Außerdem sind überhöhte Gehalte oft verbunden mit Problemen in der Kotkonsistenz. Zwischen der Kalium-Versorgung des Bodens (Düngung) und dem Gehalt im Futter besteht ein enger Zusammenhang.

Die Analyse der Gärqualität ist als Kontrolle der Konservierung, zur Einschätzung der möglichen Futteraufnahme und der Wahrscheinlichkeit der Nacherwärmung sinnvoll. Über den direkten Futterwert gibt die Gärqualität keine Information

Problematisch ist bei der Futterwertermittlung zweierlei: Zum einen die Probenahme, zum anderen die Abschätzung (denn eine solche kann es immer nur sein) des Energiegehaltes (NEL) und des nutzbaren Rohproteins (nXP).

Eine Untersuchungsanstalt kann natürlich nur die Nährstoffgehalte der eingesandten Probe untersuchen. Wenn diese Probe nicht repräsentativ für den Futterstock ist, kann man das Ergebnis nicht der Analyse anlasten. Probleme gibt es vor allem bei der Probenahme aus Hochsilos, aus Heustapeln und aus Silos, die von mehreren Flächen zusammengefahren wurden. Hier müssen mindestens mehrere Teilproben entnommen und zu einer Sammelprobe vermischt werden, im Einzelfall kann es sinnvoll sein,

Abbildung C.1.7

Probenahmegerät für hohe Silos

auch mehrere Proben zur Untersuchung einzusenden.

Die Probenahme sollte mit geeigneten Geräten erfolgen. Zu empfehlen sind zwei oder drei Einstichstellen, die repräsentativ für das ganze Silo sind. Etwa 1 kg Silage sollte unter Einhaltung der Kühlkette schnell zur Untersuchungseinrichtung gelangen. Die zu beprobende Silage sollte weitgehend durchgegoren sein. Bei Grassilage empfiehlt sich eine Probenahme ab der 6. Lagerwoche und bei Maissilage ab der 3. Woche nach Fertigstellung des Silostockes. Bewährt hat sich die Probenahme über geschulte professionelle Probenehmer.

Für die Abschätzung des Energiegehaltes gibt es verschiedene Ansätze, die sich im Aufwand und auch in der Schätzgüte voneinander unterscheiden. Dies ist der Grund, warum verschiedene Anstalten verschiedene Methoden anwenden, die auch durchaus zu unterschiedlichen Ergebnissen führen können.

Generell werden einheitliche Schätzformeln empfohlen, die für alle Untersuchungsinstitute gültig sind. Die Schätzung des NEL-Gehaltes für Maissilagen ist auf der Basis des Rohfaser- und des Aschegehaltes hinreichend genau; gleiches gilt für Grassilagen unter Einbeziehung des Rohproteingehaltes, sofern es sich nicht um extreme Spätschnitte oder sehr untypische Aufwüchse wie Quecke handelt. In diesen Fällen bleibt nur die Schätzung mittels HFT (Hohenheimer-Futterwert-Test).

Einige Parameter lassen sich gut mit der Nah-Infrarot-Spektroskopie (NIRS) schätzen, wenn eine entsprechende Eichung vorliegt. Keinesfalls aber garantiert die Anwendung einer bestimmten Analytik wie der NIRS alleine eine gute Schätzgenauigkeit – dies wird immer wieder verwechselt. Entscheidend ist, welche Schätzfunktion dahinter steht und wie deren Güte zu bewerten ist.

Bei den zugekauften Futtermitteln ist die Deklaration zunächst Basis der Beurteilung. Auf die gesetzlich vorgeschriebenen Angaben sollte kein Landwirt verzichten. Beim Soja- und dem Rapsextraktionsschrot ist beispielsweise die Angabe des Rohproteingehaltes erforderlich. Eine kostengünstige Analyse wird wie beim Getreide vielfach angeboten und erhöht die Sicherheit. Bei den Saftfuttern ist der Trockenmassegehalt zunächst entscheidend. Nach Möglichkeit sollte der Zukauf daher auf Basis Trockenmasse erfolgen.

1.5 Futter-Zukauf und Kostenermittlung

Für die Erstellung der Ration ist das betriebseigene Futter um geeignete Zukauffutter zu ergänzen. Hier sind zum einen Grob- und Saftfutter und zum anderen die Kraftfuttermittel anzuführen. Die Auswahl der Futtermittel richtet sich nach dem Bedarf der Tiere und somit den Anforderungen in der Ration, den logistischen und arbeitswirtschaftlichen Anforderungen und Möglichkeiten im Betrieb und den Kosten. Für die Beurteilung sind letztlich die Gesamtkosten frei Trog entscheidend.

Um die Fütterung und die Arbeitsabläufe überschaubar zu halten, bedarf der Futterzukauf einer guten Vorplanung. Viele Einzelkomponenten erhöhen den Aufwand für die Lagerung und das Mischen und verstärken die Fehlermöglichkeiten. Der Einsatz von Vormischungen ist daher stets zu prüfen. Futterplanung und Futterkauf sind gut aufeinander abzustimmen. Für die Planung ist zunächst eine aussagefähige Ermittlung der Kosten der eigenen und der möglichen Zukauffutter erforderlich.

Kostenermittlung

Relativ leicht sind die proportionalen Spezialkosten der eigenerzeugten Futtermittel zu erfassen. Diese ändern sich in gleichbleibendem Verhältnis mit dem Umfang der Futtererzeugung. Es handelt sich dabei um nachfolgend beschriebene Positionen:

Düngung: Zur Deckung des Nährstoffbedarfs der Futterpflanzen kann neben Handelsdünger auch wirtschaftseigener Dünger eingesetzt werden. Im innerbetrieblichen Nährstoffkreislauf erfolgt eine erhebliche Rücklieferung von Kalium und Phosphor. Analysen der wirtschaftseigenen Düngemittel erlauben eine gezielte und kostengünstige Düngung. Meist wird mit der Untersuchung auch der monetäre Wert der Dünger ausgewiesen.

Saatgut: Die Aufwendungen für Neuansaat beziehungsweise Nachsaat sind genau zu erfassen.

Pflanzenschutz: Die Kosten für Pflanzenschutzmittel sind gleichfalls gut zu ermitteln.

Maschinenkosten: Maschinen werden für Saat, Pflege, Pflanzenschutz, Ernte, Konservierung und Verfütterung eingesetzt. Die Erfassung der Reparatur- und Betriebskosten dieser betriebseigenen Maschinen ist meist nur mit Hilfe detaillierter Aufzeichnungen möglich, die Sätze der Lohnunternehmer und Maschinenringe bieten aber gute Anhaltspunkte. In vielen Fällen ist es ohnehin sinnvoll, Lohnunternehmer oder Maschinenringe zu nutzen. Eigene Maschinen haben häufig eine zu geringe Auslastung.

Konservierungskosten: Hierunter fallen Siliermittel, Silofolien und die Unterhaltung der Silos.

Für die Ermittlung der Gesamtkosten sind auch die Festkosten wichtig. Hierzu gehören die Kosten für die Anschaffung von Maschinen beziehungsweise die Erstellung von Lagerräumen. Für den Kostenvergleich von Futtermitteln innerhalb des Betriebes kann allerdings auf die Festkosten verzichtet werden.

Dagegen ist es notwendig, die Nutzungskosten zu berücksichtigen. Für die Fläche ist das ein möglicher Pachtzins (Grünland) oder der Deckungsbeitrag einer alternativen Nutzung auf dem Ackerland. Die Nutzungskosten der Arbeit sind ebenfalls in Ansatz zu bringen. Die erforderliche Arbeitszeit ist anzuführen und mit dem üblichen Lohnniveau zu bewerten.

Die Nutzungskosten für das eingesetzte Kapital (Umlaufvermögen) können wegen der geringen Höhe und der geringen Unterschiede zwischen den Grobfuttermitteln vernachlässigt werden.

Leistungserfassung

In der Regel wird das Futter bei der Ernte nicht gewogen. Zukünftig sollte sich dies ändern. Wo möglich sollte die Fuhrwerkswaage genutzt werden (s.Abb. C.1.6). Ansonsten sollten die Häcksler zukünftig über entsprechende Erfassungsmöglichkeiten verfügen. Zur Zeit ist daher vielfach eine Ertragsschätzung nur im nachhinein möglich. Diese erstreckt sich auf die Mengen- und die Nährstofferträge. Das Heu kann, wenn es gepresst wird, über die Ballenzahl und das mittlere Ballengewicht geschätzt werden. Loses Heu lässt sich wie Rüben und Silagen nur über den Lagerrauminhalt mengenmäßig ermitteln. Bei Silagen ist außerdem noch die Feststellung des Trockenmassegehaltes erforderlich. Es ist sinnvoll, gerade wegen der unterschiedlichen Trockenmassegehalte die Erträge in dt Trockenmasse (TM) anzugeben. Silagen haben infolge unter-

Tabelle C.1.7

Futterrationen für 25 kg Milch/Tag (ECM) bei unterschiedlicher Qualität an Grobfutter; Kuh 650 kg Lebendmasse

Grobfutter, MJ NEL/kg TM	**5,6**	**6,0**	**6,4**
Grobfutter, kg TM/Tag	9,8	12,0	13,9
Milchleistungsfutter*, kg/Tag	9,5	7,0	4,5
** Energiestufe 3 (6,7 MJ NEL/kg)*			

schiedlicher Lagerhöhe, Lagerdichte und Trockenmassegehalte stark schwankende Gewichte (kg TM/m³). Für eine exakte Schätzung sind daher Kontrollwägungen bei der Fütterung unerlässlich. Diese Ergebnisse sind gleichzeitig auch für die Rationsgestaltung zu verwenden.

Die Ermittlung des Nährstoffertrages erfordert darüber hinaus eine Untersuchung beziehungsweise Errechnung des Rohprotein- bzw. nXP- und Energiegehaltes.

Die Ertragsermittlung beinhaltet beim Grasland noch eine Besonderheit, denn der Gesamtertrag setzt sich aus mehreren Schnitt- und gegebenenfalls Weidenutzungen zusammen. Hier kommt es darauf an, jeweils die Anteile und gleichzeitig auch den Weidegrasertrag möglichst korrekt zu ermitteln.

Wert des Futters in der Ration

Es gibt wirtschaftseigene Futtermittel wie zum Beispiel die Rüben und die Kartoffeln, die ein unmittelbarer Ersatz für Kraftfutter sind. Hier ist eine direkte Beurteilung über die Kosten oder den Preis der Nährstoffeinheit möglich. Hat zum Beispiel ein Kraftfutter mit 6,7 MJ NEL/kg einen Preis von 0,16 €/kg, so kosten 10 MJ NEL 24 Cent. Da 1 kg Rüben etwa 1 MJ NEL enthält, ergibt sich ohne Berücksichtigung der Mehrarbeit ein Grenzpreis von 2,40 € für 100 kg Rüben. Die Erzeugungskosten liegen in den meisten Betrieben niedriger. Es muss allerdings noch geprüft werden, ob die Rüben eine zusätzliche Eiweiß- und Mineralergänzung der Ration erfordern.

Ganz anders sind die Zusammenhänge bei Heu und Grassilage. Diese Futtermittel sind als Mindestanteile für jede Ration notwendig. Der Mindestanteil hängt zudem noch von der Qualität des Futters und von der Leistungshöhe der Kühe ab. Mit der Höhe der Milchleistung steigt der Wert des Grobfutters in der Ration. Das ergibt sich aus der höheren Futteraufnahme und der damit verbundenen Kraftfutterersparnis. Kostet die Energieeinheit im Grobfutter mehr als im Kraftfutter – was zur Zeit bei Vollkostenrechnung teils der Fall ist –, so ist in jedem Fall die erforderliche Mindestmenge zu verfüttern. Ist das Grobfutter kostengünstiger, so ist es immer richtig, das Aufnahmevermögen der Kühe in dieser Beziehung voll auszuschöpfen.

Erheblich größeren Einfluss auf die Erzeugungskosten der Milch hat die Qualität des Grobfutters in Verbindung mit der dadurch bedingten höheren Futteraufnahme.

Die Änderung des Verhältnisses von Grobfutter zu Kraftfutter in der Ration kann eine deutliche Reduzierung der Futterkosten je kg Milch bedingen. Andererseits kann die Energieeinheit im qualitativ besseren Futter teurer sein (s. Tabelle C.1.2). Wenn, wie im Beispiel der Tabelle C.1.7 angenommen bei einem Preis fürs Milchleistungsfutter von 16 Euro/dt die 10 MJ NEL im Grobfutter mit 5,6 MJ NEL/kg TM 18 Cent kosten, so können die Kosten für das Grobfutter mit 6,0 MJ NEL/kg TM 19,3 Cent und für ein Grobfutter mit 6,4 MJ NEL/kg TM 20,1 Cent 10 MJ NEL betragen. Dann besteht zwischen den Rationen Kostengleichheit. Der Vorteil für ein energiereiches Futter bleibt trotzdem noch erhalten, weil insgesamt höhere Leistungen in der Laktationsspitze zu erfüttern sind (s. Tabelle C.1.3).

Die Berechnungen zeigen, dass mit zunehmender Energiekonzentration im Grobfutter und höherem Grobfutteranteil in der Ration die erfütterbare Milchleistung steigt. Aus diesem Grunde darf das bessere Grobfutter durchaus teurer werden, und zwar je dt Trockenmasse von 10 € bis 14 € beziehungsweise je 10 MJ NEL von 0,18 € bis 0,22 €. Die Futterkosten je kg Milch liegen dann auf etwa gleichem Niveau. Es lohnt sich also durchaus, für eine bessere Futterqualität höhere Kosten bei der Futterwerbung aufzuwenden.

Wenn andererseits, und das ist in der Praxis häufig der Fall, die Kosten unabhängig von der Qualität gleich sind, ist eine deutliche Reduzierung der Futterkosten möglich. Dies gilt besonders dann, wenn die Kosten je 10 MJ NEL mit abnehmender Qualität noch steigen beziehungsweise mit besserer Qualität sinken. In der Praxis variieren die Kosten erheblich auf Grund hoher Verluste und großer Unterschiede im Aufwand. Generell gilt es, bei gegebenem Aufwand aus dem eigenen Grobfutter das maximale an Qualität und Ertrag herauszuholen, um eine hohe Wirtschaftlichkeit in der Milchviehhaltung insgesamt zu erzielen.

Kostenvergleich

Innerbetrieblich ist der Vergleich der Erzeugungskosten für die Planung des Futterbaus wichtig. Allerdings ist es notwendig, die Erträge der jeweiligen Futtermittel einigermaßen exakt zu erfassen. Neben den eigentlichen Nährstofferträgen gilt es auch,

Tabelle C.1.8

Preiswürdigkeit von Rapsextraktionsschrot im Austausch gegen Sojaextraktionsschrot und Weizen auf Basis nXP (nutzbares Rohprotein) und NEL für Milchkühe

Preis (€/dt) für:		Weizen	
Sojaextraktionsschrot	10	11	12
18	14,6	14,7	14,8
20	16,2	16,2	16,3
22	17,7	17,8	17,8
24	19,2	19,3	19,4
26	20,8	20,9	20,9

den Wert des Futters in der Milchviehration zu berücksichtigen. Dazu gehören der Trockenmassegehalt und der Strukturwert.

Wirtschaftseigene Futtermittel haben in der Regel keinen echten Marktpreis, obwohl zunehmend auch Grobfutter gehandelt wird. Eine Bewertung ist nur mit Hilfe der Erzeugungskosten möglich. Es ist sinnvoll, diese Kosten für die Fläche zu ermitteln und dann auf den Energieertrag zu beziehen. Dadurch wird neben der Menge gleichzeitig die Qualität des Futters berücksichtigt. Für die Fütterung der Hochleistungskühe ist neben der ausreichenden Grobfutterversorgung die Energiekonzentration (MJ NEL/kg TM) von wesentlicher Bedeutung. Darüber hinaus sind auch das nXP-Energieverhältnis und die RNB wichtig. Die Höhe der Kosten ist verständlicherweise vom Ertragsniveau abhängig. Daneben werden Ertrag und Futterqualität entscheidend von der Futterwerbung, -konservierung und -lagerung beeinflusst. Schlechte Witterungsbedingungen erfordern einerseits einen erhöhten Aufwand – also höhere Kosten – und mindern andererseits den Ertrag und vor allem die Energiekonzentration.

Für Zukauffuttermittel ist der Preisvergleich nach der Austauschmethode auf der Basis von NEL und nXP möglich (s. Kapitel B.1.3). So lässt sich beispielweise die Preiswürdigkeit von Rapsextraktionsschrot in Abhängigkeit vom Preis für Weizen und Sojaextraktionsschrot ermitteln (s. Tabelle C.1.8). Maßgebend für die Preiswürdigkeit von Rapsextraktionsschrot bei der Milchkuh sind die Gehalte an Energie und nutzbarem Rohprotein. Diese betragen 6,4 MJ NEL und 206 g nXP je kg bei einer RNB von 22,9 g/kg. Bei einem Sojaschrotpreis von 22 € je dt und einem Weizenpreis von 11 € je dt darf Rapsextraktionsschrot danach 17,8 € je dt kosten, um Kostengleichheit zu erzielen.

Aussagefähiger ist jedoch der Preisvergleich auf Basis der Ration. Nach Möglichkeit sollte der Preisvergleich hierbei bei unterschiedlichen Leistungsniveaus erfolgen. Dies

Tabelle C.1.9

Vergleich der Preiswürdigkeit von Rationen für Erhaltung plus 30 kg Milch mit Raps- und Sojaextraktionsschrot; Kuh mit 650 kg LM

Leistungsniveau, kg Milch/Tag			**30**	
Rationen		**Preis €/dt**	**I**	**II**
Maissilage,	kg TM	9	7	7
Grassilage,	"	10	7	7
Pressschnitzelsilage,	"	12,5	2	2
Weizen,	kg	12	2	2
Rapsextr.schrot,	"	17	2,5	–
Sojaextr.schrot,	"	24	–	2
Mineralfutter (25/-/10),	g	45	150	150
MLF (170/7,2)*,	kg	17,5	0,4	0,5
Gesamt:	**kg TM/Tag**		**20,5**	**20,1**
reicht für … kg Milch/Tag nach:				
- NEL			30,0	30,0
- nXP			31,3	31,4
RNB, g/Tag			3	9
Kosten, €/Tag			**2,39**	**2,46**

Maissilage: 6,6 MJ NEL/kg TM,
Grassilage: 6,3 MJ NEL/kg TM
** 170 g nXP und 7,2 MJ NEL/kg*

z. B. wiederum beim Vergleich von Raps- und Sojaschrot bei 30 kg und 45 kg Tagesleistung. Beispiele sind den Tabellen C.1.9 und C.1.10 zu entnehmen. Die Beispiele zeigen auch, das nach der Neubewertung von Raps- und Sojaextraktionsschrot die Preiswürdigkeit für Rapsextraktionsschrot erheblich gestiegen ist. Rapsextraktionsschrot von daher in der Regel günstiger ist als Sojaextraktionsschrot.

Tabelle C.1.10

Vergleich der Preiswürdigkeit von Rationen für Erhaltung plus 45 kg Milch mit Raps- und Sojaextraktionsschrot; Kuh mit 650 kg LM

Leistungsniveau, kg Milch/Tag			**45**	
Rationen		**Preis €/dt**	**I**	**II**
Maissilage,	kg TM	9	5,7	5,9
Grassilage,	"	10	5,7	5,9
Pressschnitzelsilage,	"	12,5	2	2
Weizen,	kg	12	2	2
Rapsextr.schrot,	"	17	2,5	–
Sojaextr.schrot,	"	24	–	2
Mineralfutter (25/-/10)	g	45	150	150
MLF (170/7,2)*,	kg	17,5	8,9	8,7
gesamt:	**kg TM/Tag**		**25,4**	**25,1**
reicht für … kg Milch/Tag nach:				
- NEL			44,8	44,8
- nXP			45,2	45,4
RNB, g/Tag			50	54
Kosten, €/Tag			**3,65**	**3,86**

Maissilage: 6,6 MJ NEL/kg TM,
Grassilage: 6,3 MJ NEL/kg TM
** 170 g nXP und 7,2 MJ NEL/kg*

2. Milchkühe

2.1 Besonderheiten im Laktations-Graviditäts-Zyklus

Der Start in die Laktation entscheidet über die Leistung und die Fitness der Kuh. Die Voraussetzungen für eine erfolgreiche erneute Belegung und eine gute Gesundheit der Milchkuh werden in der Trockenstehzeit und der Vorbereitungs- bzw. Anfütterung vor und nach der Kalbung gelegt. Neben der Fütterung spielen Aspekte der Haltung sowie des Gesundheits- und Fruchtbarkeitsmanagements eine wichtige Rolle. Die nach heutigem Kenntnisstand abzuleitenden Empfehlungen für die Praxis werden im Weiteren aufgezeigt und erläutert.

Gerade für die Fütterung der Trockensteher und den erfolgreichen Start in die Laktation sind die Grundsätze der wiederkäuergerechten Fütterung zu berücksichtigen. Der erste Punkt ist eine hohe Gewichtung der Konstanz der Fütterung und damit verbunden gleitende Futterumstellungen. Es gilt, die Pansenmikroben und die Kuh als Wirtstier optimal zu versorgen. Anpassungen der Pansenmikroben erfordern ein bis zwei Wochen, und die erforderlichen Veränderungen der Pansenwand dauern vier bis sechs Wochen. Generell sind die Tiere auf Kondition zu füttern (s. Tabelle C.2.1). Ziel ist eine optimale Kondition der Kühe zum Trockenstellen und zur Kalbung. Gewisse Fettreserven (BCS 3,5) sind zur Kalbung erwünscht und können zur Abdeckung des Leistungsbedarfs nach der Kalbung genutzt werden. Anzusetzen sind etwa 0,5 kg Lebendmasse je Tag. Im ersten Laktationsdrittel ergibt sich so ein tolerabler Verlust an Körpermasse von 30 – 40 kg bzw. 0,75 BCS-Noten.

Die Trockenstehzeit eignet sich nicht zur Behebung von Konditionsmängeln aus der Laktation. Ein Abfleischen in der Trockenstehzeit kann Leberschäden fördern. Im letzten Drittel der Laktation sollte die angestrebte Kondition durch eine entsprechend angepasste Fütterung eingestellt werden. Unterkonditionierte Tiere, insbesondere die erstlaktierenden Kühe, sollten entsprechend hoch versorgt werden. Überkonditionierte zur Verfettung neigende Tiere sind energetisch knapp zu versorgen. Dies, obwohl die Leistung dieser Tiere dadurch leicht zurückgeht. Über die entsprechende Einsparung

Tabelle C.2.1

Maßnahmen zur Fütterung der Milchkuh auf Kondition

Ziel: optimale Kondition der Kuh zum Trockenstellen und zur Kalbung
• Einstellung der Kondition durch angepasste Fütterung im letzten Drittel der Laktation • knappe energetische Versorgung in den ersten 4 Wochen der Trockenstehzeit • gezielte Anfütterung 2 Wochen vorm Kalbetermin bis 5 Wochen nach der Kalbung

an Leistungsfutter resultiert jedoch kein ökonomischer Nachteil. Die Beurteilung der Kondition sollte über den Body Condition Score (BCS) erfolgen.

2.1.1 Trockenstehende Kühe

In der Trockenstehzeit sind die Kühe zunächst energetisch knapp (Erhaltung plus 5 bis 8 kg Milch) zu versorgen. Zwei Wochen vor der Kalbung sollte mit der gezielten Vorbereitungsfütterung begonnen werden. Dann sollten nach Möglichkeit die gleichen Futtermittel wie in der folgenden Laktation eingesetzt werden. Unabhängig vom Fütterungssystem sind die trockenstehenden Tiere daher in zwei separaten Gruppen zu halten. Die zur Kalbung anstehenden Rinder sind aus hygienischen Gründen so früh wie möglich in die Herde zu integrieren.

Trockenstehende Kühe müssen einerseits ihren Erhaltungsbedarf decken und andererseits genügend Nährstoffe für die wachsenden Föten aufnehmen. Zusätzlich muss bei stark abgezehrten Kühen auch wieder Körperansatz durch die Fütterung erreicht werden. Die Empfehlungen der Gesellschaft für Ernährungsphysiologie beinhalten, dass von der 6. bis 4. Woche vor der voraussichtlichen Geburt täglich 13 MJ NEL und ab der 3. Woche bis zur Geburt täglich etwa 18 MJ NEL dem Erhaltungsbedarf zugeschlagen werden. Dies bedeutet, dass über den Erhaltungsbedarf hinaus die Kühe so gefüttert werden müssten, als ob sie eine Leistung von 4 bis 6 Liter Milch hätten. Berücksichtigt man dazu einen gewissen Ansatz von Körpersubstanz, so sind die trockenstehenden Kühe normalerweise richtig versorgt, wenn man sie auf Erhaltung und eine theoretische Leistung von 5 bis 8 kg Milch je Kuh und Tag füttert. Dies ist in den meisten Fällen mit Grobfutter mittlerer Energiekonzentration zu erreichen. Man kann bei einer trockenstehenden Kuh von einer Futteraufnahme von mindestens 10 kg Trockenmasse täglich ausgehen. Grassilage und Heu mit einer Energiekonzentration

Tabelle C.2.2

Physiologische Grundlagen zur Vorbereitungs- und Anfütterung der Hochleistungskuh

• **Änderungen beim Kalben**	*Ernährungsniveau:* statt 65 MJ NEL 165 MJ NEL/Tag *Futterzusammensetzung:* Energiedichte und -träger
erfordern Anpassungen zur schnellen Passage der flüchtigen Fettsäuren	
• Pansenmikroben:	- Verschiebung der Population Dauer: ca. 2 – 3 Wochen
• Pansenwand:	- Vergrößerung der Oberfläche über Zottenzahl und -größe - Durchlässigkeit der Pansenwand Dauer: ca. 5 Wochen
• **Rückgang der Futteraufnahme vor der Kalbung**	

von rund 5,4 bis 5,5 MJ NEL je kg Trockensubstanz decken also bereits den Energiebedarf. Sofern nur Futtermittel mit höherer Energiekonzentration zur Verfügung stehen, müssen diese mit Stroh „verdünnt" werden, um eine unnötige Energiezufuhr zu vermeiden.

Die Notwendigkeit einer gezielten Vorbereitungsfütterung ist unstrittig, die Gründe dafür sind der Tabelle C.2.2 zu entnehmen. Mit dem Eintritt der Laktation ändert sich der Energiebedarf der Kühe grundlegend. Dies hat entsprechende Folgen für die Futterration in bezug auf den Energiegehalt und den höheren Anteilen an Stärke und Zucker. Die daraus resultierenden hohen Anflutungen an flüchtigen Fettsäuren im Vormagen dürfen die Kuh nicht unnötig belasten. Eine entsprechende Anpassung von Pansenwand und Pansenmikroben über eine gezielte Vorbereitungs- und Anfütterung ist daher anzustreben.

Von besonderem Interesse sind die Beobachtungen zum Rückgang der Futteraufnahme vor der Kalbung. In den letzten 10 Tagen vor der Kalbung ist ein merklicher Rückgang der Futteraufnahme zu verzeichnen (s. Tabelle C.2.3). Dies gilt sowohl für Färsen als auch für Kühe. Der Rückgang in der Futteraufnahme fällt bei überkondi-

Tabelle C.2.3

Futteraufnahme (kg TM/Tag) von Kühen und Färsen im Zeitraum vor der Geburt; GRUMMER, 2000 (verändert)

Lebendmasse, kg	Färse 600	Kuh 660
Tage vor der Kalbung:		
21	10,2	12,8
11	10,0	12,0
5	9,3	10,4
1	7,4	8,8

tionierten Tieren stärker aus. Dies unterstreicht nochmals die Bedeutung der Fütterung auf Kondition im letzten Drittel der Laktation.

Dass überkonditionierte Tiere auch in der folgenden Laktation zu wenig Futter aufnehmen, ist vielfach belegt und in der Praxis bekannt. Allem Anschein nach wird die Situation jedoch noch verstärkt, wenn vor der Kalbung eine Unterversorgung an Energie gegeben ist. Probleme mit Labmagenverlagerung und Zysten an den Eierstöcken werden ebenfalls in diesem Zusammenhang diskutiert. Tiere, die vor der Kalbung zu wenig Futter aufnehmen, haben vielfach einige Zeit nach der Kalbung Probleme mit Labmagenverlagerung. Bei Tieren mit Zysten wurde ein verstärkter Abbau von Rückenfett bereits vor dem Kalben festgestellt.

Aus den dargelegten physiologischen Zusammenhängen resultieren klare Empfehlungen für die Vorbereitungs- und Anfütterung der Hochleistungskuh (s. Tabelle C.2.4). Eine zentrale Bedeutung kommt der separaten Vorbereitungsgruppe zu. Die Vorbereitungstiere (Kühe ab 2 Wochen; Färsen ab 3 Wochen vor dem Kalbetermin) sind in einer eigenen Gruppe zu halten. Nach Möglichkeit sollte sich dieses Stallabteil in der Nähe des Melkstandes befinden. So ist eine gute Tierbeobachtung gewährleistet, und einzelne Tiere, die nach der Kalbung noch nicht fit für die große Gruppe sind, können zunächst dort verbleiben.

Aufgrund des Rückgangs in der Futteraufnahme vor der Kalbung ist eine Anhebung der NEL- und nXP-Werte im Futter geboten. Anzustreben ist ein Bereich von 6,5 – 6,7 MJ NEL/kg TM, um Färsen und Kühe bis zur Kalbung ausreichend mit Energie zu versorgen. Der nXP-Gehalt der Ration sollte mindestens 140 g/kg TM betragen. Zur Eingrenzung der Euterödeme ist darauf zu achten, dass die Versorgung mit Rohprotein sowie Natrium und Kalium nicht zu stark überschüssig ist, da diese die Einlagerung

Tabelle C.2.4

Empfehlungen zur Ausgestaltung der Vorbereitungs- und Anfütterung

1. angepasste Energieversorgung im letzten Laktationsdrittel
2. knappe energetische Versorgung in den ersten 4 Wochen der Trockenstehzeit
3. Beginn der Vorbereitungsfütterung zwei Wochen vor dem Kalben
- gleiche Komponenten wie nach dem Kalben
- Energie für ca. 10 bis 12 kg Milch/Tag vorlegen
- Strukturwert beachten

4. maximale Kraftfuttermengen ab der **4. – 5.** Laktationswoche

Tabelle C.2.5

Nährstoffvorgaben für Milchkühe bei TMR; 8.000 kg Milch/Kuh und Jahr

Phase **... kg Milch/Tag**	**Trocken**		**Vorbereitung** **ab 15. Tag** **vor Kalbung**		**frischmelk** **37**		**altmelk** **22**	
	min.	**max.**	**min.**	**max.**	**min.**	**max.**	**min.**	**max.**
Rohfett, g/kg TM		40		40		45		40
XS+XZ-bXS**,g/kg TM			100	200	125	250	75	200
bXS, g/kg TM			15***		20	60		30
Rohfaser, g/kg TM	260*		180*		150	(190)	150	
Strukturwert SW, /kg TM	2,0*		1,4*		1,1		1,0	
NEL, MJ/kg TM	**5,1**	**5,5**	**6,5**	**6,7**	**7,0**	**7,2**	**6,5**	**6,6**
nXP, g/kg TM	100	125	140	150	165		140	
RNB, g/kg TM	0		0		1,0		0	
Ca, g/kg TM	4,0	6,0	4,5	6,0	6,2		5,3	
P, g/kg TM	2,5		3,0		3,9		3,4	
Na, g/kg TM	1,5	2,5	1,5	2,0	1,5	2,5	1,5	2,5
Mg, g/kg TM	1,5		2,0		1,6		1,6	

** Zielgrößen zur genügenden Sättigung und zur Abdeckung der Strukturfuttermenge*
*** pansenverfügbare Kohlenhydrate:*
XS = Stärke, XZ = Zucker, bXS = beständige Stärke
**** je nach Leistungshöhe und Rationsgestaltung*

Abbildung C.2.1

Gezielte Rationsvorlage per Schubkarre für die Vorbereitungstiere

von Flüssigkeit im Euter bei empfindlichen Tieren fördern. Die Anforderungen in den einzelnen Produktionsphasen bei Einsatz von TMR für eine Herde mit 8.000 kg Milch je Kuh und Jahr sind der Tabelle C.2.5 zu entnehmen.

Besondere Sorgfalt erfordert die Mineralstoffversorgung in der Trockenstehphase. Die Calciumversorgung sollte zumindest in den letzten drei Wochen vor dem voraussichtlichen Kalbetermin äußerst knapp gehalten werden. Dies ist im Hinblick auf die Gebärparese (Milchfieber) wichtig. Calciumreiche Futtermittel wie Zuckerrübenblattsilage, Zwischenfrüchte, Pressschnitzelsilage, Luzerne und Rotklee sollten also bei trockenstehenden Kühen mit entsprechender Vorsicht eingesetzt werden.

Für die genaue Mineralstoffergänzung in der Trockenstehzeit muss die Ration sehr genau kalkuliert werden. In der Regel wird die notwendige Calciumversorgung – ca. 40 – 45 g je Tier und Tag – meist über das Grobfutter abgedeckt. Gleiches gilt für Phosphor (hier reichen ca. 2,5 g je kg TM in der Ration, das entspricht 25 – 30 g je Tier und Tag). In den meisten Fällen kann also auf eine zusätzliche Ergänzung in dieser Phase verzichtet werden. Sollte eine Phosphor-Ergänzung notwendig sein, dann ist ein Mineralfutter mit besonders engem Ca:P-Verhältnis oder ohne Calcium einzusetzen. In den letzten Jahren wird vor allen Dingen aus den USA über einen neuen Weg zur Vermeidung bzw. Behandlung der Gebärparese mittels der Differenz aus Anionen (Kalium, Natrium) und Kationen (Chlor, Schwefel) berichtet (**Dietary Cation Anion Balance, DCAB** oder **DCAD**). Auch aus Deutschland werden Erfolge gemeldet, wenngleich die Zusammenhänge noch nicht restlos bekannt sind. Ziel dieser Bilanz- oder Differenzrechnung ist es, das Verhältnis der Kationen (K, Na) zu den Anionen (Cl, S) in der Ration zu ermitteln und diese gegebenenfalls durch gezielte Gaben von Anionen in Richtung einer negativen Bilanz „anzusäuern“. Ein Überschuss an Kationen ist nach vielen Berichten mit einem erhöhten Risiko für die Gebärparese verbunden. Die

Tabelle C.2.6

Rationen für trockenstehende Kühe bis 2 Wochen vor der Kalbung; 650 kg LM (kg TM/Tag)

Futtermittel		I	II	III
Grassilage, 5,7 MJ NEL/kg TM, 2. Schnitt		9	7	4
Maissilage, 6,4 MJ NEL/kg TM		–	2	4
Stroh		2	2	3
Mineralfutter (-/-/10)		0,05	0,05	0,05
NEL:	*- MJ/Tag*	*58*	*59*	*59*
	- MJ/kg TM	5,3	5,4	5,4
Calcium,	g/kg TM	6,0	5,2	4,6
Phosphor,	"	3,2	3,0	2,5
DCAB,	meq/kg TM	+ 300	+ 260	+ 200

Ergänzung erfolgt in Form von Ammoniumsulfat [$(NH_4)\,2\,SO_4$], Ammoniumchlorid [NH_4Cl] oder Magnesiumsulfat [$MgSO_4 \times 7H_2O$]. Angegeben wird die Bilanz in Milliäquivalent je kg Trockenmasse (meq/kg TM).Um einen Wert von -100 bis -150 zu erreichen, müssen jedoch beachtliche Mengen der genannten Salze verabreicht werden, was in der Praxis auf Grenzen bei der Aufnahme stoßen dürfte. Da die Kühe die verfügbaren Schwefel- und Chlor-Produkte nicht ohne weiteres fressen, empfiehlt sich der Einsatz entsprechend gestalteter Mischfutter, die in der Anfütterung mit 2 bis 4 kg/Kuh und Tag eingesetzt werden. Von Vorteil ist wegen der Einmischung eine Mischration. Vor Einstellung der DCAB über die Anwendung der „Sauren-Salze" sollte gerade wegen der Problematik der oft ungenügenden Futteraufnahme in der Vorbereitungsfütterung eine gezielte Information und Beratung erfolgen. Für die Verminderung des Gebärparese-Risikos sind daneben die Vermeidung von Verfettung der trockenstehenden Kühe sowie die Vermeidung allzu großer Kalium-Überschüsse wichtig.

Rationsgestaltung: In den ersten Wochen der Trockenstehzeit ist eine geringe Energiekonzentration in der Ration erforderlich. Je nach Futterbasis ist eine unterschiedliche Menge an Stroh hierzu einzusetzen. Der Tabelle C.2.6 sind 3 Rationsbeispiele mit unterschiedlichen Anteilen an Mais- und Grassilage zu entnehmen. Auf eine Ergänzung mit Spurenelementen, Vitaminen und Natrium ist unbedingt zu achten. Alle Rationen haben eine positive Anionen-Kationen-Bilanz (DCAB).

Tabelle C.2.7

Rationen zur Vorbereitungsfütterung der trockenstehenden Kuh; 650 kg LM

Futtermittel		I	II	III
Grassilage, 6,2 MJ NEL/kg TM, kg TM/Tag		9	6	4,5
Maissilage, 6,4 MJ NEL/kg TM, "		–	3	4,5
MLF, (160/3)*,	kg/Tag	3	3	3
Mineralfutter (-/-/10),	"	0,05	0,05	0,05
NEL:	*- MJ/Tag*	*76*	*77*	*77*
	- MJ/kg TM	6,5	6,5	6,5
Calcium,	g/kg TM	6,5	5,6	5,1
Phosphor,	"	4,2	3,8	3,6
DCAB,	meq/kg TM	+ 300	+ 240	+ 200

** Milchleistungsfutter mit 160 g nXP/kg und Energiestufe 3 (6,7 MJ NEL/kg)*

In der Vorbereitungsphase entfällt das Stroh, und es kommt Milchleistungsfutter in die Ration (siehe Tabelle C.2.7). Die Grassilage 2. Schnitt wird gegen die bei den laktierenden Kühen eingesetzte Silage ausgetauscht. Zur Kalbung ist mit einem merklichen Rückgang der Aufnahme an Grobfutter zu rechnen, so dass die angeführten Mengen an Gras- und Maissilage entsprechend niedriger sind. Die Futteraufnahme ist daher genau zu beobachten, um gegebenenfalls die Ration weiter aufzuwerten. Allein dies macht noch einmal deutlich, wie wichtig die separate Haltung der Vorbereitungsgruppe ist. Je nach Qualität des Grobfutters kann die Kraftfuttermenge auch höher ausfallen als im Beispiel beschrieben, um den Vorgaben der Tabelle C.2.5 zu entsprechen.

Bei Einsatz von TMR empfiehlt sich in der Vorbereitungsfütterung der kombinierte Einsatz der Trockensteherration und der Ration für die frischmelkenden Tiere. Bei der vielfach üblichen Mischration plus Milchleistungsfutter am Abrufautomaten lässt sich die Mischration für 20 bis 25 kg Tagesleistung in der Zeit der Vorbereitungsfütterung einsetzen. Grundsätzlich ist darauf zu achten, dass die aufgezeigten Beispielsrationen auf Grund der enthaltenen Calciumgehalte und der positiven Anionen-Kationen-Bilanz (DCAB) nicht der Milchfieberprophylaxe dienen. Bei gehäuftem Auftreten von Milchfieber sind daher spezielle Rationen zu füttern.

Futterzusatzstoffe: Zur Optimierung des Starts in die neue Laktation werden eine Reihe von Zusatzstoffe diskutiert. Sinn und Zweck der Stoffe ist der Ausgleich von Defiziten durch die stark reduzierte Futteraufnahme vor der Kalbung, die Entlastung der

Leber und die Beeinflussung des hormonellen Status der Kuh. Folgende Stoffe finden Verwendung (s. auch Kapitel B.2.5):

- Propylenglycol, Propionat, Propionsäure
- Hefen
- „geschüzte" Aminosäuren bzw. Protein
- „geschützte" Fette
- Niacin, B-Vitamine
- Puffersubstanzen
- Huminsäuren etc.

In den vorliegenden Untersuchungen ergaben sich unterschiedliche Effekte der verschiedenen Zusatzstoffe auf Leistung und Gesundheit. Vielfach empfohlen wird der Einsatz von Propylenglycol, Hefen und pansenstabilen Aminosäuren vor und nach der Kalbung. Weniger empfohlen wird der Einsatz von Niacin und geschütztem Fett. Der Einsatz von Propylenglycol und geschützten Aminosäuren macht auch aus theoretischen Überlegungen her Sinn. Auf Grund der praktischen Erfahrungen wird der Einsatz von 250 ml Propylenglycol je Kuh und Tag 10 Tage vor dem Kalbetermin bis 3 Tage nach der Kalbung empfohlen. Um die Aufnahme zu gewährleisten, hat sich die flüssige Eingabe ins Maul bewährt. Bei der Beimengung übers Futter ergeben sich teilweise Probleme in der Akzeptanz. Zu beachten ist das Kostenniveau der Zusätze. Ein genereller Einsatz bei den frischlaktierenden Tieren ist daher nicht zu empfehlen. Grundsätzlich zu empfehlen ist der Einsatz von Propylenglycol 10 Tage vor der Kalbung bis 3 Tage p.p. bei überkonditionierten Tieren, die wenig Appetit zeigen und Probleme in Richtung Ketose und Fettleber erwarten lassen.

2.1.2 Frischmelkende Kühe

Mehrere Gründe sind dafür maßgebend, dass die Fütterung der frischmelkenden Kühe nicht ganz unproblematisch ist. Zum einen steigt der Bedarf an Energie und Nährstoffen mit dem Einsetzen der Laktation schlagartig an, zum anderen muss die Ration deutlich verändert werden (wesentlich mehr Kraftfutter). Schließlich bereitet die angemessene Versorgung Schwierigkeiten, weil die Kühe in dieser Phase bis etwa 4 bis 5 Wochen nach dem Kalben 20 bis 25 % weniger Futter aufnehmen als später.

Jede Futterumstellung belastet den Pansenstoffwechsel. Der Grund hierfür liegt darin, dass sich für jede Futtersituation im Pansen eine ganz bestimmte Population von Mikroben (Bakterien, Pilze und Protozoen) herausbildet. Dazu zwei Beispiele: Wird vorwiegend Grobfutter gefüttert, so vermehren sich vorrangig zelluloseabbauende Mikroorganismen. Diese produzieren vorwiegend Essigsäure als Stoffwechselprodukt.

Tabelle C.2.8

Energieversorgung einer 38 kg Kuh in den ersten Wochen (Grobfutter 6,3 MJ NEL/kg TM, Kraftfutter 6,7 MJ NEL/kg), Angaben/Kuh und Tag

Laktations-woche	Energie-bedarf MJ NEL	TM-Aufnahme kg TM	Grob-futter kg TM	Kraft-futter kg	NEL-Aufnahme MJ	Bedarfs-deckung %
1.	125	15	7,5	8,5	104	83
2.	136	17	8,5	9,7	119	87
3.	145	19	9,5	10,8	132	91
4.	153	20	10,0	11,4	139	91
5.	160	21	10,5	11,9	146	91
6.	160	22	11,0	12,5	153	96
7.	160	23	11,5	13,0	160	100
8.	160	23	11,5	13,0	160	100

Die Produktion von Essigsäure führt einerseits zu einem relativ hohen pH-Wert im Pansen (etwa zwischen 6,3 und 6,9), andererseits dient Essigsäure als Vorläufer für die Milchfettproduktion. Daraus erklärt sich, dass die Fütterung von strukturiertem Grobfutter zu einer Erhöhung des Milchfettgehaltes führt.

Wird dagegen vornehmlich Kraftfutter verabreicht, in dem leichtlösliche Kohlenhydrate enthalten sind (Zucker und Stärke), so werden Mikroorganismen gefördert, welche diese Produkte verarbeiten und dabei vornehmlich Propionsäure produzieren. Dadurch wird das Verhältnis von Essig-:Propionsäure im Pansen enger, und es kommt gleichzeitig zu einer Absenkung des pH-Wertes. Dies führt nicht nur zu einem Abfall des Milch-Fett-Gehaltes, sondern auch zu einem Rückgang der Futteraufnahme. Unter diesen Bedingungen (niedriger pH-Wert) werden die zelluloseabbauenden Mikroorganismen zurückgedrängt, und der Abbau des Grobfutters geht langsamer vonstatten. Als Folge fressen die Kühe weniger, vor allem weniger Grobfutter.

Für die Fütterung zu Beginn der Laktation ist nach Möglichkeit die zuvor beschriebene Vorbereitungsfütterung zum Ende der Trockenstehzeit mit dem gleichen Kraftfuttertyp durchzuführen, welcher auch in der Laktation eingesetzt wird. Dann können nach dem Kalben größere Kraftfuttermengen verabreicht werden, ohne dass es zu schädlichen Nebenwirkungen im Pansen kommt. Voraussetzung ist natürlich eine gute Grobfutteraufnahme. Nur auf diese Art ist es möglich, die Energieversorgung der Kuh

Tabelle C.2.9

Anfütterungsprogramm mit Kraftfutter für hochleistende Milchkühe

Phase	Kraftfuttermenge, kg/Tag	
	Färsen	Kühe
Vorbereitungsfütterung:		
1. Woche	2,0	2,0
2. Woche	4,0	4,0
nach der Kalbung:		
1. Laktationswoche	5,0	6,5
2. "	6,0	8,5
3. "	7,5	10,0
4. "	8,5	11,5
5. "	8,5 bis 10*	12 bis 14*

** maximale Menge für hochveranlagte und passend konditionierte Tiere*

möglichst innerhalb von rund 3 bis 5 Wochen der Milchleistung anzupassen. Ein Beispiel für die Anpassung zeigt die Tabelle C.2.8.

Ist die Einsatzleistung einer Kuh hoch, so dass hohe Kraftfuttermengen erforderlich sind, sollte man in der dritten Woche auf maximal 10 kg Kraftfutter pro Tag steigern. Die weitere Erhöhung der Kraftfuttermenge darf erst erfolgen, wenn die Kühe insgesamt gut fressen. Häufig ist dies ab der 4. bis 5. Laktationswoche der Fall. Grundsätzlich sollten 12 bis 13 kg Kraftfutter pro Kuh und Tag aber auch dann nicht überschritten werden. Ein Beispiel zur Anfütterung in einer Herde mit 9.000 kg Jahresleistung ist der Tabelle C.2.9 zu entnehmen.

Bei den Kühen sollte ab der 4. Woche der Laktation und bei den Färsen ab der 5. Woche die tatsächliche Leistung berücksichtigt werden. Bis zum **70. Laktationstag** sollte eine Mindestmenge an Kraftfutter gefüttert werden, die sich an der mittleren Milchleistung orientiert, um die Tiere voll auf Leistung zu bringen.

Einfacher ist die Anfütterung bei Mischrationen. Bei TMR wird die Ration für die frischmelkenden Tiere eingesetzt. Gegebenenfalls empfiehlt sich eine spezielle Ration für die ersten 4 bis 6 Wochen der Laktation, um gezielt die Versorgung mit Struktur, nXP sowie Wirk- und Zusatzstoffen zu realisieren. Bei Mischration plus Abrufautomat ist im Anfütterungsschema, die Kraftfuttergabe über die Mischration zu berücksichtigen.

Abbildung C.2.2

Anpassung der Fütterung an die Milchleistung

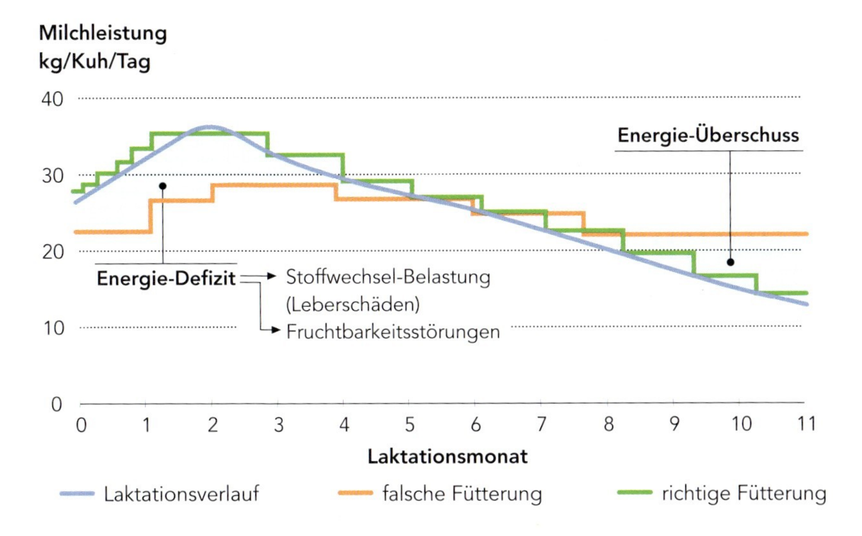

Voraussetzung für hohe Kraftfuttergaben ist generell, dass den Kühen Grobfutter der besten Qualität zur freien Verfügung steht. Dieses muss ständig frisch vorgelegt werden, wobei einmal am Tag die Futterreste aus dem Trog entfernt werden müssen. Nur so ist eine maximale Grobfutteraufnahme zu erreichen. Die anfangs geringe Grobfutteraufnahme ist der Grund dafür, dass die Kraftfuttergaben zunächst verhalten verabreicht werden müssen. Mit einer größeren Menge Grobfutter kommt gleichzeitig auch mehr strukturierte Rohfaser in die Ration, so dass die normale Pansenfunktion aufrechterhalten bleibt. Da im Normalfall nicht alle Futterkonserven von gleichbleibend guter Qualität sind, muss dafür gesorgt werden, dass den frischmelkenden Kühen immer die besten Qualitäten reserviert bleiben. Bei einer Konzentration des Kalbezeitpunktes zum Beispiel auf den Herbst lässt sich dies einfach durchführen, indem zu dieser Jahreszeit das Futter mit der besten Qualität verfüttert wird. Sind die Kalbezeitpunkte dagegen über das Jahr verteilt, so müssen unter Umständen mehrere Futterkonserven parallel verfüttert werden. Dies setzt jedoch bei Silagefütterung größere Herden voraus. Besteht das Grobutter aus Heu, so muss gewährleistet sein, dass alle Partien zugänglich sind.

Die gezielte und vorsichtige Anpassung der Kraftfuttermengen an die Leistung und das Ausschöpfen der maximalen Grobfutteraufnahme zu Beginn der Laktation erfordern viel Sorgfalt und eine individuelle, fast täglich wechselnde Behandlung der frischmelkenden Kühe. Dazu gehört mindestens einmal wöchentlich die Kontrolle der Milchleistung sowie die Kenntnis über die Qualität der eingesetzten Futtermittel (Grobfutteranalysen!).

Trotzdem ist es während der Laktationsspitze bei hochleistenden Kühen kaum möglich, den Bedarf an Energie und Nährstoffen über das Futter so genau zu decken, wie es in Abbildung C.2.2 dargestellt ist. Hier müssen also alle „Kunstgriffe" der Fütterung angewendet werden, um ein längerfristiges Energiedefizit und damit mögliche Gesundheits- und Fruchtbarkeitsstörungen zu vermeiden. In der Praxis erweisen sich immer wieder die beiden ersten Monate der Laktation und die letzten Wochen vor dem Trockenstellen als kritische Phasen.

Zur Ausfütterung gehört im einzelnen:

- Den Kühen mit hohen Spitzenleistungen muss das beste Grobfutter in der Laktationsspitze vorbehalten bleiben.
- Dieses Grobfutter muss ständig frisch vorgelegt, und die Reste müssen entfernt werden.
- Die Grobfutteraufnahme sollte durch Wiegen des Futters kontrolliert werden.
- Die notwendigen Kraftfuttermengen müssen sehr genau anhand der tatsächlichen Milchleistung und der möglichen Milchleistung aus dem Grobfutter errechnet werden.
- Die Kraftfuttermenge muss auf mehrere Mahlzeiten verteilt oder als Mischration vorgelegt werden.
- Die Forderungen lassen sich in idealer Weise nur dann verwirklichen, wenn jeder Kuh, auch im Laufstall, ein Fressplatz zur Verfügung steht.

2.1.3 Altmelkende Kühe

Im zweiten und erst recht im dritten Laktationsdrittel ist die Fütterung wesentlich einfacher als bei der frischmelkenden Kuh. Dies liegt daran, dass einerseits weniger Energie und Nährstoffe benötigt werden, andererseits aber keine Schwierigkeiten mit der Futteraufnahme bestehen. Damit ist – eine richtige Rationsberechnung und Fütterungstechnik vorausgesetzt – die Fütterung im zweiten Drittel in der Regel problemlos zu gestalten.

Während zu Beginn der Laktation die Gefahr einer Unterversorgung besteht, ist im letzten Drittel häufig die Gefahr einer Überversorgung gegeben. Aufgrund der hohen Futteraufnahmekapazität bei gleichzeitig fallender Leistung wird oft mehr Energie verabreicht als notwendig ist. Eine solche Überversorgung führt nicht nur zu einer Verteuerung der Fütterung, sondern vor allen Dingen auch zu einer Verfettung der Tiere mit den negativen Auswirkungen, die bei der Fütterung der trockenstehenden Kühe beschrieben sind. Es ist daher auch in dieser Phase notwendig, die Fütterung der tatsächlichen Leistung anzupassen. Wenigstens einmal im Monat muss anhand der Milchleistung (Milchkontrolle!) und soweit machbar anhand der Entwicklung der Körperkondition (BCS) die

Fütterung überprüft und die Kraftfuttermenge oder die Gruppierung korrigiert werden. Hierbei ist immer die maximal mögliche Grobfutteraufnahme anzustreben. Kraftfutter darf erst oberhalb der möglichen Grobfutterleistung eingesetzt werden. Natürlich braucht man dabei nicht so knapp zu kalkulieren, dass die Gefahr einer Unterversorgung entsteht. In der Praxis wird allerdings häufig zu stark vorgehalten. Es kommt immer wieder vor, dass die Versorgung aus dem Grobfutter für die Erhaltung und eine Leistung von 12 bis 14 kg Milch ausreichend ist, einzelne Kühe aber nur noch 10 bis 12 kg Milch geben. Vielfach erhalten diese Tiere auch noch Kraftfutter, weil davon ausgegangen wird, dass mit dem Kraftfutter eine Mineralstoffergänzung des Grobfutters durchgeführt werden müsste. Diese Auffassung ist falsch! Richtig ist es, die tatsächliche Milchleistung aus dem Grobfutter immer wieder zu errechnen und zu überprüfen.

Noch stärker sind die möglichen Unterschiede zwischen Futterangebot und Leistung bei Einsatz der Mischration, da diese auch für die altmelken Tiere auf über 20 kg Mich eingestellt wird. Eine konsequente Selektion der Herde, ein klares Fruchtbarkeitsmanagement und ein frühzeitiges Trockenstellen sind die Möglichkeiten, hier eine zu starke Verfettung der niedrigleistenden Tiere zu vermeiden. Selektion heißt, dass die Tiere, die zu einer frühzeitigen Verfettung neigen ausgemerzt werden. Eine zu späte Belegung im Verlauf der Laktation ist zu vermeiden, da die altmelken Tiere sonst zu stark verfetten. Fallen einzelne Tiere dennoch frühzeitig stark in der Leistung ab und verfetten, so sind diese trockenzustellen und entsprechend der aufgezeigten Vorgaben für Trockensteher energetisch knapp zu versorgen.

2.1.4 Färsen (Kalbinnen)

Für die Fütterung der Färsen gilt in noch stärkerem Maße das, was zu der Fütterung der trockenstehenden und der frischmelkenden Kühe ausgeführt wurde. In den letzten Wochen vor der ersten Kalbung wird durch die Fütterung die Futteraufnahme nach dem Kalben und damit gleichzeitig die Gefahr von Stoffwechsel- und Fruchtbarkeitsstörungen entscheidend beeinflusst. Wenn die Färsen im Alter von 26 oder gar 24 Monaten zum Kalben kommen, ist das Wachstum noch nicht abgeschlossen. Dies darf allerdings nicht dazu verleiten, sie in der Zeit vor der Kalbung (4. bis 7. Trächtigkeitsmonat) zu reichlich zu versorgen. Verfettete Tiere sind anfällig für Stoffwechselstörungen. Hier hilft eine gute Beobachtung der Entwicklung der Tiere weiter. Nicht allzu üppiges Grobfutter, geringe Kraftfuttergaben für den notwendigen Gewichtszuwachs und ausgeglichene Rationen mit genügend hohem Strukturfutteranteil sind angebracht. Die für die notwendigen Zunahmen vorgesehenen Kraftfuttergaben mit 2 bis 4 kg in den letzten Wochen dienen gleichzeitig der Vorbereitungsfütterung auf die Laktation, ähnlich wie bei trockenstehenden Kühen.

Generell sind die Ansprüche der Färse an die Ration in der Vorbereitungsfütterung auf Grund des Wachstums und der geringeren Futteraufnahme höher als bei Kühen. Die Vorgaben der Tabelle C.2.5 reichen jedoch auch für die Färsen. In großen Betrieben ist generell zu prüfen, ob die Färsen in der Vorbereitungsfütterung und der 1. Laktation getrennt gehalten werden können, um den erhöhten Ansprüchen der Färsen und den größeren Problemen in der Rangordnung zu begegnen.

Die Fütterung der erstkalbenden Kühe zu Beginn ihrer Laktation ist die schwierigste Phase der Fütterung überhaupt. Färsen haben außer für die Milchleistung noch einen zusätzlichen Energiebedarf für das Wachstum. Gleichzeitig ist die Trockenmasseaufnahme um 20 bis 25 % niedriger als bei ausgewachsenen Kühen. Eine einigermaßen bedarfsgerecht Versorgung gelingt nur, wenn folgende Voraussetzungen erfüllt sind:

- Bestes Grobfutter von hoher Energiekonzentration und ausreichender Futterstruktur,
- hohe Futteraufnahme durch ständige Vorlage von frischem Futter,
- vorsichtige Steigerung der Kraftfuttermengen bis auf die nach der Rationsberechnung notwendige Höhe innerhalb von etwa vier bis sechs Wochen,
- separate Zuteilungsliste für Kraftfutter verwenden,
- Verteilung der Kraftfuttergaben auf mehrere Einzelportionen; soweit möglich TMR einsetzen.

Wenn alle diese Voraussetzungen erfüllt sind, können die Färsen auch eher ein gewisses Energiedefizit in der Laktationsspitze „verkraften". Die Einhaltung dieser Bedingungen ist aber auch Voraussetzung dafür, dass die Fruchtbarkeit erhalten bleibt und somit eine ausreichend lange Nutzungsdauer gewährleistet ist. In der 2. Hälfte der Laktation ist die Futteraufnahme mit der von Kühen etwa gleich. Zu beachten ist jedoch der höhere Bedarf für den Zuwachs. Dies ist bei der Kraftfutterbemessung oder der Gruppierung der Tiere zu beachten. Generell ist die Leistung der Ration für Färsen zur Berücksichtigung der Unterschiede um etwa 4 kg Milch je Tag niedriger zu veranschlagen als bei Kühen.

Der mittlere Verlauf der Milchleistung und der Futteraufnahme in der Laktation ist der Abbildung C.2.3 zu entnehmen. Es zeigt sich die angesprochene Differenzierung zwischen Kühen und Färsen.

Abbildung C.2.3

Kalkulierte Futteraufnahme bei Färsen und Kühen im Laktationsverlauf; Leistungsniveau 8.500 kg

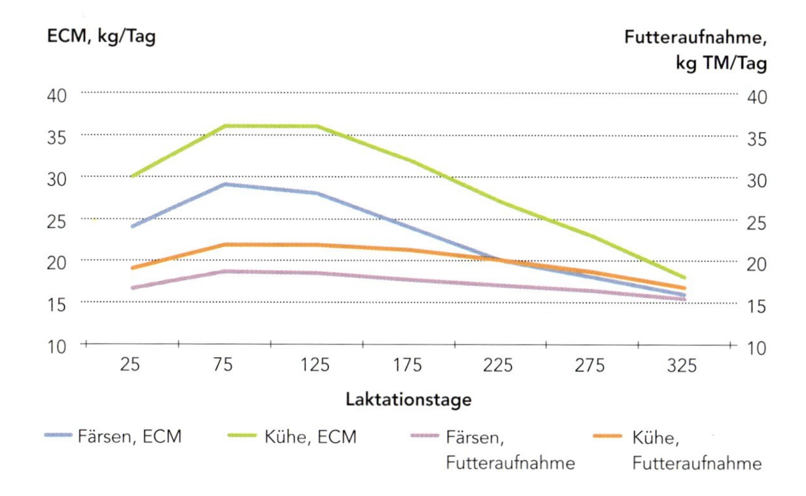

2.2 Synchronismus – Rohprotein- und Kohlenhydratabbau

Der Abbau von Kohlenhydraten und Protein im Vormagen und Darm hat entscheidende Auswirkungen auf die Versorgung der Kuh mit Energie und Nährstoffen, die Futteraufnahme und die Leistung. Neben dem Abbau des Proteins im Rahmen der Proteinbewertung wird daher heute auch der Abbau bei den Kohlenhydraten und die Gleichzeitigkeit des Abbaus der **Synchronismus** beachtet. Bezüglich des Abbaus des Proteins sind auch die anderen Kapitel zu beachten. An dieser Stelle werden die Bereiche Kohlenhydrate und Synchronismus angesprochen.

Zum allgemeinen Verständnis zunächst einige Ausführungen zur Differenzierung von Abbaubarkeit und Abbaurate. Hierzu ist in der Abb. C.2.4 der Verlauf des Abbaues von Kohlenhydraten am Beispiel der Cellulose und der Stärke dargestellt. Der Unterschied zwischen Abbau, Abbaubarkeit und Abbaurate ist zu erkennen:

Die **Abbaubarkeit** bezeichnet das Potenzial, also das Ausmaß, in welchem die Substanz theoretisch maximal abzubauen ist (im Beispiel 75 oder 85 %).

Die **Abbaurate** bezeichnet die Geschwindigkeit des Abbaus, im Beispiel 22 bzw. 39 % der zur Zeit vorhandenen Menge je Stunde.

Der Abbau ist der tatsächliche Wert, der zu einem bestimmten Zeitpunkt erreicht ist.

Abbildung C.2.4

Beispiel für die unterschiedliche Abbaubarkeit und Abbauraten von Cellulose und Stärke

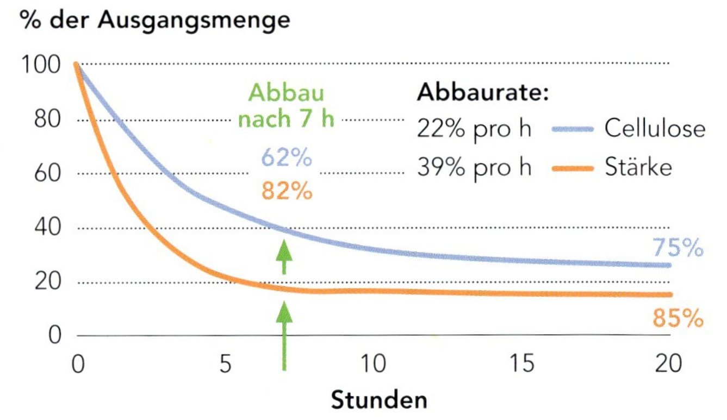

Dieser ist also abhängig vom Potenzial der Abbaubarkeit, der Geschwindigkeit des Abbaus (Abbaurate) und von der Passagerate des Futters. Es kann also vorkommen, dass der tatsächliche Abbau zweier Kohlenhydrate in einem Fall (niedrige Passagerate) annähernd gleich ist, während bei hoher Leistung und damit verbundener hoher Passagerate der Abbau sehr unterschiedlich ist (s. Abbau nach **7 h** im Beispiel).

Insofern sind Futtermittel nicht nur nach der tabellierten Abbaubarkeit zu bewerten, sondern immer im Zusammenhang mit der verfütterten Ration und Leistungshöhe.

2.2.1 Kohlenhydrate

Bei steigenden Milchleistungen ist die Kohlenhydratversorgung gezielt einzustellen. Dies erfolgt über die Einbeziehung von Stärke und Zucker in die Rationsplanung. Bei der Stärke ist darüber hinaus der Ort des Abbaus (Pansen bzw. Dünndarm) mit zu berücksichtigen. Dies erfolgt über die Ausweisung der beständigen Stärke. Zur vertieften Information sei auf die DLG-Information 2/2001 verwiesen.

Zucker (XZ): Zu hohe Anteile Zucker können der Acidose (Pansenübersäuerung) Vorschub leisten. Außerdem können Beeinträchtigungen der Futteraufnahme und der Kotkonsistenz resultieren. Als Orientierungsgröße ergibt sich ein Wert von maximal 75 g Zucker je kg TM in der Gesamtration. Bei höheren Gehalten ist die Ration genauer zu prüfen. Hierbei sind auch die weiteren Kohlenhydrate zu betrachten. Mindestgehalte an Zucker sind nicht festgelegt, obwohl gewisse Mengen an Zucker sich günstig auf die mikrobielle Synthese und die Futteraufnahme auswirken können. Außerdem kann sich eine Steigerung des Milchfettgehaltes einstellen.

unbeständige Stärke und Zucker (XZ+XS-bXS); pansenverfübare Kohlenhydrate, pKH: Stärke gehört, wie Zucker, zu den leicht fermentierbaren Kohlenhydraten, bei deren Fermentierung im Pansen von Wiederkäuern in kurzer Zeit relativ große Säuremengen entstehen, die einen Abfall des pH-Wertes zur Folge haben. Übersäuerungen im Pansen bewirken einen Rückgang des Milchfettgehaltes und vermindern die Futteraufnahme. Längerfristig kann es zu Schädigungen der Pansenschleimhaut und zu Beeinträchtigungen der Klauengesundheit kommen. Es wird daher empfohlen, als Obergrenze einen Gehalt an unbeständiger Stärke und Zucker von 25 % der Trockenmasse nicht zu überschreiten. Die unbeständige und somit im Pansen verfügbare Stärke ergibt sich durch Abzug der beständigen Stärke von der analytisch bestimmten Stärke.

Zur Optimierung der mikrobiellen Aktivität und der Gewährleistung entsprechender Milcheiweißgehalte empfehlen sich gewisse Mindestanteile an unbeständiger Stärke und Zucker in der Ration. Je nach Laktationsstand und Leistungshöhe differieren die Empfehlungen. Für frischmelkende Tiere über 35 kg Milch je Tag empfehlen sich in der Gesamtration Anteile an unbeständiger Stärke und Zucker von mindestens **150 g** je kg Trockenmasse. Für den erfolgreichen Einsatz größerer Mengen an den pansenverfügbaren Kohlenhydraten Zucker und Stärke kommt der Vorbereitungs- und Anfütterung sowie der Konstanz in der Fütterung besondere Bedeutung zu.

beständige Stärke (bXS): Je nach physikalischer Struktur der Stärke wird ein unterschiedlicher Anteil im Vormagen abgebaut. Der nicht im Vormagen abgebaute sogenannte „beständige" Teil der Stärke schwankt zwischen 10 und 45 %. Durch technische Prozesse wie die Pelletierung kann die Beständigkeit der Stärke abfallen oder auch ansteigen.

Die zurzeit gebräuchlichen niederländischen Tabellenwerte für die Beständigkeit der Stärke sind der Tabelle C.2.10 zu entnehmen. Bei der Maissilage berechnet sich der Wert in Abhängigkeit vom Stärkegehalt, da davon ausgegangen wird, dass mit steigender Ausreife des Korns der Stärkegehalt und die Beständigkeit der Stärke ansteigen. Um eine Überschätzung der Beständigkeit zu vermeiden, ist die Beständigkeit auf maximal 30 % beschränkt. Das Fütterungsniveau hat darüber hinaus über die Passagezeit erhebliche Bedeutung für das Ausmaß des Stärkeabbaus im Vormagen. Zur weiteren Information siehe DLG-Information 2/2001.

Aus Sicht der Fütterung ist zu beachten, dass die beständige Stärke im Vormagen keine Energie liefert. Die mikrobielle Eiweißbildung kann dadurch eingeschränkt sein. Andererseits dient die beständige Stärke infolge ihrer Verdauung im Dünndarm als direkte Vorstufe zur Bildung von Milchzucker. Je nach Laktationsstand und Leistungshöhe empfehlen sich Anteile an beständiger Stärke in der Gesamtration von **10 bis 60 g** je kg Trockenmasse. Insbesondere in grasbetonten Rationen kann die beständige Stärke begrenzender Faktor sein. Für frischmelkende Tiere über 35 kg Milch je Tag empfehlen sich in der Gesamtration Anteile an beständiger Stärke von mindestens

Tabelle C.2.10

Beständigkeit der Stärke im Vormagen der Milchkuh, Quelle: CVB, 2000

Futtermittel	Beständigkeit %	Futtermittel	Beständigkeit %
GPS Gerste	10	Kartoffeln	30
GPS Weizen	10	Kartoffelpülpe, siliert	25
Maissilage	XS*	Mais	42
Maiskleberfuttersilage	10	Erbsen	24
Ackerbohnen	20	Roggen	15
CCM	30	Schlempe Weizen	15
Gerste	15	Triticale	15
Hafer	10	Weizen	15

XS=> Beständigkeit in % = Stärkegehalt in %, maximal 30 % Beständigkeit*

30 g je kg Trockenmasse. Bei altmelkenden Kühen sollten die Gehalte niedriger sein, um der Verfettung entgegenzuwirken.

2.2.2 Synchronismus

Die meisten derzeit gültigen Systeme zur Rationsberechnung für Milchkühe haben zum Ziel, eine ausgeglichene Bilanz der täglichen Versorgung der Pansenmikroorganismen und der Milchkuh mit bestimmten Mengen an Energie und (Roh-)protein zu gewährleisten. Schwankungen der Nährstoff-Freisetzung im Pansen im Tagesverlauf werden dabei nicht berücksichtigt, obwohl große Unterschiede sowohl im Ausmaß („Fermentierbarkeit“ oder „Abbaubarkeit“) als auch in der Geschwindigkeit des Nährstoffabbaus im Pansen („Fermentationsraten“ oder „Abbauraten“) zwischen unterschiedlichen Futtermitteln wie auch zwischen verschiedenen Nährstoffen des selben Futtermittels vorliegen und zudem bekannt ist, dass für eine hohe Effizienz der mikrobiellen Proteinsynthese in den Vormägen die synchrone, das bedeutet, gleichzeitige, Bereitstellung von Energie und Stickstoff (N) liefernden Verbindungen für die Mikroorganismen erforderlich ist. Die nicht zeitgleich erfolgende, also asynchrone, Freisetzung von Energie und N liefernden Verbindungen im Pansen ist grundsätzlich verbunden entweder mit N-Verlusten in Form von Ammoniak, der aus dem Pansen in die Blutbahn gelangt und nach Harnstoffbildung in der Leber vor allem über die Nieren mit dem Harn ausgeschieden wird, oder mit einer geringeren Menge an mikrobiell gebildetem Protein.

Tabelle C.2.11

Klassifizierung des Ausmaßes des Nährstoffabbaus („Abbaubarkeit") in den Vormägen

Kategorie	Kohlenhydrate %	Mittel, %	Rohprotein, %	Mittel, %
Sehr hoch	> 75	80	> 85	90
Hoch	75 – 65	70	85 – 75	80
Mittel	< 65 – 55	60	< 75 – 55	65
Niedrig	< 55 – 45	50	< 55 – 35	45
Sehr niedrig	< 45 %	40	< 35	30

Quelle: DLG-Information 2/2001

Tabelle C.2.12

Geschwindigkeit (Kategorie) des Nährstoffabbaus in den Vormägen

Kategorie		Kohlenhydrate % je h	Rohprotein % je h
++++	Sehr schnell	> 15	> 15
+++	Schnell	15 – 10	15 – 10
++	Mittel	< 10 – 5	< 10 – 5
+	Langsam	< 5	< 5

Quelle: DLG-Information 2/2001

Konzept des Synchronismus: Das Konzept des Synchronismus beruht darauf, dass Futtermittel auf Grund von Informationen hinsichtlich Menge und zeitlichem Verlauf des Kohlenhydrat- und Rohproteinabbaus im Pansen so aufeinander abgestimmt („synchronisiert") werden, dass eine maximale Effizienz der mikrobiellen Synthese erreicht wird. Diese wird ausgedrückt in Gramm mikrobiellen Rohproteins pro Kilogramm im Pansen abgebauter (rohproteinfreier) organischer Masse oder Kohlenhydrate.

Die vorliegenden Informationen über das Abbauverhalten von Futtermitteln im Pansen zeigen eine große Variation der Werte. So nehmen bei Grün- und Grobfuttermitteln mit zunehmendem Alter der Futterpflanzen Ausmaß und Geschwindigkeit des Nährstoffabbaus im Pansen ab, wobei die Konservierung einen großen Einfluss auf den Synchronismus von Kohlenhydrat- und Rohproteinabbau ausübt. Für Konzentratfuttermittel sind vor allem Unterschiede zwischen schnell und umfangreich (z. B. Weizen, Gerste, Roggen) sowie langsam und unvollständig (z. B. Mais) abgebauten Stärketrägern dokumentiert (s. a. Tab C.2.10). In den Tabellen C.2.11 und C.2.12 wurde der derzeitig als gesichert geltende Kenntnisstand über Ausmaß und Geschwindigkeit des Abbaus der Kohlenhydrate und des Rohproteins im Pansen unter Verwendung einer fünfstufigen (Ausmaß) beziehungsweise vierstufigen (Geschwindigkeit) Skala zusammengestellt. Im Tabellenanhang sind die Daten für die einzelnen Futtermittel aufgeführt.

Obwohl das grundsätzliche Konzept des Synchronismus weitgehend unstrittig ist, gibt es bisher wenig direkte Befunde für leistungssteigernde Auswirkungen einer synchronen gegenüber einer asynchronen Rationsgestaltung. Dies dürfte neben der geringen Zahl an Versuchen, die zu diesem Zweck mit Milchkühen durchgeführt wurden, auch mit einer noch unzureichenden Standardisierung der zur Charakterisierung von synchroner und asynchroner Nährstofffreisetzung verwendeten Methoden zusammenhängen.

Aus den genannten Gründen kann auch die Nutzung von entsprechenden Rationsberechnungsprogrammen, die zahlreiche Kenngrößen der Geschwindigkeit und des Ausmaßes des Nährstoffabbaus im Pansen enthalten, wie zum Beispiel das US-amerikanische „CPM-Dairy“, das viele Bestandteile des „Cornell Net Carbohydrate and Protein System“ (CNCPS) aufgenommen und weitergeführt hat, derzeit nicht empfohlen werden, weil ein großer Teil der dort zugrunde gelegten Werte mit dem verfügbaren Methodenspektrum nicht überprüft werden kann und zudem die Ableitung des Systems für ganz andere Rationstypen als in Deutschland üblich erfolgte.

Zielgrößen: Als Zielgröße für die Synchronisation von Rationen kann der sogenannte Synchronismusindex nach Sinclair und Mitarbeitern (1993) herangezogen werden, mit dem – abgeleitet aus den Daten von in situ-Inkubationen – synchroner und asynchroner Nährstoffabbau in den Vormägen auf Basis der pro Stunde im Pansen freigesetzten Mengen an Stickstoff (N) liefernden Verbindungen und Kohlenhydraten abgeschätzt wird. Zielwert für die Erzielung der maximalen Effizienz der mikrobiellen Synthese mittels Synchronisation der Ration ist ein Wert von 32 g N/kg abgebauter Kohlenhydrate. Die Synchronisation einer Ration ist demnach perfekt, wenn in jedem Stundenintervall 32 g N pro Kilogramm abgebauter Kohlenhydrate freigesetzt und damit den Mikroorganismen zur Verfügung gestellt werden. Dies entspricht einem Synchronismusindex von 1. Werte kleiner als 1 zeigen das bestehende Ausmaß des Asynchronismus an. Mathematisch lässt sich dieser Zusammenhang wie folgt ausdrücken:

$$\textbf{Synchronismusindex} = \frac{32 - \sum\limits_{1-24} \frac{\sqrt{(32 - \text{stündlich N (g)/kg abg. Kohlenhydrate})^2}}{24}}{32}$$

Die Formel besagt, dass der Abbau von Kohlenhydraten und N-haltigen Verbindungen eines Futtermittels im Pansen im Tagesverlauf, wie er zum Beispiel mittels in situ-Versuchen ermittelt werden kann, in 24 Intervalle (je Intervall 1 Stunde) unterteilt wird. Dann wird für jedes dieser einstündigen Intervalle das Verhältnis (g/kg) von abgebauten N zu fermentierten Kohlenhydraten gebildet und die Abweichung (Differenz) vom theoretischen Optimum von 32 g/kg gebildet. Die weitere mathematische Bearbeitung dieser Abweichungen dient dem Ziel, letztlich eine einzige dimensionslose Zahl zwischen 0 und 1 zu erhalten, wobei 1 einen vollständigen Synchronismus bedeu-

Tabelle C.2.13

Rationsbeispiel TMR 8.000 kg Milch/Kuh und Jahr, frischmelk

Komponente	**Anteil; % der TM**
Grassilage, 1. Schnitt mittel	40
Maissilage, gut	10,2
Biertrebersilage	10
Pressschnitzelsilage	10
Weizen	18
Sojaextraktionsschrot	10
Rapsöl	0,6
Mineralfutter (18/-/12)	1,2

Inhaltsstoffe der Ration		
Energie	7,1	MJ NEL/kg TM
nXP	167	g/kg TM
RNB	3,5	"
Zucker	40	"
beständige Stärke	29	"
unbeständige Stärke und Zucker (vKH)	174	"
abbaubare Kohlenhydrate	469	"
abbaubares Rohprotein	137	"

Beurteilung des Synchronismus

Abbau-Klassen:	**langsam**	**mittel**	**schnell**	**sehr schnell**
Abb. Kohlenhydrate	0 %	54 %	21 %	25 %
Abb. Rohprotein	0 %	5 %	52 %	43 %

tet und das Ausmaß des Asynchronismus desto größer wird, je weiter der Wert von 1 entfernt ist.

Beispiel: Die Kenngrößen zur Synchronisation der wichtigsten Futtermittel sind der DLG Information 2/2001 bzw. dem Anhang Tabelle 2 zu entnehmen. Auf Basis der dort aufgeführten Daten wurde eine Grassilage betonte TMR für Kühe mit 37 kg Tagesleistung nach den Maßgaben der DLG-Info 1/2001 konzipiert. Der Tabelle C.2.13 sind die wichtigsten Daten zu entnehmen. Nach den bisher üblichen Kenngrößen ist die Ration als bedarfsdeckend zu erachten. Beim nXP und der RNB werden die empfohlenen Größen überschritten. Die Vorgaben für die beständige Stärke und die pansenverfügbaren Kohlenhydrate Stärke und Zucker werden auf Grund des relativ hohen Anteils an Grassilage nur knapp erfüllt. Die Gesamtration verfügt je kg TM mit 469 g im Pansen abbaubaren Kohlenhydraten und 137 g abbaubarem Rohprotein über relativ hohe Gehalte. Die insgesamt im Pansen verfügbare Stickstoffmenge dürfte mit 47 g abbaubarem N je kg abbaubare Kohlenhydrate für die N-Versorgung der Mikroben im Pansen mehr als ausreichen, da die geforderte Größe von mindestens 32 g N je kg insgesamt weit überschritten wird. Zu prüfen ist im Sinne der Synchronisation, ob eine ausreichend zeitgleiche Freisetzung von N und Kohlenhydraten über den Tag vorliegt.

Hinsichtlich der Synchronisation ist die Ration wie folgt zu beurteilen: Die Ration ist asynchron. Wenn für die unterschiedlichen Abbaugeschwindigkeiten (langsam, mittel, schnell, sehr schnell) das Verhältnis der im Pansen abgebauten N liefernden Verbindungen zu abgebauten Kohlenhydraten (g/kg) gebildet wird, ergeben sich folgende Werte:

Langsam: entfällt; Mittel: 4; Schnell: 112; Sehr schnell : 83.

Zielgröße für synchronen Nährstoffabbau nach den Vorstellungen des Synchronismusindex ist 32 g N/kg abgebauter Kohlenhydrate innerhalb eines jeden Zeitfensters. Die vier gewählten Zeitfenster entsprechen einer vereinfachten Form der oben angeführten Formel zum Synchronismusindex. An Stelle von 24 einstündigen Intervallen wurden vier längere Abschnitte gewählt, die den Kategorien der Abbaugeschwindigkeit in Tabelle C.2.12 entsprechen. Eine stärker differenzierende Betrachtung erscheint mit den bisher vorliegenden Daten noch nicht zuverlässig und überprüfbar möglich zu sein. Die Ration weist demnach im Bereich des „sehr schnellen" und „schnellen" Nährstoffabbaus einen relativen Energiemangel auf, im Bereich „Mittel" dagegen einen relativen N-Mangel. Inwieweit letzteres durch Stickstoff-Rückfluss über Speichel oder Pansenwand ausgeglichen werden kann, ist noch durch geeignete Versuche zu klären.

Tabelle C.2.14

Beispiel für die Kalkulation der Abbaukinetik von MLF im Vormagen

Futtermittel	**Mischungsanteil %**
Weizen	24
Melasseschnitzel	24
Triticale	24
Sojaextraktionsschrot	13,5
Rapsextraktionsschrot	11,5
Mineralfutter	3
NEL, MJ/kg	7,0
nXP, g/kg	165
RNB, g/kg	3,4

Kalkulierte Abbaukinetik im Vormagen gesamt, g/kg	**Kohlenhydrate 470**	**Rohprotein 130**
Langsam	–	–
Mittel	40	18
Schnell	40	112
Sehr schnell	390	–

Für das angeführte Beispiel begründet sich die asynchrone Freisetzung von Kohlenhydraten und Rohprotein in erster Linie durch die Grassilage. Eine Anpassung der Ration hin zu einer verbesserten Synchronität könnte daher über eine Verminderung des Anteils Grassilage oder eine gezielte Ergänzung mit energiereichen Saftfuttern und „geschützten“ Extraktionsschroten erfolgen.

Beim Mischfutter ist der Abbau aus den Werten der enthaltenen Komponenten zu kalkulieren. Es ergeben sich kalkulatorische Mengen an abbaubarem Rohprotein und Kohlenhydraten in den einzelnen Geschwindigkeits-Kategorien. Das Vorgehen ist aus dem einfachen Beispiel in Tabelle C.2.14 zu entnehmen. Das Futter eignet sich für die Ergänzung von Grassilage.

Auf der Basis der hier aufgeführten Größen ist es möglich, Versuchs- und Praxisrationen zu beurteilen und zu konzipieren. Für die routinemäßige Anwendung der Maßgaben fehlen noch einige Versuchsergebnisse und Erfahrungen in der Praxis.

Für die Einbeziehung des Abbaukinetik in die Ratiosplanung ergeben sich folgende Empfehlungen:

- Abbaubarkeit des Rohproteins zur Ableitung des nXP
- Erweiterung der Rationsplanung um Zucker, Stärke und beständige Stärke
- Anwendung des Synchronismus für Versuchszwecke und Erprobung in der Praxis

In der Praxis ist für die Synchronität der Ration zunächst die Fütterungstechnik entscheidend. Die verschiedenen Futtermittel sollten möglichst als Mischung kontinuierlich über den Tag angeboten werden. Besondere Probleme ergeben sich in der Kombination von Weidegras und dem beigefütterten Grob-, Saft- und Kraftfutter. Das Problem beim Weidegras ist die schnelle Freisetzung von Stickstoff im Vormagen. Nach Möglichkeit sollte daher das auf das Weidegras abgestimmte Beifutter als Mischration kontinuierlich zum Weidegras angeboten werden. Eine Alternative sind wiederholte kurze Weidezeiten in Form der Siesta-Weide.

Generell ist darüber hinaus bereits in der Anbauplanung und beim Futtermittelzukauf darauf zu achten, dass die Synchronität der Ration möglichst gegeben ist. Dies betrifft zunächst die Abstimmung des Proteins auf die Kohlenhydrate. Probleme bestehen insbesondere bei mehr grasbetonten Rationen. Diese sind mit schnell und hochabbaubaren Kohlenhydraten und eher beständigem Protein zu ergänzen.

Die Berechnung der Synchronität der Ration kann nur mit entsprechenden Rationsberechnungsprogrammen erfolgen. Hierbei ist darauf zu achten, dass die hier angeführten Klassifizierungen der Futtermittel zur Anwendung kommen. Vorläufig wird die Anwendung noch dadurch erschwert, dass gerade für Mischfutter die erforderlichen Kennwerte vielfach noch nicht vorliegen.

2.3 Rationsplanung

In diesem Kapitel wird aufgezeigt, wie in der Praxis richtige Rationen für Milchkühe zusammenzustellen sind. Dabei geht es vor allen Dingen darum, die vorhandenen (und gegebenenfalls zuzukaufenden) Futtermittel so einzusetzen, dass eine optimale Ausnutzung des Grobfutters und des Kraftfutters gewährleistet wird und die Ration möglichst kostengünstig ist.

Tabelle C.2.15

Maximale Aufnahme an Trockenmasse aus Grobfutter unterschiedlicher Qualität (kg TM/Kuh und Tag)

Qualität:	gering	mittel	sehr gut
Weidegras	11	14	17
Heu	7	11	14
Grassilage, TM < 25 %, buttersäurereich	7	9	11
Grassilage, TM > 30 %, buttersäurefrei	9	12	15
Stroh	3	5	6
Stroh, alkalischaufgeschlossen oder mit 20 % Melasse versetzt	4	7	9
Gras- und Maissilage (2 : 1, bezogen auf TM)	9	12	15
Gras- und Maissilage (1 : 2, bezogen auf TM)	10	13	16
Maissilage und Heu (max. 1/3 Heu-TM)	9	11	14
Grassilage und Heu	8	11	14

2.3.1 Einflußfaktoren auf die Futteraufnahme und deren Berücksichtigung bei der Schätzung

Neben der Kenntnis der Gehalte an Energie und Nährstoffen in den Futtermitteln ist das Wissen um die mögliche Höhe der Futteraufnahme bei den einzelnen Grobfuttern ein unerlässlicher Bestandteil des rationellen Einsatzes. Wird die mögliche Aufnahme überschätzt, führt dies zu einer Unterversorgung mit Energie und Nährstoffen. Wird sie hingegen unterschätzt, wie es vielfach in der Praxis der Fall ist, so wird die Ration teurer, weil mehr Kraftfutter eingesetzt wird als erforderlich.

In der Tabelle C.2.15 ist aufgeführt, wie viel Trockenmasse Milchkühe von unterschiedlichen Grobfuttern oder Grobfutterkombinationen aufnehmen können. Dabei wird deutlich, dass die Aufnahme stark von der Qualität und damit dem Energiegehalt der Grobfutter abhängt. Die Aufnahme kann je nach Grobfutterart und -qualität zwischen 7 und 16 kg Trockenmasse je Kuh und Tag variieren. Dabei gibt die Art des Grobfutters allein noch keine Gewähr für eine hohe Aufnahme. Hat man beispielswei-

Tabelle C.2.16

Empfohlene Höchstmengen an Saftfuttern in Rationen für Milchkühe

Futtermittel		kg TM je Kuh und Tag	kg Futter je Kuh und Tag
Rübenblattsilage	- verschmutzt	4	25
	- sauber	6	40
Gehaltsrüben		5	30
Zuckerrüben		2,5	12
Möhren		4	35
Pressschnitzelsilage		6	30
Raps, frisch oder siliert		4	30 – 35
Stoppelrüben, frisch oder siliert		4	30 – 35
Rübsen, Ölrettich etc.		3	25
Markstammkohl		2,5	20
Schlempe		3	50
Biertrebersilage		3	12
Kartoffeln		3,5	15
Kartoffelpülpe		3	20
Möhrentrester		3	20
Apfeltrester		3	20
Maiskleberfuttersilage		4	10

se eine spät geschnittene Grassilage, welche zudem noch als Nasssilage schlecht konserviert (Buttersäuregärung) wurde, so kann die Aufnahme auf 6 kg TM sinken. Dagegen werden von einem sehr jung geschnittenen Heu bis zu 14 kg Trockenmasse verzehrt.

In einer Tabelle können nicht alle Grobfutter und nicht alle Kombinationen aufgeführt werden. Es sind jedoch die wichtigsten Rationstypen für den Grünlandbetrieb, Gemischtbetrieb und den Ackerbaubetrieb in der Tabelle C.2.15 enthalten. Zur Futterplanung und zur Erfassung der Futtergrundlage gehört auch die Kenntnis, welche Grob- bzw. Saftfutter nur in begrenztem Umfang in einer Ration eingesetzt werden dürfen.

In der Tabelle C.2.16 sind Empfehlungen für die Höchstmengen solcher Futtermittel aufgeführt. Dabei sollte berücksichtigt werden, dass diese Obergrenzen selbstverständlich nicht unverrückbar fest sind, sondern je nach Versorgung mit strukturiertem Grobfutter und nach Qualität beziehungsweise Verschmutzungsgrad der einge-

Abbildung C.2.5

Ackerfutterbau für die Frischverfütterung (Rotklee)

setzten Futtermittel nach oben oder unten variieren können. Die Notwendigkeit der Begrenzung hat verschiedene Ursachen:

Zu hoher **Wassergehalt** – Futtermittel mit sehr hohen Wassergehalten (mehr als 75 %) verringern die Gesamt-Futteraufnahme und sollten daher nur im begrenzten Umfang eingesetzt werden.

Hoher **Verschmutzungsgrad** – Der Pansen der Kühe ist ein äußerst empfindlicher Organismus und darf nicht mit zu großen Mengen Schmutz belastet werden.

Mangel an **Futterstruktur** – Die gesamte Ration sollte einen Strukturwert (SW) von mindestens 1,1 aufweisen. Darüber hinaus sollten der Kraftfutteranteil 60 % der aufgenommenen Trockenmasse nicht überschreiten und mindestens 6 kg Grobfutter-TM je Kuh und Tag aufgenommen werden.

Gefahr von **Stoffwechselstörungen** – Einige Futtermittel wie zum Beispiel frischer Raps oder Klee führen unter Umständen zum Aufblähen oder beim Raps zu einer erhöhten Belastung mit Nitrat. Andere Grobfutter wie Stoppelrüben, Rübsen, Markstammkohl oder Ölrettich können eine Geschmacksbeeinträchtigung der Milch verursachen. Außerdem kann die in den Futtermitteln enthaltene Zuckermenge die Aufnahme beschränken. Dies gilt z.B. für Futter- und Zuckerrüben.

Auf der Grundlage dieser Daten – der maximal möglichen Verzehrsmengen beziehungsweise der empfohlenen Höchstmengen an Grob- und Zukaufsfuttern – kann eine sinnvolle Futterplanung erfolgen. Für die konkrete Rationsplanung ist die Aufnahme an Grobfutter abzuschätzen.

Grobfutteraufnahme und Milchleistung aus Grobfutter

Zu den Faktoren, welche die Grobfutteraufnahme beeinflussen, gehören u. a.
- von Seiten der Kuh:
  - Laktationsnummer,
  - Lebendmasse,
  - Laktationsstadium und
  - Milchleistung;

- von Seiten der Fütterung:
  - Energiekonzentration,
  - Hygienestatus,
  - Gärqualität,
  - Trockenmassegehalt des Futters und die Art der Futtervorlage (z. B. Vorratsfütterung).

Um eine größtmögliche Grobfutteraufnahme zu erreichen, muss das Futter den Tieren ständig frisch vorgelegt werden und frei zugänglich sein. Außerdem müssen die Futterreste wenigstens einmal am Tag aus dem Trog geräumt werden, anzustreben ist ein Futterrest von ca. 5 %.

Als Grobfutter gelten in dieser Betrachtung alle wirtschaftseigenen Futtermittel mit weniger als 7,0 MJ NEL je kg Trockenmasse. Rüben, Kartoffeln, Pressschnitzelsilage, Biertreber u. a. energiereiche Saftfutter werden auf Grund der hohen Energiedichte hier als Ausgleichs- oder Kraftfutter eingesetzt (s. auch Einteilung im Tabellenanhang).

Kraftfutterzuteilung und zu erwartende Grobfutterverdrängung Unter Grobfutterverdrängung wird die Tatsache verstanden, dass mit steigenden Kraftfuttergaben weniger Grobfutter gefressen wird. Das beruht nicht nur auf einer räumlichen Verdrängung von Grobfutter, sondern entsteht auch dadurch, dass bei den grobfutterabbauenden Mikroorganismen im Pansen durch höhere Kraftfuttergaben die „Arbeitsbedingungen" verschlechtert werden. Dadurch wird der Abbau von Grobfutter verlangsamt und die weitere Aufnahme eingeschränkt. Die Verdrängung nimmt mit steigenden Kraftfuttergaben zu, weshalb bis zu 3 oder 4 kg Kraftfutter pro Tag praktisch noch kein Rückgang der Grobfutteraufnahme zu beobachten ist.

Vereinfachte Berechnung der Grobfutteraufnahme. Die wesentlichen Einflussfaktoren auf die Grobfutteraufnahme lassen sich in einer modifizierten Formel der DLG zusammenfassen und damit auch nachvollziehen. Den größten Einfluss auf die Grobfutteraufnahme hat die Energiedichte im Grobfutter und die Höhe der Kraftfut-

Abbildung C.2.6

Grobfutterverzehr (GF) in Abhängigkeit von der GF-Qualität und der Kraftfuttergabe

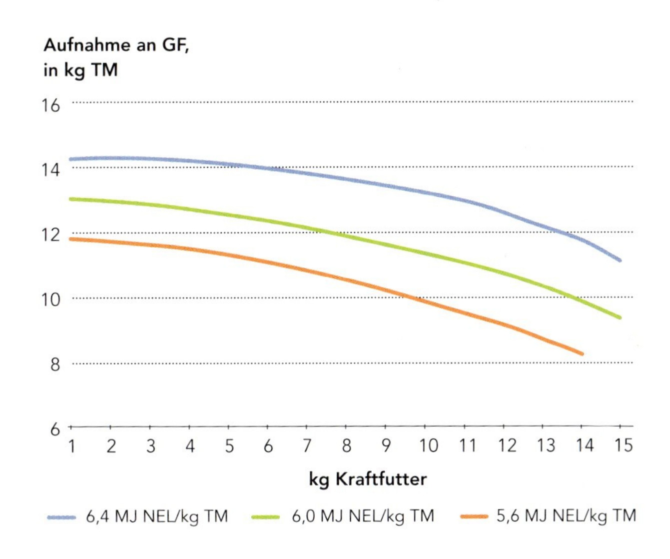

teraufnahme. Ferner steigt das Futteraufnahmevermögen mit der Leistungsveranlagung der Tiere. Aus diesem Grund steigt die kalkulierte Futteraufnahme mit der ECM-Leistung. Der Einfluss des Energiegehaltes im Grobfutter und der Höhe der Kraftfuttergabe ist in Abbildung C.2.6 dargestellt.

Grobfutteraufnahme (kg TM je Kuh und Tag)
= (0,006 x LM) + (0,19 E^{2,16}) - (0,026 x Kf^{2}) + ((ECM - 25) x 0,1))

LM	= Lebendmasse (kg)
E	= Energiekonzentration des Grobfutters (MJ /kg TM)
Kf	= Aufnahme an Kraftfutter (kg TM je Kuh und Tag).
ECM	= energiekorrigierte Milch (kg/Tag) (nur bei Leistungen größer 25 kg Milch je Kuh und Tag)

Anstieg der Grobfutteraufnahme um 0,1 kg TM je kg ECM, wenn ECM-Leistung größer 25 kg je Kuh und Tag

Mit Hilfe der Schätzformel errechnen sich die in Abbildung C.2.6 und den Tabellen C.2.17 und C.2.18 angegebenen Grobfutteraufnahmen, die etwa ab der 8. Laktationswoche erreicht werden. Dabei ist eine durchschnittliche Lebendmasse der Herde von 650 kg je Kuh unterstellt. Auf die rechnerische Berücksichtigung der reduzierten Futteraufnahme zu Beginn der Laktation wurde in dieser Formel verzichtet. Da gera-

Tabelle C.2.17

Grobfutteraufnahme (GF) und mögliche Milchleistung in Abhängigkeit von der Grobfutterqualität bei Einsatz von Kraftfutter (KF) der Energiestufe 3 (6,7 MJ NEL/kg); Kuh mit 650 kg Lebendmasse

	NEL im Grobfutter, MJ/kg TM								
	5,6			6,0			6,4		
ECM kg	GF-Aufn. kg TM	ECM aus GF kg	KF-Bedarf kg	GF-Aufn. kg TM	ECM aus GF kg	KF-Bedarf kg	GF-Aufn. kg TM	ECM aus GF kg	KF-Bedarf kg
8	11,5	8,0							
10	11,7	8,5	0,8						
12	11,7	8,5	1,8	12,8	12,0				
14	11,6	8,3	2,8	12,9	12,1	0,9			
16	11,4	8,0	3,9	12,9	12,1	1,9	14,1	16,0	
18	11,2	7,6	5,1	12,8	11,9	3,0	14,2	16,2	0,9
20	10,9	7,1	6,3	12,7	11,7	4,1	14,2	16,2	1,9
22	10,6	6,6	7,6	12,4	11,2	5,3	14,2	16,2	2,8
24	10,1	5,7	8,9	12,1	10,6	6,5	14,0	15,8	4,0
26	9,7	5,1	10,3	11,9	10,3	7,7	13,9	15,6	5,0
28	9,3	4,4	11,6	11,7	9,9	8,9	13,9	15,6	6,1
30	8,8	3,5	13,0	11,4	9,3	10,1	13,8	15,4	7,1
32	8,2	2,5	14,3	11,0	8,6	11,4	13,7	15,2	8,3
34	7,5	1,3	15,8	10,5	7,7	12,9	13,4	14,6	9,5
36				9,8	6,4	14,5	13,1	14,0	10,8
38				9,2	5,3	15,8	12,6	13,1	12,2
40							12,0	11,9	13,8
42							11,1	10,2	15,6

de in dieser Phase sehr unterschiedliche Einflussfaktoren wirksam sind, wird dafür ein entsprechendes pauschales Anfütterungsprogramm empfohlen. Bei Färsen ist die Futteraufnahme in der ersten Laktationshälfte um 1,5 bis 2 kg Trockenmasse je Tag geringer anzusetzen als bei Kühen (s. auch Abb. C.2.3). In der Zuteilung des Kraftfutters ist daher zwischen Färsen und Kühen zu unterscheiden.

Die Energiedichte des Kraftfutters hat nur einen geringen Einfluss auf die Höhe der Grobfutteraufnahme, da die chemische Steuerung der Futteraufnahme diesbezüglich wichtiger ist als die physikalische Begrenzung. Im Vergleich der Tabellen C.2.17 und

Tabelle C.2.18

Grobfutteraufnahme (GF) und mögliche Milchleistung in Abhängigkeit von der Grobfutterqualität bei Einsatz von Kraftfutter (KF) mit 7,2 MJ NEL/kg; Kuh mit 650 kg LM

	NEL im Grobfutter, MJ/kg TM								
	5,6			6,0			6,4		
ECM kg	GF-Aufn. kg TM	ECM aus GF kg	KF-Bedarf kg	GF-Aufn. kg TM	ECM aus GF kg	KF-Bedarf kg	GF-Aufn. kg TM	ECM aus GF kg	KF-Bedarf kg
8	11,5	8,0							
10	11,7	8,5	0,7						
12	11,7	8,5	1,6	12,8	12,0				
14	11,6	8,3	2,6	12,9	12,1	0,9			
16	11,5	8,1	3,6	12,9	12,1	1,8	14,1	16,0	
18	11,3	7,8	4,7	12,9	12,1	2,7	14,2	16,2	0,8
20	11,1	7,4	5,8	12,7	11,7	3,8	14,2	16,2	1,7
22	10,8	6,9	6,9	12,5	11,4	4,8	14,2	16,2	2,7
24	10,4	6,3	8,1	12,3	11,0	6,0	14,1	16,0	3,7
26	10,1	5,7	9,2	12,1	10,6	7,0	14,0	15,8	4,6
28	9,9	5,4	10,3	12,0	10,4	8,0	14,0	15,8	5,5
30	9,5	4,7	11,5	11,8	10,1	9,1	14,0	15,8	6,5
32	9,1	4,0	12,7	11,6	9,7	10,2	13,9	15,6	7,4
34	8,6	3,2	14,0	11,3	9,2	11,3	13,8	15,4	8,5
36	8,0	2,2	15,4	10,9	8,4	12,6	13,6	15,0	9,6
38				10,3	7,3	14,0	13,3	14,4	10,7
40				9,7	6,2	15,4	12,9	13,7	12,0
42							12,4	12,7	13,3
44							11,8	11,5	14,8
46							10,9	9,8	16,5

C.2.18 ist der Einfluss der Energiedichte des Kraftfutters ersichtlich. Die hier dargestellten Zusammenhänge gelten grundsätzlich auch für Mischrationen.

Bei entsprechendem Energiegehalt sind die in Tabelle C.2.19 angeführten Futteraufnahmen bei Anwendung der Total-Misch-Ration (TMR) anzusetzen, woraus sich die Anforderungen an die NEL-Konzentration der Ration ergeben.

Tabelle C.2.19

Futteraufnahme und erforderliche Energiedichte bei TMR-Fütterung

Leistung (kg Milch/Tag)	TM-Aufnahme* (kg/Tag)	Energie MJ NEL/kg TM
10	12 – 13	5,7
15	14 – 15	6,1
20	16 – 17	6,4
25	17,5 – 18,5	6,6
30	19 – 20	6,8
35	21 – 22	7,0
40	23 – 24	7,1
45	24,5 – 25,5	7,2
50	26 – 27	7,3

** ab 60. Laktationstag*

Einflussfaktoren auf die Futteraufnahme

Die Aufnahme von Futter durch die Milchkuh wird vor allem durch die räumliche Größe der Vormägen und die Abbaugeschwindigkeit des Futters in den Vormägen bestimmt. Es sind folglich in erster Linie Faktoren, die mit der Verdaulichkeit des Futters und der physikalischen Begrenzung des Pansenvolumens in enger Beziehung stehen. **Dazu gehören:**

- Die **Energiekonzentration** des Futters, speziell des Grobfutters, ausgedrückt in MJ NEL je kg Trockenmasse. Die Energiekonzentration hängt wesentlich von der Verdaulichkeit ab, die durch den Abbau und die Passage des Futters im Verdauungstrakt bestimmt wird. Über Verdaulichkeit und Passagegeschwindigkeit besteht ein direkter Zusammenhang der NEL im Grobfutter zur Futteraufnahme.
- Der **Trockenmassegehalt** des Grobfutters. Bis zu einem Trockenmassegehalt von 35 % steigt bei Grassilage in der Regel die Aufnahme. Eine der Hauptursachen dürfte in der verbesserten Gärqualität der Silagen liegen. Durch das Anwelken verbessert sich die Vergärbarkeit erheblich. Ferner nimmt die Verschmutzung vielfach ab. Die rein räumliche Ausdehnung des Futters durch unterschiedliche Wassergehalte dürfte von untergeordneter

Bedeutung sein, da stets erhebliche Mengen an Flüssigkeit in den Vormagen eingebracht werden. In der gesamten Ration sollte ein Trockenmassegehalt von 40 bis 60 % angestrebt werden. Zu feuchte Rationen neigen im Mischwagen eher zur Vermusung. Sehr trockene Rationen entmischen leichter.

- Die Höhe der **Futtervorlage** und die **Fütterungsfrequenz.** Der Wechsel von Grobfutter, Saftfutter und Kraftfutter führt zu einer besseren Ausnutzung des Pansenvolumens und der Abbaukapazität der Mikroben. Gleichzeitig wird dadurch ein konstanteres pH-Wert-Niveau im Pansen erreicht. Dies erklärt auch die Vorteile der Mischration und der Abruffütterung.
- Das **Lebendgewicht** (Lebendmasse) der Kühe. Es hängt eng mit dem Volumen der Vormägen zusammen. Daher fressen große (schwere) Kühe in der Regel mehr als kleine. Färsen (Kalbinnen) fressen grundsätzlich weniger Futter als ausgewachsene Kühe, weil ihre Vormägen noch nicht voll ausgebildet sind. Allerdings fressen Kühe mit starker Verfettung schlecht. Wenn diese Tiere in die Laktation kommen, wird Körperfett abgebaut. Der höhere Fettgehalt im Blut führt dann zu einer Verminderung der Futteraufnahme. Es setzt hier ein anderer, sonst allgemein nicht wirksamer Steuerungsmechanismus ein (lipolytische Steuerung).
- Das **Milchleistungsvermögen** beeinflusst ebenfalls die Futteraufnahme. Mit der Milchleistung steigt die Futteraufnahme. Allerdings erhöhen sich auch die Anforderungen an die Ration, da das Pansenvolumen nicht in gleichem Maß steigt. Bei sehr hoher Energiekonzentration nimmt jedoch der Einfluss der chemischen Steuerung der Sättigung zu. Die flüchtigen Fettsäuren im Blut beeinflussen die Höhe der Futteraufnahme. Dies erklärt, dass eine Anhebung der Energiedichte im Kraftfutter nicht automatisch die Futter- und Energieaufnahme verbessert.
- Die **Laktationswoche.** Sie beeinflusst die Futteraufnahme, weil zu Beginn der Laktation das Pansenvolumen noch verkleinert ist (geringere Futteraufnahme vor der Kalbung) und Fettgewebe abgebaut wird. Auch hat die Abbaugeschwindigkeit des Futters noch nicht die volle Intensität erreicht. Die korrekte Futterumstellung vor dem Kalben wirkt hier positiv, ebenfalls die langsame Steigerung der Kraftfutterration.
- Die **Trächtigkeit.** Trächtige Tiere fressen zunächst eher mehr als nichtträchtige Tiere gleicher Leistung und gleicher Lebendmasse, da die Kuh über den verstärkten Ansatz von Körpermasse einen Energievorrat für die Zeit nach der Kalbung anlegen möchte. Zum Ende der Trächtigkeit geht die Futteraufnahme stark zurück, wobei die Einschränkung des Pansenvolumens in erster Linie ursächlich sein dürfte.

2.3.2 Relevante Kenngrößen

Für die Rationsplanung sind neben der Futteraufnahme die relevanten Kenngrößen zur Abdeckung des Strukturwerts sowie der Energie-, Nähr- und Wirkstoffversorgung, die Futterkosten und die Möglichkeiten der Futtervorlage zu berücksichtigen. Die Abschätzung der möglichen Futteraufnahme kann nach den bereits aufgeführten Maßgaben erfolgen. Bezüglich der heranzuziehenden Kenngrößen bestehen Unterschiede zwischen den verschiedenen Systemen. Entscheidend ist, dass die für die Bedarfsdeckung genutzten Kriterien auch für die Futtermittel bekannt sind. Das verwendete System muss in sich schlüssig sein, da Futterbewertung und Bedarf aufeinander abgestimmt sind.

Für die einzelnen Teilbereiche bestehen unterschiedliche Möglichkeiten, da in Deutschland sowohl die Empfehlungen der DLG als auch ausländische Systeme in Anwendung sind. Leider ist kurz- und auch mittelfristig innerhalb der EU keine Anpassung in der Futterbewertung beim Rind zu erwarten. Dies macht um so mehr Probleme, da der Futtermittelhandel und damit auch die Fütterungsberatung mittlerweile international sind. Deutsche Firmen agieren im benachbarten Ausland, und umgekehrt sind die ausländischen Firmen in Deutschland aktiv.

Unstrittig ist, dass zur guten fachlichen Praxis eine Rationsplanung auf Basis aktueller und praxisnaher Bewertungssysteme erforderlich ist. Wichtig ist ferner, dass Erfahrungen mit dem System bestehen, so dass die Ergebnisse der Rationsplanung auch eingeordnet und umgesetzt werden können. Zur Zeit stellt sich die Situation zu den einzelnen Teilbereichen wie folgt dar:

1. Strukturbewertung. In Deutschland sind der Strukturwert (SW) und die strukturierte Rohfaser gebräuchlich. Der SW findet auch in Belgien, Holland und Teilen Frankreichs Anwendung. Das System ist an heimischen Futtermitteln abgeleitet und in Versuchen mit Milchkühen bestimmt worden. Die strukturierte Rohfaser ist als Nebenprodukt von Untersuchungen zur Futteraufnahme in Rostock entstanden. Durch Modifikationen wurde es praxistauglich gemacht. Unseres Erachtens kommt dem SW der Vorzug zu, da das System erheblich aktueller ist und die Gesamtheit der Struktureffekte erfasst. Nicht berücksichtigt werden von beiden Systemen die Einflüsse auf die Kotkonsistenz.

Zur Sicherstellung der Strukturversorgung sollte der SW in der Ration mindestens **1,1** je kg Trockenmasse betragen. Weiterhin sollte der Anteil an Kraftfutter in der Gesamtration 60 % der Trockenmasse nicht überschreiten. Da die Strukturversorgung auch von der Pansenfüllung beeinflusst wird, sollten bei Kühen darüber hinaus mindestens 6 kg TM aus Grobfutter je Tag verfüttert werden.

Eine Alternative zu den deutschen Systemen ist die Verwendung von NDF und ADF. Bei der NDF wird dabei noch zwischen NDF aus Grob-, Saft- und Kraftfutter unterschieden. In Kapitel 2.3.6 ist die Anwendung des Systems beschrieben.

2. Energieversorgung. Üblich ist die Verwendung der NEL für Milchkühe und der ME für die Jungrinder. Von niederländischen Firmen wird oft das System VEM (voedereenheden voor melkproduktie) verwendet. Bei diesem System handelt es sich um ein System wie das der NEL. Beide System beruhen aus Daten aus Rostock. Zur vereinfachten Umrechnung kann der Faktor **1 MJ NEL ≅ 140 VEM** Verwendung finden. In den USA sind verschiedene Systeme in Anwendung. Die dort verwendete NEL ist anders abgeleitet als die deutsche oder niederländische. Eine einfache Umrechnung ist daher nicht möglich.

Zu diskutieren ist die Anwendbarkeit des NEL-Systems für Hochleistungstiere, da die Futterwerte in Verdaulichkeitsbestimmungen an Hammeln bei niedrigem Fütterungsniveau (1 bis 1,5-fache des Erhaltungsbedarfs) ermittelt werden. Bei hohem Fütterungsniveau wie bei hochleistenden Milchkühen vom 3 bis 5-fachen der Erhaltung (25 bis 50 kg Milch je Tag) erhöht sich die Durchgangsgeschwindigkeit des Futters durch das Tier. Dies hat eine Abnahme der Verdaulichkeit zur Folge. Es ist bekannt, dass dieser Rückgang bei Gräsern stärker ist als bei Leguminosen wie Klee und Luzerne sowie den meisten Saft- und Kraftfuttermitteln. Es gibt daher weltweit Bestrebungen, die Energiebewertung weiter zu entwickeln, um auch diese Effekte zu erfassen. Bisher ist aber kein System praxisreif. Für die Rationsplanung in der Praxis sind die eventuellen Effekte eher von untergeordneter Bedeutung, da die Grobfutter ja im Betrieb vorliegen und nicht beliebig austauschbar sind. Für die Pflanzenzucht und die generelle Anbauplanung sollte das bekannte Wissen jedoch schon jetzt genutzt werden.

3. Kohlenhydratversorgung. Wichtig erscheint die gezielte Ergänzung der Grobfutter mit Saft- und Kraftfutter. Um dies zu erreichen, sind die Kohlenhydrate mit in die Betrachtung einzubeziehen. Diese bestimmen auch den Ort der Umsetzungen im Tier (Pansen/Darm) und die Endprodukte der Verdauung, die wiederum ganz entscheidend sind für die Milchbildung. Unter deutschen Verhältnissen empfiehlt sich die Einbeziehung von **Zucker, Stärke und beständige Stärke**. Die gebräuchlichen Orientierungswerte berücksichtigen auch die Problematik der Pansenübersäuerung (Vermeidung der klinischen und subklinischen Acidose), der Optimierung von mikrobieller Proteinsynthese und Futteraufnahme.

Eine Alternative zu Zucker und Stärke ist die Berücksichtigung der Nichtfaser-Kohlenhydrate (**NFC**). Dies System erlaubt allerdings nicht die konkrete Beurteilung der

Versorgung von Stärke am Darm als mögliche Vorstufe der Milchzuckerbildung insbesondere in grasbetonten Rationen. Hierzu bedarf es der beständigen Stärke.

4. Proteinversorgung. Für die Kuh maßgebend ist die Versorgung mit nutzbarem Protein am Darm. Hierzu empfiehlt sich das System **nXP** (nutzbares Rohprotein am Darm). Da das System eine ausreichende Stickstoff-Versorgung der Mikroben im Vormagen voraussetzt, ist ergänzend die Ruminale-Stickstoff(N)-Bilanz (**RNB**) zu beachten. Weltweit gibt es viele dem nXP/RNB vergleichbare Systeme; so das System DVE/OEB der Niederlande. Die Systeme unterscheiden sich in der Ableitung und der Methodik der Ermittlung der Futterwerte. Welches System besser oder schlechter ist, kann ohne Kenntnis der Futtergrundlage und der Zielsetzung der Rationsplanung nicht gesagt werden. In Versuchen z.B. in Haus Riswick und Erfahrungen in der Praxis hat sich das nXP-System unter unseren Bedingungen bewährt. Eine Weiterentwicklung ist jedoch wie bei allen anderen Systemen geboten.

Die entscheidende Größe für die Fütterungspraxis ist die Optimierung der mikrobiellen Eiweißsynthese. Je MJ NEL muss eine möglichst hoher Wert resultieren. Die Einbeziehung der Kohlenhydrate in die Rationsplanung, die Optimierung des Laktationsstarts und die passende Fütterungstechnik sind hier wesentliche Ansatzpunkte. Weniger erfolgsversprechend erscheint die Einbeziehung einzelner Aminosäuren. In der Regel können mehrere Aminosäuren limitierend sein, so dass die Berücksichtigung von Lysin und Methionin allein wenig bringt. Außerdem ist das Mikrobenprotein für die Milchbildung günstig zusammengesetzt, was die Optimierung der mikrobiellen Synthese wieder in den Vordergrund schiebt. Noch gering ist die Kenntnis zur Beständigkeit der einzelnen Aminosäuren im Vormagen. Das gleiche gilt für die Verdaulichkeit der im Pansen nicht abgebauten Aminosäuren.

Wer mit anderen Systemen zur Proteinbewertung arbeitet, sollte darauf achten, dass auch alle Futtermittel, die in die Ration einfließen, nach dem gewählten System sachgerecht bewertet sind. Eine einfache Umrechnung zwischen den Systemen wie bei der NEL ist bei den Proteinwerten trotz vergleichbarer theoretischer Ansätze nicht möglich.

5. Mineralstoffversorgung. Bei den Mengenelementen sollten **Calcium, Phosphor, Natrium** und **Magnesium** stets mit bilanziert werden, da hier Mangelsituationen auftreten können. Beim Kalium und dem Schwefel liegt die Versorgung stets über dem Bedarf, so dass die Bilanzierung nicht notwendig ist. Beim Kalium macht es Sinn, die Relation zum Natrium ergänzend zu berücksichtigen, da Überschüsse an Kalium die Absorption von Natrium zumindest kurzfristig mindern können und der Zufluss von Kalium mit dem Speichel über die Relation beeinflusst werden kann. Keine Bedeutung hat die Relation von Calcium zum Phosphor. Der Bedarf ist zu decken.

Beim Calcium sind erhöhte Werte zur Minderung des Risikos der Gebärparese bei Trockenstehern zu vermeiden. Das gleiche gilt auch für das Kalium.

Die Spurenelemente sind in der Regel nicht einzeln zu bilanzieren. Zum einen liegen die Daten für die Futtermittel vielfach nicht vor, und zum anderen erfolgt die Abdeckung der Defizite pauschal für alle Spurenelemente über geeignete Mineral- oder Ausgleichsfutter. Ein Mangel im Grobfutter und somit eine Ergänzung ist für Selen, Kobalt, Kupfer und Zink praktisch immer erforderlich. Ähnlich ist die Situation, wenn auch in abgeschwächter Form, beim Mangan. Auf die derzeit diskutierte Problematik der Belastung der Böden mit Kupfer und Zink sei hier nur kurz verwiesen. Ein unnötiges Vorhalten ist daher im Eigeninteresse zu vermeiden.

6. Vitamine. Bei den Vitaminen ist zwischen den fettlöslichen Vitaminen A, D und E sowie ß-Carotin und den wasserlöslichen B-Vitaminen zu unterscheiden. Die Versorgung der erst genannten ist wie bei den bereits angesprochenen Spurenelementen über entsprechende Ergänzer sicherzustellen. Eine Bilanzierung unterbleibt in der Regel. Zu beachten sind die unterschiedlichen Gehalte an Vitamin A und ß-Carotin in den Silagen in Abhängigkeit von der Lagerdauer. Bei den B-Vitaminen reicht in der Regel die Eigensynthese über die Pansenmikroben aus. Eventuell kommt eine Ergänzung von Niacin oder Biotin in Betracht.

7. Zusatzstoffe. Neben den bereits angesprochen Wirkstoffen gibt es bei Bedarf weitere Stoffe, die in der Rationsplanung zu berücksichtigen sind. Dies sind z. B. Propylenglykol oder der Einsatz von geschütztem Methionin.

Hinzu kommen der Aspekt der Dynamik des Nährstoffabbaus und dessen Synchronität und damit auch die Art und Technik der Futtervorlage.

Wichtige Kenngrößen beachten!

Für die Praxis der Rationsplanung sind eine Reihe von Kenngrößen unverzichtbar. In der Tabelle C.2.20 sind daher die wichtigsten Kenngrößen für die Rationsplanung aufgeführt. Angegeben sind der Maßstab und die Zielgröße. Bei der Energie ist der Bedarf abzudecken. Dieser ist für die Erhaltung abhängig von der Lebendmasse und der Bewegungsaktivität der Tiere. Für die Milchbildung variiert der NEL-Bedarf je kg Milch in Abhängigkeit vom Fett- und Eiweißgehalt der Milch. Je kg Zuwachs ist ein Bedarf von 25 MJ NEL in Ansatz zubringen und je kg Körpersubstanzabbau stehen der Kuh 20 MJ NEL zur Verfügung. Der Bedarf für das sich entwickelnde Kalb wird über Zuschläge zum Energiebedarf zum Ende der Trächtigkeit pauschal berücksichtigt.

Tabelle C.2.20

Empfohlene Kenngrößen für die Rationsplanung bei der Milchkuh

Kenngröße	Maßstab	Zielgröße
Energie	NEL MJ/Tag bzw. MJ/kg TM	Bedarf für: – Erhaltung (Lebendmasse der Kuh) – Milchenergie (Fett- und Eiweiß-%) – Zuwachs (Zu- bzw. Abnahme) – Kalb
Kohlenhydrate Zucker, Stärke, beständige Stärke	g/kg TM	Orientierungswerte in Abhängigkeit von: – Leistungsniveau – Laktationsstand
Protein	nXP g/Tag bzw. g/kg TM	Bedarf für: – Erhaltung (Lebendmasse der Kuh) – Milcheiweiß – Trächtigkeit (Kalb)
	RNB g/Tag bzw. g/kg TM	– N-Bedarf der Mikroben → RNB >0 – Vermeidung der Leberbelastung und Umweltschonung → RNB < 4 g/kg TM
Strukturwert	SW /kg TM	Mindestversorgung: SW > 1,1/kg TM Sättigung
Mengenelemente Ca, P, Na, Mg	g/Tag bzw. g/kg TM	Bedarf in Abhängigkeit von: – Futteraufnahme – Milchmenge
Spurenelemente Zn, Mn, Cu, Se, Co	mg/kg TM	– Bedarfsdeckung – Überschüsse vermeiden
Vitamine A, D, E, ß-Carotin	I.E. oder mg je Tag bzw. je kg TM	– Bedarfsdeckung – Gesundheitsvorsorge

Tabelle C.2.21

Orientierungswerte für die Versorgung von Milchkühen mit Kohlenhydraten nach Leistungsniveau und Laktationsstand; Spanne in der Gesamtration

Phase	Vorbereitungs-fütterung	Frischmelk		Altmelk	
Leistungs-niveau der Herde, ... kg		10.000	8.000	10.000	8.000
Milch, kg/Tag		42	37	25	22
unbeständige Stärke und Zucker, g/kg TM (pansenverfügbare Kohlenhydrate, pKH)					
Minimum	100	150	125	75	75
Maximum	200	250	250	225	200
beständige Stärke, g/kg TM					
Minimum	15*	30	20	–	–
Maximum	–	60	60	30	30

** je nach Leistungshöhe und Rationstyp*

Bei den Kohlenhydraten besteht im eigentlichen Sinn kein Bedarf. Es gilt daher lediglich sich innerhalb der Orientierungswerte zu bewegen. Aufgeführt sind diese in der Tabelle C.2.21 für Herden mit 8.000 und 10.000 kg Leistung. Die Orientierungsgrößen beziehen sich auf Zucker, unbeständige Stärke und Zucker und die beständige Stärke. Die Menge an leicht löslichen Kohlenhydraten, insbesondere pansenverfügbarer Stärke und Zucker ist nach oben insgesamt zu begrenzen, um Pansenübersäuerungen und Probleme mit der Futteraufnahme zu vermeiden. Beim Zucker sind Gehalte bis 75 g/kg TM der Gesamtration als unproblematisch zu erachten. Dies sind zum Beispiel 1650 g Zucker je Tag bei einer Aufnahme an Trockenmasse von 22 kg/Tag. Bei höheren Gehalten ist die einzelne Ration genauer zu prüfen und der Rationskontrolle große Bedeutung beizumessen, um Probleme in der Futteraufnahme und in der Kotkonsistenz zu vermeiden.

In Bezug auf die Pansenübersäuerung ist die Summe aus Zucker und im Pansen verfügbarer Stärke zu betrachten. Die beständige Stärke ist daher von der gesamten Stärke in Abzug zu bringen, da hieraus ja keine Übersäuerung im Pansen resultieren kann.

Für melkende Tiere ist bei gezielter Anfütterung und geeigneter Fütterungstechnik (Häufigkeit der Futtervorlage) ein Gehalt an unbeständiger Stärke und Zucker bis zu 250 g/kg TM der Gesamtration vertretbar. Selbstverständlich können diese hohen Anteile an Stärke und Zucker nur dann mit Erfolg eingesetzt werden, wenn auch eine intensive Rationskontrolle erfolgt. Bei der beständigen Stärke ist die Verarbeitungskapazität der Kühe zu beachten. Die Kenntnislage ist hierzu bisher noch gering. Um Probleme zu vermeiden, soll der Gehalt an beständiger Stärke 60 g/kg TM der Gesamtration nicht überschreiten. Bei einer Futteraufnahme von 25 kg TM je Tag ergeben sich so Mengen bis 1500 g beständige Stärke je Kuh und Tag.

Bei den pansenverfügbaren Kohlenhydraten (unbeständige Stärke und Zucker) und der beständigen Stärke variieren die Orientierungswerte nach dem Laktationsstand und der Leistungshöhe. Die Angaben geben den groben Rahmen vor. Je nach Rationstyp, Zielsetzung und Bedingungen im Einzelbetrieb hat die Feineinstellung zu erfolgen. Für den Leistungsbereich bis 7.000 kg ist die genaue Ausgestaltung der Kohlenhydratversorgung von untergeordneter Bedeutung.

Für Betriebe mit einer Leistungshöhe von 9.000 kg Milch je Kuh und Jahr und mehr empfehlen sich in der ersten Laktationshälfte Gehalte an unbeständiger Stärke und Zucker von etwa **200 g/kg** Trockenmasse. In der Vorbereitungs- und Anfütterung müssen die höheren Anteile an Kohlenhydraten berücksichtigt werden. Die Werte sollten in der Vorbereitungsfütterung mindestens halb so hoch wie nach der Kalbung sein. Bei den altmelkenden Kühen sollte generell der Anteil an beständiger Stärke und somit an Mais- und Kartoffelprodukten geringer gehalten werden, um die bereits angeführte Verfettung zu vermeiden. Als Orientierungswert dient ein Wert von maximal 30 g beständiger Stärke je kg Trockenmasse. In der Praxis ist dieser Wert bei maisbetonten Rationen kaum einzuhalten. Über das passende Belegmanagement und ein eventuell früheres Trockenstellen sind dann besonders zur Verfettung führende, überlange Laktationen zu vermeiden.

Beim Protein ist die Versorgung mit nXP am Darm maßgebend. Der Bedarf für Erhaltung wird nach der Lebendmasse der Kuh gestaffelt. Je g Milcheiweiß sind 2,5 g nXP erforderlich. Für den Ansatz und den Abbau von Körperprotein gibt die Wissenschaft keine konkreten Vorgaben. Bei Orientierung an den Daten für die Mastbullen sind für den Ansatz von 1 g Körperprotein auch etwa **2,5 g nXP** in Ansatz zu bringen. Im Mittel enthält der Rinderkörper etwa 160 g Rohprotein je kg. Beim Abbau und beim Zuwachs ist jedoch davon auszugehen, dass es sich vielfach in erster Linie um Körperfett handelt. Je g abgebautes Körperprotein kann hilfsweise **1 g nXP** in Ansatz gebracht werden.

Die N-Versorgung der Pansenmikroben wird über die RNB eingestellt. In der Regel sollte die RNB größer Null sein. Bei niedrigleistenden und altmelken Kühen sind auch negative Werte von bis zu minus 20 g N je Kuh und Tag vertretbar, da über die Leber Harnstoff in den Pansen zurückgeleitet werden kann. Starke Überschüsse an Stickstoff im Vormagen sind zu vermeiden, da diese den Stoffwechsel belasten und auch überhöhte Ausscheidungen an Harnstoff mit dem Harn bedingen.

Bei den Mengenelementen richtet sich der Bedarf nach der Aufnahme an Trockenmasse und der Milchleistung. Es ergeben sich Empfehlungen je Tag bzw. je kg Trockenmasse. Bei den Trockenstehern sind für Calcium und Phosphor mit 4 bzw. 2,5 g/kg TM Mindestgehalte einzuhalten. Generell auf die Trockenmasse bezogen sind die Empfehlungen bei den Spurenelementen. Bei den Vitaminen erfolgt die Angabe in I.E. (Internationale Einheiten) bzw. mg je Tag bzw. je kg TM.

Für die Rationsplanung sind somit die Leistungsdaten und die Lebendmasse der Kühe sowie die Kenndaten zum Futter erforderlich. Die weiteren Angaben zum Bedarf der Tiere sind aus Kapitel G ersichtlich. Für die konkrete Rationsplanung wird in die klassische dreigeteilte Fütterung und die Mischration unterschieden.

2.3.3 Dreigeteilte Fütterung

Ziel der Rationsplanung ist generell die kostengünstige Abdeckung des Bedarfs der Tiere. Je nach Fütterungstechnik und Fütterungssystem steht hierbei das Einzeltier oder die Fütterungsgruppe im Blickfeld. Zukünftig wird auf Grund des Einsatzes des Futtermischwagens die Ausfütterung der Gruppe allgemein in den Vordergrund rücken. Aber auch in diesem System gelten grundsätzlich die Prinzipien der klassischen „Dreigeteilten-Fütterung" aus Grobfutter, Ausgleichsfutter und Leistungsfutter. Es wird daher zunächst die Vorgehensweise in diesem System erläutert und im Anschluss die Umsetzung bei Mischration aufgezeigt.

2.3.3.1 Grobfutterausgleich

Ein einzelnes Grobutter ist niemals so zusammengesetzt, dass es den Bedarf der Tiere an Energie, nutzbarem Rohprotein (nXP), Stickstoff im Vormagen (RNB), Mineralstoffen und Struktur für eine bestimmte Leistung gleichermaßen decken kann. Jedes Grobfutter hat vielmehr bestimmte Eigenschaften, die seine Verwendung in einer Ration interessant machen. Dies kann ein hoher Energiegehalt sein (zum Beispiel bei jungem Weidegras, jung geschnittener Grassilage oder Maissilage), ein hoher Rohproteingehalt (Weidegras, Grassilagen, Zwischenfrüchte), es kann aber auch der Strukturwert sein, wie zum Beispiel bei Heu, gut vergorener Grassilage oder Stroh. Dagegen wird ein Grobfutter niemals wegen seines Gehaltes an irgendeinem Mineralstoff in die Ration eingesetzt. Ein Mineralstoffausgleich kann wesentlich einfacher und preiswerter über ein Mineralfutter geschehen.

Bei der Gestaltung der Grobfutterration gilt es, die wertbestimmenden Eigenschaften verschiedener Grobfutter und auch Saftfutter so zu kombinieren, dass die Ration die Ansprüche an die Futterstruktur erfüllt und gleichzeitig die gewünschte Menge an Energie und nXP bei ausgeglichener RNB enthält. Dies wird aber nicht in allen Fällen möglich sein. So gibt es zum Beispiel Grünlandgebiete, in denen in der Winterfütterung Grassilage das einzige Grobfutter darstellt. Hier muss zwangsläufig eine hohe RNB im Grobfutter in Kauf genommen werden. Andererseits kann eine Kombination von Gras- und Maissilage zu einer in Energie, nXP und RNB ausgewogenen Grobfutterration führen.

Wie das Beispiel zeigt, empfiehlt es sich, nach dem Grobfutter zunächst Ausgleichsfutter zu füttern, mit welchem ein eventueller Mangel des Grobfutters an Energie, nXP, Stickstoff für die Mikroben (RNB) und Mineralstoffen ergänzt wird. Eine solche ausgeglichene Grundration ermöglicht dann in der Regel eine Leistung zwischen 14 und 20 kg Milch über die Erhaltung hinaus. Je nach Leistungsniveau und Ausgeglichenheit der Herde ist die Gefahr der Überfütterung von Kühen mit geringerer Leistung zu beachten. Erst oberhalb der durch die Grundration abgedeckten Leistung sollte als Kraftfutter ein typisches Milchleistungsfutter eingesetzt werden (zum Beispiel 160/3 oder 170/3). Als Ausgleichsfutter dienen entsprechende Einzelfuttermittel oder ein speziell auf die Grobfutterration oder Grob- und Saftfutterration abgestimmtes Ausgleichs-Mischfutter.

Sofern die Grundration eine positive RNB aufweist, eignen sich dafür vor allem Gerste, Weizen, Triticale, Roggen, Hafer, Melasseschnitzel (s. Tabelle C.2.24). Bei einer negativen RNB werden Soja- oder Rapsextraktionsschrot oder auch silierte beziehungsweise frische Biertreber eingesetzt (s. Tabelle C.2.25).

2.3.3.2 *Rationsplanung*

Die Rationsplanung ist ein wichtiger Bestandteil der Milchviehfütterung. Ohne konkrete Rationsberechnung ist eine genaue Fütterung nicht möglich. Nur mit ihrer Hilfe können Fütterungsfehler vermieden, die Leistungsfähigkeit der Grundration festgestellt und das Kraftfutter gezielt zugeteilt werden. Die Rationsplanung ist also die Grundlage für langfristige hohe Leistungen der Kühe bei Aufrechterhaltung von Gesundheit und Fruchtbarkeit. Im Folgenden sind die einzelnen Schritte der Rationsplanung aufgezeigt und was dabei zu beachten ist.

1. Schritt – Bedarf errechnen. Jede einzelne Milchkuh hat einen bestimmten Bedarf an Wasser, Nährstoffen, Energie und strukturiertem Grobfutter. Für die Rationsberechnung genügt es jedoch, nur diejenigen Nährstoffe zu berücksichtigen, die unter unseren Fütterungsbedingungen in den Mangel geraten können. Andere Nährstoffe sind in der Regel in ausreichendem Maße vorhanden, wie zum Beispiel Wasser.

Der **Energiebedarf** steht an erster Stelle, weil hier am ehesten die Gefahr einer Fehlversorgung besteht. Außerdem ist die Energie zumeist der teuerste Faktor in den Futtermitteln. Die dem Bedarf angemessene Versorgung mit Energie ist nicht nur wichtig für die Milchleistung, sondern jede Unter- oder Überversorgung hat auch nachteilige Folgen für die Gesundheit und vor allem für die Fruchtbarkeit.

Bei den Nährstoffen steht das am Darm **nutzbare Rohprotein (nXP)** an erster Stelle. Auch hier kann jede längerfristige Abweichung von der angemessenen Versorgung entweder zu einer Leistungsminderung oder aber zu Nachteilen für die Fruchtbarkeit führen. Als nutzbares Rohprotein bezeichnet man die am Darm anflutende für die Kuh nutzbare Menge an Rohprotein. Das nXP setzt sich zusammen aus dem unabbaubarem Futterprotein (UDP) und dem Mikrobenprotein. Voraussetzung zur Bildung von Mikrobenprotein ist eine ausreichende Stickstoffversorgung der Mikroben im Vormagen. Um dies zu gewährleisten, wird ergänzend die RNB eingestellt. Die RNB in der Gesamtration sollte positiv sein. Über den Leberkreislauf kann zusätzlich Harnstoff als N-Quelle in den Vormagen gelangen, so dass hier eine weitere Quelle zum Ausgleich der RNB besteht.

Eine Berechnung der Versorgung mit Spurenelementen erübrigt sich in den meisten Fällen, da selten Analyseergebnisse vorliegen. Eine grundsätzliche Versorgung über Mineralfutter oder mineralisiertem Ausgleichsfutter empfiehlt sich, hierbei ist die mit der Grundration zu erzeugende Leistung abzudecken. Milchleistungsfutter sind in der Regel ausreichend mit Spurenelementen ausgestattet, wie die aktuellen Untersuchungsergebnisse im Rahmen der Tätigkeit des Vereins Futtermitteltest (VFT) zeigen. Bei Vitaminen tritt nur in den seltensten Fällen Mangel auf. Hier muss insbesondere bei hohen Anteilen an Maissilage, Futterrüben und Pressschnitzelsilage die Versorgung mit Beta-Carotin beachtet werden. Ferner ist der Rückgang der Gehalte in den Grassilagen im Lauf der Lagerung zu berücksichtigen. Für trockenstehende Kühe und hochtragende Rinder ist die Versorgung mit Vitamin E besonders zu beachten.

Der Bedarf wird in einen **Erhaltungs-** und einen **Leistungsbedarf** unterteilt. Der Erhaltungsbedarf ist diejenige Menge an Energie oder einem Nährstoff, die dem Tier zugeführt werden muss, um die lebensnotwendigen Stoffwechselprozesse aufrechtzuerhalten. Der Leistungsbedarf richtet sich nach der Höhe der Milchleistung, dem notwendigen Zuwachs (bei erstlaktierenden Rindern) sowie dem Wachstum der Föten. Im Wesentlichen wird er jedoch durch die Höhe der Milchleistung bestimmt. Der Erhaltungsbedarf ist vor allem von der Lebendmasse der Tiere abhängig.

Vor einer Rationsberechnung muss also zunächst die durchschnittliche Lebendmasse der Kühe einer Herde bestimmt werden, sofern die Gewichte nicht sehr unter-

Abbildung C.2.7

Grassilage plus Melasseschnitzel

schiedlich sind. Bei Abweichungen von mehr als 100 kg zwischen den Tieren sollte für verschiedene Gewichtsgruppen eine gesonderte Bedarfsdeckung erfolgen.

Für die Mengenelemente werden die unvermeidlichen Verluste (Bedarf für „Erhaltung“) nicht auf die Lebendmasse, sondern auf die aufgenommene Trockenmasse bezogen. Daher gibt es hier keinen klassischen „Erhaltungsbedarf“ wie bei anderen Nährstoffen. Viel mehr wird die notwendige Menge berechnet, indem eine bestimmte Menge jeweils auf die TM-Menge und auf die Milchmenge bezogen wird. Da in jeder Rationsberechnung eine bestimmte TM-Aufnahme unterstellt werden muss, bereitet dieser Schritt keine Schwierigkeiten.

Um den Leistungsbedarf genau ermitteln zu können, muss man die tatsächliche Milchleistung der einzelnen Kühe kennen, ebenso den Gehalt an Inhaltsstoffen (Milchkontrolle) der Milch. Nachfolgend in Tabelle C.2.22 werden 2 Beispiele angeführt.

2. Schritt – Grobfuttermengen festlegen. Als nächstes müssen die Grobfuttermengen der Tagesration abgeschätzt beziehungsweise festgelegt werden.

Diese hängen ab von:

- der vorhandenen Futtermenge,
- den möglichen Verzehrsmengen,
- den möglichen Höchstmengenbegrenzungen,
- den Anforderungen der Ration an Ausgewogenheit und Struktur.

Vorrangig muss darauf geachtet werden, dass die aufgrund der Energiekonzentration des Grobfutters mögliche Futteraufnahme ausgeschöpft wird. Dazu ein Beispiel: Zur Verfügung steht Grassilage (1. Schnitt, mittel) und Maissilage (teigreif, 32 % Trockenmasse). Bei diesen Grobfuttern kann mit einer Trockenmasseaufnahme in Höhe von 12

Tabelle C.2.22

Beispiele zur Berechnung des Bedarfs von Milchkühen (Angaben je Kuh und Tag)

Kenngröße	NEL MJ	nXP g	Calcium g	Phosphor g	Natrium g	Magnesium g
Kuh 650 kg LM; 20 kg Milch/Tag mit 4,4 % Fett und 3,4 % Eiweiß, 16 kg TM						
Erhaltung, /Tag	37,7	450				
unvermeidliche Verluste, /kg TM			2,0	1,43	0,6	0,8
Bedarf je kg Milch	3,44	85	2,5	1,43	0,6	0,5
Gesamtbedarf, /Tag	**107**	**2150**	**82**	**51**	**22**	**23**
Kuh 700 kg LM; 40 kg Milch/Tag mit 4,0 % Fett und 3,3 % Eiweiß, 23 kg TM						
Erhaltung, /Tag	39,9	470				
unvermeidliche Verluste, /kg TM			2,0	1,43	0,6	0,8
Bedarf je kg Milch	3,26	83	2,5	1,43	0,6	0,5
Gesamtbedarf, /Tag	**170**	**3790**	**146**	**90**	**38**	**38**

bis 13 kg je Kuh und Tag gerechnet werden. Selbstverständlich können zum Beispiel entweder 6 kg Trockenmasse aus Grassilage und 7 kg Trockenmasse aus Maissilage oder aber 9 kg Trockenmasse aus Grassilage und 3 kg Trockenmasse aus Maissilage verzehrt werden. Weitere Kombinationen sind in Abhängigkeit von den oben genannten Faktoren möglich, die im Einzelfall überprüft werden müssen. Wichtig ist jedoch, dass die maximal mögliche Futteraufnahme angestrebt und bei der Berechnung eingesetzt wird.

3. Schritt – Versorgung aus dem Grobfutter errechnen. Voraussetzung hierfür ist neben der Menge die Kenntnis über die Qualität des Grobfutters. Die Analyse der wesentlichen Nährstoffe des Grobfutters ist daher unerlässliche Voraussetzung der Rationsplanung. Sofern keine Grobfutteranalysen vorliegen, kann man sich mit Hilfe von Tabellenwerten unter Berücksichtigung des Erntezeitpunktes und des Wachstumsstadiums an die Qualität „herantasten“. Dies ist und bleibt jedoch ein sehr unsicheres Ver-

Tabelle C.2.23

Beispielration auf Basis NEL, nutzbares Rohprotein (nXP) und RNB, Kuh mit 650 kg Lebendmasse, 3,4 % Milcheiweiß und 4,0 % -fett

	Menge kg/TM	NEL MJ	nXP g	RNB g
Grassilage	8	48,8	1.096	+ 36
Maissilage	5	32,0	650	- 36
Summe	13	80,8	1.746	± 0
für Erhaltung		37,7	450	
Ration reicht für ... kg Milch		**13,1**	**15,2**	

fahren, bei dem in der Einschätzung sehr große Fehler möglich sind. Dies beginnt bereits mit der Schätzung des Trockenmassegehaltes. Mit sehr viel Übung ist die Einschätzung des Trockenmassegehaltes einigermaßen möglich, es bleibt jedoch auch hier eine gewisse Fehlerbreite. Werden 20 kg einer Grassilage verfüttert, die 35, 40 oder 45 % Trockenmasse enthalten kann, so sind dies 7, 8 oder 9 kg Trockenmasse. Sofern man also bei der Einschätzung des Trockenmassegehaltes nur um 5 Prozentpunkte daneben liegt, ergibt dies eine Differenz von 1 kg Trockenmasse. Das ist für die Rationsberechnung und Rationsgestaltung ein sehr großer Unterschied.

Noch größer sind die möglichen Fehleinschätzungen bei der Energie, der RNB und dem Strukturwert der Ration.

Sofern ein Futtermittel mit nur geringen Anteilen in der Grobfutterration vertreten ist (zum Beispiel 1 oder 2 kg Heu), wirkt sich eine Fehleinschätzung der Inhaltsstoffe nicht so schwerwiegend aus. Ansonsten sollten aber von allen zur Verfügung stehenden Futtermitteln Analysenergebnisse vorliegen – ein geringer finanzieller Aufwand, der sich bei entsprechender Nutzung der Daten immer bezahlt macht.

Die Versorgung aus dem Grobfutter wird errechnet, indem die Inhaltsstoffe je kg Futter mit der entsprechenden Menge multipliziert werden. Dies kann sowohl auf der Basis der Frisch- als auch der Trockenmasse erfolgen. Diese Zahlen werden dann für alle in der Grundration vertretenen Futtermittel addiert. Von der errechneten Versorgung aus Energie und nXP wird nun der Erhaltungsbedarf abgezogen. Die verbleibende Menge an Energie und nXP steht für die Produktion von Milch zur Verfügung. Die mögliche Milchproduktion wird errechnet, indem diese Werte durch den Bedarf je kg Milch dividiert werden (im Mittel 3,28 MJ NEL und 85 g nXP je kg Milch).

Das Vorgehen in der Rationsberechnung wird in einem Beispiel zunächst erläutert. Unterstellt werden eine Kuh mit 650 kg Lebendmasse und ein Milcheiweißgehalt von 3,4 % bei 4,0 % Fett. Die Grundration basiert auf den im Tabellenanhang angeführten Gras- und Maissilagen mittlerer Qualität. Der Tabelle C.2.23 sind die einzelnen Daten der Ration zu entnehmen.

Die Ration reicht nach Energie für Erhaltung und 13,1 kg Milch und nach nXP für 15,2 kg Milch. Mit einer RNB von **± 0** ist die Stickstoffversorgung der Mikroben gewährleistet. Insgesamt ist die Ration als voll ausgeglichen zu erachten. Zur Abdeckung von Leistungen oberhalb von 13 kg Milch ist Kraftfutter erforderlich.

Zur Beurteilung der Strukturversorgung werden die Strukturwerte (SW) wie Futterinhaltsstoffe behandelt und der mittlere SW der zu betrachtenden Ration berechnet. Die addierten Strukturwerte werden durch die gesamte Trockenmassemenge dividiert (s. Tabelle C.2.26). Der so erhaltene Strukturwert der Ration gibt an, ob die Strukturversorgung aus dem Grobfutter stimmt. Sie sollte mindestens 1,7 betragen. Der Wert liegt um so höher, je niedriger die mögliche Milchleistung aus der Energie des Grobfutters ist.

4. Schritt – Errechnen des Bedarfes an Ausgleichsfutter. In den seltensten Fällen wird die aus dem Grobfutter mögliche Leistung nach Energie und nXP gleich und die RNB ausgeglichen sein. Fast immer wird es einen mehr oder weniger großen Unterschied geben, wobei in grasbetonten Rationen in den meisten Fällen ein positive RNB zu verzeichnen ist, das heißt, die Versorgung mit Stickstoff im Vormagen reicht für eine höhere Mikrobenproteinbildung als die Energieversorgung. Bei maisbetonten Rationen ist die RNB negativ. Ein Ausgleich durch Futtermittel mit positiver RNB ist daher angezeigt. In diesen Fällen ist ein Ausgleich des Grobfutters empfehlenswert. Die Berechnung der erforderlichen Menge Ausgleichsfutter ist relativ einfach, da die RNB ausgewiesen ist. Zu beachten ist, dass durch die Anpassung der RNB der Ration meist auch das Milchbildungsvermögen nach NEL und nXP verändert wird, es sei denn der Ausgleich wird mit Futterharnstoff durchgeführt. Das passende Ausgleichsfuttermittel kann so lange zugelegt werden, bis die RNB ausgeglichen und die mögliche Milchleistung nach nXP nicht unter der nach Energie liegt. Entsprechend der Grundration und den Bedingungen im Einzelbetrieb ist das Ausgleichsfutter zu wählen.

In den Tabellen C.2.24 und C.2.25 sind je nach Ausgangssituation in der Grundration einige gebräuchliche Ausgleichsfutter hinsichtlich der NEL und des Proteinwerts beschrieben. Die erforderliche Einsatzmenge zum Ausgleich der RNB aus dem Grobfutter bzw. der Grundration aus Grob- und Saftfutter ergibt sich durch Division der auszugleichenden RNB durch die RNB des gewählten Ausgleichsfutters. Zum Ausgleich von + 20 g N sind z. B. an Saftfutter 1,9 kg TM Kartoffeln oder 2,7 kg TM Pressschnitzelsilage erforderlich. Bei Einsatz von Getreide sind 4,2 kg Weizen oder 2,4 kg Körner-

Tabelle C.2.24

Kennzeichnung eiweißarmer Futtermittel für Milchkühe zum Ausgleich einer positiven RNB

Futterkomponente	NEL MJ/kg TM	Rohprotein g/kg TM	nXP g/kg TM	RNB g/kg TM
Pressschnitzelsilage	7,4	111	157	- 7,4
Kartoffeln	8,4	96	162	- 10,6
Futterrüben	7,6	77	149	- 11,5
Kartoffelpülpe	7,7	70	150	- 12,8
Triticale	8,3	145	170	- 4,0
Weizen	8,5	138	172	- 5,4
Melasseschnitzel	7,5	125	162	- 5,9
Gerste	8,1	124	164	- 6,4
CCM	8,1	105	159	- 8,6
Roggen	8,5	112	167	- 8,8
Mais	8,4	106	164	- 9,3
Citrustrester	7,7	70	145	- 12,0
Tapioka Typ 55	7,6	29	132	- 16,0

mais zum Ausgleich der RNB erforderlich. Analog ist die Vorgehensweise bei negativer RNB. Zum Ausgleich eines Mangels von - 20 g N aus dem Grobfutter sind 2 kg TM Biertrebersilage oder 0,8 kg Rapsextraktionsschrot erforderlich. Mit den geringsten Futtermengen und somit am schnellsten kann der N-Ausgleich über Futterharnstoff erfolgen, da dieser über eine RNB von 460 g N je kg verfügt. Zu beachten sind hierbei jedoch eine passende Anfütterung und die Einsatzgrenzen von 100 bis 150 g je Kuh und Tag.

Die Inhaltsstoffe (Energie- und Nährstoffgehalte) der entsprechenden Ausgleichsfuttermengen müssen zu der bisherigen Versorgung aus dem Grobfutter addiert werden. Analog zu der vorhergehenden Rechnung lässt sich dann wiederum die Leistung aus dem Grobfutter und Ausgleichsfutter ermitteln, die nun eine ausgeglichene oder noch leicht positive RNB aufweist. Hat sich beispielsweise eine positive RNB von 25 g N/Tag ergeben, so müssen hierfür 4 kg Gerste eingesetzt werden. Damit erhöht sich die Leistung der Grundration um 8,7 kg nach Energie und 6,8 kg nach nXP.

In der konkreten Rationsberechnung ist zunächst sicherzustellen, dass die Stickstoffversorgung der Mikroorganismen im Pansen abgedeckt ist, das heißt der RNB-Wert der Gesamtration muss größer oder gleich Null sein. Der Ausgleich von Rationen mit

Tabelle C.2.25

Kennzeichnung eiweißreicher Futtermittel für Milchkühe zum Ausgleich einer negativen RNB

Futterkomponente	NEL MJ/kg	Rohprotein g/kg	nXP g/kg	RNB g/kg
Biertrebersilage (je kg TM)	6,9	240	184	9,8
Erbsen	7,5	220	165	9,0
Maiskleberfutter	6,8	230	166	9,7
Ackerbohnen	7,6	262	172	14,5
Leinextraktionsschrot	6,5	343	206	21,8
Sonnenblumenextr.schrot	5,4	340	174	26,8
Rapsextraktionsschrot	6,4	349	206	22,9
Lupinen, gelb	7,9	380	204	28,9
Sojaextraktionsschrot	7,6	449	253	31,3
Maiskleber	8,5	640	434	32,5
Futterharnstoff	–	(2875)	–	460

Stickstoffmangel im Pansen (Maissilage, Pressschnitzelsilage, Rüben usw.) hat über Futter wie Raps- und Sojaextraktionsschrot, Biertrebersilage bzw. die speziellen Ausgleichskraftfutter oder auch Futterharnstoff mit positiver RNB zu erfolgen. Im Rationsbeispiel der Tabelle C.2.26 wird die RNB durch 1,5 kg Rapsschrot ausgeglichen. Je nach Wahl des Ausgleichsfutters ergibt sich eine unterschiedlich hohe Versorgung mit nXP. Im angeführten Beispiel steigt durch die Zulage von 1,5 kg Rapsextraktrionsschrot die mögliche Milchleistung nach NEL um 2,9 kg und nach nXP um 3,7 kg je Kuh und Tag.

Grundrationen mit positiver RNB (z.B. Weide, Grassilage, Zwischenfrüchte) sind mit energiereichen Ausgleichsfuttermitteln zu ergänzen, die einen stark negativen RNB-Wert aufweisen (z.B. Melasseschnitzel, Weizen) und so den Stickstoffüberschuss in der Grundration zur Bildung von Mikrobenprotein nutzen. Zur effektiven Nutzung des Stickstoffs im Vormagen sind neben der RNB der Futtermittel auch die Art der Kohlenhydrate und die Geschwindigkeit des Abbaus von Rohprotein und Kohlenhydraten (s. Kapitel C.2.2) zu beachten.

Für die Mehrzahl der Grundrationen ist die mögliche Milchbildung nach NEL niedriger als nach nXP, da für Erhaltung relativ mehr Energie als nXP erforderlich ist. Bei steigender Leistung verschiebt sich das Bild. Ursächlich ist der starke Anstieg des nXP-Bedarfs mit steigender Leistung. Je nach Ration, angestrebtem Milcheiweißgehalt

Tabelle C.2.26

Beispiel zur Rationsberechnung bei der Milchkuh
Lebendmasse Kuh: 650 kg; Fettgehalt: 4,1 %; Eiweißgehalt: 3,4 %

Analysen, /kg TM

Futtermittel	Trockenmasse g/kg	NEL MJ	nXP g	RNB g	Rohfaser g	SW	Ca g	P g	Na g	Mg g
Grassilage	380	6,2	138	3,9	250	2,93	5,4	3,7	1,1	2,0
Maissilage	330	6,6	131	- 9,0	190	1,61	1,7	2,2	0,1	1,1

A: Grobfutter-Ration: Angaben je Kuh und Tag

Futtermittel	Menge kg	Trockenmasse kg	NEL MJ	nXP g	RNB g	Rohfaser g	SW	Ca g	P g	Na g	Mg g
Grassilage	20	7,6	47,1	1049	29,6	1900	22,3	41,0	28,1	8,4	15,2
Maissilage	20	6,6	43,6	845	- 59,4	1254	10,6	11,2	14,5	0,7	7,3
Summe:	40	14,2	90,7	1914	- 29,8	3154	32,9	52,2	42,6	9,1	22,5
Abzüglich Erhaltungsbedarf:			37,7	450							
Summe A:	40	14,2	53	1464	- 29,8	3154	32,9	52,2	42,6	9,1	22,5
reicht für … kg Milch			*16,0*	*17,2*		*22,2 % in TM*	*2,32 /kgTM*				

Energiekonzentration: 6,4 MJ NEL je kg TM

B: Einsatz von Ausgleichs- und Mineralfutter (Ausgleich der Ruminalen-N-Bilanz)

Futtermittel	Menge kg	Trockenmasse kg	NEL MJ	nXP g	RNB g	Rohfaser g	SW	Ca g	P g	Na g	Mg g
Rapsextr. schrot	1,5	1,3	9,6	309	34,3	190	0,4	12,0	18,8	0,7	7,6
Summe A+B:	41,5	15,5	62,6	1773	4,5	3344	33,3	64,2	61,4	9,8	30,1
Milch aus Grundration (kg)			*18,9*	*20,9*		*21,6 % in TM*	*2,15 /kgTM*				
empfohlene Mineralstoffmengen bei 19 kg Milch:								78,5	49,3	20,7	23,8
zu ergänzen:								14,3	–	10,9	–

Mineralfutter: 100 g/Tier und Tag mit 15 % Ca - % P 11 % Na - % Mg

C: Kraftfutterzuteilung (MLF (160/3))

Milch, kg:	**20**	**22**	**24**	**26**	**28**	**30**	**32**	**34**	**36**	**38**	**40**
MLF, kg:	0,6	1,7	2,8	3,9	4,9	6,0	7,2	8,4	9,8	11,3	13,0
SW*, /kg TM	2,09	1,99	1,88	1,79	1,72	1,65	1,57	1,50	1,42	1,33	1,24

* *in der Gesamtration*

und Laktationsstadium der Kuh ändert sich die Situation im Leistungsbereich von 25 bis 35 kg Milch je Tag (s. auch Kapitel B.2.4.4). Bei weiter steigender Leistung ist die Versorgung mit nXP in der Regel der beschränkende Faktor. Dies ist bei der Konzeption der Ration und somit der Wahl der Ausgleichs- und Leistungsfutter zu beachten.

Soll ein möglicher Abfall der Leistung bei höherem Milchleistungsniveau vermieden werden, so sind Milchleistungsfutter mit höheren nXP-Werten einzusetzen oder die Gabe des Ausgleichsfutters in Art und Menge anzupassen. Im Prinzip ist die Ration für den jeweiligen Leistungsbereich zu optimieren. Konzepte mit zwei oder mehr Kraftfuttersorten erhöhen hierbei die Möglichkeit zur Anpassung.

5. Schritt – Errechnen des Mineralfutterbedarfs. Um eine nach allen Nährstoffen einheitliche Leistung aus dem Grundration zu erreichen, muss ein eventueller Fehlbedarf an Mineralstoffen für die jetzt errechnete, ausgeglichene Grundration ebenfalls ausgeglichen werden. Hierzu wird zunächst die Versorgung mit Mineralstoffen aus dem Grob-, Saft und dem Ausgleichsfutter errechnet. Diese wird dann mit der für die entsprechende Leistung empfohlenen Versorgung an Mineralstoffen verglichen. Eventuelle Überversorgungen bleiben zunächst unberücksichtigt. Sodann muss anhand des Fehlbedarfs entschieden werden, welcher Mineralfuttertyp und welche Menge davon eingesetzt werden müssen.

In dem in Tabelle C.2.26 wiedergegebenen Beispiel errechnet sich eine Versorgung in der nach der RNB ausgeglichenen Grundration von 64 g Calcium, 61 g Phosphor, 10 g Natrium und 30 g Magnesium. Der Bedarf für die aus der Grundration möglich Leistung (19 Liter Milch nach NEL) beträgt 79 g Calcium, 49 g Phosphor, 21 g Natrium und 24 g Magnesium. Somit fehlen etwa 15 g Calcium und 11 g Natrium je Tier und Tag. Dieser Fehlbedarf kann gedeckt werden durch 100 g eines Mineralfutters mit 15 % Calcium, 0 % Phosphor und 11 % Natrium. Bei der Vielfalt an Programmen der Mineralfutterhersteller wird sich ein solches Mineralfutter sicher finden. Um die Organisation im Betrieb zu erleichtern, ist zu prüfen, ob mit einem oder 2 Mineralfuttertypen alle Rationen für Kühe und Rinder abgedeckt werden können. Leichte Überversorgungen z. B. mit Calcium und Phosphor können dabei in Kauf genommen werden.

Allerdings sollten die trockenstehenden Tiere in den letzten drei Wochen vor dem Kalben möglichst keine über den Empfehlungen hinaus gehende Mengen an Calcium mit dem Mineralfutter erhalten.

Sofern die notwendige Ergänzung mit einem einzelnen Mineralstoff größer wird als im vorliegenden Beispiel, muss die Mineralfuttermenge entsprechend erhöht werden. Eine „knappe" Kalkulation der Ergänzung ist nur dann zu vertreten, wenn Analysenwerte des Grobfutters vorliegen. Sofern Tabellenwerte herangezogen werden, ist eine gewisse Sicherheitsreserve einzubauen. Dies geschieht entweder durch einen Abzug von den Tabellenwerten (eine Standardabweichung), so dass man bei der Berechnung

Tabelle C.2.27

Empfohlene Spurenelement- und Vitamingehalte je kg Mineralfutter bei Tagesgaben von 100 g/Tier/Tag

Zink mg	Mangan mg	Kupfer mg	Jod mg	Selen mg	Kobalt mg	Vit. A i.E.	Vit. D i.E.	Vit. E mg
3.000	1.000	700	50	20	15	500*	40*	500

** in Tausend; bei Trockenstehern höhere Gehalte an Vitamin E*

von einem niedrigeren Wert ausgeht, oder indem auf die berechnete Menge an Mineralfutter ein Zuschlag erfolgt. Man darf sich jedoch nur für eine der beiden Möglichkeiten entscheiden und nicht bei reduzierten Tabellenwerten noch einen zusätzlichen Sicherheitszuschlag einbauen.

Eine Alternative zum Mineralfutter ist der Einsatz eines Ausgleichskraftfutters, das die erforderliche Versorgung mit nXP, N im Vormagen (RNB) und an Mineral- und Wirkstoffen abgedeckt. Der Vorteil dieser Futter ist die Reduktion der Anzahl Komponenten bezüglich Lieferung, Lagerung und Vorlage. Besonders bewährt haben sich die eiweißreichen Ausgleichsfutter. Hier kann auch der Eiweißausgleich z.B. über eine Kombination verschiedener Komponenten wie Raps- und Sojaextraktionsschrotschrot gezielt eingestellt werden.

Spurenelement- und Vitaminergänzung. Zur Sicherstellung der Versorgung an Spurenelementen und Vitaminen in der Grundration sind die in der folgenden Tabelle C.2.27 aufgeführten Gehalte im Mineralfutter als völlig ausreichend zu erachten. Die Angaben beziehen sich auf eine Tagesgabe von 100 g je Tier und Tag. Wird ein Spurenelement- und Vitaminergänzer mit 50 g je Kuh und Tag eingesetzt, so sollten die Gehalte entsprechend doppelt so hoch liegen, um die Tagesgabe zu erreichen. Bei trockenstehenden Kühen und hochtragenden Färsen empfehlen sich höhere Gehalte an Vitamin E. Ein Gehalt von 2.500 mg Vitamin E je kg Mineralfutter hat sich hier bewährt. Je nach Bedarf ist ß-Carotin zu ergänzen, wobei Vitamin A einen Ausgleich schaffen kann.

Wird die Spurenelement- und Vitaminergänzung über Ausgleichskraftfutter realisiert, so dienen die angeführten Gehalte bei Berücksichtigung der vorgelegten Menge ebenfalls als Orientierungsgröße. Das Milchleistungsfutter sollte für die abzudeckende Milchleistung die Spurenelement- und Vitaminversorgung absichern, so dass bei steigender Leistung keine zunehmende Ergänzung über das Mineral- oder Ausgleichskraftfutter erforderlich ist. Bei TMR ist die Gesamtration zu betrachten.

6. Schritt: Auswahl des geeigneten Milchleistungsfutter. Folgt man dem Prinzip des Grobfutter-Ausgleiches, so hat das Milchleistungsfutter die Aufgabe, Energie und Nährstoffe für die zusätzliche Milchproduktion zur Verfügung zu stellen. Da praktisch immer der Erhaltungsbedarf durch die Grundration gedeckt wird (mit ganz wenigen Ausnahmen), muss die Kraftfutterzusammensetzung den Bedarf an allen Nährstoffen für die Milchproduktion widerspiegeln. Diese sogenannten ausgeglichenen Milchleistungsfutter sollen gleiche Milcherzeugungswerte nach NEL und nXP aufweisen und die für diese Milchbildung erforderliche Versorgung an Mineralstoffen und Vitaminen abdecken.

Die Auswahl des Kraftfutters richtet sich in erster Linie nach dem Energie- und nXP-Gehalt sowie der Kohlenhydrat-Zusammensetzung (Stärke, Zucker etc.). Milchleistungsfutter werden in drei Energiestufen angeboten:

Futter der **Energiestufe 2** (6,2 MJ NEL/kg) finden als alleinige Milchleistungsfutter praktisch kaum noch Verwendung. Sie werden hingegen in Verbindung mit Getreide oder Melasseschnitzel als eiweißreiche Ergänzungsfutter gebraucht. Hierzu eignen sich vor allem die Typen III mit 23 bis 30 % Rohprotein oder IV mit mindestens 31 % Rohprotein. Futter des Typs III werden dabei im Verhältnis 1:1 mit Getreide oder Melasseschnitzeln verfüttert, Futter des Typs IV im Verhältnis 1:2. Durch solche Kombinationen ergibt sich ein Kraftfutter der Energiestufe 3 mit typischen und somit weitgehend ausgeglichenen Energie- und nXP-Gehalten.

Die **Energiestufe 3** (6,7 MJ NEL/kg) eignet sich für mittlere und hohe Leistungen. Milchleistungsfutter der Energiestufe 3 stellen die meisten gebräuchlichen Kraftfutter dar. Da der Energiegehalt je kg mit 6,7 MJ NEL für 2,0 kg Milch ausreichend ist, muss der nXP-Wert für ein **ausgeglichenes** Milchleistungsfutter ebenfalls für 2 kg Milch reichen und somit **2 x 85 = 170 g** je kg betragen.

Die Energiestufe >3 (mindestens 7,0 MJ NEL/kg) ist für hohe und höchste Leistungen bestimmt. Die hohe Energiekonzentration gewährleistet, dass die bei hohen Leistungen erforderlichen Kraftfuttermengen nicht zu groß werden. Vielfach ergibt sich der hohe Energiegehalt durch Vorgaben bezüglich Stärke und Zucker. Futter mit hohen Anteilen an beständiger Stärke (Mais) und Stärke (Getreide) liegen auf Grund der verwendeten Komponenten vielfach bereits im Bereich der Energiestufe > 3.

Generell ist die Auswahl des Milchleistungsfutters hinsichtlich nXP, RNB sowie Stärke und Zucker auf die jeweilige Grundration und das angestrebte Leistungsziel abzustimmen. Gegebenfalls ist ergänzend die Abbaudynamik von Protein und Kohlenhydraten zu beachten. Beim nXP ergeben sich stark abgestufte Anforderungen an das Milchleistungsfutter in Abhängigkeit von der Milchleistung. Für Erhaltung braucht

Tabelle C.2.28

Beispiele für Kohlenhydratgehalte und Strukturwert im Ausgleichs-Kraftfutter und dem Milchleistungsfutter

Typ	NEL MJ /kg	nXP g/kg	RNB g/kg	XF g/kg	XZ g/kg	XS g/kg	bXS g/kg	SW/ kg TM
Ausgleichs-futter	6,2	205	23	120	55	70	10	0,30
„Standard"*	6,7	160	3	100	80	110	15	0,25
Faserreich	6,7	160	3	160	60	80	10	0,35
zu Maissilage	7,0	180	6	90	70	230	35	0,15
zu Gras-produkten	7,0	180	2	90	70	230	70	0,20

** Standardisiert hinsichtlich NEL- und nXP-Wert. Daher können bei diesen MLF die Gehalte und Zusammensetzung der Kohlenhydrate stärker schwanken.*
Quelle: DLG-Information 2/2001

die Kuh etwa **12 g nXP je MJ NEL** und für die Milchbildung **26 g nXP je MJ NEL** (s. Kapitel C.2.3.6). Dies erklärt unter anderem die Vielzahl der angebotenen Milchleistungsfutter. Das Grobfutter liefert im Mittel etwa **21 g nXP je MJ NEL**. Es müssen daher in erster Linie für die hohen Leistungsbereiche Milchleistungsfutter mit höherem nXP-Wert eingesetzt werden. Die Anforderungen an die RNB sind je nach RNB der Grundration unterschiedlich. Es gilt daher das jeweils passende Futter auszuwählen.

Unter Beachtung der Kohlenhydratgehalte und der Strukturwirkung ergeben sich beispielhaft die in der Tabelle C.2.28 aufgeführten Ausgleichs- und Milchleistungsfutter. In der Praxis gibt es eine Vielzahl weiterer Futtertypen. Die Unterschiede betreffen sowohl das nXP als auch die RNB sowie die Ausstattung mit Kohlenhydraten. Bei höherem Leistungsniveau sind die Kraftfutter genauer auf die Grundration abzustimmen. Zu unterscheiden sind z. B. Rationen basierend auf Grasprodukten oder Rationen mit hohen Anteilen an Maissilage.

Während der Sommerfütterung und bei einseitigen Grassilage-/Heurationen ist ein Grobfutter-Ausgleich nicht immer einfach durchzuführen. Hier ist zu prüfen, ob zum Ausgleichsfutter ein Milchleistungsfutter eingesetzt werden soll, welches einen geringen Rohproteingehalt aufweist. Hierzu werden Milchleistungsfutter, der Energiestufe 3 und > 3, mit ausgeglichener oder leicht negativer RNB angeboten. Entscheidend ist hier die Abdeckung der erforderlichen nXP-Versorgung.

7. Schritt: Errechnen der notwendigen Kraftfuttermengen. Kraftfutter sollte erst oberhalb der aus der Grundration (einschließlich Ausgleichsfutter) möglichen Milchleistung zugeteilt werden. Die Höhe der individuellen Zuteilung in Abhängigkeit von der Milchleistung richtet sich einerseits nach dem Energiegehalt des Kraftfutters (Energiestufe) und andererseits nach einer möglichen Verdrängung von Grobfutter.

Ein kg Kraftfutter der Energiestufe 3 (6,7 MJ NEL je kg) hat Energie für 2,0 kg Milch (6,7 MJ NEL je kg Kraftfutter dividiert durch 3,28 MJ NEL je kg Milch gleich 2,0 kg Milch je kg Kraftfutter). So wird zunächst für je 2 kg Milch 1 kg Kraftfutter eingeplant.

1 kg Kraftfutter der Energiestufe > 3 (7,2 MJ NEL/kg) reicht für 2,2 kg Milch (7,2 MJ NEL je kg Kraftfutter dividiert durch 3,28 MJ je kg Milch). Es werden also je 2 kg Milch 900 g oder je kg Milch 450 g Kraftfutter der Energiestufe > 3 (7,2 MJ NEL/kg) benötigt.

Eine nennenswerte Grobfutterverdrängung findet erst bei Kraftfuttergaben von mehr als 4 kg je Kuh und Tag statt (Abb. C.2.6). Durch diese Grobfutterverdrängung wird die Energielieferung aus der Grundration verringert und muss durch zusätzliches Kraftfutter ausgeglichen werden. Da die Grobfutterverdrängung mit steigenden Kraftfuttergaben größer wird, müssen die zusätzlichen Kraftfuttergaben größer werden (siehe Tabellen C.2.18 und 19 zur leistungsgerechten Zuteilung von Kraftfutter an Milchkühe S. 160). Die Höhe der Zulagen ist darüber hinaus auch von der Qualität des Grobfutters abhängig. Ein Beispiel für eine solche Zuteilung ist in der Tabelle C.2.26 aufgeführt.

In diesem Beispiel beträgt die errechnete Leistung aus der Grundration 19 kg, es soll Kraftfutter der Energiestufe 3 (MLF 160/3) eingesetzt werden. Tiere mit 20 kg Leistung erhalten dann 0,7 kg Kraftfutter, bei 22 kg Milch 1,7 kg Kraftfutter und so weiter. Erst wenn die Leistung 28 kg erreicht und die benötigte Kraftfuttermenge 4 kg, werden etwa 1,2 kg Kraftfutter je 2 kg Milch verabreicht. Für noch höhere Leistungen werden dann bis 1,7 kg Kraftfutter je 2 kg Milch benötigt.

2.3.3.3 Wie sollte ein gutes Milchleistungsfutter aussehen?

Ein gutes Mischfutter hat vier wesentliche Eigenschaften: Eine hohe Konstanz in der Zusammensetzung, eine **hohe Verdaulichkeit** der Organischen Substanz, einen **passenden Gehalt an Stärke und Zucker** bzw. **beständige Stärke** sowie einen **geringen Rohfettgehalt**.

Um dem Grundsatz einer hohen Konstanz in der Fütterung zu gewährleisten, sollte auch das Milchleistungsfutter hinsichtlich der Inhaltsstoffe wie auch der Komponenten und deren Anteile eine möglichst hohe Konstanz aufweisen. Je höher der Anteil eines Milchleistungsfutters in der Ration ist, desto wichtiger wird naturgemäß die Qualität dieses Futters. Dabei spielt in erster Linie der **Energiegehalt** eine entscheidende Rolle, aber auch die Zusammensetzung im Hinblick auf die Milchinhaltsstoffe. Für den Landwirt ist zur Beurteilung verschiedener Futter der Energiegehalt zunächst am wichtigsten.

Für die Energieversorgung der Milchkühe ist in den meisten Fällen die Futteraufnahme der begrenzende Faktor. Daher muss zwangsläufig bei höheren Milchleistungen die Energiekonzentration im Futter steigen. Dies bedeutet, dass in der Regel Kraftfutter der Energiestufe 3 und >3 eingesetzt werden müssen.

Mischfutter der Energiestufe 2 sind allenfalls bei sehr niedriger Milchleistung zu empfehlen. Doch selbst in diesem Fall ist ein Futter mit höherer Energiestufe meist preiswerter (auf den Energiegehalt bezogen). Eine Sonderstellung nehmen Futter der Energiestufe 2 mit rund 25 % Rohprotein ein, welche im Verhältnis 1:1 mit Gerste oder Melasseschnitzel verfüttert werden sollen. Hierbei ergibt sich durch die Kombination ein Futter der Energiestufe 3.

Kraftfutter der Energiestufe 3 sind für mittlere und hohe Leistungen angebracht. Vor allem dann, wenn die Grundration relativ hohe Anteile an Stärke enthält (zum Beispiel bei hohem Einsatz von Maissilage und Getreide), sind Futter der Energiestufe 3 besser geeignet als solche der Energiestufe >3. Letztere haben in vielen Fällen höhere Stärkegehalte. Dies muss aber nicht zwangsläufig so sein.

Es wird immer wieder diskutiert, in welchen Mengen stärkereiche Kraftfuttermittel (zum Beispiel Getreide) an Kühe verfüttert werden dürfen, ohne dass es zu Leistungseinbußen kommt.

Stärke und auch **Zucker** gehören zu den sehr leicht löslichen und damit leicht verdaulichen Kohlenhydraten. Sie werden im Pansen sehr schnell abgebaut. Die dabei entstehenden großen Mengen an Säuren senken den pH-Wert im Pansen. Dies hat wiederum negative Auswirkungen auf den Fettgehalt der Milch und auf die Futteraufnahme. Die Auswirkungen sind um so größer, je mehr Stärke konzentriert in den Pansen gelangt (große Kraftfutterportionen) und je geringer der Strukturwert im Grobfutter ist. Durch eine gezielte Vorbereitungs- und Anfütterung kann sich der Vormagen der Kuh und hier insbesondere die Pansenschleimhaut auf die höheren Mengen an Stärke und Zucker im Futter durch eine beschleunigte Passage der freien Fettsäuren vom Vormagen ins Blut einstellen (s. auch Kapitel C.2.2.1).

Zu den stärkereichen Futtermitteln gehören Maissilage, CCM, Getreide, Kartoffeln, Maniok und Nebenprodukte der Getreide- und Kartoffelverarbeitung.

Es gibt auch andere Nährstoffe, die ebenfalls hoch verdaulich sind und viel Energie liefern, im Pansen aber wesentlich langsamer abgebaut werden als Stärke und Zucker. Dazu gehören in erster Linie die Hemizellulosen, welche in hohem Maße beispielsweise in Melasse- oder Pressschnitzeln und einigen Extraktionsschroten bzw. Ölkuchen enthalten sind.

Bei aller Diskussion um den Einsatz von stärkereichen Futtermitteln gilt folgendes: In erster Linie ist auf die Energieversorgung der Kuh zu achten, erst in zweiter Linie auf die Art der Energieträger. Es ist also im Zweifel wichtiger, mit einem stärkereicheren Futtermittel die Energieversorgung der Kuh sicherzustellen, als einen Energiemangel in Kauf zu nehmen. Eine energetische Unterversorgung begrenzt gleichzeitig die Eiweißversorgung der Kuh, weil die Produktion von Mikroben-Protein herabgesetzt wird. Außerdem steigt gleichzeitig der Ammoniakgehalt im Pansen an, was zu Stoffwechselbelastungen und Fruchtbarkeitsstörungen führen kann. Das Ziel ist daher vielfach eine mehr stärkebetonte Fütterung bei Vermeidung unnötiger Pansenübersäuerung.

Wenn stärkereiche Kraftfuttermittel verfüttert werden, müssen drei Punkte besonders beachtet werden: Auf eine genügend hohe Aufnahme an Strukturfutter achten, die Kraftfuttermengen langsam steigern (anfüttern) und nur kleine Mengen (max. 3 kg) pro Mahlzeit verabreichen.

Für Milchleistungsfutter sollten die Hersteller nur hochverdauliche Komponenten verwenden. Es besteht eine enge Beziehung zwischen der Verdaulichkeit der Organischen Substanz eines Mischfuttermittels und seinem Energiegehalt. Die **Verdaulichkeit der Organischen Substanz** sollte in den einzelnen Energiestufen die folgenden Werte erreichen:

- Energiestufe 2: 79 % Verdaulichkeit
- Energiestufe 3: 83 % Verdaulichkeit
- Energiestufe >3: 85 % Verdaulichkeit

Für ein Milchleistungsfutter sind also solche Komponenten am besten geeignet, die eine hohe Verdaulichkeit der Organischen Substanz aufweisen bei gleichzeitig passendem Stärkegehalt und geringem Rohfettgehalt. Dies sind unter anderem Extraktionsschrote und Ölkuchen von Kokos, Palmkern, Sesam und anderen Ölfrüchten. Ähnlich positiv sind Melasseschnitzel und Zitrustrester zu bewerten.

Bei den Extraktionsschroten und Ölkuchen spielt es allerdings eine ganz entscheidende Rolle, ob sie aus geschälter, teilgeschälter oder ungeschälter Saat stammen. Hier können Unterschiede in der Verdaulichkeit der Organischen Substanz bis zu 15 Prozentpunkten auftreten. Dies ist häufig der Grund dafür, dass Milchleistungsfutter, welche mit gutem Vorsatz für Energiestufe 3 zusammengestellt worden sind, in Prüfungen negativ auffallen. Die Fehleinschätzung der verwendeten Komponenten spielt dabei eine ganz entscheidende Rolle.

Bis zu einem gewissen Anteil eignen sich selbstverständlich auch diejenigen Komponenten für Milchleistungsfutter, welche aufgrund eines hohen Stärkegehaltes eine hohe Verdaulichkeit der Organischen Substanz besitzen, also vorwiegend die Getreidearten und Maniok. Der Anteil sollte aber insgesamt nur so hoch sein, dass die Gehalte an unbeständiger Stärke und Zucker bzw. beständiger Stärke im gewünschten Bereich liegen (s. auch Tabelle C.2.28).

Der Energiegehalt des **Rohfettes** ist mehr als doppelt so hoch wie der anderer Nährstoffe. Daher ist es sehr leicht, mit Fett den Energiegehalt eines Kraftfutters zu erhöhen. Dies ist aber für den Wiederkäuer nur bis zu einem gewissen Grade angemessen. Hohe Fettmengen bewirken eine Störung der Mikroorganismen im Pansen, die sich in einem Rückgang der Futteraufnahme und einer Senkung der Milchinhaltsstoffe äußern kann. Wenn in der Praxis beim Einsatz von Kokosfett immer wieder Steigerungen des Milchfettgehaltes beobachtet werden, so trifft dies nur kurzfristig zu, auf Dauer jedoch sind auch hier negative Einflüsse zu erwarten.

Generell sollte der Fettgehalt im üblichen Kraftfutter rund **4 %** nicht übersteigen. Eine Ausnahme können die eiweißreichen Milchleistungsfutter bilden, welche zusammen mit Getreide oder Melasseschnitzeln verfüttert werden, und Futter mit geschütztem Fett.

Neben den Inhaltsstoffen ist beim Milchleistungsfutter auch die Pelletierung von Bedeutung. Die Pellets sollten fest sein und einen geringen Abrieb aufweisen. Hauptgründe für die Pelletierung sind die Vermeidung von Staubentwicklung, die exakte Dosierung insbesondere in Abrufautomaten und die Vermeidung von Entmischung. Für den Einsatz im Mischwagen sind die ersten beiden Punkte von untergeordneter Bedeutung, weshalb hier verstärkt unpelletierte Mischfutter eingesetzt werden, die durch den Verzicht auf die Pelletierung im Preis günstiger sind.

2.3.4 Mischration

Zur ausgewogenen Versorgung der Milchkuh mit Grob-, Saft-, Kraft- und Mineralfutter wird in steigendem Maß die Ration als Mischung am Trog vorgelegt. Über den Einsatz des Mischwagens soll den physiologischen Anforderungen der Kuh an eine ausgewogene und wiederkäuergerechte Fütterung und den Interessen des Landwirtes in puncto Arbeitskomfort und Aufwand besser entsprochen werden. Voraussetzung hierfür ist der sachgerechte Einsatz der Technik. Vorliegendes Kapitel gibt Empfehlungen zur Ausrichtung und zur Gestaltung von Mischrationen und dem gezielten Einsatz.

Behandelt werden alle Formen von Mischrationen. Zu unterscheiden ist in der Praxis die Total-Misch-Ration (TMR), in der alle Futtermittel enthalten sind, und die Mischration plus tierindividueller Kraftfuttergabe am Trog, im Melkstand oder über Abrufautomaten. Je nach betrieblichen Verhältnissen ist die eine oder andere Form mit unterschiedlicher Gruppenbildung zu empfehlen. Die Empfehlungen zielen auf die Ausgestaltung der Mischration in der Praxis unter den verschiedenen Bedingungen bezüglich Leistungshöhe, Betriebsgröße und Betriebsorganisation sowie Futtergrundlage ab.

2.3.4.1 Gemischte Rationen mit zusätzlichen Kraftfuttergaben

Betriebe mit mittlerem Leistungsniveau bzw. solche, die eine Kraftfutterstation haben, setzen am Trog vielfach aufgewertete Grobfutterrationen als Mischration ein. Die Gründe dafür sind:

- Verbesserung der Futteraufnahme
- Höherwertiges Kraftfutter braucht nicht an alle Tiere verfüttert werden
- Reduzierung der Grobfutterverdrängung durch Einmischen von Kraftfutter
- Kostenreduzierung durch Einsparung von Kraftfutter insgesamt
- Verhinderung von Verfettung bei unausgeglichenen Herden
- Reduzierte Nährstoffausscheidung

Die Nährstoffkonzentrationen in den aufgewerteten Mischungen orientieren sich dabei an der vorhandenen Milchleistung der Betriebe. Über die Mischration sind die in Tabelle C.2.29 angeführten Milchleistungen abzudecken. Je gleichmäßiger die Herde ist, um so höher sollte die Mischration eingestellt sein, um deren Vorteile zu nutzen. Leistungen oberhalb der angeführten Leistungen werden durch tierindividuelle Kraftfuttergaben am Abrufautomat oder im Melkstand abgedeckt. Bei energiereichen

Tabelle C.2.29

Empfehlungen zur Ausrichtung der Mischration der melkenden Tiere

Leistungsniveau, kg je Kuh und Jahr	6.000	8.000	10.000
Abzudeckende Leistung über Mischration; kg/Kuh und Tag	18 – 22	22 – 26	26 – 32

Abbildung C.2.8

Mischrationen am Trog; zusätzliches Futter am Abrufautomaten

Grundrationen kann der Abruf des Kraftfutters am Abrufautomat zurück gehen. Dies ist bei der Anordnung und Steuerung der Abrufautomaten und der Auswahl des Kraftfutters zu beachten.

Zur Verdeutlichung des Vorgehens in der Rationsplanung wurden Rationen mit unterschiedlicher Relation von Mais- zu Grassilage kalkuliert. Bei der Grassilage wurde ein Energiegehalt von 6,3 MJ NEL/kg TM und bei der Maissilage von 6,6 MJ NEL/kg TM unterstellt. Die Werte entstammen dem Tabellenanhang. Berechnet wurden Mischrationen für 30 kg Tagesleistung plus Kraftfutter über Abrufautomaten für höhere Leistungen. Die konkreten Rationsanteile und Kraftfuttermengen bei 30 und 40 kg Tagesleistung sind aus der Tabelle C.2.30 ersichtlich. Bei den Rationen 3 und 6 ist bei gleichem Maissilage-Anteil wie in den Rationen 2 und 5 ergänzend Biertrebersilage eingesetzt. Für die Ration 1 auf Basis Grassilage wurde Kraftfutter mit erhöhten Anteilen an beständiger Stärke berücksichtigt.

Tabelle C.2.30

Beispielsrationen (Mischration plus MLF am Abrufautomaten) mit unterschiedlichen Anteilen an Gras- und Maissilage

Ration		1	2	3	4	5	6
Anteil Maissilage am Grobfutter	**% der TM**	**0**	**25**	**25**	**50**	**75**	**75**
Ration für 30 kg Milch/Tag, 4,2% Fett, 3,4 % Eiweiß							
Grassilage,	% d.TM	64,7	48,5	48,5	33,3	16,8	16,8
Maissilage,	"	–	16,2	16,2	33,3	51,2	51,2
Weizen,	"	15	–	–	–	–	–
Ausgleichsfutter,	"	–	–	–	8,4	14	10
Mineralfutter:							
- (-/-/10),	"	0,3	0,3	0,3	–	–	–
- (25/-/10),	"	–	–	–	–	–	0,5
Biertrebersilage,	"	–	–	10	–	–	10
MLF (160/3),	"	20	35	25	25	18	11,5
Aufnahme,	kg TM/Tag	20,3	20,5	20,7	20,5	20,5	20,8
NEL,	MJ/kg TM	6,9	6,8	6,7	6,8	6,8	6,7
nXP,	g/kg TM	151	152	153	155	155	153
RNB,	"	3,5	2,6	3,2	1,9	0,4	0,3
Rohfaser,	"	186	189	197	184	176	182
SW,	/kg TM	1,89	1,73	1,81	1,57	1,37	1,45
Zucker (XZ),	g/kg TM	56	59	53	50	41	36
XZ+XS-bXS,	"	160	136	121	164	197	183
bXS,	"	18	23	21	40	59	57
Ration für 40 kg Milch/Tag; 4,1% Fett; 3,3 % Eiweiß							
Mischration,	kg TM/Tag	18,2	18,8	18,4	19,2	19,6	19,4
MLF (180/7,0)*,	kg/Tag	6,4	–	–	–	–	–
MLF 180/7,0)**,	"	–	6,2	6,7	6,0	5,7	6,1
gesamt, kg TM		23,9	24,2	24,3	24,3	24,3	24,5
NEL,	MJ/kg TM	7,1	7,1	7,0	7,0	7,0	7,0
nXP,	g/kg TM	164	164	165	165	165	164
RNB,	"	3,2	2,6	3,0	2,0	0,8	0,7
Rohfaser,	"	166	169	174	166	161	165
SW,	/kg TM	1,48	1,37	1,41	1,26	1,13	1,16
Zucker (XZ),	g/kg TM	61	63	59	56	49	45
XZ+XS-bXS,	"	185	173	164	194	218	209
bXS,	"	33	27	26	40	55	54

** Milchleistungsfutter zu Grasprodukten, siehe Tabelle C.2.28*
*** Milchleistungsfutter zu Maissilagerationen, siehe Tabelle C.2.28*
XS = Stärke; XZ + XS –bXS = pansenverfügbare Kohlenhydrate; bXS = beständige Stärke

Aus den Rationsbeispielen geht klar hervor, dass mit steigendem Anteil Maissilage der Strukturwert fällt. Ebenfalls rückläufig sind die Zuckergehalte. Stark ansteigend sind die Gehalte an beständiger Stärke. Die Gehalte an unbeständiger Stärke und Zucker werden neben dem Anteil an Maissilage durch die Art des Ausgleichsfutters bestimmt. So in der Ration 1 durch Einsatz von Weizen. Über die Auswahl des Kraftfutters kann neben der Energie- und Eiweißversorgung der Strukturwert der Ration und die Kohlenhydratversorgung gezielt beeinflusst werden.

Mit steigendem Leistungsniveau empfehlen sich höhere Gehalte an den pansenverfügbaren Kohlenhydraten (unbeständige Stärke und Zucker). Der Strukturwert der Ration fällt dadurch. Eine Möglichkeit des Ausgleichs ist der verstärkte Einsatz von Saftfutter. In den Beispielsrationen wird je nach Futtergrundlage gezielt Kraftfutter mit hohen Anteilen an Zucker und unbeständiger Stärke sowie beständiger Stärke oberhalb von 30 kg Tagesleistung eingesetzt. Je nach Futtergrundlage resultieren bei 40 kg Tagesleistung 16 bis 22 % Zucker und unbeständige Stärke und 26 bis 54 g/kg TM beständige Stärke. Die hohen Gehalte an leichtverfügbaren Kohlenhydraten setzen eine gezielte Anfütterung und ein gutes Fütterungs-Controlling voraus.

2.3.4.2 TMR

Bei Einsatz der Total-Misch-Ration sind die einzelnen Rationen nach den Erfordernissen der jeweiligen Leistungsgruppe zu konzipieren. Grundsätzlich ist zwischen trockenstehenden und laktierenden Tieren zu unterscheiden. In der Rationsplanung kann entsprechend der klassischen Vorgehensweise die Planung als Tagesration erfolgen oder die Einstellung bestimmter Energie und Nährstoffkonzentrationen angestrebt werden. Beide Wege führen zum Erfolg. An dieser Stelle werden die Empfehlungen je kg Trockenmasse aufgeführt und erläutert.

Die Vorgaben für die einzelnen Leistungsgruppen sind so ausgerichtet, dass eine ausreichende Versorgung gewährleistet wird. Maximalwerte sind nur dort angeführt, wo sonst leicht Probleme auftreten können. Die Empfehlungen zum Trockenmassegehalt beziehen sich auf silagebasierte Rationen. Eine Überschreitung der Grenzen hat nicht automatisch negative Wirkungen. Grundsätzlich haben die Werte orientierenden Charakter, und im Einzelfall ist zu überprüfen, ob abweichende Größen problematisch sind. Bezüglich der RNB sind keine Maximalwerte vorgegeben, da diese stark vom Rationstyp abhängig sind. Generell sind RNB über 4 g je kg Trockenmasse zu vermeiden.

a) Trockensteher.

Bei den trockenstehenden Kühen wird zwischen der eigentlichen Trockenstehphase von etwa 5 Wochen und der Vorbereitungsfütterung unterschieden (s. Tabelle

Tabelle C.2.31

Nährstoffvorgaben zur Konzeption von Mischrationen für trockenstehende Milchkühe

		frühe Trockensteher		Vorbereitung ab 15. Tag vor Kalbung	
		min.	max.	min.	max.
Trockenmasse,	g/kg	300		350	
Rohfett,	g/kg TM		40		40
XZ+XS-bXS***,	"			100	200
bXS,	"			15**	
Rohfaser*,	"	260		180	
*SW**	*/kg TM*	*2,00*		*1,40*	
NEL,	*MJ/kg TM*	*5,1*	*5,5*	*6,5*	*6,7*
nXP,	g/kg TM	100	125	140	150
RNB,	"	0		0	
Ca,	"	4,0	6,0	4,5	6,0
P,	"	2,5		3,0	
Na,	"	1,5	2,5	1,5	2,0
Mg,	"	1,5		2,0	

* Zielgröße zur genügenden Sättigung und zur ausreichenden Versorgung mit strukturiertem Grobfutter;

** je nach Leistungshöhe und Rationsgestaltung

*** pansenverfügbare Kohlenhydrate: XZ = Zucker + (XS-bXS) = unbeständige Stärke; bXS = beständige Stärke

C.2.31). In der Zeit der Vorbereitungsfütterung sollten die Kühe für etwa 10 – 12 kg Milch versorgt werden. Die Futteraufnahme vor dem Abkalben ist vermindert. Die Energiedichte sollte in der Vorbereitungsfütterung daher mindestens 6,5 MJ NEL/kg TM betragen. Zur Sicherstellung der nXP-Versorgung der hochtragenden Jungrinder sind die Werte auf mindestens 140 g nXP je kg TM einzustellen. Die Natriumgehalte sind nach oben zu begrenzen, um dem Euteroedem entgegenzuwirken. Bezüglich der Prophylaxe der Gebärparese sollte der Versorgung mit Calcium und der Anionen-Kationen-Bilanz gesondert Beachtung zukommen.

Tabelle C.2.32

Kriterien zur Gruppeneinteilung von Milchkühen bei TMR

Laktationsstadium, Laktationsnummer
Milchleistung
Kondition (BCS)

Einteilungsbeispiele für 2 Gruppen in Abhängigkeit vom Leistungsniveau der Herde

Leistungsniveau, kg Milch/Kuh u. Jahr	**6.000**	**8.000**	**10.000**
Gruppe 1 – frischmelk			
Leistung: > … kg Milch (ECM/Tier und Tag)*			
Färsen	19	22	24
Kühe	22	26	30
Fütterung für … kg Milch	32	37	42
Gruppe 2 – altmelk			
Fütterung für … kg Milch	19	22	25

** kg ECM je Tag = ((1,05 + 0,38 % Fett + 0,21 % Eiweiß)/3,28) x Milch kg*

b) laktierende Kühe.

in Leistungsgruppen. Bei den laktierenden Kühen empfiehlt sich eine Aufteilung in zwei oder drei Leistungsgruppen. Üblich ist die Gruppierung in eine frischmelke und eine altmelke Gruppe. Der Tabelle C.2.32 sind die Kriterien zur Gruppeneinteilung zu entnehmen. Neben der Leistung und dem Laktationsstand ist die Körperkondition als Kriterium heranzuziehen. Tiere mit unzureichender Körperkondition sollten auch bei Unterschreitung der aufgeführten Leistungen noch in der frischmelkenden Gruppe 1 verbleiben. Als Leistungskriterium sollte die energiekorrigierte Milchleistung (ECM) Verwendung finden, um die Unterschiede in den Milchinhaltsstoffen zu berücksichtigen. Weitere Maßgaben zur Gruppierung der Herden bei TMR sind der DLG-Information 1/2001 zu entnehmen.

Bei den laktierenden Kühen wird zwischen frisch- und altmelkenden Tieren unterschieden. Der Tabelle C.2.33 sind die Vorgaben für frischmelkende Kühe in Herden mit 6.000, 8.000 und 10.000 kg Herdenleistung aufgeführt. Die abzudeckenden Milchleistungen betragen je nach Herdenleistung 32 bis 42 kg Milch je Kuh und Tag.

Tabelle C.2.33

Nährstoffvorgaben zur Konzeption von TMR für frischmelkende Milchkühe bei 6.000, 8.000 und 10.000 kg Herdenleistung

Herdenleistung		**6.000**		**8.000**		**10.000**	
Abgedeckte Milchleistung*, kg/Kuh und Tag		**32**		**37**		**42**	
		min.	**max.**	**min.**	**max.**	**min.**	**max.**
Trockenmasse,	g/kg	450	550	450	550	450	550
Rohfett,	g/kg TM		45		45		45
XZ+XS-bXS**,	"	100	250	125	250	150	250
bXS,	"	10	60	20	60	30	60
Rohfaser,	"	150	(200)	150	(190)	150	(180)
SW	/kg TM	1,05		1,10		1,15	
NEL,	MJ/kg TM	6,9	7,1	7,0	7,2	7,1	7,3
nXP,	g/kg TM	160		165		170	
RNB,	"	1,0		1,0		1,0	
Ca,	"	6,0		6,2		6,4	
P,	"	3,7		3,9		4,0	
Na,	"	1,5	2,5	1,5	2,5	1,5	2,5
Mg,	"	1,6		1,6		1,6	

** kg ECM je Tag = ((1,05 + 0,38 % Fett + 0,21 % Eiweiß)/3,28) x Milch kg*
XS = Stärke; XZ = Zucker; bXS = beständige Stärke
*** pansenverfügbare Kohlenhydrate*

Die Anforderungen an Energie- und Nährstoffdichte steigen mit der Leistung der Herde entsprechend an.

Die Vorgaben für die altmelkenden Tiere liegen entsprechend niedriger (s. Tabelle C.2.34). Abgedeckt werden sollen Leistungen je nach Herdenniveau zwischen 19 und 25 kg Milch je Kuh und Tag. Abgestuft sind neben den Werten für die Energiedichte die Vorgaben für die Versorgung mit nXP und mit Kohlenhydraten.

Werden mehr als zwei Leistungsgruppen bei den laktierenden Tieren gefahren, so lassen sich die Nährstoffvorgaben entsprechend ableiten. Die Versorgung der Tiere hat

Tabelle C.2.34

Nährstoffvorgaben zur Konzeption von TMR für altmelkende Milchkühe bei 6.000, 8.000 und 10.000 kg Herdenleistung

Herdenleistung		**6.000**		**8.000**		**10.000**	
Abgedeckte Milchleistung*, kg/Kuh und Tag		**19**		**22**		**25**	
		min.	**max.**	**min.**	**max.**	**min.**	**max.**
Trockenmasse,	g/kg	400	600	400	600	400	600
Rohfett,	g/kg TM		40		40		40
XS+XZ- bXS,**	"	75	175	75	200	75	225
bXS,	"		30		30		30
Rohfaser,	"	150		150		150	
SW,	/kg TM	1,0		1,0		1,0	
NEL,	*MJ/kg TM*	*6,4*	*6,5*	*6,5*	*6,6*	*6,6*	*6,7*
nXP,	g/kg TM	135		140		145	
RNB,	"	0		0		0	
Ca,	"	5,1		5,3		5,5	
P,	"	3,3		3,4		3,5	
Na,	"	1,5	2,5	1,5	2,5	1,5	2,5
Mg,	"	1,6		1,6		1,6	

** kg ECM je Tag = ((1,05 + 0,38 % Fett + 0,21 % Eiweiß)/3,28) x Milch kg*
XS = Stärke; XZ = Zucker; bXS = beständige Stärke
*** pansenverfügbare Kohlenhydrate*

nach Leistung und Kondition zu erfolgen. Im Mittel ist die Ration etwa 3 kg über die mittlere Tagesleistung der Gruppe einzustellen.

TMR ohne Gruppenbildung. Wird bei den laktierenden Tieren auf Gruppenbildung und eine tierindividuelle Kraftfuttergabe verzichtet, so ergeben sich die in Tabelle C.2.35 angeführten Anforderungen an die Mischration. Die Einstellung der Ration im Einzelbetrieb hat grundsätzlich die realisierte Futteraufnahme zu berücksichtigen. Ziel ist eine der Leistung angepasste Versorgung. Um eine Verfettung der Tiere gegen Ende der Laktation zu vermeiden, sind die Aspekte zum Management hinsichtlich Gleichmäßigkeit der Herde, Fruchtbarkeitsmanagement und Zeitpunkt des Trockenstellens zu beachten. Insgesamt ist dem Fütterungs-Controlling bei der TMR ohne Leistungsgruppen eine noch größere Beachtung zu schenken.

Tabelle C.2.35

Empfohlene Gehalte in TMR für laktierende Tiere ohne Leistungsgruppen in Abhängigkeit von der Herdenleistung

Milchleistung kg/Tier/Jahr	nXP g/kg TM	Energie MJ NEL/kg TM	Mögliche Milchleistung kg/Tag	Notwendige Futteraufnahme kg TM/Tag
6.000	152	6,6 – 6,7	26	18 – 19
7.000	155	6,7 – 6,8	29	19 – 20
8.000	158	6,8 – 6,9	31	20 – 21
9.000	162	6,9 – 7,0	34	22 – 23
10.000	167*	7,0 – 7,1	38	22 – 24

** Einsatz von Kraftfutter mit erhöhten Anteilen an unabbaubarem Rohprotein (UDP)*
Quelle: DLG-Information 1/2001

Ablauf der Rationsplanung. Basis der Rationsplanung sind die Analysen des betriebseigenen Grobfutters, abgesicherte Tabellenwerte oder Analysen für Einzelkomponenten und die Deklarationen der zugekauften Futtermittel. Die Sollwerte basieren auf den dargestellten Empfehlungen. Zur Berechnung der einzelnen Rationen empfiehlt sich die Nutzung eines geeigneten Fütterungsprogramms. Im Fütterungsprogramm sollten die zuvor dargestellten Vorgaben hinterlegt sein. Die Anzahl Futtermischungen richtet sich nach den Gruppen im Betrieb. In die Planung sind die Jungrinder mit einzubeziehen. Das Ziel ist die Erstellung möglichst ganzer Mischwagen-Mischungen in geringer Zahl, um den Aufwand für das Mischen in Grenzen zu halten. Es sollte mindestens einmal täglich frisch angemischt werden. Bei Erwärmung der Mischration im Trog um mehr als 5°C ist häufiger anzumischen oder über Zusätze (2 bis 4 kg Propionsäure je t) der Erwärmung entgegenzuwirken. Eine besondere Bedeutung kommt der Gärqualität und dem Hygienestatus der eingesetzten Futtermittel zu, da die Mischration auf Grund der Einmischung nicht-silierter Komponenten hohe Energiegehalte und geringere Gärsäuregehalte aufweist und daher leicht umgesetzt werden kann.

Lassen es die betrieblichen Gegebenheiten zu, sollte eine eigene Ration zur Vorbereitungsfütterung erstellt werden. Ist dies nicht möglich, kann in der Vorbereitungsperiode der kombinierte Einsatz der Trockensteherration und der Ration für die frischmelkenden Tiere erfolgen. Bei Mischration plus Milchleistungsfutter am Abrufautomaten lässt sich die Mischration für 22 bis 27 kg Tagesleistung in der Vorbereitungsfütterung einsetzen. Grundsätzlich ist darauf zu achten, dass Rationen auf Basis Gras-

Tabelle C.2.36

Angesetzte Nährstoffgehalte der eingesetzten Futtermittel in den Rationsbeispielen C.2.37 – 39

	TM g/kg	nXP g/kg TM	RNB g/kg TM	XF g/kg TM	Strukturwert /kg TM	NEL MJ/ kg TM	Stärke g/kg TM	Stärkebeständigkeit %	Zucker g/kg TM
Grassilage, gut	400	139	6,6	230	2,68	6,5			60
Grassilage, mittel	400	137	4,5	260	3,05	6,1			40
Maissilage	340	133	-8,5	185	1,57	6,6	350	30	15
Stroh (Weizen)	860	74	-5,9	429	4,30	3,5			
Heu	860	121	-0,1	300	3,71	5,3			60
Pressschnitzelsilage	220	152	-6,5	208	1,05	7,4			31
Körnermais	880	164	-9,3	26	0,22	8,4	694	42	19
Getreide (Weizen/Gerste)	880	165	-5,0	43	-0,10	8,2	620	15	29
Sojaextraktionsschrot	880	288	35,6	79	0,20	8,6	69	10	108
Sojaextr.schrot, geschützt	880	436	10	79	0,23	8,6	23	10	103
Rapsextraktionsschrot	880	232	25,7	143	0,33	7,2	12	10	98
MLF 160/3	880	181	3,8	110	0,25	7,6	130	15	90
MLF 180/3	880	204	3,7	110	0,25	7,6	130	15	90
MLF 170/4	880	193	5,5	100	0,15	8,2	260	15	80

und Maissilage plus Kraftfutter nicht ideal sind im Hinblick auf die Milchfieberprophylaxe. Bei Problemen im Betrieb sind entsprechende Maßnahmen zu ergreifen.

Der Einsatz von Einzelkomponenten bietet sich an. Zu bedenken ist hierbei jedoch die erforderliche Logistik für Lagerung und Einmischung. Ferner steigt die Fehlermöglichkeit mit der Anzahl Komponenten. Die Verwendung von Vormischungen und Mischfuttern ist daher von Vorteil. An Rationsbeispielen wird die praktische Umsetzung aufgezeigt.

Beispiele. Die nachstehenden Rationsbeispiele für trockenstehende und laktierende Kühe beziehen sich grundsätzlich auf Kühe mit 650 kg Lebendmasse und kalkulierte Milchmengen auf der Basis 4,0 % Milchfett und 3,4 % Milcheiweiß (ECM). In Tabelle C.2.36 werden die wesentlichen Inhaltsstoffe und Parameter der in den Berechnungen verwendeten Futtermittel wiedergegeben. Es werden unterschiedliche Qualitäten

Tabelle C.2.37

Beispiel von TMR für trockenstehende Kühe

		früh Trocken	Vorbereitung (15 Tage vor Kalbung) mit Mischfutter	mit Einzelkomponenten
Grassilage, gut	kg/Tag		4	4
Grassilage, mittel	"	9,5	4	2
Maissilage	"		6,5	7,5
Heu	"	6	2,5	2,5
Getreidestroh	"	3		
Pressschnitzelsilage	"			5
MLF 170/4	"		2,75	
Körnermais	"			0,5
Getreideschrot	"			0,5
Sojaextraktionschrot	"			0,5
Rapsextraktionschrot	"			0,5
Mineralfutter	g/Tag	50	50	75
Futteraufnahme	*kg TM/Tag*	*11,5*	*10*	*10*
Energie, NEL	**MJ/kg TM**	**5,2**	**6,6**	**6,6**
nXP	g/kg TM	115	146	149
RNB	"	0,1	1,2	0,4
SW	/kg TM	3,6	2,1	2,0

Grassilage berücksichtigt. Eine energiereiche Grassilage deckt dabei den Bedarf im Hochleistungsbereich ab, während eine faserreichere und energieärmere Grassilage den altmelkenden und trockenstehenden Kühen zu füttern ist. Lässt sich für die altmelkenden und trockenstehenden Kühe damit der Energiegehalt nicht ausreichend reduzieren, muss auf Stroh und/oder Heu zurückgegriffen werden. Für die Versorgung mit Mineralien in den Leistungsrationen (Tabellen C.2.38 und 39) wurde ein Mineralfutter verwendet mit 170 g Ca, 100 g Na und 50 g Mg/kg. Im Trockensteherbereich sollte ein calciumfreies oder -armes Mineralfutter verwendet werden.

In Tabelle C.2.37 sind Beispielsrationen für die beiden Trockenstehphasen dargestellt. Um für die erste Phase die Energiekonzentration der Ration ausreichend absenken zu können, wird neben der Grassilage auch noch Heu und Stroh eingemischt. In der Phase der Vorbereitung (ab etwa 3. Woche vor der Kalbung) sollten die in der

Tabelle C.2.38

Beispiel von TMR für laktierende Kühe bei Herdenleistungsniveaus von 6.000, 8.000 und 10.000 kg Milch/Kuh und Jahr bei Verwendung von Milchleistungsfutter

Herdenniveau	**kg/Tier/Jahr**	**6.000**		**8.000**		**10.000**	
Abzudeckende Milchleistung	**kg/Tag**	**32**	**19**	**37**	**22**	**42**	**25**
Grassilage, gut	kg/Tag			6,5		12	
Grassilage, mittel	"	12	24,5	6,5	23		20
Maissilage	"	20	12	22	12,5	24	14
MLF 160/3	"				2		5
MLF 170/4	"	9		9,5		12	
Getreide			2		2		1
Sojaextraktionsschrot	"	0,75		1,5			
Sojaextraktionsschrot, geschützt	"					1	
Mineralfutter	g/Tag	100	100	150	150	200	150
Futteraufnahme	*kg TM/Tag*	*20,3*	*15,7*	*22,5*	*17,1*	*24,4*	*18,2*
Energie; NEL	MJ /kg TM	7,1	6,4	7,2	6,5	7,3	6,7
nXP	g/kg TM	162	138	164	142	170	147
RNB	"	1,3	0	2,3	0,2	1,1	0,4
SW	/kg TM	1,34	2,29	1,27	2,04	1,15	1,80

anschließenden Hochleistungsphase eingesetzten Futterkomponenten schon weitestgehend Verwendung finden.

Tabelle C.2.38 zeigt Beispielsrationen für die laktierenden Kühe bei zweiphasiger Fütterung und der Nutzung von zugekauftem Milchleistungsfutter. In der Hochleistungsphase berücksichtigt die zusätzliche Einmischung eines Proteinkonzentrates die mit steigender Leistung wachsenden Ansprüche der Kuh an die Proteinversorgung. In den Beispielsrationen stehen hierfür Raps- und Sojaextraktionsschrote zur Verfügung, die unter anderem auch in speziell geschützten Qualitäten zur Verminderung des Proteinabbaus im Pansen angeboten werden. Die Mischfutterindustrie bietet mineralisierte proteinreiche Mischfutter an, die ebenfalls hohe nXP-Gehalte aufweisen. Alternativ wären daher entsprechende Milchleistungsfutter mit angepassten nXP-Werten einzusetzen.

Tabelle C.2.39

Beispiel von TMR für laktierende Kühe bei Herdenleistungsniveaus von 6.000, 8.000 und 10.000 kg Milch/Kuh und Jahr bei Verwendung von Kraftfutter-einzelkomponenten

Herdenniveau	**kg/Tier/Jahr**	**6.000**		**8.000**		**10.000**	
abzudeckende Milchleistung	**kg/Tag**	**32**	**19**	**37**	**22**	**42**	**25**
Grassilage, gut	kg/Tag			6		15	12
Grassilage, mittel	"	11	23	6	23		9
Maissilage	"	18,5	8,5	20	10,5	18,5	16
Getreidestroh	"		0,25				
Pressschnitzelsilage	"	11	11	12	11	12	10
Körnermais	"	1,25		1,5		2	
Getreideschrot	"	3,5	0,75	3	1,25	4	1
Sojaextraktionsschrot	"	1,5		2,5		4	0,5
Sojaextraktionsschrot geschützt	"					0,5	
Rapsextraktionsschrot	"	2,0	0,25	2,0	0,75		0,75
Mineralfutter	g/Tag	250	100	300	125	400	200
Futterkalk	"	30		50	50	50	
Viehsalz	"		25		25		
Futteraufnahme	*kg TM/Tag*	*20,7*	*15,6*	*22,7*	*17,2*	*24,6*	*18,3*
Energie, NEL	MJ/kg TM	7,0	6,4	7,1	6,5	7,2	6,7
nXP	g/kg TM	160	139	166	142	172	145
RNB	"	0,6	0,2	2,1	0,5	1,8	0,8
SW	/kg TM	1,29	2,30	1,24	2,10	1,20	1,91

Bei der Verwendung von Einzelkomponenten (s. Tabelle C.2.39), um auch betriebseigene Futtergetreide oder kostengünstige Nebenprodukte einzusetzen, ist die Herstellung einer Kraftfuttervormischung dringend zu empfehlen. Für einen längeren Zeitraum werden dazu die trockenen Futterkomponenten in den erforderlichen Anteilen mit dem Mischwagen selbst oder mit Hilfe anderer Mischeinrichtungen vorgemischt und stallnah zur Entnahme durch den Mischwagen gelagert. Dadurch kann das Risiko von Fehlern bei der Befüllung des Mischwagens vor allem bei Komponenten mit sehr kleinen Anteilen und der Arbeitsaufwand bei der täglichen Mischarbeit vermindert werden.

Tabelle C.2.40

Futterkosten € je Kuh und Tag für melkende Kühe mit Einsatz von MLF in Abhängigkeit vom Leistungsniveau der Herde und der Leistungsgruppe; aus Tab. C.2.38

		Leistungsniveau					
	Preis	**6.000**		**8.000**		**10.000**	
		Milch, kg/Tag					
	Euro/t*	**32**	**19**	**37**	**22**	**42**	**25**
Grassilage, gut	40			0,26		0,48	
Grassilage, mittel	35	0,42	0,86	0,23	0,81		0,70
Maissilage	30	0,60	0,36	0,66	0,38	0,72	0,42
MLF 160/3	150				0,30		0,75
MLF 170/4	165	1,49		1,57		1,98	
Getreide	120		0,24		0,24		0,12
Sojaex.schrot	210	0,16		0,32			
Sojaex, geschützt	250					0,25	
Mineralfutter	500	0,05	0,05	0,07	0,07	0,10	0,07
gesamt		**2,72**	**1,51**	**3,11**	**1,80**	**3,53**	**1,99**
Cent/10 MJ NEL		19,9	15,0	19,2	16,2	19,8	16,3
Cent/kg Milch		8,5	7,9	8,4	8,2	8,4	8,0

**Futtervollkosten, d.h. inklusive Lagerkosten, Aufbereitung etc.*

Futterkosten. Die Kosten (s. Tabelle C.2.40 und 41) der Rationen aus den Tabellen C.2.38 und 39 unterscheiden sich bei den unterstellten Preisen nur unwesentlich. Erst mit dem weiteren Einsatz von preiswerten industriellen Nebenprodukten sind hier deutlichere Unterschiede zu erwarten. Der Vergleich für den Bereich von 8.000 kg Milchleistung zeigt aber, dass zu einer Rationsberechnung auch die Kostenoptimierung gehört.

In allen Beispielen liegen bei den frischmelkenden Tieren die Kosten je 10 MJ NEL über denen der altmelkenden Tiere. Durch die Phasenfütterung (unterschiedliche Rationen für frisch- und altmelkende Tiere) können somit neben den bereits angeführten physiologischen auch ökonomische Vorteile erreicht werden. Eine Gegenüberstellung der Futterkosten für Herden mit bzw. ohne Gruppenbildung ist aus den Beispielen jedoch nicht möglich, da diese Rationen auf Basis leicht differierender Nährstoffempfehlungen kalkuliert werden. Darüber hinaus ist je nach Herde und Herdenführung ein unterschiedlich starker Luxuskonsum der altmelkenden Tiere in Ansatz zu bringen.

Tabelle C.2.41

Futterkosten € je Kuh und Tag für melkende Kühe ohne Einsatz von MLF in Abhängigkeit vom Leistungsniveau der Herde und der Leistungsgruppe; aus Tab. C.2.39

		Leistungsniveau					
	Preis	**6.000**		**8.000**		**10.000**	
		Milch, kg/Tag					
	Euro/t*	**32**	**19**	**37**	**22**	**42**	**25**
Grassilage, gut	40			0,24		0,60	0,48
Grassilage, mittel	35	0,39	0,81	0,21	0,81		0,32
Maissilage	30	0,56	0,26	0,60	0,32	0,56	0,48
Getreidestroh	65		0,02				
Pressschnitzelsilage	25	0,27	0,27	0,30	0,27	0,30	0,25
Körnermais	150	0,19		0,23		0,30	
Getreideschrot	120	0,42	0,09	0,36	0,15	0,48	0,12
Sojaex.schrot	210	0,32		0,53		0,84	0,11
Sojaex., geschützt	250					0,13	
Rapsextr.schrot	165	0,36	0,04	0,33	0,12		0,12
Mineralfutter	500	0,12	0,05	0,15	0,06	0,20	0,10
Futterkalk	100	0,003		0,005	0,005	0,005	
Viehsalz	130		0,003		0,003		
gesamt		**2,63**	**1,55**	**2,96**	**1,74**	**3,42**	**1,98**
Cent/10 MJ NEL		18,2	15,4	18,4	15,6	19,3	16,1
Cent/kg Milch		8,2	8,2	8,0	7,9	8,1	7,9

**Futtervollkosten, d.h. inklusive Lagerkosten, Aufbereitung etc.*

Vergleichskalkulationen der durchschnittlichen Kosten je kg Milch über die gesamte Laktation zwischen TMR und Rationen mit Abruffütterung erweisen sich als schwierig, da ihr Ergebnis sehr stark von der tatsächlichen Futteraufnahme in den Leistungsgruppen der TMR-Fütterung abhängt. Das Ausmaß des Luxuskosums ist entscheidend für die Futterkosten.

Entscheidend für den ökonomischen Erfolg sind neben den Kosten je 10 MJ NEL vor allem die betrieblichen Gegebenheiten. Eine kostengünstige Fütterung setzt voraus, dass die Versorgung der Tiere möglichst eng am Bedarf angepasst wird. Ferner sind bei Betrachtung der Kosten auch die Aufwendungen für den Mischwagen (im Vergleich zur Abruffütterung) sowie die ggf. notwendigen zusätzlichen Lagerräume für Einzelkomponenten, Befestigung der Verkehrsflächen sowie die Arbeitskosten und

Einsparung durch den eventuellen Verzicht auf die Pelletierung zu berücksichtigen. In der Regel nehmen die Vorteile der TMR mit steigender Betriebsgröße zu.

2.3.5 Kohlenhydrate in der Milchviehfütterung

Für die Rationsplanung sind Empfehlungen für die anzustrebenden Gehalte an Kohlenhydraten erforderlich. Der Tabelle C.2.21 sind die über den DLG-Arbeitskreis Futter und Fütterung bundesweit abgestimmte Orientierungswerte zu entnehmen. Die Orientierungsgrößen beziehen sich auf Zucker, unbeständige Stärke und Zucker und die beständige Stärke. Die Menge an leicht löslichen pansenverfügbaren Kohlenhydraten ist nach oben insgesamt zu begrenzen, um Pansenübersäuerungen (klinische und subklinische Acidose) und Probleme mit der Futteraufnahme zu vermeiden.

Beim Zucker sind Gehalte bis 75 g/kg TM der Gesamtration als unproblematisch zu erachten. Dies sind zum Beispiel 1.650 g Zucker je Tag bei einer Aufnahme an Trockenmasse von 22 kg/Tag. Bei höheren Gehalten ist die einzelne Ration genauer zu prüfen und der Rationskontrolle große Bedeutung beizumessen, um Probleme in der Futteraufnahme und in der Kotkonsistenz zu vermeiden. Derartig hohe Gehalte an Zucker resultieren beim Einsatz hoher Mengen an Futter- oder Zuckerrüben. Der Einsatz ist entsprechend der Vorgaben auf etwa 4 kg TM aus Futterrüben oder 2,5 kg TM aus Zuckerrüben je Kuh und Tag zu beschränken. Mindestgehalte an Zucker in der Ration werden nicht vorgegeben, da pansenverfügbare Stärke ähnliche Effekte wie Zucker hat. Positive Effekte auf die Futteraufnahme werden vom Einsatz von Melasse insbesondere bei Grassilagen mit geringen Zuckergehalten berichtet. Selbst der Einsatz von Futterzucker wird in diesem Zusammenhang diskutiert.

In Bezug auf die Pansenübersäuerung ist die Summe aus Zucker und der im Pansen verfügbaren Stärke zu betrachten. Die beständige Stärke ist von der insgesamt aufgenommenen Stärke in Abzug zu bringen, da hieraus ja keine flüchtigen Fettsäuren im Vormagen und somit auch keine Übersäuerung im Pansen resultieren kann. Für melkende Tiere ist bei gezielter Vorbereitungs- und Anfütterung, geeigneter Fütterungstechnik (Häufigkeit der Futtervorlage) und ausreichenden Mengen an strukturiertem Grobfutter ein Gehalt an den pansenverfügbaren Kohlenhydraten (unbeständige Stärke und Zucker) bis zu 250 g/kg TM der Gesamtration vertretbar. Selbstverständlich können diese hohen Anteile an Stärke und Zucker nur dann mit Erfolg eingesetzt werden, wenn auch eine intensive Rationskontrolle erfolgt. Bei der beständigen Stärke ist die Verarbeitungskapazität der Kühe zu beachten. Die Kenntnislage ist hierzu bisher noch gering. Um Probleme zu vermeiden, soll der Gehalt an beständiger Stärke 60 g/kg TM der Gesamtration nicht überschreiten. Bei einer Futteraufnahme von 25 kg TM je Kuh und Tag ergeben sich so Mengen bis 1.500 g beständige Stärke je Kuh und Tag.

Bei der empfohlenen Versorgung mit den pansenverfügbaren Kohlenhydraten (Stärke und Zucker) und der beständigen Stärke variieren die Orientierungswerte nach dem Laktationsstand und der Leistungshöhe. Die Angaben geben den groben Rahmen vor. Je nach Rationstyp, Zielsetzung und Bedingungen im Einzelbetrieb hat die Feineinstellung zu erfolgen. Für den Leistungsbereich bis 7.000 kg ist die genaue Ausgestaltung der Kohlenhydratversorgung von untergeordneter Bedeutung.

Für Betriebe mit einer Leistungshöhe von 9.000 kg Milch je Kuh und Jahr und mehr empfehlen sich in der ersten Laktationshälfte Gehalte an unbeständiger Stärke und Zucker von etwa 200 g/kg Trockenmasse. Die Vorbereitungs- und Anfütterung muss die höheren Anteile an Kohlenhydrate nach der Kalbung berücksichtigen. Die Werte sollten in der Vorbereitungsfütterung mindestens halb so hoch wie nach der Kalbung sein. Bei den altmelkenden Kühen sollte generell der Anteil an beständiger Stärke und somit an Mais- und Kartoffelprodukten geringer gehalten werden, um die bereits angeführte Verfettung zu vermeiden. Als Orientierungswert dient ein Wert von maximal 30 g beständiger Stärke je kg Trockenmasse, der in der Praxis bei maisbetonter Fütterung jedoch vielfach überschritten wird.

Den Tabellen C.2.42 und C.2.43 sind einfache Rationsbeispiele zu entnehmen. In der ersten Tabelle sind zwei aufgewertete Grundrationen für 25 kg Tagesleistung erstellt, einmal auf Basis Grassilage und einmal auf Basis Gras- und Maissilage. Neben dem Grobfutter enthalten die Rationen Biertrebersilage, Getreide, Rapsextraktionsschrot und Milchleistungsfutter. Die Ration 1 auf Basis Grassilage zeichnet sich durch sehr geringe Gehalte an beständiger Stärke und vergleichsweise niedrige Gehalte an unbeständiger Stärke und Zucker aus. Im Gegensatz dazu ist die maisbetonte Ration mit 47 g beständiger Stärke und 173 g unbeständiger Stärke und Zucker je kg Trockenmasse erheblich reicher an pansenverfügbaren Kohlenhydraten. Werden diese nun über die Grundration hinaus mit einem üblichen Milchleistungsfutter 160/3 ergänzt, so ergeben sich die in Tabelle C.2.42 aufgeführten Gehalte.

Für die grasbetonte Ration 1 verbleibt der Gehalt an beständiger Stärke bei einem Niveau von 14 g je kg Trockenmasse. Dieser Wert ist für hochleistende Tiere erheblich zu niedrig. Eine entsprechende Anhebung ist erforderlich. Dies kann einmal durch den gezielten Einsatz von Mais- oder Kartoffelprodukten erfolgen oder durch die Verfütterung geeigneter Mischfutter. Im Beispiel der Tabelle C.2.43 wird daher ein Milchleistungsfutter für Grasprodukte eingesetzt. Das Kraftfutter **180/7,0 für Grassilage** enthält 70 g beständige Stärke je kg und 230 g Zucker und unbeständige Stärke je kg (s. Tabelle C.2.28). Bei 7,0 MJ NEL/kg beträgt der Gehalt an nXP 180 g je kg bei einer niedrigen RNB von 2 g je kg. Wird statt des MLF 160/3 dieses spezielle MLF eingesetzt, so verschiebt sich die Kohlenhydratversorgung erheblich. Der Gehalt an beständiger Stärke steigt von 14 auf 37 g je kg Trockenmasse und liegt damit innerhalb der in Tabelle C.2.21 angeführten Bandbreite von 30 bis 60 g kg

Tabelle C.2.42

Beispielsrationen für Milchkühe (650 kg LM) mit 25 kg Milch je Tag; 4,2 % Fett, 3,5 % Eiweiß

Ration		1	2
Grassilage, 35 % TM	kg/Tag	37	20
Maissilage, 32 % TM	"	–	22
Biertrebersilage,	"	7	7
Rapsextraktionsschrot,	"	–	1,5
Weizen,	"	2	1,5
MLF (160/3),	"	2	1,5
Mineralfutter: (Ca/P/Na)			
(-/-/10),	"	0,05	–
(25/-/ 10),	"	–	0,1
Futteraufnahme gesamt,	kg TM/Tag	18,5	18,4
Gehalte in der Gesamtration			
Strukturwert (SW),	/kg TM	2,17	1,79
Zucker,	g/kg TM	50	37
beständige Stärke,	"	11	47
unbeständige Stärke und Zucker,	"	116	173

TM. Ebenfalls ansteigend ist der Gehalt an unbeständiger Stärke und Zucker von 149 auf 171 g je kg.

Bei maisbetonten Rationen ist auch bei Einsatz der bisher üblichen Milchleistungsfutter eine noch ausreichende Versorgung mit Kohlenhydraten gegeben. Um aber auch diese Rationen auszureizen, empfiehlt sich ggf. eine Anhebung des Gehalts an unbeständiger Stärke und Zucker. Im Beispiel ist mit dem MLF **180/7,0 für Maissilage** ein Futter mit gleichen Gehalten an Energie, nXP, Stärke und Zucker, aber im Vergleich zu dem Futter zu Grassilage unterschiedlicher Beständigkeit der Stärke eingesetzt. Im Vergleich zum MLF 160/3 erhöhen sich in der Ration die Gehalte an pansenverfügbaren Kohlenhydraten, da insgesamt erheblich mehr Stärke und Zucker Verwendung findet. Der Gehalt an unbeständiger Stärke und Zucker ist mit 216 g/kg TM schon im Grenzbereich. Nur Betriebe mit gutem Management und hohen Leistungen sollten die Ration derartig ausreizen. Die Strukturwerte der Rationen liegen mit etwa 1,4 bei den Grassilage-betonten Rationen und mit 1,2 bei der Maissilage-betonten über

Tabelle C.2.43

Beispielsrationen für Milchkühe (650 kg LM) mit 40 kg Milch/Tag, 4,1% Fett, 3,4 % Eiweiß

Ration		**1 (Grassilage)**		**2 (50 % Maissilage)**	
Grundration,	kg TM/Tag	14,4	14,7	15,2	16,0
MLF:					
160/3[1]	kg/Tag	11,0	-	10,3	-
180/7,0 – Gras[2]	"	-	10,4	-	-
180/7,0 – Mais[3]	"	-	-	-	9,2
Futteraufnahme gesamt,	kg TM/Tag	24,1	23,9	24,3	24,1
Gehalte in der Gesamtration					
Strukturwert (SW),	/kg TM	1,40	1,42	1,23	1,26
Zucker,	g/kg TM	67	61	57	51
beständige Stärke,	"	14	37	36	45
unbeständige Stärke und Zucker,	"	149	171	183	216

[1] 160 g nXP, 6,7 MJ NEL/kg, 15 g beständige Stärke und 190 g Zucker und Stärke/kg; RNB = 3 g/kg
[2] 180 g nXP, 7,0 MJ NEL/kg, 70 g beständige Stärke und 300 g Zucker und Stärke/kg; RNB = 2 g/kg
[3] 180 g nXP, 7,0 MJ NEL/kg, 35 g beständige Stärke und 300 g Zucker und Stärke/kg; RNB = 6 g/kg

dem Grenzwert von 1,1/kg TM. Bedingt ist dies unter anderem durch den Einsatz von hochwertigem Grobfutter und von Biertrebersilage. Hohe Anteile Grob- und Saftfutter garantieren auch bei hohen Leistungen eine günstige Versorgung mit Struktur.

Selbstverständlich kosten die speziellen Futter mit höheren Gehalten an pansenverfügbaren Kohlenhydraten, beständiger Stärke und nXP mehr Geld. Wird durch Einsatz dieser Futter die Kuh besser ausgefüttert und das Leistungsvermögen entsprechend ausgeschöpft, so ist in der Regel der Mehrpreis von um die 2 Euro je dt Futter gerechtfertigt. Die Erfahrungen insbesondere in den Grünlandgebieten zeigen, dass eine gezielte Versorgung mit beständiger Stärke und pansenverfügbaren Kohlenhydraten lohnt.

Fazit

- Bei Leistungen von 8.000 kg und mehr empfiehlt sich grundsätzlich die Einbeziehung der Kohlenhydrate in die Rationsplanung.
- Bei den Kohlenhydraten sollen ergänzend die Gehalte an beständiger Stärke und an pansenverfügbaren Kohlenhydraten beachtet werden.
- Bei grasbetonten Rationen empfiehlt sich der Einsatz von Einzelkomponenten oder von Mischfuttern mit erhöhten Anteilen an beständiger Stärke.
- Bei höheren Gehalten an leicht verfügbaren Kohlenhydraten kommt dem Fütterungssystem und der Rationskontrolle eine verstärkte Bedeutung zu, um Pansenübersäuerungen zu vermeiden.

2.3.6 Anwendung NDF/NFC/ADF

Wie in Teil B ausgeführt, kann zur Kohlenhydratbewertung auch auf die Detergenzienfasern NDF und ADF zurückgegriffen werden. Voraussetzung für die Rationsplanung auf Basis NDF, NFC und ADF sind die Kenntnis der Gehalte in den Futtermitteln und auf deutsche Verhältnisse angepasste Empfehlungen. In den Futterwerttabellen sind daher ergänzend die Gehalte an NDF, NFC und ADF aufgeführt. Die Datengrundlage ist jedoch noch beschränkt, weshalb die Werte auf 5 g/kg TM gerundet angegeben werden. Für eine gezielte Rationsplanung sind die Gehalte in den Grobfuttern zu analysieren. Bei den Mischfuttern ist eine Angabe durch den Hersteller erforderlich.

Für die Versorgung der Kühe mit NDF, NFC und ADF liegen weltweit sehr unterschiedliche Empfehlungen vor. Von Einfluss sind Futterbasis, Leistungshöhe, Fütterungstechnik und eine Reihe weiterer Faktoren. Eine aktuelle Empfehlung wurde von der amerikanischen Fachgesellschaft (NRC) herausgegeben (s. auch DLG-Information 2/2001). Die Empfehlungen sind für Total-Misch-Ration bei ausreichender Partikellänge und hohen Anteilen an Maisstärke in der Ration abgeleitet (s. Tabelle C.2.44). Als zentrale Größe wird der NDF-Gehalt aus Grobfutter (NDFg) herausgestellt. Der NDF aus Grobfutter kommt eine höhere Strukturwirkung zu. Zu einem gewissen Anteil kann die NDF aus Saft- und Kraftfutter NDFg ersetzen. Fällt die NDFg um 1 Prozentpunkt in der Ration, so steigt die Anforderung in der NDF um 2 Prozentpunkte. Nur von untergeordneter Bedeutung ist die Versorgung mit ADF für die Sicherstellung der Strukturversorgung der Kuh.

Tabelle C.2.44

Empfohlene Mindestversorgung an strukturierten Kohlenhydraten in TMR bei ausreichender Partikellänge und hohen Anteilen an Maisstärke; % der Trockenmasse

NDFg (aus Grobfutter)	NDF min.	ADF min.	NFC max.
19	25	17	44
18	27	18	42
17	29	19	40
16	31	20	38
15	33	21	36

Quelle: NRC, 2001

Für die leicht löslichen Kohlenhydrate bestehen Maximalmengen nach oben, um Acidose und starke Abfälle in den Milchfettgehalten zu vermeiden. Die vertretbare Versorgung mit NFC ist ebenfalls nach der NDFg gestaffelt. Je höher die NDF-Versorgung aus Grobfutter ist, um so mehr NFC z. B. aus Getreide lässen sich in der Ration einsetzen.

Darüber hinaus werden Maximalwerte für NDF in Zusammenhang mit der Futteraufnahme angesprochen. Bei hochleistenden Tieren in der Frühlaktation soll der NDF-Gehalt 32 % der TM nicht überschreiten. Bei altmelkenden Tieren wird der Wert mit 44 % NDF angegeben.

Die Zielgrößen für die Rationsplanung sind der Tabelle C.2.45 zu entnehmen. Unterschieden werden 2 Phasen bei den Trockenstehern und 3 Phasen bei den laktierenden Tieren. Unterstellt ist ein hohes Leistungsniveau von 9.000 kg Milch und mehr und die Fütterung von TMR. Neben den Größen NDF, NDFg und ADF sind die üblichen Kenngrößen für die Beurteilung der Ration heranzuziehen. Soweit möglich werden in den ersten 3 Wochen der Laktation höhere Anteile an Detergenzien-Fasern empfohlen, um der geringeren Futteraufnahme Rechnung zu tragen.

Das Vorgehen in der konkreten Rationsplanung ist den folgenden Beispielen zu entnehmen (Tabelle C.2.46 und C.2.47). Die Rationen für die laktierenden Kühe variieren im Grobfutter mit Gras- zu Maissilagerelationen von **3:1** bzw. **1:3** auf Basis Trockenmasse. Das weitere Futter besteht aus Biertrebersilage, Weizen, Soja- und Rapsextraktionsschrot sowie Melasseschnitzeln.

Tabelle C.2.45

Zielgrößen für die Planung von TMR unter Berücksichtigung von NDF, NFC und ADF

Phase		Frühe Trocken-steher		Vorbereitung 15 Tage vor Kalbetermin		früh		mittel		spät	
ECM/Tag, kg						45-40		35-30		25-20	
		min.	max.	min.	max.	min.	max.	min.	max.	min.	max.
Trocken-masse,	g/kg	300		350		450		400	550	400	600
Rohfett,	g/kg TM		40		40		45		40		40
NDFg *,	"	350		250		180		240		300	
NDF,	"	400		350		280	320		380		440
NFC,	"		250	300	350	350	420**		380		340
ADF,	"	300		220		180		200		230	
NEL,	MJ/kg TM	5,1	5,5	6,5	6,7	7,1	7,3	6,9	7,0	6,6	6,7
nXP,	g/kg TM	100	125	140	150	170		160		145	
RNB,	"	0		0		1		1		0	

** NDFg = NDF aus Grobfutter*
*** nur bei hohen Anteilen an beständiger Stärke (z. B. Maissilage und Körnermais)*

Bei den Rationen für die laktierenden Kühe wird in der frühen Phase pansenstabiles Sojaextraktionsschrot eingesetzt, um die Versorgung mit nXP zu gewährleisten. Der Vergleich der Kenngrößen zeigt, dass bei den gewählten Rationen die Grenzen in der NFC und der Versorgung mit unbeständiger Stärke und Zucker sich etwa entsprechen. In der Ration II liegt die Versorgung mit beständiger Stärke etwas über dem zuvor angeführten Orientierungswert von maximal 60 g beständiger Stärke je kg Trockenmasse. Für maisbetonte Rationen ergeben sich insgesamt keine größeren Unterschiede je nach gewähltem System. Bei den grasbetonten Rationen lassen sich die gewünschten NFC-Werte bei den frischlaktierenden Tieren nur mit höheren Anteilen an stärke- und pektinhaltigen Futtermitteln realisieren.

Selbstverständlich lässt sich die Rationsplanung auf Basis der Detergenzien-Fasern auch mit Mischfuttern realisieren. Für die Rationen I und II könnten jeweils spezielle TMR-Ergänzer Anwendung finden. Für die grasbetonte Ration könnte dieser 7,0 MJ NEL/kg, 170 g nXP, 160 g NDF, 480 g NFC und 80 g ADF je kg enthalten. In der mais-

Tabelle C.2.46

Rationsbeispiele zur Fütterung trockenstehender Kühe auf Basis von NDF

Phase		**früh Trocken**		**Vorbereitung**	
Ration		**I**	**II**	**I**	**II**
Stroh,	kg TM/Tag	2,5	3	–	–
Grassilage, mittel,	"	8,5	6	6	4,5
Maissilage, gut,	"	–	2	2,5	4
Biertrebersilage,	"	–	–	1	1
Sojaextr.schrot,	kg/Tag	–	–	0,5	0,5
Weizen,	"	–	–	0,5	0,5
Mais,	"	–	–	0,5	0,5
Melasseschnitzel,	"	–	–	0,5	0,5
Mineralfutter (-/-/10),	"	0,1	0,1	0,1	0,1
gesamt,	**kg TM/Tag**	**11,1**	**11,1**	**11,4**	**11,4**
NEL,	MJ/kg TM	5,4	5,4	6,6	6,6
nXP,	g/kg TM	122	119	149	149
RNB,	"	2,0	- 0,8	1,8	0,1
NDFg,	"	547	539	336	321
NDF,	"	547	539	414	399
NFC,	"	170	217	295	334
ADF,	"	330	325	236	226
SW,	/kg TM	3,3	3,1	2,1	1,9
Rohfaser,	g/kg TM	296	290	205	196
XZ+XS-bXS*,	"	31	68	138	167
bXS,	"	–	19	39	52

** pansenverfügbare Kohlenhydrate: XS = Stärke; XZ = Zucker;*
bXS = beständige Stärke

betonten Ration betragen die Werte 7,0 MJ NEL/kg, 175 g nXP, 170 g NDF, 430 g NFC und 90 g ADF je kg. Der Unterschied ergibt sich in erster Linie durch die unterschiedlichen Anteile an Rapsextraktionsschrot und Getreide.

Die Anwendung der dargestellten Normen führt zu ähnlichen Ergebnissen in der Rationsplanung wie bei dem zuvor aufgeführten Verfahren unter Berücksichtigung von Stärke und Zucker. Nicht berücksichtigt ist jedoch die Beständigkeit der Stärke. Dies ist jedoch sowohl für grasbetonte Rationen als auch sehr stark maisbetonte Rationen zu

Tabelle C.2.47

Rationsbeispiele für laktierende Kühe auf Basis der Vorgaben in Tabelle C.2.45 mit NDF

Phase		früh		mittel		spät	
ECM/Tag, kg		45 – 40		35 – 30		25 – 20	
Ration		**I**	**II**	**I**	**II**	**I**	**II**
Grassilage, jung,	kg TM/Tag	4	–	5	–	5,5	–
Grassilage, mittel,	"	4	4	5	4	5,5	5
Maissilage, gut,	"	3	7	3	9	3	9
Biertrebersilage,	"	2	2	2	2	1,5	1,5
Sojaextr.schrot,	kg /Tag	–	1,5	2	1,5	–	–
Sojaextr.schrot, gesch.,	"	1,2	0,7	–	–	–	–
Rapsextr.schrot,	"	1,5	2,0		1	0,5	2
Mais,	"	2,5	2,5	1	–	–	–
Weizen,	"	5	3,5	2	2,5	1	–
Melasseschnitzel,	"	3	3,0	2	2	1	1
Mineralfutter,	"	0,25	0,3	0,2	0,3	0,15	0,2
gesamt,	**kg TM/Tag**	**25**	**25**	**21,4**	**21,5**	**17,9**	**17,9**
NEL,	MJ/kg TM	7,2	7,2	6,9	6,9	6,6	6,6
nXP,	g/kg TM	168	169	160	157	145	146
RNB,	"	1,1	1,0	3,6	0,3	2,9	0,4
NDFg,	"	189	180	263	243	340	319
NDF,	"	323	318	369	357	417	404
NFC,	"	392	404	324	377	284	332
ADF,	"	178	177	209	201	243	238
SW,	/kg TM	1,22	1,07	1,68	1,34	2,12	1,75
Rohfaser,	g/kg TM	149	145	180	169	210	194
XZ+XS-bXS*,	"	231	240	165	217	123	171
bXS,	"	56	68	36	55	23	53

** pansenverfügbare Kohlenhydrate: XS = Stärke; XZ = Zucker; bXS = beständige Stärke*

empfehlen. Bei derartigen Rationen ist daher neben NDF und NFC die Kalkulation der beständigen Stärke erforderlich. Zukünftig ist denkbar, dass die NDF die Rohfaser ablöst, um international gleich vorzugehen. Als Vorteil der Anwendung der NDF ergibt sich der gleichzeitig anfallende NFC-Gehalt.

In der Übergangsphase wird zumindest in der angewandten Forschung und der Beratung zweigleisig gefahren. Bei schwierigen Rationen kann die Kalkulation nach verschiedenen Systemen zusätzliche Information liefern. Für eine sachgerechte Rationsberechnung nach NDF müssen die Werte für das Grobfutter analysiert werden, und für das Mischfutter sollten die Werte ebenfalls vorliegen.

2.3.7 Knackpunkte der Proteinversorgung

Über das Futter ist die Kuh so mit Protein und Stickstoff zu versorgen, dass die Mikroben des Vormagens optimal wachsen können und der Bedarf der Kuh an Aminosäuren am Darm gedeckt wird. Im Vordergrund steht die Bildung von Milcheiweiß. Diesbezüglich ist zu beachten, dass in erster Linie die Milcheiweißmenge zu beeinflussen ist. Der Gehalt an Milcheiweiß ist dann die resultierende Größe der Milchmenge.

Welchen Eiweißgehalt anstreben? Der anzustrebende Gehalt an Milcheiweiß ist stark abhängig vom genetischen Potential der Tiere bezüglich Milchfett- und Milcheiweißgehalt sowie den Zahlungsmodalitäten der Molkerei und gegebenenfalls speziellen züchterischen Interessen. Der maximal realisierbare Milcheiweißgehalt ist in der Regel nicht der „optimale" Gehalt, da das Gesetz des abnehmenden Ertragszuwachses hier stark durchschlägt.

Hohe Milcheiweißgehalte bei geringen Milchfettgehalten erhöhen die erforderliche Versorgung der Kuh mit nutzbarem Rohprotein am Darm (nXP) je MJ NEL (siehe Tabelle C.2.48). Dies erklärt zum Teil die höheren Milcheiweißgehalte in milchfettstarken Herden bei ansonsten vergleichbarer Fütterung. Des weiteren ist der Bedarf an nXP für die Erhaltung im Vergleich zum Energiebedarf sehr niedrig. Hieraus folgt, dass die Anforderungen an die nXP-Versorgung mit steigender Leistung und hohen Vorgaben für den Milcheiweißgehalt stark steigen. Dies bedingt hohe Anforderungen an die Ausgestaltung der Ration und das gesamte Fütterungsmanagement.

Ausgangsbasis der Betrachtung sind die Umsetzungen des Rohproteins in Vormagen, Darm, Intermediärstoffwechsel und Euter. Der Abbildung C.2.9 sind die Grundzüge zu entnehmen. Das am Darm anflutende vom Tier nutzbare Rohprotein ist in erster Linie Mikrobenprotein und zu einem geringen Anteil unabbaubares Futterprotein (UDP). Die am Darm anflutende Menge an Mikrobenprotein ist abhängig von der im

Abbildung C.2.9

Einfaches Schema zur Aminosäurenversorgung der Milchkuh

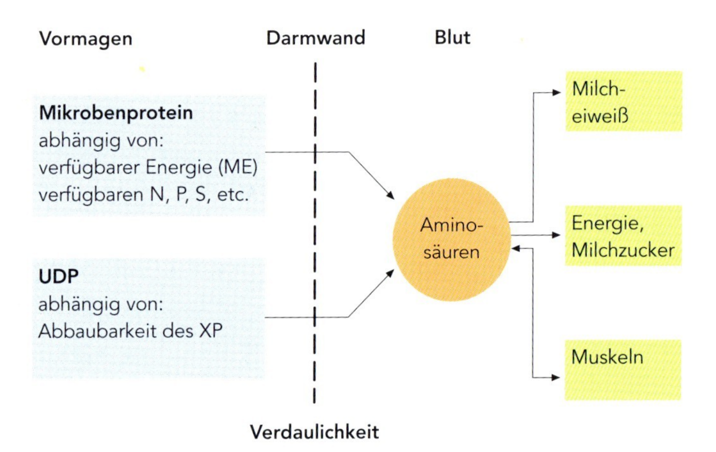

Tabelle C.2.48

Empfohlene Versorgung von Milchkühen mit nXP für Erhaltung und Milcheiweißbildung je MJ NEL

I. Erhaltung: **11,8 bis 12,3 g nXP/MJ NEL**
II. Milchbildung: **g nXP/MJ NEL**

Eiweiß, %	**3,0**	**3,2**	**3,4**	**3,6**
Fett, %				
3,5	25,6	26,6	27,5	28,3
4,0	24,1	25,0	25,9	26,7
4,5	22,7	23,6	24,5	25,3

Vormagen gebildeten Mikrobenmenge, deren Zusammensetzung und den Abflussraten in den Labmagen. Für die Bildung von Mikrobenprotein ist die für die Mikroben nutzbare Energiemenge und eine ausreichende Bereitstellung von Stickstoff, Phosphor, Schwefel etc. maßgebend. Da die Bildung von Mikroben kontinuierlich verläuft, sind auch alle Bausteine stets erforderlich (Synchronisation der Nährstoff- und Energiebereitstellung; siehe Kapitel C.2.2).

Die Menge an UDP am Darm ist abhängig von der Abbaucharakteristik des Futters und den Flussraten. Zwischen UDP und Mikrobenprotein bestehen dabei Wechselwirkungen. Für die Milchkuh nutzbar ist nur der verdauliche Anteil des am Darm anflutenden Rohproteins. Die über das Blut an den Ort des Bedarfs gelangenden Aminosäuren stehen zur Bildung von Milcheiweiß zur Verfügung. Ein kleiner Teil der Aminosäuren wird zur Bildung von Körpereiweiß (Muskeln) genutzt. Dies gilt insbesondere für wachsende Tiere in der ersten Laktation.

Jeweils zu Beginn der Laktation kann auch Körpereiweiß freigesetzt werden. Die Mengen sind jedoch so gering, dass sie in der Rationsplanung im Gegensatz zur Energiebereitstellung aus Körperfett außer acht zu lassen sind. Die Beobachtung, dass trotz rechnerisch ausreichender nXP-Versorgung die Milcheiweißmenge nicht befriedigt, ist in den Wechselwirkungen zum Energie- und Laktose-Stoffwechsel begründet. Aminosäuren können energetisch genutzt werden und als Ausgangssubstanz für die Bildung von Milchzucker dienen.

Fazit der Betrachtung ist, dass die Proteinversorgung immer im Zusammenhang mit der Energieversorgung und dem physiologischen Stadium der Kuh zu sehen ist. Der anzustrebende Milcheiweißgehalt ist einzelbetrieblich unter Berücksichtigung der genetischen Basis und der betrieblichen Ausrichtung festzulegen.

Welche Versorgung ist zu empfehlen? Die erforderlichen Mengen an NEL und nXP bei hochleistenden Tieren sind der Tabelle C.2.49 zu entnehmen. Je nach realisierter Futteraufnahme differieren die Konzentrationen. Wird bei den frischmelken Tieren ein Körpersubstanzabbau von 500 g je Tag unterstellt, so resultieren hieraus 10 MJ NEL und gegebenenfalls 80 g nXP je Tag. Gleichzeitig ist die Futteraufnahme um etwa 1,5 kg Trockenmasse je Tag reduziert. Hierdurch steigt die erforderliche Konzentration an nXP je kg Trockenmasse.

Dies ist bei der Ableitung der Empfehlungen bei Einsatz von Mischration in den Tabellen C.2.33 berücksichtigt. In der Praxis ist der Abbau von Körpersubstanz oft noch größer und die Futteraufnahme niedriger, so dass sich die relative Unterversorgung an nXP noch vergrößert. Außerdem werden in diesen Situationen oft noch Aminosäuren zur Bildung von Lactose genutzt. Dies erklärt, dass sich in der Praxis ein gewisses rechnerisches Vorhalten an nXP (für 1 bis 2 kg Milch je Kuh und Tag) bewährt hat.

Die Rationen in der Praxis basieren zum größten Teil auf Gras- und Maissilage. Der Einfluss des Maissilageanteils auf die Proteinversorgung wird an einem Beispiel erläutert. Die in Ansatz gebrachten Futtermittel mit ihren Gehalten sind aus der Tabelle C.2.50 ersichtlich. Um den Bedürfnissen der Hochleistungskuh zu entsprechen, ist sowohl die Gras- als auch die Maissilage von überdurchschnittlicher Qualität. Zum Ausgleich werden beispielhaft Melasseschnitzel und Sojaextraktionsschrot verwendet. Das Milchleistungsfutter verfügt über 7,2 MJ NEL je kg und 175 g nXP bei einer RNB von 4 g je kg.

Die tägliche Grobfutteraufnahme wurde für alle Rationen mit 11,4 kg Trockenmasse veranschlagt. Insgesamt beträgt die Futteraufnahme 25,5 kg Trockenmasse je Tier und Tag. Es zeigt sich, dass mit entsprechenden Sojaschrotmengen in den Rationen mit Maissilage generell eine nach NEL und nXP ausgeglichene Ration zu erstellen ist. Das gleiche gilt für die Ration auf Basis Grassilage. Alle Rationen verfügen über eine positive RNB.

Die Beispiele zeigen, dass mit relativ einfachen Rationsgestaltungen die Anforderungen gedeckt werden können. Voraussetzung sind eine ausreichende Futteraufnahme sowie die unterstellten Futterqualitäten. Zu Beginn der Laktation und insbesondere bei Färsen ist die Futteraufnahme nicht wie hier aufgeführt zu realisieren. Geringere Milcheiweißgehalte sind die Folge. Ein gewisser Ausgleich kann über die Erhöhung der nXP-Versorgung erfolgen. Die entsprechenden Wechselwirkungen zur Milchzuckerbildung und zur Nutzung von Aminosäuren zu Energiezwecken sind jedoch zu beachten. In der Praxis wird von daher durch die erhöhte Versorgung mit nXP vielfach nur ein geringer Effekt bezüglich der Milcheiweißgehalte erreicht.

Bei Einsatz von Abrufstationen empfiehlt sich der Einsatz von unterschiedlichem Milchleistungsfutter, um die Hochleistungstiere gezielt auszufüttern. Futter mit 160 g nXP für den unteren Leistungsbereich und 180 g nXP je kg für Leistungen oberhalb von 30 kg Tagesleistung sind eine mögliche Variante.

Die Rationsplanung ist zu ergänzen um eine gezielte Rationskontrolle. Aussagen zur Versorgung der Mikroben mit Stickstoff und der Kuh mit nXP liefern die Daten der Milchkontrolle (s. Kapitel C.2.5). Die realisierte und die laut Berechnung erfütterte Milcheiweißmenge müssen etwa übereinstimmen. Zur Beurteilung der Versorgung ist eine gute Abschätzung oder besser Messung des Futterverzehrs Voraussetzung. Befriedigt die Milcheiweißleistung trotz ausreichenden Futterverzehrs nicht, so sind die Mischgenauigkeit und die Einschätzung der Komponenten bezüglich Energie, nXP und RNB zu überprüfen.

In der Einschätzung der konkret verfügbaren Futterchargen bestehen nach wie vor erhebliche Unsicherheiten. Dies gilt sowohl für die Grob- als auch die Kraftfutter. Die in Einführung befindlichen Schätzverfahren für das unabbaubare Rohprotein (UDP) sollten hier jedoch eine wichtige Lücke schließen.

Tabelle C.2.49

Empfehlungen zur Versorgung von Hochleistungskühen mit NEL und nutzbarem Rohprotein am Darm (nXP) mit und ohne Abbau der Körpermasse

Vorgaben:
700 kg Lebendmasse; 4,0 % Milchfett; 3,4 % Milcheiweiß

Milchmenge	TM-Aufnahme	NEL		nXP	
kg/Tag	kg/Tag	MJ/Tag	MJ/kg TM	g/Tag	g/kg TM
35	22,3	155	7,0	3.445	154
40	23,8	171	7,2	3.870	163
45	25,6	187	7,3	4.295	168
50	27,3	204	7,5	4.720	173
frischmelk (500 g Körpermasseverlust je Tag)					
45	24,1	177	7,3	4.215	175
50	25,8	194	7,5	4.640	180

Tabelle C.2.50

Unterstellte Inhaltsstoffe (je kg TM) für die in Tabelle C.2.51 eingesetzten Futtermittel

Futtermittel	TM %	NEL MJ	nXP g	RNB g
Grassilage, 1. Schnitt	40	6,4	140	5,0
Maissilage	33	6,6	133	- 8,5
Sojaextraktionsschrot, 44 % XP	88	8,6	288	35,6
Melasseschnitzel	91	7,6	163	- 5,9
MLF (175/7,2)*	88	8,2	199	4,0
Mineralfutter I (25% Ca/0% P/10% Na)	95	–	–	–
Mineralfutter II (Natrium, Vitamine, Spurenelemente)	95	–	–	–

** Milchleistungsfutter mit 175 g nXP und 7,2 MJ NEL/kg*

Tabelle C.2.51

Rationen für Milchkühe mit 45 kg Tagesleistung und hoher Futteraufnahme von 25,5 kg TM/Tag; 700 kg Lebendmasse; 4,0 % Fett; 3,4 % Eiweiß

Maissilage, % der TM		**0**	**25**	**50**	**75**
Grassilage,	kg/Tag	28,5	21,5	14,5	7,0
Maissilage,	"	–	8,5	17,0	26,0
Melasseschnitzel,	"	3,0	1,0	–	–
Sojaextr.schrot,	"	–	0,6	1,1	2,0
Mineralfutter I,	"	–	–	0,1	0,1
Mineralfutter II,	"	0,1	0,1	–	–
MLF (175/7,2)*,	"	12,8	14,4	14,9	14,0
Reicht für … kg Milch:					
nach NEL		44,4	45,6	45,7	45,9
nach nXP		45,4	46,2	46,7	47,3
RNB, g/Tag		77	90	74	60
MJ NEL/kg TM		7,3	7,4	7,4	7,5
g nXP/kg TM		170	172	174	176

* *Milchleistungsfutter mit 175 g nXP und 7,2 MJ NEL/kg*

Neben dem Milcheiweißgehalt ist der Milchharnstoffgehalt zu beachten. Der Harnstoff in der Milch resultiert aus überschüssigem Stickstoff im Pansen (RNB) und aus dem Abbau von Aminosäuren im Stoffwechsel. Aus dem Harnstoffgehalt ist daher nicht direkt auf die Versorgung der Kuh mit Aminosäuren zu schließen. Der Harnstoffgehalt lässt in erster Linie Rückschlüsse auf die Versorgung der Pansenmikroben mit Stickstoff (RNB) zu. Das Füttern allein auf einen bestimmten Harnstoffgehalt macht daher wenig Sinn.

Ansatzpunkte zur Verbesserung der nXP-Versorgung

1. Grobfutter. Die nXP-Gehalte im Grobfutter unterliegen starken Streuungen in Abhängigkeit vom Ausgangsmaterial, dem Konservierungsverfahren und der Lagerung der Futtermittel bis zum Verzehr. Bei Gras und den Grasprodukten gilt es, möglichst geringe Anteile an NPN (Ammoniak etc.) zu erzielen. Über die Bestandszusammensetzung, Düngung, Nutzungszeitpunkt und die Konservierung bestehen Einflussmöglichkeiten. Es sind hohe Gehalte an pansenverfügbaren Kohlenhydraten anzustreben. Dies heißt früher Schnitt von hochwertigen Gras- bzw. Gras/Leguminosenbeständen und deren optimale Konservierung. Der Anteil an unabbaubaren Rohprotein lässt sich über eine schnelle und intensive Trocknung erhöhen. Heu hat daher klare Vorteile bezüglich des Proteinwertes. Wichtiger als die Beständigkeit des Rohproteins ist der Erhalt der Kohlenhydrate, um die Mikroben im Vormagen ausreichend mit Energie zur Optimierung des mikrobiellen Wachstums zu versorgen. Der anzustrebende Trockenmassegehalt in der Grassilage beträgt daher 30 – 40 %. Eine weitere Voraussetzung für einen hohen nXP-Wert ist eine ausreichende aerobe Stabilität der Silage, damit die Energie nicht frühzeitig verloren geht.

Bei der Maissilage ist zu beachten, dass eine starke Ausreife die Energiedichte und den Anteil unabbaubaren Proteins erhöht. Gleichzeitig steigt die Beständigkeit der Stärke, was die Energieversorgung der Mikroben reduziert. Andererseits ist beständige Stärke Ausgangspunkt für die Bildung von Laktose, was Aminosäuren sparen hilft. Eine optimale Ausreife der Maissilage (58 bis 60 % TM im Korn) ist daher auch aus Sicht der nXP-Versorgung der Milchkuh anzustreben.

Eine gezielte Behandlung der Grobfutter zur Steigerung der nXP-Werte ist außer bei Trockengrün bisher wenig verbreitet. Der Einfluss von Silierzusätzen ist in dieser Hinsicht noch weiter zu prüfen.

2. Energiereiche Saftfutter. Mit den Nebenprodukten aus der Lebensmittelindustrie lässt sich vielfach gezielt die Versorgung mit nXP verbessern. Über Pressschnitzelsilage ist z.B. die Energieversorgung der Pansenmikroben zu verbessern. In Versuchen ergaben sich Vorteile bezüglich des Milcheiweißgehaltes. Biertreber haben auf der anderen Seite mit 40 % UDP einen hohen Anteil an unabbaubarem Protein (siehe Tabelle C.2.52). Kartoffeln und deren Nebenprodukte verfügen ebenfalls über viel pansenverfügbare Energie und über beständige Stärke. Je nach Behandlung ist die Stärke in unterschiedlichem Maß beständig, was zu beachten ist.

3. Kraftfutter. Über die Wahl der Komponenten lässt sich die Versorgung mit nXP gezielt einstellen.

- Energieträger. Wie Versuche in Haus Riswick zeigten, bestehen Unterschiede in der Proteinwirkung der verschiedenen Energieträger. Von Vorteil sind Komponenten mit hohen Anteilen an pansenverfügbarer Energie wie Rübenschnitzel, Weizen, Zitrustrester etc. Kleinere Effekte auf den Milcheiweißgehalt sind so zu erzielen. Letztlich ist auch die Freisetzung der Energie im Vormagen zeitlich zu optimieren, um eine maximale Bildung von Mikrobenprotein zu erzielen (s. Kapitel C.2.2). Beim Fett können überhöhte Anteile in der Ration zu Depressionen bei den Milchinhaltsstoffen führen. Bewährt hat sich eine Bandbreite von maximal 4 – 5 % Rohfett in der Trockenmasse je nach Fettquelle und Wirkung im Pansen.
- Proteinträger. Einige Proteinträger sind in der Tabelle C.2.52 aufgeführt. Es ergeben sich merkliche Differenzen im nXP, so dass über die gezielte Wahl der Komponenten die gewünschten Werte einzustellen sind. Vorsicht ist bei Kokosschrot aufgrund möglicher Gehalte an Aflatoxin geboten. Beim Palmkernextraktionschrot bzw. Palmkernkuchen sind die Anteile je nach Qualität und Herkunft zu beschränken, um unter anderem Akzeptanzproblemen vorzubeugen. Für hohe nXP-Werte bei geringer RNB bieten sich die geschützten Produkte auf Basis Soja- und Rapsextraktionsschrot an. Maiskleber (nicht zu verwechseln mit Maiskleberfutter s. Teil B) verfügt zwar auch über einen hohen nXP-Wert, ist aber im Preis vielfach sehr hoch. Generell gilt, dass in der Einschätzung der Qualität der einzelnen Charge der Schlüssel zum Erfolg liegt.
- Steuerung der Aminosäurenversorgung. Letztlich braucht die Kuh Aminosäuren zur Milcheiweißbildung. Beschränkend sind die essentiellen Aminosäuren. Im Gegensatz zur Fleischerzeugung oder Eierproduktion ist bei der Kuh jedoch nicht eine Aminosäure allein limitierend. Am häufigsten genannt werden Methionin, Leucin, Lysin und Histidin. Gezielt beeinflussen lässt sich die Versorgung über die Zusammensetzung des unabgebauten Futterproteins.

Die Gehalte an diesen Aminosäuren schwanken stark in Abhängigkeit vom Gehalt im Futter und der Abbaubarkeit im Vormagen.

Wird davon ausgegangen, dass alle Aminosäuren im gleichen Umfang „pansenbeständig“ sind, so resultieren die in Tabelle C.2.52 aufgeführten Mengen an „nutzbarem“ Methionin, Lysin und Leucin. Die Tabelle zeigt, dass sowohl die Relation der Aminosäueren zueinander als auch die absolute Höhe extrem unterschiedlich sein kann. Vergleichsweise viel Methionin liefern Biertrebersilage, Rapsextraktionsschrot und Maisprodukte. Viel Lysin ist über Sojaprodukte zu erhalten. Bei Leucin gilt Maiskleber als der Lieferant. Fischmehl hat insgesamt ein günstiges Muster, ist aber zur Zeit als Futtermittel in Deutschland nicht zulässig.

Gegenwärtig empfiehlt sich keine gezielte Optimierung auf Aminosäuren am Darm, da die Möglichkeiten zur Vorhersage von Versorgung und Leistung noch gering sind.

Tabelle C.2.52

Mittlere Gehalte an NEL, nutzbarem Rohprotein (nXP), Ruminale N-Bilanz (RNB) und „unabbaubaren Aminosäuren" einiger Futtermittel

Futtermittel	NEL	UDP	nXP	RNB	Methionin	Lysin	Leucin
			g	g N			
	MJ/kg TM	%	/kg TM	/kg TM	g/kg TM im UDP		
Grassilage	6,1	15	137	+ 5	0,3	0,8	1,5
Heu	5,3	20	121	0	0,4	1,0	1,7
Maissilage	6,4	25	130	- 7	0,3	0,5	1,8
Weide	6,7	10	145	+ 9	0,2	0,6	1,1
Biertrebersilage	6,9	40	184	+ 10	1,5	3,3	8,1
Futterrüben	7,4	20	146	- 11	0,1	0,3	0,4
Pressschnitzelsilage	7,4	30	157	- 7	0,4	1,0	1,3
Kartoffeln	8,4	20	162	- 11	0,2	0,9	1,2
Hafer	7,0	15	140	- 3	0,3	0,7	1,5
Gerste	8,1	25	164	- 6	0,5	1,1	2,1
Weizen	8,5	20	172	- 5	0,4	0,8	2,0
Mais	8,4	50	164	- 9	1,1	1,5	6,2
Melasseschnitzel	7,6	30	163	- 6	0,5	1,9	2,3
Palmkernexpeller	7,5	50	194	+ 2	2,2	3,5	6,5
Ackerbohnen	8,6	15	195	+ 17	0,4	2,8	3,3
Rapsextraktionsschrot	7,2	30	232	+ 26	2,4	6,0	8,0
Kokosextr.schrot	7,6	50	222	+ 2	1,2	3,1	6,6
Sojaextraktionsschrot	8,6	30	288	+ 36	2,2	8,3	11,7
gesch. Sojaschrot	8,6	65	436	+ 11	4,7	18,0	25,4
Maiskleber	9,5	50	482	+ 36	6,6	6,0	57,9
Fischmehl, Typ 60*	7,7	60	506	+ 29	10,0	31,0	29,2

** zur Zeit als Futtermittel für Rinder nicht erlaubt*

Dennoch wird der ein oder andere Effekt in der Praxis auf die Wirkung von Einzelaminosäuren zurückzuführen sein. Bei Methionin wird ergänzend eine Wirkung im Vormagen auf die mikrobielle Synthese und ein entlastender Effekt im Fettstoffwechsel diskutiert. Durchschlagend sind die Effekte jedoch nicht generell, so dass eine Einsatzempfehlung an dieser Stelle nicht gegeben werden kann. Ein kombinierter Einsatz zum Beispiel mit leucinreichen Futtermitteln macht vom theoretischen Ansatz her mehr Sinn, da wie bereits ausgeführt nicht nur eine Aminosäure limitierend ist.

2.4 Fütterungstechnik

Neben dem Futter selbst hat auch die Technik der Futtervorlage einen Einfluss auf die Futteraufnahme und damit auf die Nährstoffversorgung der Milchkühe. Außerdem wird über die Vorlagetechnik der zeitliche Ablauf der Aufnahme von Energie- und Proteinträgern mit bestimmt, was die Verwertung des Futters beeinflussen kann. Über eine eventuelle Nachzerkleinerung im Mischwagen wird die Futterstruktur verändert.

2.4.1 Grobfuttervorlage

Anbindestall. Im Anbindestall kann jede Kuh immer nur in ihrem Standbereich fressen und nur so viel Futter aufnehmen, wie ihr in diesem Bereich zur Verfügung gestellt wird. Es ist üblich, das Grobfutter für alle Kühe in etwa der gleichen Menge vorzulegen. Für die Saftfuttermittel, die nur in begrenzter Menge verfüttert werden dürfen, ist dies in jedem Fall richtig. Vom Grobfutter können allerdings niederleistende Kühe mehr fressen als hochleistende, weil sie insgesamt weniger Futter bekommen. Folglich sollte diesen Kühen dann auch mehr Grobfutter vorgelegt werden.

Eine maximale Grobfutteraufnahme ist im Anbindestall nur zu erreichen, wenn in der Krippe ständig Futter zur Verfügung steht. Da die Kühe auch im Liegen den Kopf vor oder über dem Futter haben, empfiehlt es sich, das Grobfutter nicht nur zweimal, sondern besser 3- bis 4-mal am Tag frisch vorzulegen.

Bekannt ist, dass erwärmtes und der Stallluft ausgesetztes Futter schlechter gefressen wird. Auch durch Tränkwasser angefeuchtete Heureste werden nicht mehr gefressen. Offensichtlich regt hingegen der Reiz der Futtervorlage die Fresslust an.

Bei Herden mit hohen Leistungen empfiehlt sich zur Erzielung einer maximalen Grobfutterleistung folgendes Fütterungssystem:

- Grobfutter 3- bis 4-mal am Tag frisch vorlegen
- Saftfuttermenge auf 2 Mahlzeiten verteilen
- Kraftfutterrationen oberhalb 8 kg in 4 Portionen verabreichen (max. 3 kg/Portion)
- Futterreste mindestens einmal täglich aus der Krippe entfernen

Laufstall. Im Laufstall verläuft die Futteraufnahme grundsätzlich anders. Die Kühe haben ständig Zugang zum Futter, so dass sie bis zur Sättigung fressen können. Dabei nehmen niederleistende Kühe mehr Grobfutter auf als hochleistende Kühe (Futterverdrängung). Es ist daher immer richtig, das Grobfutter bis zur Sättigung vorzulegen, weil sonst einige Kühe nicht ausreichend versorgt werden.

Abbildung C.2.10

Entnahme der Maissilage mit der Greifschaufel

Folgende Maßnahmen sind bei der Fütterung aus Silageblöcken (Siloblockschneider) erforderlich:

- nur gute Qualitäten in den Stall fahren
- möglichst jeden Tag frisches Futter holen
- 3- bis 4-mal täglich das Futter aufgelockert vorlegen
- die Futterreste einmal täglich abräumen
- die verfütterten Mengen gewichtsmäßig kontrollieren.

Die Lagerung der Siloblöcke über längere Zeit (3 bis 7 Tage) auf dem Futtertisch ist nicht zu empfehlen. In der Regel erwärmt sich die Silage durch die Aktivität der Hefen, gleichzeitig besteht die Gefahr der Schimmelbildung. Neben der negativen Wirkung auf die Milchqualität kann auch die Futteraufnahme um 20 bis 30 % reduziert werden. Vor allem die hochleistenden Kühe nehmen dann nicht genügend Grobfutter auf.

Bewährt hat sich in der Praxis die Futtervorlage mit einem Futtermischwagen oder einem Futterverteilwagen. Dafür eignet sich auch ein mit einer Verteilvorrichtung versehener Miststreuer. Das aufgelockerte Futter scheint auf die Fresslust der Kühe günstig zu wirken. Ein weiterer Vorteil dieser Art der Vorlage ist, dass die verschiedenen Silagen miteinander vermischt werden.

Fressplatz-Kuh-Verhältnis. Aus baulichen und arbeitswirtschaftlichen Überlegungen heraus wird immer wieder empfohlen, zwei oder drei Kühe pro Fressplatz zu halten. Diese Empfehlung wird von der Beobachtung abgeleitet, dass ohnehin nicht alle Kühe einer Herde gleichzeitig fressen. Dabei wird allerdings übersehen, dass dieses Verhalten das Ergebnis einer entsprechenden Erziehung ist. Sofern die Möglichkeit besteht, fressen Kühe bei wiederholter Futtervorlage gleichzeitig. Saftfuttermittel und auch Kraftfutter können bei getrennter Vorlage ohnehin nur verfüttert werden, wenn alle Kühe gleichzeitig fressen, andernfalls ist eine ungleiche Aufnahme unvermeidbar.

Ein reduziertes Fressplatzverhältnis ist bei Einsatz von Mischration für die altmelken und trockenstehenden Kühe zu vertreten. Die Relation kann bis maximal 3 Kühe je Fressplatz bei trockenstehenden Kühen gehen. Auf jeden Fall muss dafür gesorgt werden, dass die Tiere genügend Platz hinter dem Fressgitter haben, um einander auszuweichen. Für frischmelkende Kühe sollte grundsätzlich **für jede Kuh ein Fressplatz** zur Verfügung stehen.

Abbildung C.2.11

Befüllung des Mischwagens mit der Entnahmefräse

Gruppeneinteilung. Wenn Kraftfutter im Laufstall an der Krippe verabreicht werden muss, ist eine Unterteilung der Herde in Leistungsgruppen notwendig, weil sonst niederleistende Kühe, die dann gegebenenfalls auch im Melkstand noch Kraftfutter erhalten, erheblich überfüttert werden. Eine Überfütterung wird teils sogar schon mit der Grundration aus gutem Grob- und Saftfutter erreicht.

Die Gruppenbildung ist auch deshalb sinnvoll, weil unterschiedliche Futterqualitäten in jedem Betrieb vorhanden sind, die in Anpassung an die Leistung gezielter und damit auch effektiver eingesetzt werden können. Die Gruppeneinteilung bringt zudem arbeitswirtschaftliche Vorteile beim Melken. Ob Gruppen bei den melkenden Kühen gebildet werden sollen, ist im Einzelbetrieb auf Grund der Gegebenheiten festzulegen.

Selbstfütterung. Arbeitswirtschaftlich besonders interessant ist die Selbstfütterung der Kühe am Fahrsilo. Es entfällt jeglicher technischer Aufwand für die Silageentnahme und den Transport in die Krippe. Die Silage wird in ihrer Qualität kaum noch verschlechtert, Nacherwärmungen im Stall entfallen. Demgegenüber stehen jedoch Nachteile im Bereich der Fütterung. Zwangsläufig ist der Fressplatz pro Tier begrenzt, so dass sich bis zu vier Kühe einen Fressplatz teilen müssen. Hieraus entstehen Schwierigkeiten bei der Futteraufnahme einzelner Kühe. Dies ist besonders der Fall, wenn zwei Grassilagen unterschiedlicher Qualität beziehungsweise Grassilage und Maissilage gleichzeitig verabreicht werden. Allein die Tatsache, dass die bessere Silage wegen des „Gleichgewichts" begrenzt werden muss, gibt dafür eine Bestätigung. Die stärkeren Kühe sind in diesem System immer im Vorteil. Erkennbar ist das daran, dass häufig altmelkende Kühe stark verfetten (Gefahr von Ketose und Milchfieber).

Die Verfettung ist aber vor allem dadurch begründet, dass die Kraftfuttergabe vielfach ausschließlich im Melkstand erfolgt. Hochleistende Kühe müssen zwangsläufig größere Rationen erhalten, die sie nicht immer auffressen. Die Reste verzehren dann die nachfolgenden Kühe, die unter Umständen überhaupt kein Kraftfutter bekommen sollen.

Problematisch sind auch die großen Laufflächen, die gereinigt werden müssen und einen erhöhten Gülleanfall bringen. Es ist ferner keine Gruppeneinteilung und somit ist auch kein gezielter Grobfuttereinsatz in Abhängigkeit von der Leistung möglich. Allerdings sollten in jedem Fall die trockenstehenden Kühe getrennt gehalten werden, sie können dann zum Beispiel während der Melkzeiten an den Silos fressen.

Die „Selbstfütterung" aus Silageblöcken am Futtertisch ist problematisch. Auf einer Länge von 1,75 m lagert in der Regel 1 Kubikmeter Futter. Ein Block enthält 1,8 bis 2,0 dt Trockenmasse, was einer Ration für 8 Tage entspricht, wenn für jede Kuh ein Fressplatz zur Verfügung steht. Der riesige Futterberg regt die Kühe zur Selektion an, das Futter wird durchsucht, eine ungleiche und bei einigen Kühen unbefriedigende Grobfutteraufnahme ist die Folge. Das System funktioniert nur mit gleichmäßig guten Grobfutterqualitäten.

2.4.2 Kraftfutter-Zuteilung

Die leistungsgerechte Fütterung von Kraftfutter ist besonders wichtig, weil erst dadurch das Leistungsvermögen der Kühe ausgeschöpft werden kann. Da die Leistungsfähigkeit des Grobfutters begrenzt ist, können höhere Milchmengen nur mit Hilfe von Kraftfutter erzeugt werden. Zur Feststellung der benötigten Kraftfuttermenge müssen die Grobfutterqualitäten sowie die Grobfuttermengen und die Milchleistung je Kuh bekannt sein. Darüber hinaus ist es erforderlich, die Futterverdrängung und die jeweilige Leistungsgrenze der Ration zu berücksichtigen (siehe auch Kapitel C.2.3).

Futterverdrängung. Allgemein wird unter Futterverdrängung die Verdrängung von Grobfutter durch Kraftfutter verstanden. Es wird daher häufig von einer Grobfutterverdrängung gesprochen. Bei der Vorlage einer Mischration wird bei Kraftfutterzuteilung die gesamte Mischration in der Aufnahme reduziert. Der Vorgang der Verdrängung ist auch umkehrbar, indem eine Zurücknahme der Kraftfuttermenge die Grobfutteraufnahme erhöht oder eine grundsätzlich geringere Kraftfuttermenge eine höhere Grobfutteraufnahme zur Folge hat. Auf jeden Fall ist die Kraftfuttermenge pro Kuh die bekannte und die Grobfuttermenge fast immer die unbekannte Größe. Außerdem wird mit Ausnahme der ersten vier bis fünf Laktationswochen die Kraftfuttermenge bei einer Kuh nicht gesteigert, sondern immer nur verringert.

Leistungsgrenze der Ration. Für jeden Milchviehhalter ist es wichtig, die Leistungsgrenze seiner jeweiligen Rationen zu bestimmen. Dabei sind die Einflussfaktoren auf die Futteraufnahme und die Futterverdrängung zu berücksichtigen. Die Futterverdrängung wird von der Energiekonzentration des Grobfutters und des Kraftfutters beeinflusst. Es handelt sich hierbei nicht um eine konstante, sondern um eine progressive Größe.

Die Leistungsgrenze einer Ration ist sehr stark von der Energiekonzentration und dem Strukturwert der Grundration abhängig. Sie ist bei einem Anteil an strukturiertem Futter von 40 % der Gesamttrockenmasse oder bei einem Strukturwert (SW) von 1,1 in der Trockenmasse der Gesamtration erreicht. In der Regel ist dies bei 12 bis 14 kg Kraftfutter je Kuh und Tag der Fall. Eine weitere Steigerung der Kraftfuttermenge ist nicht sinnvoll, da in diesem Bereich die Futterverdrängung 1:1 oder sogar größer ist und somit keine Verbesserung der Energieversorgung mehr erreicht wird.

Außerdem besteht die Gefahr einer ungünstigen Rationsverschiebung mit der Folge eines pH-Wert-Abfalls im Pansen, einer Senkung des Milchfettgehaltes und einer Acidose. Liegt die Leistungsgrenze einer Ration nun niedriger als die Leistung einiger Kühe, ist eine Energieunterversorgung unvermeidbar. Allerdings ist die Energieunterversorgung hochleistender Kühe bei einer intakten Ration weniger kritisch als eine Energieunterversorgung verbunden mit einer unphysiologischen Ration (zu wenig Struktur). Im letzten Fall kommt zu dem Rückgang der Milchleistung noch eine erhebliche Störung des Stoffwechsels hinzu. Erst daraus ergeben sich häufig beobachtete gesundheitliche Störungen.

Kraftfutter gezielt abziehen. Mit abfallender Laktationsleistung muss die Kraftfutterration zurückgenommen werden. Hier ist jetzt zu unterscheiden, ob das Grobfutter in einer konstanten Menge für alle Kühe oder zur freien Aufnahme vorgelegt wird. Bei Verfütterung konstanter Mengen ist die Kraftfuttermenge jeweils um 0,5 kg für 1 kg weniger Milch zu reduzieren, weil keine Futterverdrängung vorliegt. Bei freier Futteraufnahme ist ein anderes Vorgehen notwendig. Wird hier die Kraftfuttermenge reduziert, so steigt die Grobfutteraufnahme an. Folglich muss die Rücknahme der Kraftfuttermenge größer sein. Der Abzug ist nicht konstant, sondern von dem Kraftfutterniveau und der Energiekonzentration abhängig.

Abbildung C.2.12

Abrufstation zur gezielten Kraftfutterversorgung

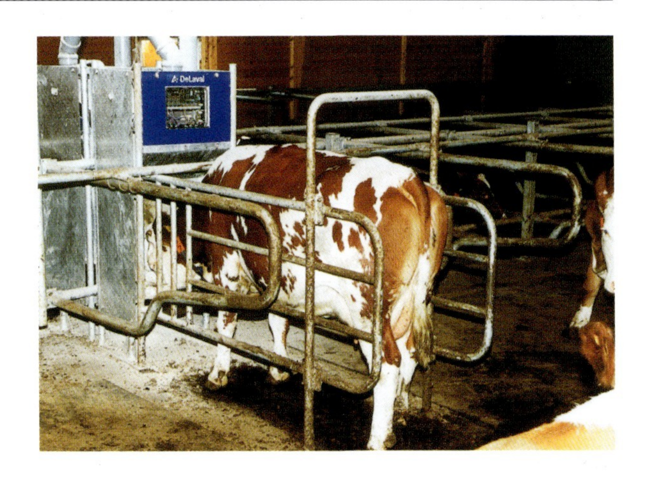

Kraftfutterzuteilung an Milchkühe. Für die exakte Zuteilung von Kraftfutter an Milchkühe ist es notwendig, die Grob- und Saftfutteraufnahme zu kennen. Dazu muss die Ration gewogen werden. Allerdings muss dann auch eingeschätzt werden, ob damit die mögliche Futteraufnahme erreicht ist. Zu diesem Zweck kann zur Abschätzung auf die Tabellen C.2.17 und 18 zurückgegriffen werden.

Hier ist in Abhängigkeit von der Energiekonzentration des Grobfutters und der Höhe der Kraftfuttermenge die jeweils mögliche Futteraufnahme angegeben. Es ist nun nur noch nötig, die mittlere Kraftfuttermenge pro Kuh und Tag im Betrieb festzustellen. Die dazugehörige Grobfutteraufnahme kann dann unter der jeweiligen Energiekonzentration abgelesen werden. Die Menge muss einem Wert zwischen den in Spalten 2 und 3 genannten Werten entsprechen. Beträgt zum Beispiel die mittlere Kraftfuttergabe 7 kg je Kuh und Tag, so muss bei einer Energiekonzentration von 6,0 MJ NEL/kg Trockenmasse eine Grobfutteraufnahme von 12 kg Trockenmasse erreicht werden.

Biologische Fütterung. Hochleistungskühe müssen viel Futter aufnehmen, um ihren Energiebedarf zu decken. Es ist daher notwendig, alle Möglichkeiten zur Verbesserung der Futteraufnahme auszunutzen. Dazu gehört auch die „Biologische Fütterung". Es handelt sich dabei um eine günstige Steuerung des Verdauungsablaufs durch die wechselnde Vorlage von Grobfutter und Kraftfutter oder kraftfutterähnlichen Futtermitteln. Also nicht Kraftfutter – Rüben – Heu, sondern Kraftfutter – Heu – Rüben – Heu – Kraftfutter – Heu.

In der Regel ist es ausreichend, das Grobfutter zweimal und das Kraftfutter mehrmals vorzulegen. Dabei ist darauf zu achten, dass immer genügend Grobfutter in der Krippe zur Verfügung steht. Allerdings ist im Anbindestall auch eine mehrmalige

Grobfuttergabe durchaus sinnvoll, weil speziell Heu durch die Atemluft und den Speichel der Kühe angefeuchtet und anschließend schlechter gefressen wird. Die mehrmalige Futtervorlage hat Einfluss auf:

- die Steuerung des pH-Wert-Verlaufes in den Vormägen,
- die Höhe der Produktion an flüchtigen Fettsäuren,
- das Verhältnis von Essigsäure zu Propionsäure,
- die Aufnahme an Grobfutter.

Abbildung C.2.13

Abrufstation mit zwei Kraftfuttersorten

Durch die kleineren Kraftfutterportionen wird ein schnelles und starkes Absinken des pH-Wertes vermieden. Die Säureproduktion im Pansen ist gleichmäßig und die Speichelproduktion infolge der häufigeren Grobfutteraufnahme und der damit verbundenen Wiederkauaktivität verbessert. Ein höherer pH-Wert bietet gute Lebensbedingen für die Zellulose abbauenden Mikroben und damit für einen schnelleren Rohfaserabbau. Die Folge ist ein günstiges Verhältnis von Essigsäure zu Propionsäure, was Voraussetzung für einen hohen Milchfettgehalt ist. Zugleich wird durch den schnelleren Abbau der Rohfaser die Futteraufnahme erhöht. Letzteres wirkt sich positiv auf die Energieversorgung hochleistender Kühe aus, zumal mit einer höheren Grobfuttermenge auch noch etwas mehr Kraftfutter verfüttert werden kann. In der Praxis ist die „Biologische Fütterung" von den jeweiligen betrieblichen Gegebenheiten abhängig. Optimal ist die Fütterung, wenn zum Beispiel in einem Laufstall das Grobfutter ständig zur freien Verfügung steht und das Kraftfutter über eine Abruffütterungsanlage angeboten wird. Hier gibt es automatisch einen günstigen Wechsel zwischen Grob- und Kraftfutteraufnahme.

Fütterung im Melkstand. Die Kraftfuttergabe im Melkstand ist arbeitswirtschaftlich äußerst interessant, weil sie während des Melkvorganges erfolgt. Sie ist jedoch nicht frei von Problemen. Die Kühe müssen während des Melkens fressen und in kurzer Zeit größere Mengen aufnehmen. Des weiteren ist die leistungsgerechte Zuteilung durch die Melkperson nicht einfach, und die Kontrolle der Kraftfutteraufnahme ist nicht bei allen Kühen gesichert.

Es ist daher wichtig, die Kraftfutterration pro Melkzeit in ihrer Höhe so zu bemessen, dass sie von allen Kühen gesichert aufgenommen wird. Andernfalls verbleibt zum Ende der Melkzeit in den Fressschalen Kraftfutter, und Kühe mit geringer Leistung erhalten zuviel Kraftfutter. Unabdingbar ist die ständige Kontrolle der Dosiereinrichtungen.

Die leistungsgerechte Kraftfutterfütterung schließt ein, dass ein Teil der Kühe im Melkstand kein Kraftfutter erhält. Dies trifft z. B. zu Beginn der Weideperiode für alle Kühe mit weniger als 18 bis 20 kg Milch zu. Offensichtlich ist es sehr schwer, das in die Praxis umzusetzen. In den meisten Betrieben wird eine sogenannte „Lockfuttergabe" von 1 bis 2 kg je Tier und Tag eingesetzt, um die Kühe in den Melkstand zu locken und hier ruhig zu stellen. Daraus folgt ein bedeutender Luxuskonsum. Als Konsequenz ergibt sich daraus die Empfehlung, im Melkstand überhaupt **kein Kraftfutter** zu geben. Erfahrungsgemäß gewöhnen sich die Kühe daran, der Eintrieb in den Melkstand erfordert jedoch mehr Aufwand oder entsprechende technische Vorrichtungen wie Versammlungsraum und Treibhilfen. Der Melkvorgang selbst läuft ohne die Kraftfutterfütterung wesentlich ruhiger ab.

Abruffütterung. Es ist empfehlenswert, Anlagen mit Tiererkennung einzusetzen. In einen zentralen Computer kann die für die Kühe berechnete Kraftfuttermenge eingegeben werden. Generell haben die Abruffütterungsanlagen den Vorteil, dass die Kraftfuttermenge für einen längeren Zeitraum auch über Anfütterungsprogramme eingestellt werden kann. Es ist dabei eine möglichst genaue Anpassung an den Verlauf der Laktationskurve anzustreben. Dies geht jedoch nur, wenn sichere Informationen über die Milchleistung vorliegen.

Die Aufnahme des Kraftfutters durch die Kühe erfolgt an den Kraftfutterzuteilstationen. Dosiert wird auch hier über das Volumen, so dass eine Kontrolle der Auswurfmengen bei jeder neuen Lieferung erforderlich ist. Nur wenn die Anlage exakt dosiert, ist eine leistungsgerechte Fütterung möglich.

Die Vorteile der Abruffütterung sind:

1. Das Kraftfutter wird auf mehrere Mahlzeiten verteilt (konstanter pH-Wert im Pansen).
2. Die Grobfutteraufnahme wird verbessert.
3. Die genaue Kraftfutterdosierung ist möglich, Luxuskonsum wird vermieden.
4. Die abgerufenen Kraftfuttermengen werden protokolliert.
5. Der Kraftfutterverbrauch der Einzelkuh kann ermittelt werden.
6. Ein ständiger Vergleich von Milcherzeugung und Kraftfutterverbrauch ist möglich.

Die automatische Milchmengenerfassung und die Kombination mit der Abruffütterung erlauben eine weitere Verbesserung der leistungsgerechten Fütterung. Im Mittel ist mit einer Dosiermenge von 200 bis 220 kg Kraftfutter pro Tag und Station zu rechnen. Beträgt die durchschnittliche Kraftfuttermenge in einer Herde 8 kg je Kuh und Tag, können mit einer Station 25 Kühe bedient werden. Allerdings ist es angebracht, auch beim Einsatz einer Abruffütterungsanlage eine Einteilung der Herde in Gruppen vorzunehmen. Von den hochleistenden Kühen erhalten dann 20 bis 22 Kühe eine Station, und bei den niederleistenden können bis zu 35 Kühe an einer Station gefüttert werden. Beobachtungen haben gezeigt, dass hochleistende Kühe häufig von niederleistenden Kühen bei der Kraftfutteraufnahme gestört werden. Generell sollte die Abrufstation die Zuteilung von 2 verschiedenen Kraftfuttersorten erlauben, um die Möglichkeiten der Technik zur gezielten und kostengünstigen Ausfütterung der Kühe mit verschiedenen Kraftfuttern nutzen zu können.

2.4.3 Mineralfutter-Zuteilung

Die Verabreichung der erforderlichen Mineralfuttermengen kann auf unterschiedliche Weise erfolgen. In den meisten Betrieben ist es möglich und auch richtig, das Mineralfutter über die Grundration zu streuen. Dadurch wird eine sichere Aufnahme erreicht und der geschmackliche Einfluss verringert.

Sofern eine Ausgleichs- oder Hausmischung hergestellt wird, kann das Mineralfutter in den entsprechenden Anteilen beigemischt werden. Es ist dann allerdings notwendig, allen Kühen diese Ausgleichsmischung zu geben. Dies kann als 2. Kraftfuttersorte über die Abrufstation oder am Trog erfolgen. Bei der Vorlage am Trog empfiehlt sich die Einmischung in die Grundration.

Darüber hinaus gibt es Sonderfälle (Weide, Selbstfütterung am Fahrsilo), in denen die genannten Verabreichungsformen nicht möglich sind. Hier bieten sich Leckschalen, Lecksteine oder Mineralfutterautomaten an. In der Praxis ist zu beobachten, dass dabei die Aufnahme des Mineralfutters nicht gleichmäßig erfolgt, sondern die Kühe unterschiedliche Tagesmengen aufnehmen. Auf jeden Fall sollte sichergestellt sein, dass Einzeltiere nicht zu große Mengen verzehren. Von Einfluss auf die Höhe der Mineralfutteraufnahme sind der Anteil an Melasse, die Dareichungsform (staubig, granuliert, pelletiert) und die Zusammensetzung (Natrium- und Magnesiumgehalte). Außer bei einem Fehlbedarf an Natrium nehmen die Tiere das Mineralfutter **nicht** gezielt nach Bedarf auf. Es ist daher grundsätzlich die gezielte Fütterung das Vorlagesystem der Wahl.

2.4.4 Mischration

Der Einsatz des Mischwagens erlaubt auch in der Milchviehhaltung die Vorlage kompletter Futtermischungen. In diesen Mischungen ist folglich das Grob-, Ausgleichs- und Leistungsfutter enthalten. Erstellt werden die Futtermischungen zumeist mit fahrbaren Futtermischwagen. Wie jede Verfahrenstechnik, so hat auch der Einsatz der TMR im Milchviehbetrieb Chancen und Risiken. Der Einsatz der Mischration konkurriert mit der bewährten getrennten Vorlage von Grob-, Ausgleichs- und Kraftfutter im Rahmen der dreigeteilten Fütterung. Dies gilt insbesondere für die computergesteuerte Kraftfuttergabe über Abrufstationen.

2.4.4.1 Chancen und Risiken der Mischration

Der Tabelle C.2.53 sind einige Stichworte zu den Chancen und Risiken der Total-Misch-Ration (TMR) zu entnehmen. Hauptvorteile der TMR ist die gemeinsame Vorlage und dadurch bedingt der gleichzeitige Verzehr von Grob-, Saft- und Kraftfutter. Diese „biologische" Fütterung führt dazu, dass größere Kraftfutteranteile oder auch der Einsatz energieärmerer Grobfutter ohne die sonst auftretenden Schwierigkeiten möglich sind.

Schlechte Futterwerte bzw. Futterqualitäten minderwertiger Grobfuttermittel bleiben unverändert; sie werden durch das Mischen mit anderen Futterkomponenten nur überdeckt. Dies kann bei unkontrolliertem Einsatz auch ein Fütterungsrisiko mit sich bringen.

TMR-Fütterung kann eine höhere Futteraufnahme zur Folge haben. Der Effekt ist umso größer, je schlechter vorher vorgelegt wurde und je größer die Unterschiede im Energiegehalt der eingesetzten Komponenten sind. Bei guten und energiereichen Grobfuttern, die sich nur gering voneinander unterscheiden und vorherigem Kraftfuttereinsatz über Abrufstationen ist kaum ein Effekt durch die Einführung der TMR zu erwarten.

Günstig ist die TMR für den Einsatz von Nebenprodukten aus der Lebensmittelherstellung (Pülpe, Pressschnitzel, Treber etc.) und von betriebseigenen Einzelkomponenten (CCM, LKS, Feuchtgetreide etc.). Im Gegensatz zur festen Kraftfuttergabe kann die Kuh bei der TMR über die Menge des gefressenen Futters die Kraftfutteraufnahme selbst steuern. Weiterhin können sich Vorteile in der Arbeitswirtschaft, der Technik sowie der notwendigen Ausgestaltung der Fressplätze ergeben.

Als Folge des Einsatzes von Mischrationen kann der Kraftfutteraufwand steigen und die Gefahr der Verfettung bei nicht ausgeglichenen Herden zunehmen. Über die Ausgestaltung der Mischration und die Bildung von Gruppen sowie einer gezielten Füt-

Tabelle C.2.53

Chancen und Risiken beim Einsatz von Total-Misch-Ration (TMR) bei Milchkühen

Chancen	Risiken
• Steigerung der Futteraufnahme: 0 bis 1,5 kg TM/Kuh und Tag • Steigerung der Leistung • Einsatz „preiswerter" Nebenprodukte • „biologische" Fütterung • Einsparung von Technik (Responder, zusätzliche Liegeboxen, weniger Fressplätze) • Arbeitseinsparung, angenehmere Arbeit • keine selektive Futteraufnahme	• Höherer Kraftfutteraufwand • Gefahr der Verfettung bei nicht ausgeglichenen Herden • Höhere Anschaffungs- und laufende Kosten • Fehler beim Befüllen • Wenig Effekte bei Standardrationen • Höhere Futterkosten ? • Höhere Nährstoffausscheidung • Fehler beim Mischen, Inhomogenität, Vermusen (Struktur)

terung in der Trockenstehzeit kann hier entgegengewirkt werden. Zu beachten ist, dass täglich gemischt werden muss und sich so vielfach die Routinearbeiten erhöhen. Zudem bestehen eine Reihe von zusätzlichen Fehlermöglichkeiten beim Anmischen. Eine Wägeeinrichtung ist für ein korrektes Mischen zwingend. Die Anschaffungs- und die Betriebskosten des Mischwagens sind in Ansatz zu bringen. Hierbei differieren die Anschaffungskosten teils erheblich mit der Bestandsgröße. Die Ergänzung zum Weidefutter ist bei ausreichenden Stallfresszeiten (stallnahe Weide/Melken im Stall, Laufstall) gut umzusetzen. Mischrationen aus Maissilage und Kraftfutter – gegebenenfalls mit Strukturergänzung – können z. B. bei ausreichender Bestandesgröße an Leistungsgruppen verabreicht werden. Nur bei Weidegang ohne Beifütterung von sonstigem Grobfutter kann die Kraftfutterergänzung nicht über den Mischwagen erfolgen.

Vorteilhaft ist die Bildung von Leistungsgruppen. Dies ist aus physiologischen wie auch aus Kostengründen zu empfehlen. Bei der Abruffütterung wird das Kraftfutter vielfach in 1-kg-Schritten zugeteilt. So ergeben sich bis zu 15 „Leistungsgruppen" bei den laktierenden Kühen. Bei der TMR ist dies aufgrund der Ausgleichsmöglichkeit über die Höhe der Futteraufnahme nicht nötig. Ein voller Ausgleich im Verlauf der Laktation ist beim einzelnen Tier nicht gegeben. Das Füttern in wenigen Leistungsgruppen stellt einen Kompromiss dar, aber auch damit ist eine energetische Über- und Unterversorgung einzelner Tiere verbunden. Grundsätzlich sind unterschiedliche Rationen in der Laktation und der Trockenstehzeit zu verabreichen. Die Frage der Anzahl Leistungsgruppen bei den laktierenden Tieren hängt von den betrieblichen Gegebenheiten und den Kostenrelationen für Futter, Futtervorlage, Arbeit und Stall ab.

Bei ausgeglichenen Grobfutterqualitäten und wenigen Komponenten (Standardration) ergeben sich zwischen TMR und Grobfutterfütterung am Trog plus Abrufstation keine Unterschiede in der Aufnahme an Futter und der Leistung der Tiere. Dies belegen Versuchsergebnisse der LVA in Iden. Die Futterkosten sind bei TMR und Leistungsgruppen ebenfalls vergleichbar (s. Kapitel C.2.3.4.2). Beide Systeme sind aus Sicht der Fütterung somit zu empfehlen. Vorteile ergeben sich durch die TMR mit steigendem Leistungsniveau, gezieltem Einsatz von Nebenprodukten und Einzelkomponenten und stark unterschiedlichen Grobfutterqualitäten.

2.4.4.2 Anforderungen an Logistik und Organisation

Der Einsatz des Mischwagens setzt im Bereich der Futterlagerplätze und Fahrstrecken befestigte Flächen voraus. Immerhin sind das Schlepper- und Wagengewicht von mindestens 7 bis über 10 t täglich bei Wind und Wetter auf diesen Flächen im Einsatz. Auch aus Gründen der Futter- und Betriebshygiene sind sie erforderlich. Bei Schlepper- und Gerätebreiten von 2 m und mehr sollten einseitige Futtertische mindestens 3,50 m und beidseitige Futtertische mindestens 4,50 m breit sein. Bei Neu- und Umbauplanungen sind die vorgenannten Abmessungen um 0,5 m zu erweitern. Dann ist ein störungsfreier Futteraustrag in allen Situationen denkbar. Das gilt auch für die Durchfahrtshöhen, die mindestens 3,0 m, besser 3,5 m betragen sollten. Aus Sicht der Technik haben alle Mischsysteme in der Ausstattung die Möglichkeit, einen beidseitigen Futteraustrag zu ermöglichen. Dann lassen sich auch Stichfuttergänge ausreichend bedienen.

Ob Selbst- oder Fremdbefüllung; auch die Lage und Zuordnung der Futterlager ist bedeutend für eine schlagkräftige Entnahme und Befüllung. Dabei spielt der Standort eine untergeordnete Bedeutung. Vielmehr ist eine zusammenhängende Anordnung wichtig, wo kurze Fahrstrecken Zeit- und Arbeitsersparnis bedeuten. Die Entnahmestellen und Fahrstrecken sollten einfach und leicht zu reinigen sein. Das gilt für Fahrsilos wie auch für Freigärhaufen. Ein Gefälle zur Entnahmeseite ist von Vorteil.

Für das Ab- und Zudecken der Futterstöcke und das Befüllen des Mischwagens bei Fremdbefüllung haben sich Fahrtrassen zwischen jeweils 2 Futterstöcken bewährt. Die Breite und Höhe des jeweiligen Lagerplatzes sollte sich am täglichen Futterbedarf und damit am Vorschub orientieren. Ein täglicher Vorschub von durchschnittlich 15 – 20 cm im Winter und 25 – 30 cm im Sommer reduziert das Risiko von Nacherwärmung und Verpilzung erheblich. Die Art und Weise der Entnahme hat sich auch daran zu orientieren. Ein Lagerplatz für Abdeckmaterial hilft nicht nur dem Erscheinungsbild und der Hygiene, sondern reduziert auch Arbeitszeit und damit Kosten.

2.4.4.3 Anforderungen an Mischwagen aus Sicht der Fütterung

Grundsätzlich gilt: ein Mischwagen ohne Waage ist nur ein mischender Verteilwagen. Eine Wägung in 1-kg-Schritten erlaubt auch eine genaue Dosierung von hochwertigen Komponenten. **Dennoch gilt:** Mengen bis 50 kg einer jeweiligen Komponente sollten separat abgewogen und zudosiert werden. Die Zugabe in den Mischwagen sollte bei kleinen Mengen nicht zu Mischbeginn erfolgen. Selbstverständlich muss die Größe und die Abmessung des Mischwagens den betrieblichen Verhältnissen entsprechen. Auf Basis des Fütterungskonzepts für die nächsten Jahre ist die Dimensionierung und die Ausgestaltung des Mischwagens zu wählen (siehe Tabelle C.2.54). Die Behältergröße bzw. das Nutzvolumen orientiert sich an der Bestandsgröße bzw. an der größten Herdengruppe. In Abhängigkeit von der Komponenten- und Rationsstruktur können pro m^3 Nutzvolumen 7 bis 9 Großvieheinheiten unterstellt werden.

Selbstverständlich muss über das Mischen und Austragen der Ration die Struktur und der Futterwert erhalten bleiben. Einerseits ist eine homogene Mischung sicherzustellen, andererseits darf ein Vermusen des Futters nicht stattfinden. Zur Vermeidung von Nacherwärmungen und Verlusten an der Miete ist ein sachgerechter Anschnitt erforderlich.

Zur Beurteilung der Wirtschaftlichkeit der Milchviehhaltung und zur Rationskontrolle sind die Mischungen zu protokollieren. Dies betrifft die eingesetzten Komponenten und die ausgetragenen Mengen an Mischration. Die Erfassung der Mengen muss beim Mischen zur korrekten Umsetzung des Mischprotokolls und als Nachkontrolle erfolgen (s. Kapitel C.2.5). Sinnvoll ist eine weitgehende Automatisierung der Abläufe.

Über Futterproben kann die Zusammensetzung der Ration geprüft werden. Eine Vorrichtung zur repräsentativen Probenahme am Mischwagen ist von Vorteil.

2.4.4.4 Gruppierung der Tiere

Wenn es die betrieblichen Voraussetzungen zulassen, ist es empfehlenswert, die melkenden Kühe einer Herde in Haltungs- bzw. Fütterungsgruppen zu unterteilen und mit unterschiedlichen Futtermitteln bzw. Rationen zu füttern. Tiere mit ähnlichem Anspruch an die Energie- und Nährstoffgehalte der Ration können so bedarfsgerechter

Abbildung C.2.14

Mischwagen und Betrieb müssen aufeinander abgestimmt werden

Tabelle C.2.54

Anforderungen an Mischwagen aus Sicht der Fütterung

- Abstimmung von Abmessungen, Volumen und Ausstattung auf betriebliche Vorgaben
- korrekte Mischungsanteile auch bei Kleinst- und Restmengen
- Erhalt der Struktur und des Futterwerts
- Qualität der Anschnittfläche (keine Auflockerung des Futterstockes)
- Mischungskontrolle über Mischprotokolle und Proben

versorgt und die ernährungsphysiologischen, futterökonomischen sowie umweltseitigen Anforderungen an die Milchkuhfütterung besser eingehalten werden.

Besonders in kleineren Herden ist die Bildung von Fütterungsgruppen aus arbeitsorganisatorischen Gründen oder infolge stallbaulicher Gegebenheiten kaum möglich. Sollen die Vorteile der TMR-Fütterung trotzdem genutzt werden, müssen alle melkenden Kühe mit einer Ration versorgt werden. Die Ration ist dann am Bedarf der leistungsstärkeren Kühe der Herde auszurichten, um Milchleistungseinbußen sowie Fruchtbarkeits- und Stoffwechselstörungen durch deutliche Unterversorgung zu vermeiden. Bei altmelkenden Kühen mit nachlassender Milchleistung kann solche Fütterung aber zur Überversorgung und nachfolgend zu überhöhten Gewichtszunahmen führen. Einheitliche Fütterung aller melkenden Kühe ist in leistungsstarken Herden eher möglich als bei mittlerem Leistungsniveau. Bei den Tieren mit hoher Milchlei-

Abbildung C.2.15

Absperrvorrichtung zur Gruppenhaltung

Abbildung C.2.16

Mischration plus Kraftfutter über Abrufautomat

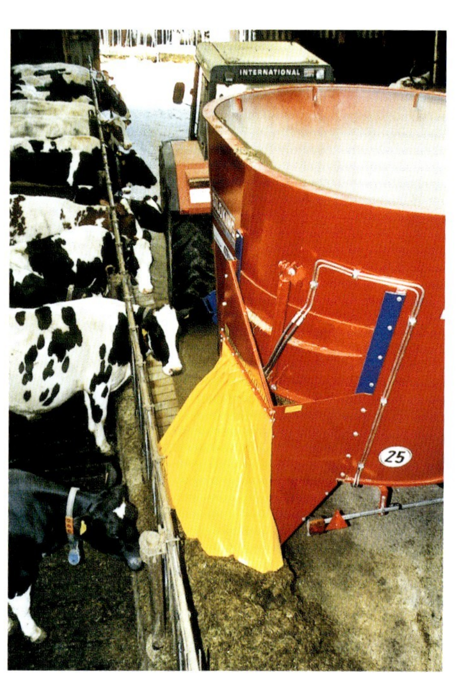

stung, guter Persistenz und zeitgerechter Wiederbelegung reduziert sich das Risiko der unerwünschten Verfettung in der Spätlaktation.

Unabhängig davon, ob Gruppen in der melkenden Herde gebildet werden, ist eine **zweiphasige Trockensteherfütterung** umzusetzen. Wenn die Kühe in Fütterungsgruppen eingeordnet werden, sollte dies vorrangig nach dem Futteranspruch geschehen, der sich aus der aktuellen täglichen Milchleistung unter Berücksichtigung der Laktationsnummer, des Melk- bzw. Trächtigkeitstages und der Körperkondition ergibt. Färsen werden mit geringerer Milchleistung vom höheren in das niedrigere Versorgungsniveau umgruppiert als Kühe, weil ihr Futteraufnahmevermögen eingeschränkter ist und sie noch altersbedingt wachsen.

Es ist zu beachten, dass die Laktationskurve in der Frühlaktation noch ansteigt. Deshalb sollten die Kühe in den ersten 40 bis 70 Melktagen auch dann mit der energiereichsten Ration versorgt werden, wenn ihre Milchleistung unter dem zur Umgruppierung festgelegten Wert liegt.

Bei sehr hohen Herdenleistungen können spezielle Sonderfuttermittel zur Stabilisierung der Leistung und des Stoffwechsels gezielt in der Frühlaktation eingesetzt wer-

Tabelle C.2.55

Beispiele unterschiedlicher Gruppierung bei ähnlicher Milchleistung (8.000 kg-Herde, Kühe mit 2 Leistungsgruppen)

Kuh	Laktations-tag	Trächtig-keitstag	Milch kg/Tag	Fett-gehalt %	Eiweiss-gehalt %	ECM* kg/Tag	Körper-kondition BCS-Note	Um-stellung
Umstellung in 2. Gruppe								
A	180	70	25,5	4,2	3,4	26,1	3 +	**Ja**
B	180	50	25,5	4,2	3,2	25,8	3 -	**nein**

** kg ECM je Tag = [(1,05 + 0,38 % Fett + 0,21 % Eiweiß)/3,28] * Milchmenge in kg*

den, wenn z.B. eine entsprechende Gruppe für Kühe bis ca. zum 40. Melktag gebildet wird. In solchen leistungsstarken Beständen ist die Bildung einer Gruppe für Kühe mit geringerer Milchleistung gegebenenfalls nicht mehr notwendig.

Mit der Berücksichtigung der Körperkondition soll erreicht werden, dass die Kühe nicht zu fett werden und auch nicht zu mager zur Kalbung gelangen. Beides wirkt sich nachteilig auf Futteraufnahme, Leistung, Fruchtbarkeit und Gesundheit aus. Zur Einbeziehung der Körperkondition in die Gruppierung bietet sich das Notensystem „Body Condition Scoring“ (BCS) an. Kühe sollen mit ausreichenden Reserven, ohne verfettet zu sein, im Bereich der Note 3,5 kalben.

In der Tabelle C.2.32 sind Vorschläge zur Einordnung der melkenden Kühe in zwei Fütterungsgruppen für unterschiedliche Herdenleistungen ausgewiesen. Wenn sich in sehr großen Beständen eine weitere Unterteilung des Bestandes anbietet, kann die Empfehlung für drei Gruppen umgesetzt werden.

Bei Bewertung der Milchleistung zur Gruppierung sind die Milchinhaltsstoffe zu beachten. Hohe Milchfettgehalte in der Frühlaktation zeigen Körperfettabbau also Unterversorgung an. Energiemangelsituationen der Kühe werden auch durch geringe Milcheiweißgehalte offensichtlich (s. Kapitel C.2.5). Sehr hohe Milcheiweißgehalte insbesondere in der Spätlaktation sind Hinweis auf energetische Überversorgung. Gegebenenfalls sind Tiere nach Milchinhaltsstoffen abweichend von der festgeschriebenen Milchmenge umzugruppieren.

Ein Beispiel für die Eingruppierung von Kühen nach Milchleistung, Inhaltsstoffen, Körperkondition sowie Melk- bzw. Trächtigkeitstag ist in Tabelle C.2.55 ausgewiesen.

Tabelle C.2.56

Anteil Kühe der melkenden Herde in den Gruppen

Gruppe	1	2	3
6.000 – 7.000 kg	40 – 50	30 – 40	20 – 30
7.000 – 8.000 kg	50 – 60	25 – 30	15 – 20
8.000 – 10.000 kg	60 – 80	10 – 25	0 – 15

Quelle: DLG-Information 1/2001.

Bei etwa gleicher Leistung und gleicher Laktationsdauer wird die Kuh A in die Gruppe 2 (altmelk) umgestallt, während die Kuh B auf Grund der geringen Körperkondition noch in Gruppe 1 (frischmelk) verbleibt. Die Neueinordnung der Kühe in die Gruppen sollte einmal im Monat nach der Milchkontrolle erfolgen. Dann liegen die benötigten Daten vor. Eine BCS-Benotung der Tiere könnte ebenfalls zu diesem Zeitpunkt erfolgen. Eine monatliche Gruppierung der Herde reicht zur Bedarfsanpassung aus, erleichtert das Gruppenmanagement und hält mögliche Auswirkungen auf das Tierverhalten in vertretbaren Grenzen.

In Tabelle C.2.56 sind Erfahrungswerte der zu erwartenden Verteilung der melkenden Kühe eines Bestandes auf die Fütterungsgruppen in Abhängigkeit von der Herdenleistung ausgewiesen. Hieraus können Ableitungen zur Möglichkeit und zur Notwendigkeit der Umsetzung einer Gruppenfütterung im Betrieb getroffen werden. Die Laktationskurven sind bei TMR-Fütterung flacher als bei individueller Fütterung, deshalb können solche Verteilungen nicht aus Standardkurven abgeleitet werden. Die Variation in der Gruppengröße ist in der Bauplanung zu berücksichtigen.

Eine Gruppe laktierender Tiere. Eine Leistungsgruppe für alle Tiere empfiehlt sich nur für Betriebe, die dann auch das gesamte Betriebsmanagement auf diese Vorgabe abstellen. Die Futterkosten liegen dabei grundsätzlich höher als bei Gruppenfütterung, da ein gewisser Luxuskonsum in Kauf zu nehmen ist. Amerikanische Untersuchungen zeigen einen um etwa 30 % höheren Verbrauch an Kraftfutter. Ähnliche Ergebnisse liegen unter hiesigen Fütterungsbedingungen vor. Voraussetzung für das Verfahren mit nur einer Leistungsgruppe ist, dass alle Tiere bis zum Schluss der Laktation einen hohen Nährstoffbedarf haben und von daher nicht zu stark überkonditioniert werden. Garanten hierfür sind eine gleichmäßige Herde auf hohem Leistungsniveau, die mit einem konsequenten Management gefahren wird. In einer Herde mit 8.500 kg Leistung sollten beispielsweise Kühe mit weniger als 28 kg Tagesleistung und 140 Laktationstagen nicht mehr belegt werden, und das Trockenstellen der Kühe hätte mit etwa 20 kg Tagesleistung zu erfolgen.

Aus Sicht der Fütterung sind Leistungsgruppen in allen Systemen zu empfehlen. Durch die Leistungsgruppen können auch die unterschiedlichen Futterqualitäten insbesondere beim Grobfutter gezielter und effektiver eingesetzt werden. Außerdem kann die Zusammensetzung der Kohlenhydrate gezielt auf die Leistungsphase (s. Tabelle C.2.21) abgestimmt werden. Da die Einrichtung von Gruppen aus organisatorischen und arbeitswirtschaftlichen Gründen nicht immer machbar und vertretbar ist, wird die Mischration plus tierindividueller Kraftfuttergabe für viele Betriebe zumindest zur Zeit das System der Wahl sein. Die aktuellen Erhebungen in der Praxis bestätigen dies. Je größer der Betrieb und je besser das Management, desto sinnvoller ist der Übergang zur TMR.

2.4.5 Kosten der Arbeitserledigung verschiedener Fütterungstechniken

In der DLG-Information 1/2001 wurden beispielhaft die Technikkosten und die Arbeitskosten verschiedener Fütterungsverfahren zusammengestellt. Diese können als Anhalt zur einzelbetrieblichen Beurteilung dienen (s. Tabelle C.2.57). Allerdings bedarf es im Einzelfall in Abhängigkeit von den betrieblichen Verhältnissen (Futtermitteleinsatz, Wegezeiten, vorhandene Technik) einer spezifischen Vergleichskalkulation für die kostengünstigste Lösung. Wie Abbildung C.2.18 belegt, sinken die Kosten der Arbeitserledigung/Kuh mit zunehmender Tierzahl unabhängig vom Fütterungsverfahren. Allerdings weisen die hier in Verbindung mit der TMR-Fütterung ausgewählten Verfahren deutlich günstigere Kosten als die jeweilige Variante 1 der Abruffütterung auf.

Bei geringen Kuhzahlen sind günstigere Kosten der Arbeitserledigung jedoch nur über den Einsatz von überbetrieblichen Selbstfahrern (Lohnunternehmer,

Abbildung C.2.17

Grassilage-Vorlage mit dem Blockschneider

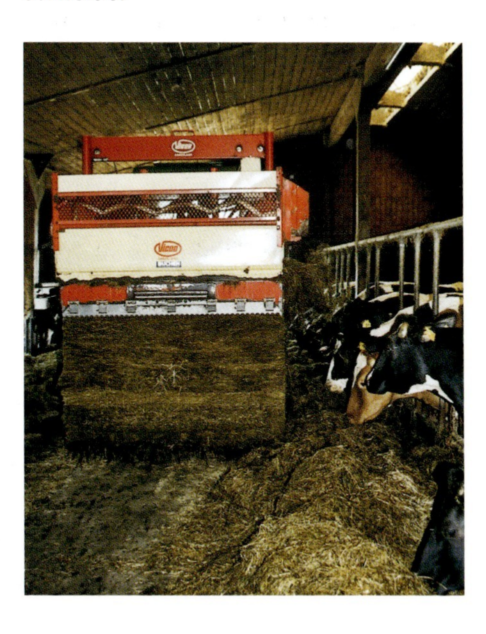

Tabelle C.2.57

Arbeitsaufwand und Kosten verschiedener Fütterungstechniken; Quelle: DLG-Information 1/2001

Milchviehbestand (Kosten für die Fütterung)	technische Ausstattung Variante	Anschaffungspreis (Euro)	Nutzungsdauer (Jahre)	Technikkosten / Jahr (Euro)	Technikkosten Kuh / Jahr (Euro)	Arbeitsbedarf Kuh / Jahr[2] (Akh)	Schlepper-Stunden Kuh / Jahr[3] (Sh)	Kosten Arbeitserledigung Kuh/Jahr (Euro)
60 Kühe	• Futtermischwagen 8 m^3 (mit Befüllfräse)	26.500	8	5.300	88	5,5	5,5	215
	• Siloblockschneider mit Verteileinrichtung 3 m^3	9.200	5	2.390	40	7,9	7,9	225
	• 2 Abrufstationen	9.200	10	1.880	31			
120 Kühe	• Futtermischwagen 11 m^3 (mit Befüllfräse)	33.200	8	6.640	82	4,5	4,5	173
	• Verteilwagen	12.800	10	2.335	36	4,8	5,0	182
	• Greifschaufel (1 m^3)	2.600	8	510	8			
	• 4 Abrufstationen	18.400	10	3.770	61			
400 Kühe	• Futtermischwagen 14 m^3 Selbstfahrer	102.000	8	26.430	66	3,2	–	107
	• Futtermischwagen 14 m^3 (ohne Befüllfräse)	30.000	8	5.900	15	3,8	4,5	167
	• Greifschaufel 1,2 m^3	3.100	5	840	2			
	• 13 Abrufstationen	61.000	10	11.800	30			

[1] *AfA u. Unterhaltung (Kraftstoffe) Fütterungstechnik*

[2] *12,8 €/Akh, ohne Arbeiten wie Siloabdecken etc.*

[3] *Schlepperkosten: Gesamtkosten (variable und fixe) einschl. Aufwendungen für Treibstoff*
60 Kühe – Schlepper (41-48 kW): 10,09 €/Sh; 120 Kühe – Schlepper (49-59 kW): 13,46 €/Sh; 400 Kühe – Schlepper (60-74 kW): 16,06 €/Sh

Abbildung C.2.18

Kosten der Arbeitserledigung verschiedener Fütterungstechniken bei variierten Bestandszahlen[1]
Quelle: DLG-Information 1/2001

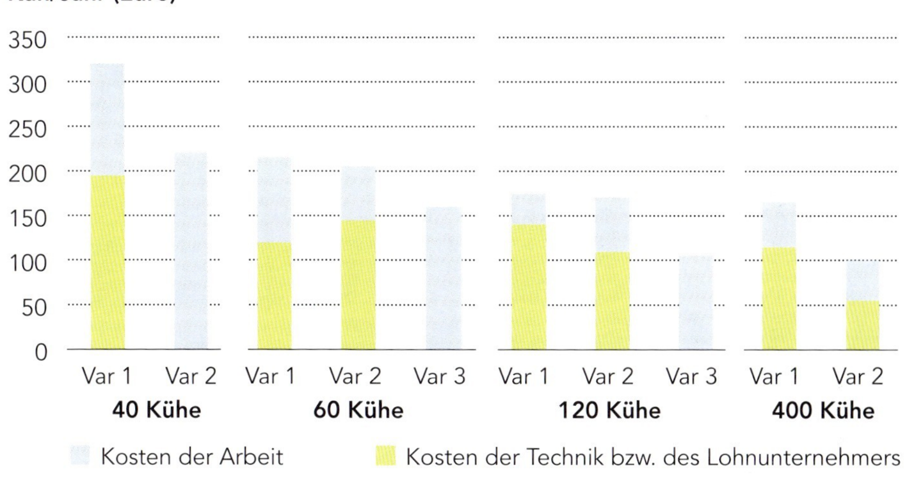

[1] Varianten der technischen Ausstattung

40 Kühe	*Variante 1*	*Siloblockschneider mit Verteileinrichtung, 2 Abrufstationen*
	Variante 2	*Futtermischwagen 15 m³, Selbstfahrer – überbetrieblich*
60 Kühe	*Variante 1*	*Siloblockschneider mit Verteileinrichtung, 2 Abrufstationen*
	Variante 2	*Futtermischwagen 8 m³ (mit Befüllfräse)*
	Variante 3	*Futtermischwagen 15 m³, Selbstfahrer – überbetrieblich*
120 Kühe	*Variante 1*	*Verteilwagen, Greifschaufel, 4 Abrufstationen*
	Variante 2	*Futtermischwagen 11 m³ (mit Befüllfräse)*
	Variante 3	*Futtermischwagen 15 m³, Selbstfahrer – überbetrieblich*
400 Kühe	*Variante 1*	*Futtermischwagen 14 m³, Greifschaufel, 13 Abrufstationen*
	Variante 2	*Futtermischwagen 15 m³, Selbstfahrer – überbetrieblich*

Maschinengemeinschaft) zu erreichen. Diese Variante bietet in Betrieben bis zu 120 Kühen zudem erhebliche arbeitswirtschaftliche Vorteile, da die Bindung eigener Arbeitskräfte für diesen Arbeitsgang entfällt. Um diese niedrigen Kosten zu erreichen, muss der Selbstfahrer allerdings täglich bis zu 2000 Großvieheinheiten mit Futter versorgen. Diese Zahlen sind in einigen Regionen nur sehr schwer zu erreichen.

Die Entscheidung über die Anschaffung eines Futtermischwagens mit Befüllfräse oder Fremdbefüllung eines Mischwagens ohne Fräse ist sehr stark von der Länge der Wegezeiten zwischen den Futterlagern und Ställen abhängig. Bei sehr kurzen Wegezeiten ist die Fremdbefüllung in den Kosten der Arbeitserledigung insgesamt etwas günstiger. Damit ist aber in der Regel auf Grund des höheren Zeitbedarfs ein hoher Anteil an Arbeitskosten verbunden. Betriebe mit knapper Arbeitskapazität sollten daher die Variante mit Befüllfräse in jedem Fall vorziehen.

In größeren Betrieben ab 180-200 Kühen ist der Selbstfahrer in Eigenmechanisierung im Vergleich zu geteilten Verfahren die wirtschaftlich interessantere Alternative.

2.4.6 Fütterung auf der Weide

Eine besondere Stellung in der Fütterung nimmt die Weide ein. Die Energiegehalte des Weideaufwuchses schwanken je nach Jahreszeit, Aufwuchshöhe und Pflanzenbestand zwischen 6,0 und 7,0 MJ NEL/kg Trockenmasse. Die Verdaulichkeit der jungen Weide kann 80 % übersteigen und entspricht somit etwa dem Niveau von Kraftfutter. Anhaltswerte für die Einstufung der Weide sind dem Tabellenanhang zu entnehmen. Unterschieden wird zwischen Frühjahr (Mai/Juni) und Sommer (Juli bis September). Im Frühjahr ist die Qualität besser als im Sommer. Ursache sind die unterschiedlichen Wachstumsbedingungen bei zunehmender bzw. abnehmender Tageslänge. Die Rohproteingehalte sind teils höher als in der Tabelle ausgewiesen.

Beim Einsatz der Weide ist zunächst zu beachten, dass die Futterumstellung möglichst gleitend erfolgt. Zu empfehlen ist eine zweiwöchige Übergangsfütterung. Ist eine Beifütterung im Stall nicht möglich (z. B. bei Jungrindern), so sollte auf der Weide Heu, Gras- oder Maissilage in ausreichender Qualität und Menge angeboten werden.

Milchkühen sollten durchgängig mind. 3 kg Trockenmasse an Grobfutter je Kuh und Tag zur Weide beigefüttert werden, um die stark schwankende Futteraufnahme auf der Weide auszugleichen und die Energie- und Nährstofflieferung aus Weidegras gezielt zu ergänzen. Die Stärke der Beifütterung ist dem Angebot auf der Weide stets anzupassen. Beigefüttert werden sollte z. B. Maissilage oder eine geeignete Grassilage.

Die Kraftfuttergabe ist zu begrenzen, da Weide in stärkerem Maße verdrängt wird als die üblichen Futterkonserven. Bewährt hat sich die Beschränkung auf 8 kg Milchleistungsfutter je Kuh und Tag. Je höher die beigefütterte Grobfuttermenge und je günstiger die Verteilung der Kraftfuttergaben ist, umso besser können hohe Leistungen über die entsprechende Beifütterung und dem Einsatz von Kraftfutter ermolken werden. Die Zusammensetzung des Kraftfutters ist auf die Bedürfnisse der Weide abzustellen. Im Vordergrund steht die Ergänzung mit nXP, beständige Stärke und pansenverfügbaren Kohlenhydraten. Bei höheren Leistungen empfehlen sich Milchleistungsfutter mit 170 bis 180 g nXP/kg und 70 g beständige Stärke je kg und mehr. Auf Grund der positiven RNB des Weidegrases kann die RNB im Milchleistungsfutter auch 0 oder leicht negativ sein.

Ideal ist die gleichzeitige Zugangsmöglichkeit zu Weide, Grob- und Kraftfutter. Der Halbtagsweide ist die „Siestaweide" auf Grund der besseren Nährstoff-Synchronisation vorzuziehen. Unter „Siestaweide" ist eine zweimal täglich beschränkte Weide von zwei bis drei Stunden zumeist im Anschluss an die Melkzeiten zu verstehen.

Bei den Jungrindern ist bei Sommertrockenheit und im Herbst eine Beifütterung angezeigt. Bewährt hat sich der Einsatz von schwachmelassierten Trockenschnitzeln („Minipellets"), Milchleistungsfutter oder gutem Grobfutter. Bei Kraftfuttereinsatz sind die Fütterungszeiten kürzer, was zur Vermeidung von Narbenschäden beitragen kann. Voraussetzung ist jedoch ein ausreichend langer Trog, damit alle Tiere gleichzeitig fressen können.

2.4.6.1 Umtriebs-Weide und Intensiv-Standweide im Vergleich

Weide ist nach wie vor ein geeignetes Verfahren zur kostengünstigen Fütterung der Milchkuh. Für den Erfolg der Weide ist das Weidesystem von entscheidender Bedeutung. Es ist das Ziel der Weideführung, durchgängig gleich bleibend hohe Qualitäten den Tieren in ausreichender Menge anzubieten. Die gebräuchlichsten Weideformen sind die Umtriebsweide und die Intensiv-Standweide. Eine Kennzeichnung der Weidesysteme ist der Tabelle C.2.58 zu entnehmen.

Abbildung C.2.19

Weidereifer Aufwuchs

Tabelle C.2.58

Kennzeichnung von Umtriebs- und Standweide

	Umtriebsweide	**Intensiv-Standweide**
Wuchshöhe bei Weideaustrieb	**Höchstens 10 cm**	
Umtrieb	regelmäßig (Nutzung bei ca. 15 cm Wuchshöhe) jährlich 4 bis 8 mal dabei Wechsel zwischen Weide- und Schnittnutzung	kein Umtrieb
Beweidungsdauer	je Koppel kurz, 1 Tag (Portionsweide) bis höchstens 5 Tage, Flächenbedarf je Kuh und Tag je nach Aufwuchs: 80 bis 120 m^2	sehr lang, keine Ruhezeit, ausgenommen vor und nach dem Schnitt einer Teilfläche
Nachmähen und Unkrautbekämpfung	nach jedem Umtrieb	vor der Schnittnutzung

Die Umtriebs-Weide liefert hohe Erträge, wenn eine tägliche Futterzuteilung erfolgt (Portionsweide). Dies erfordert einen hohen Arbeitszeitaufwand. Die Intensiv-Standweide ohne Umtrieb bringt ebenfalls gute Erträge und wird mit einem höheren Viehbesatz gefahren. Die Arbeitsbelastung ist dementsprechend geringer.

Vergleich der Weidesysteme

Im Folgenden sind die Vor- und Nachteile dieser intensiven Bewirtschaftungsweise gegenüber der Umtriebs-Weide aufgezeigt.

Vorteile der Intensiv-Standweide:

- Geringer Arbeitszeitaufwand,
- Wegfall der Triebwege,
- niedrige Zaun- und Unterhaltungskosten sowie weniger Tränkestellen,
- dichte und trittfeste Grasnarbe durch ständiges Beweiden,
- weniger Trittschäden bei Nässe,

- ruhiges Verhalten der Weidetiere,
- gleichmäßige Ernährung der Kühe bei hohem Futterangebot sowie
- geringe tägliche Milchmengen-Schwankungen.

Nachteile der Intensiv-Standweide:
- Schwierigere Anpassung der Besatzdichte an den Futterzuwachs,
- erschwerte chemische Unkrautbekämpfung und
- Gülleausbringung wird zeitlich schwieriger.

Um eine Intensiv-Standweidebewirtschaftung durchführen zu können, müssen folgende **Voraussetzungen** beachtet werden:
- Die Flächen müssen in **nicht austrocknungsgefährdeten** Lagen liegen.
- Die Grasnarbe soll aus **leistungsfähigen Gräsern** bestehen, die einen **häufigen Verbiss** vertragen (Deutsches Weidelgras, Wiesenrispe, Knaulgras).
- Die **Besatzdichte** (Kühe je ha) ist an das Futterangebot anzupassen.
- Der erste Schnitt sollte möglichst in der **ersten Maihälfte** erfolgen.
- Die Grasnarbe soll eine **Mindesthöhe von ca. 8 cm** nicht unterschreiten, da sonst mit einem Rückgang des Nachwuchses, der Futteraufnahme und der Milchleistung zu rechnen ist.

Im folgenden Beispiel (s.Tabelle C.2.59) ist dargestellt, wie in einem reinen Grünlandbetrieb die Aufteilung zwischen Beweidungs- und Schnittflächen in Abhängigkeit des Witterungsverlauf (Leistungsfähigkeit des Grases) aussehen kann.

Für beide Weidesysteme gilt:
- Im Frühjahr erhalten nur Kühe, die mehr als 18 bis 20 kg Milch täglich geben, Kraftfutter. Bei fortgeschrittener Vegetation muss den Kühen schon ab 15 kg Milch Kraftfutter zugeteilt werden. Mehr als 6 bis 8 kg Kraftfutter täglich sollen die Kühe nicht bekommen, da sie sonst zu wenig Gras fressen (Verdrängungseffekt)
- Milchkühen sollte durchgängig mindestens 3 kg Trockenmasse aus Grobfutter je Tag beigefüttert werden, um die stark schwankende Aufnahme an Weidegras auszugleichen und die Weide gezielt zu ergänzen. Die Stärke der Beifütterung ist dem Angebot auf der Weide stets anzupassen. Zugefüttert werden soll beispielsweise Maissilage oder eine geeignete Grassilage.
- Der Rohproteinüberschuss (RNB) – vor allem im jungen Gras – sollte mit energiereichen Futtermitteln wie Maissilage, Melasseschnitzeln, Getreide oder einem Ausgleichskraftfutter mit negativer RNB ausgeglichen werden.

Tabelle C.2.59

Beispiel: Grünlandbetrieb mit 50 Kühen auf 20 ha Weide; n. Mott und anderen

Periode	Besatzdichte Kühe/ha	Beweidungsfläche ha = Kühe ÷ Kühe/ha	Schnittfläche ha
vom Auftrieb bis Mitte Juni	6,5	7,5	12,5
Mitte Juni bis Ende Juli	5,0	10,0	10,0
Ende Juli bis Ende August	4,0	12,5	7,5
Ende August bis Abtrieb	2,5	20,0	–

- Der Mangel an Struktur ist im jungen Weidegras durch Silage, Heu oder Stroh auszugleichen.
- Die Mineralstoffergänzung ist sicherzustellen. Bei Weideaustrieb muss auf höheren Magnesiumgehalt geachtet werden zur Vorbeuge gegen Weidetetanie. 50 g Viehsalz je Kuh und Tag beheben den Natriummangel im Gras.
- Die Wasserversorgung ist über Tränken sicherzustellen, die am Treibweg liegen und von allen Koppeln erreichbar sind; je nach Milchleistung und Temperatur nimmt die Kuh bis zu 120 l Wasser täglich auf.

2.4.6.2 Trockensteher und Weide

In vielen Gebieten kommen die trockenstehenden Kühe und die hochtragenden Rinder traditionell auf die Weide. Aus Sicht der Fütterung widerspricht dieses Vorgehen jedoch vielfach den Anforderungen zum optimalen Laktationsstart. Andererseits ist die Haltung der Tiere auf der Weide mit vielen Vorteilen für die Tiere und den Landwirt verbunden.

Mit dem Trockenstellen ändern sich die Anforderungen an die Ration grundlegend. Um den Milchfluss zu unterbrechen, ist eine weitgehende Rationsumstellung erforderlich. Dies gilt besonders, wenn die Kühe wie heute vielfach üblich, mit Tageslei-

Tabelle C.2.60

Einfluss der Energiedichte der TMR bei Trockenstehern auf die Gewichts-Entwicklung; 7. bis 2. Woche vorm Kalbetermin

NEL, MJ/kg TM	**5,6**		**6,0**	
	Färsen	**Kühe**	**Färsen**	**Kühe**
Futteraufnahme, kg TM/Tag	8,7	10,8	9,3	12,6
Energieaufnahme, MJ NEL/Tag	49	60	56	75
Zuwachs, kg/Tag	0,6	0,9	0,7	1,5

55 Kühe mit 690 kg und 29 Färsen mit 600 kg Lebendmasse zu Versuchsbeginn
Quelle: Fischer und Engelhard, 2002, LVA Iden

stungen von 20 kg Milch und mehr trockengestellt werden. Neben dem Rationswechsel empfiehlt sich gleichzeitig noch ein Stallwechsel. In den ersten Tagen nach den Trockenstellen muss die Rückbildung des Euters unbedingt beobachtet werden, um Euterentzündungen zu erkennen und vorzubeugen. Bis zur Vorbereitungsfütterung, etwa 2 Wochen vor der Kalbung, soll die Energiekonzentration der Ration 5,5 MJ NEL/kg TM nicht übersteigen. Bei höheren Energiekonzentrationen erfolgt ein verstärktes Auffleischen in dieser Zeit und eine verminderte Futteraufnahme um die Kalbung und danach sind die Folge.

Etwas unterschiedlich ist die Situation zwischen Kühen und den zur Kalbung anstehenden Färsen wie die Ergebnisse aus der LVA Iden zeigen (s. Tabelle C.2.60). Die Anhebung der Energiekonzentration führte bei den Kühen zu Tageszunahmen von 1,5 kg je Tier und Tag. Bei den Jungrindern war die Situation auf Grund der insgesamt geringeren Futteraufnahme weniger ausgeprägt.

In der Vorbereitungsfütterung muss die Energiedichte merklich angehoben werden, da die Futteraufnahme bei gleichbleibender Futterqualität vor der Kalbung um ca. 35 % zurückgeht (s. auch Kapitel C.2.1.1). Außerdem müssen die Tiere in der Vorbereitungsfütterung auf die Rationsgestaltung nach der Kalbung eingestellt werden. Es empfiehlt sich daher der Einsatz der gleichen Futterkomponenten wie nach der Kalbung. Auf eine ausreichende Strukturversorgung ist auf Grund der beschränkten Futteraufnahme besonders zu achten. Ferner sollte vor der Kalbung eine auf die Bedürfnisse der Tiere angepasste Versorgung mit Mineral- und Wirkstoffen erfolgen.

Die Versorgung mit Vitamin E sollte über höhere Gehalte im Mineralfutter von z.B. 2.500 mg/kg bei 100 g Mineralfutter je Tag sichergestellt werden. Außerdem empfeh-

Tabelle C.2.61

Vergleich der Energie- und Nährstoffgehalte in Weidegras mit den Anforderungen von Trockenstehern und Tieren in der Vorbereitungsfütterung

	Weidegras		Trocken-	Vorbereitungs-
	Frühjahr	Sommer	steher	fütterung
NEL, MJ/kg TM	*6,5 – 6,7*	*6,2/6,3*	*< 5,5*	*6,6*
nXP, g/kg TM	145	140	110	145
SW	1,8	1,8	> 2,0	> 1,4
Calcium, g/kg TM	6*	6*	4,0	4,5
Phosphor, "	4,0	3,8	2,5	3,0
Kalium, "	30	30	< 15	< 15
Stärke, "	–	–	–	100 – 150

**) mit zunehmendem Anteil an Leguminosen steigen die Gehalte*
SW – Strukturwert

len sich geringere Gehalte an Kalium und auch Calcium in der Ration zur Vorbeuge gegen Milchfieber. Alle angesprochenen Forderungen sind bei überwiegender Weidefütterung kaum zu realisieren.

Aus Sicht der Haltung ist Weidegang ideal zur Vorbereitung der Kalbung. Die Bewegung, der Kuhkomfort sowie Luft und Sonne (möglichst mit Schattenplatz) sprechen für den Weidegang. Der geringere Arbeitsaufwand und die Möglichkeit, schlecht zu bewirtschaftende Flächen zu nutzen, sprechen zu dem für den Weidegang von Trockenstehern. Viele Praktiker gehen seit Beginn der 80er Jahre jedoch davon ab. Dies trifft insbesondere für Betriebe mit Milchfieberproblemen zu.

Ein Vergleich der Energiegehalte in Weidegras mit den Anforderungen für Trockensteher zeigt das Problem (s. Tabelle C.2.61). Sowohl im Frühjahr als auch im Sommer sind die Energiegehalte in der Weide erheblich höher als für Trockensteher erwünscht. Bei vollem Weideangebot führt dies zu einem starken Auffleischen der Tiere. Außerdem ist die Mineralstoffzusammensetzung von Weidegras nicht günstig, um Milchfieber vorzubeugen. Ein Vorteil von Weidegras gegenüber Silagen liegt in den höheren Vitamingehalten.

Für die Vorbereitungsfütterung in den letzten zwei Wochen vor der Kalbung erscheint das Weidegras vom Energiegehalt her geeignet. Da nach der Kalbung jedoch oft ganz anders gefüttert wird (Maissilage, Kraftfutter etc.), ist von Vorbereitungsfütterung nicht zu sprechen. Dies gilt insbesondere in Bezug auf die Anfütterung mit Stärke. Dazu kommt die Problematik im Hinblick auf die Milchfieberprophylaxe.

Die dargestellten Punkte sprechen somit eindeutig dafür, Weidegras nur kontrolliert und mit entsprechender Beifütterung an Trockensteher einzusetzen. Bei Jungrindern ist die Problematik der Überversorgung von der 7. bis 3. Woche vor der Kalbung nicht so problematisch, wie bei den Kühen. Eventuelle Probleme mit Verfettung sind in der Regel schon früher in der Trächtigkeit eingetreten. Gerade bei diesen verfetteten Tieren ist eine gezielte Vorbereitungsfütterung vor der Kalbung und eine weitere Anfütterung nach der Kalbung unverzichtbar, um eine ausreichende Futter- und damit Energieaufnahme vor und nach der Kalbung zu gewährleisten. Aus hygienischen Gründen sollten die Rinder 7 Wochen vor der Kalbung zur Milchviehherde kommen. Aus praktischen Gründen empfiehlt sich die gemeinsame Haltung mit den trockenstehenden Kühen.

Abbildung C.2.20

Wasser- und Leckstation für Kühe

Weidegras bei Trockenstehern gezielt einsetzen !

Sprechen betriebliche Gründe dafür, auf Weide nicht zu verzichten, so sind einige Punkte unbedingt zu beachten. Kühe sollten erst nach dem erfolgreichen Trockenstellen auf entfernte Weiden verbracht werden. Vorbereitungsfütterung grundsätzlich am Hof mit voller Beifütterung durchführen. Beschränkter Weidegang ist in der Vorbereitungsfütterung möglich. Falls die Tiere nach der Kalbung auch Weidegang bekommen, ist dies sogar unbedingt zu empfehlen. Beizufüttern ist die mit ausreichender Struktur versehende Ration der melkenden Kühe in entsprechend geringerer Menge.

Die Haltung der Trockensteher auf der Weide 3 bis 4 Tage nach dem Trockenstellen bis 15 Tage vor dem Kalbetermin ist zu vertreten, solange die Tiere nicht zu stark auffleischen und sich die Probleme mit Milchfieber und anderen Krankheiten rund um die Kalbung in Grenzen halten. Das Angebot an energiereichem Weidegras ist zu

Abbildung C.2.21

Große Beckentränke für Milchkühe bei Weidegang

Abbildung C.2.22

Standweide hat sich bewährt

begrenzen. Eine Beifütterung mit strukturreichem und hygienisch einwandfreiem Grobfutter ist unbedingt anzuraten. Die Beifütterung kann über stabile Raufen oder, falls möglich, im Stall erfolgen. Bewährt haben sich Spätschnittheu, Grassamenstroh und energiearme Grassilage. Stroh kann ebenfalls angeboten werden, wird aber vielfach nicht ausreichend aufgenommen, solange es nicht mit anderen Komponenten vermischt wird. Unbedingt zu empfehlen ist eine Ergänzung mit Mineralfutter zur Sicherstellung der Versorgung mit Natrium, Magnesium, Spurenelementen und Vitaminen.

Eine Reihe von Praktikern wenden diese Form der gezielten Fütterung von Trockenstehern auf der Weide bereits an. Zu beachten ist der evtl. höhere Nährstoffeintrag wegen der beschränkten Fläche und die Gefahr der Trittschäden im Bereich der Raufen. Am günstigsten ist daher die Haltung und Fütterung im Stall mit stundenweisem Auslauf entsprechend des Grasangebotes.

Fazit

Für die gezielte Milcherzeugung ist der alleinige Weidegang auch für Trockensteher nicht mehr zu empfehlen. Unverzichtbar ist eine gezielte Vorbereitungsfütterung in den letzten 15 Tagen vor der Kalbung. In der Trockenstehzeit davor ist Weidegras plus Beifütterung ein möglicher Kompromiss.

2.5 Rationskontrolle

An die Rationsplanung und der Kraftfutterzuteilung bzw. Gruppeneinteilung bei TMR entsprechend den Ergebnissen der Milchkontrolle und der BCS sollte sich die Rationskontrolle anschließen. Die Rationskontrolle umfasst die Abschätzung der tatsächlichen Futteraufnahme, die Überprüfung der Wasserversorgung, die Konditionsbeurteilung, die Leistungskontrolle und die Überwachung des Allgemeinbefindens der Tiere einschließlich der Kotbeschaffenheit. Ziel der Rationskontrolle ist die Vermeidung von Fehlern und das frühzeitige Erkennen von Fehlentwicklungen. Die Rationskontrolle sollte nach einem festen Schema ablaufen, um Fehler mit großer Sicherheit zu erfassen. Einzelbetrieblich ist dieses Schema entsprechend den Erfordernissen und Möglichkeiten festzulegen.

2.5.1 Kontrolle der Wasser- und Futteraufnahme

Der Wasserverbrauch einer Kuh ist unter anderem von der Leistung und der Umgebungstemperatur abhängig. Bei einer Leistung von 30 kg Milch am Tag benötigt eine Kuh ca. 85 kg Wasser pro Tag (s. Kapitel G). Bei steigenden Leistungen wird entsprechend mehr Wasser benötigt. Daher ist es wichtig, dass ausreichend Tränkeflächen, abgestimmt auf die Herdengröße und die Leistungsgruppe, zur Verfügung stehen. Darüber hinaus sind die Tränken im Stall so anzuordnen, dass Rangkämpfe vermieden werden. Regelmäßig kontrolliert werden sollte vor allem der Wasserdurchfluss je Trän-

Abbildung C.2.23

Hohlmaß: Gewicht überprüfen!

ke. Die Tränkwasserqualität lässt sich durch eine regelmäßige Reinigung der Tränkebecken deutlich verbessern, wie Untersuchungen in der Praxis zeigten. Weitere Punkte sind der Fachinformation der Landwirtschaftskammern NRW zum Tränkwaser zu entnehmen (s. weiterführende Literatur im Anhang).

Abbildung C.2.24

Temperaturfühler für Silagen und vorgelegtes Futter

Beim Futter ist die mittlere Aufnahme an Grob- und Kraftfutter je Herde bzw. Leistungsgruppe nachzuhalten. Da die Messung der Futteraufnahme vielfach zu aufwändig ist, gilt es, den Verzehr abzuschätzen. Beim Kraftfutter können Zukaufmengen den Verzehrsmengen für einen bestimmten Zeitraum gegenübergestellt werden. Eventuelle Verbräuche bei den Kälbern oder den Färsen sind bei den Kühen in Abzug zu bringen. Bei der Zuteilung mit Hohlmaßen ist von Zeit zu Zeit das Raumgewicht zu ermitteln. Die Kraftfutterstationen sind bei jeder Lieferung neu einzurichten. Ob die vorgelegte Kraftfuttermenge auch verzehrt wird, ist sowohl am Trog als auch in der Station zu kontrollieren.

Zur Beurteilung des Kraftfuttereinsatzes ist der Verbrauch je kg ECM zu kalkulieren. Anzustreben sind Kraftfuttermengen **(Energiestufe 3)** unter 250 g je kg ECM.

Beim Grobfutter empfehlen sich Probewägungen. Bewährt hat sich beim Einsatz des Blockschneiders die stichprobenweise Wägung der Blöcke. Aus dem Verbrauch an Blöcken kann dann auf den Verzehr geschlossen werden. Beim Einsatz von Mischwagen sollten die Futtermengen möglichst routinemäßig über die Waage des Mischwagens erfasst werden. Zu empfehlen ist die Überprüfung der Mischgenauigkeit (näheres s. unter Kapitel C.2.5.5). Lässt die Futteraufnahme zu wünschen übrig, so sind alle

Punkte, die den Verzehr beeinflussen, erneut zu prüfen und eventuell erforderliche Änderungen vorzunehmen.

Fressverhalten: Einem Rückgang im Trockenmasseverzehr um mehr als 5 % gegenüber dem langfristigen Mittel der Gruppe mit nachfolgendem Leistungsabfall ist nachzugehen. Eine Ursache kann neben anderen Möglichkeiten in einer Verschiebung der Rationsverhältnisse in Richtung eines zu hohen Grobfutteranteiles oder geringere Energiegehalte im Grobfutter als unterstellt und einem relativen Mangel an leicht fermentierbaren Energiequellen liegen, wenn gleichzeitig auch der Milchfettgehalt ansteigt und der Milcheiweißgehalt deutlich abfällt.

Wird in der Hauptfresszeit nach dem Melken von den Kühen das Futter hin- und hergeschoben, ist dies meist mit einer Futterselektion, d. h. der Auswahl der schmackhafteren Rationskomponenten verbunden. Dies führt in der Regel zur Aufnahme strukturarmer Futter, manchmal jedoch auch zu einem Zurücklassen von Kraftfutterkomponenten. In diesem Fall ist die Zusammensetzung des Restfutters visuell zu prüfen bzw. mit der Schüttelbox oder einem Schüttelsieb auf Übereinstimmung mit dem Ausgangsfutter zu prüfen.

2.5.2 Konditionsbeurteilung (BCS)

Die erfolgreiche oder weniger erfolgreiche Umsetzung der Ration kann direkt an der Kuh abgelesen werden. Maßgebend sind die Fettreserven des Einzeltieres bzw. der Herde. Eine Möglichkeit, die Körperfettreserven der Tiere zu erfassen, ist der **B**ody **C**ondition **S**core (**BCS**). Hierbei handelt es sich um eine in den USA entwickelte subjektive Beurteilung der Körperkondition der Kühe. Die Kühe werden in Stufen von 1 bis 5 eingeordnet.

Mit dem Grad der Verfettung steigt die Einstufung. Eine „normale" Kondition zur Kalbung wird mit 3,5 angegeben. Die Einordnung der Boniturnoten mit den typischen Merkmalen sind aus der Tabelle C.2.62 ersichtlich. Die Bonitierung kann durch den geübten Praktiker erfolgen (s. Abb. C.2.26 – 28). Zur Einübung werden Seminare von den Zentren für Tierproduktion und den Lehr- und Versuchsanstalten angeboten. Es empfiehlt sich die Bonitur nach einem festen Schema. Dies betrifft die zeitlichen Abstände und die Vorgehensweise. Die Bonitur im Anschluss an die Milchkontrolle hat sich bewährt, da dann alle aktuellen Daten vorliegen. Neben den ganzen Noten können auch Abstufungen von 0,5 oder 0,25 erfolgen. Es können alle Tiere oder vorzugsweise die Tiere vorm Trockenstellen und vor der Kalbung bonitiert werden. Eine objektive Beurteilung der Körperkondition kann über die Messung der Rückenfettdicke erfolgen. Hierzu gibt es Geräte auf Echolotbasis.

Tabelle C.2.62

Beurteilung der Körperkondition von Milchkühen

BCS Note	Körperkondition	Typische Merkmale
1	Stark abgemagert krankhaft, z.B. nach Ketose	kein Erkennen von Gewebsauflagen zwischen Haut und Knochen an den Dornfortsätzen der Wirbelsäule, an den Hüft- und Sitzbeinhöckern sowie im Beckenbereich, deutliches Hervortreten in scharfen Konturen
2	Mager abgemolken bei hoher Leistung	keine tastbaren Fetteinlagen in der Schwanzfalte, beim Abheben der Haut an Hüft- und Sitzbeinhöcker geringe Gewebsauflagen spürbar, Hüftknochen sowie Dornfortsätze treten klar hervor
3	Ausgewogen nicht zu fett, nicht zu mager	Fetteinlagerung in der Schwanzfalte sichtbar ohne hervorzutreten, Dornfortsätze von Wiederrist bis Schwanzfalte in Gewebe eingeschlossen, aber einzeln erkennbar, Konturen der Hüft- und Sitzbeinhöcker gerundet
4	zur Verfettung neigend überversorgt zur Kalbung	Alle äußeren Knochenpartien in Fettgewebe eingeschlossen, besonders Hüft- und Sitzbeinhöcker sowie Umfeld vollständig mit Fett abgedeckt, Dornfortsätze nicht einzeln erkennbar
5	Verfettet unphysiologisch fett zur Kalbung	Fettpolster aufgewölbt im Wiederrist , Londen- und Beckenbereich, lose und überhängende Fettpolster an den Sitzbeinhöckern, Konturen an den Hüfthöckern nicht erkennbar, starke Behosung der Hintergliedmaßen

Quelle: DLG-Information 2/2001

Abweichungen von der angestrebten BCS weisen auf Fehler in der Fütterung hin. Ein starkes „Abfleischen“, insbesondere nach der Kalbung, ist ein Zeichen für eine unzureichende Energieversorgung. Hier ist insbesondere die Futteraufnahme zu prüfen. Umgekehrt ist Verfettung ein Zeichen für Energieüber- und/oder Proteinunterversorgung. Eine weitere Ursache kann in einer übermäßigen Versorgung mit beständiger Stärke (Mais- und Kartoffelprodukte etc.) bei altmelken Kühen liegen. Hierdurch wird über eine entsprechende hormonelle Steuerung die Energie verstärkt in die Fett- und nicht in die Milchbildung gelenkt. Weicht die Körperkondition vom Sollwert ab, so ist

Abbildung C.2.25

Beispiel zu BCS Einstufung: Riswicker Ökoherde 04.00 bis 04.02

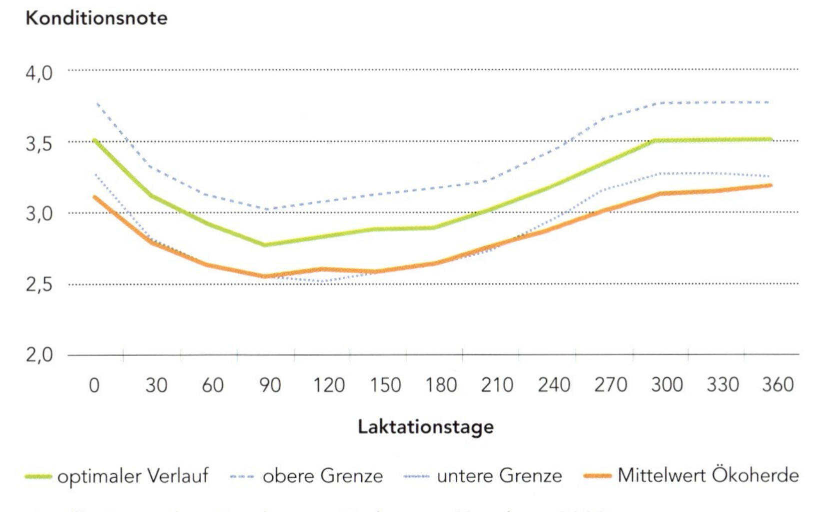

Quelle: Riswicker Ergebnisse; Verhoeven/Spiekers 2003

im Bereich der Fütterung zu reagieren. Die Kraftfuttergabe bzw. die Rationsanteile und Komponenten sind entsprechend anzupassen. Bei Gruppenfütterung sollte die Körperkondition in der Gruppeneinteilung Berücksichtigung finden.

Wünschenswert ist die Gegenüberstellung der einzelnen Boniturnoten mit dem jeweiligen Zielwert entsprechend des Laktationsstandes. Die Zielwerte sind der Abbildung C.2.25 zu entnehmen. Zur Beurteilung ist neben dem theoretisch optimalen Verlauf auch der obere und untere Toleranzbereich aufgeführt. Als Beispiel sind in der Abbildung die BCS-Werte der Riswicker Kühe aus der Lehrwerkstatt ökologische Milchviehhaltung dargestellt. Die Kühe wurden stark grobfutterbetont gefüttert (ca. 5.000 kg Milch aus Grobfutter). Dies ließ eher niedrige BCS-Werte erwarten. Die Kurve deckt sich entsprechend mit dem unteren Grenzbereich. Besondere Probleme sind nicht zu erwarten, da kein verstärktes Abfleischen (Abfall der BCS von der Kalbung bis zum 90. Laktationstag < 0,75 BCS) nach der Kalbung ersichtlich war.

Neben der Beurteilung von Tiergruppen ist die Streuung in der Herde und die Beurteilung von Einzeltieren von Interesse. Eine geringere BCS-Note als angestrebt ist bei bedarfsorientierter Rationsplanung Zeichen für eine geringere Futteraufnahme als unterstellt. Über die Kraftfutterzuteilung oder die Gruppierung kann hier gegen gesteuert werden. Größere Streuungen der Tiere können im Tiermaterial, der Fütterungstechnik (Rangkämpfe mit Abdrängen), dem Besamungsmanagement oder falscher Zuteilung von Kraftfutter begründet liegen.

Abbildung C.2.26

Kuh in passender Kondition:
BCS: 3,0; Laktationsnummer: 1; Laktationstag: 277; Milch: 21,0 kg; Fett: 4,65 %; Eiweiß: 3,45 %; optimaler BCS: 2,75

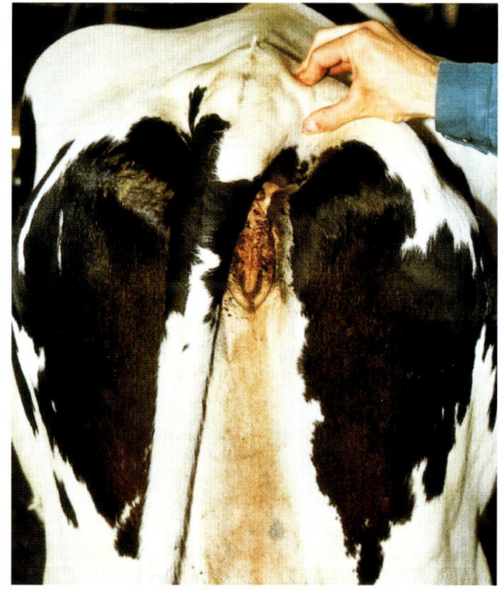

Abbildung C.2.27

Kuh unterkonditioniert:
BCS: 1,75; Laktationsnummer: 6; Laktationstag: 111; Milch: 41,0 kg; Fett: 4,48 %; Eiweiß: 2,79 %; optimaler BCS: 2,75

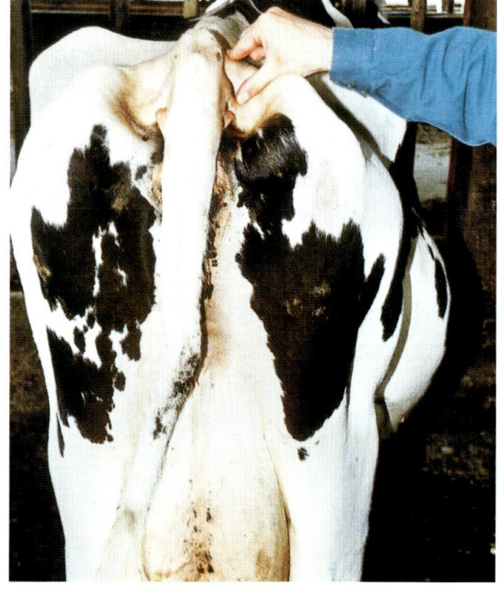

Abbildung C.2.28

Kuh überkonditioniert:
BCS: 3,75; Laktationsnummer: 4; Laktationstag: 342; trocken; optimaler BCS: 3,5

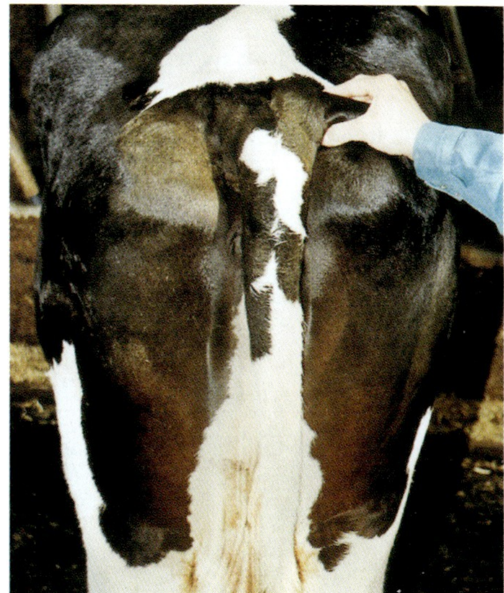

2.5.3 Kontrolle der Leistung

Die Leistungen der Tiere (Milchmenge und -inhaltsstoffe sowie Lebendmasseentwicklung) und die bereits angesprochene Körperkondition geben Auskunft über den Fütterungszustand der Tiere. Zur Rationskontrolle sind die Daten zur Herdenmilch und die der Milchkontrolle zu nutzen. Zur weiteren Information siehe auch Kapitel F.

Herdenmilch. In Form der sogenannten Milchgrafik empfiehlt es sich, die laufende Leistung der Herde festzuhalten. Aufzutragen ist die abgelieferte Milchmenge je in den Tank ge-molkener Kuh. Ergänzend sind die vorliegenden Untersuchungsergebnisse zu den Milchinhaltsstoffen (Fett, Eiweiß und evtl. Harnstoff) einzutragen. Der Verlauf der je Kuh abgelieferten Milchmenge gibt kurzfristig Aufschluss über eventuelle Fehlentwicklungen in der Produktion. Bei kleinen Herden ist der Laktationstag zu beachten, da durch das Trockenstellen bzw. die Abkalbung einiger Tiere merkliche Verschiebungen in der mittleren Leistung möglich sind.

Milchkontrolle. Den größten Aufschluss über die Fütterung liefern die Milchinhaltsstoffe unter Einbeziehung der Milchharnstoffgehalte. Zur Beurteilung der Fütterungs-

Tabelle C.2.63

Schema zur Beurteilung der Gehalte an Milcheiweiß und Milchharnstoff aus der Milchkontrolle

Kuh-zahl	Milch kg/Tag	Eiweiß (%) Messwert	Eiweiß (%) Sollbereich	Harnstoff (ppm) Messwert	Harnstoff (ppm) Sollbereich[1]	Bemerkung*
Gruppe **1** (bis zu 100 Laktationstagen)						
......	......	......	>3,1	......	200 – 250	......
Gruppe **2** (101 bis 200 Laktationstage)						
......	......	......	>3,2	......	200 – 250	......
Gruppe **3** (201 Laktationstage und mehr)						
......	......	......	>3,3	......	200 – 250	......

[1] bei Weidegang oder höheren Anteilen Grassilage 250 – 300 ppm Harnstoff
** Code für Bemerkungen*

	Milcheiweißgehalt (%)			Milchharnstoff-gehalt (ppm)	Bemerkungen
Gruppe:	**1**	**2**	**3**	**(1–3)**	
	<3	<3,1	<3,2	<150	Energie- und Protein-unterversorgung
	<3	<3,1	<3,2	>300	Energieunter- und Protein-überversorgung
	>3	>3,1	>3,2	>300	Proteinüberhang
	<3	<3,1	<3,2	150 – 300	Energiemangel
	>3,1	>3,2	>3,3	250 – 350	leichter Proteinüberhang
	>3,1	>3,2	>3,3	200 – 250[1]	ausgewogene Fütterung

Erklärung: < = kleiner als, > = größer als
1) bei Weidegang oder höheren Anteilen Grassilage 250 – 300 ppm Harnstoff

Tabelle C.2.64

Auswertung und Beurteilung der Milchinhaltsstoffe im Betrieb Mustermann

Kuh-zahl	Milch kg/Tag	Eiweiß (%) Messwert	Eiweiß (%) Sollbereich	Harnstoff (ppm) Messwert	Harnstoff (ppm) Sollbereich[1)]	Bemerkung*
*Gruppe **1** (bis zu 100 Laktationstagen)*						
15	33,7	2,98	>3,1	240	200 – 250	Energiemangel
*Gruppe **2** (101 bis 200 Laktationstage)*						
14	24,9	3,28	>3,2	236	200 – 250	ausgewogene Fütterung
*Gruppe **3** (201 Laktationstage und mehr)*						
16	16,0	3,45	>3,3	300	200 – 250	leichter Proteinüberhang

1) bei Weidegang oder höheren Anteilen Grassilage 250 – 300 ppm Harnstoff

situation anhand der Milcheiweiß- und Milchharnstoffgehalte sollten Mittelwerte von mehreren Kühen herangezogen werden. Die Landeskontrollverbände (LKV) bieten eine Auswertung nach Laktationstagen an. Die Kühe vom Laktationstag 1 bis 100, 101 bis 200 und über 200 Laktationstage bilden die drei Gruppen.

Die mittleren Milchharnstoff- und Milcheiweißwerte der drei Gruppen werden gesondert angesprochen (s. Tabelle C.2.63). Die Milcheiweißgehalte sind für den Laktationsverlauf gestaffelt. Bei einzelbetrieblichen Besonderheiten z.B. dem Einsatz von Rassen mit hohen Eiweißgehalten (Angler; Jersey) sind die Grenzen für den Eiweißgehalt anzupassen. Die angegebene Spannbreite von 150 bis 300 ppm Harnstoff stellt den groben Zielbereich dar. Anzustreben sind in der Stallfütterung Werte von 200 bis 250 ppm und bei Weidegang oder großen Anteilen Grassilage von 250 bis 300 ppm. Höhere Werte verbessern nicht die Leistungsfähigkeit der Ration. Bei gleichem Rohproteingehalt in der Ration fällt der Harnstoffgehalt der Milch mit steigendem nXP-Gehalt der Ration. Eine Verbesserung der Futterproteinqualität führt somit zu einem Abfall des Harnstoffgehalts in der Milch.

Aus den Bemerkungen des Harnstoffberichts folgt, ob eine weitergehende Überprüfung der Fütterung erforderlich ist. Insbesondere bei angezeigtem Energie- und Proteinmangel ist die Rationsgestaltung zu überprüfen und gegebenenfalls zu verändern. Ob eine Änderung eintritt, kann wiederum an den Inhaltsstoffen der Milch der folgenden Kontrolle bzw. der Herdenmilch abgelesen werden. Im weiteren wird ein Beispiel dargestellt.

Beispiel: Aus der Tabelle C.2.64 ist das Ergebnis des Betriebes Mustermann zu ersehen. Bei den Tieren der ersten Gruppe zeigt sich ein klarer Energiemangel. Die eingesetzte Ration ist in Bezug auf ihre Zusammensetzung und die tatsächliche Futteraufnahme zu überprüfen. Mögliche Ansatzpunkte zur Verbesserung sind neben der Futtervorlage die Energiedichte des Grobfutters sowie die Energiestufe des Kraftfutters und die Kraftfuttermenge. Der Anteil an unbeständiger Stärke und Zucker ist in der Ration ebenfalls zu prüfen. Gegebenenfalls ist für den oberen Leistungsbereich ein stärkereicheres MLF einzusetzen.

Bei den altmelken Kühen zeigt sich ein Proteinüberhang. Auch hier ist die Ration zu prüfen. Möglicherweise erhalten diese Tiere zu viel proteinreiches Kraftfutter. Der Ansatz zur Verbesserung könnte aber auch in der Anpassung der Grundration liegen.

Die Beraterinnen und Berater der Landwirtschaftskammern bzw. Ämter bieten bei der Interpretation der LKV-Daten und bei der Anpassung der Futterration Hilfestellung an, ebenso wie die Berater der Futtermittelindustrie. Eine wertvolle Hilfestellung kann auch die Auswertung der Kontrolldaten über weitergehende Computerprogramme liefern.

Bewertung der Milchinhaltsstoffe: Plötzliche Veränderungen im Milchfett- und Milcheiweißgehalt von mehr als ± 0,3 bzw. 0,2 %-Punkten im Zusammenhang mit einer deutlichen Abweichung vom längerfristigen mittleren Fett/Eiweißquotienten weisen auf drastische Verschiebungen im Verhältnis der pansenverfügbaren Kohlenhydrate (unbeständige Stärke und Zucker) zu den Strukturkohlenhydraten (Cellulose und Hemicellulosen) der verzehrten Ration hin.

Fett-/Eiweißquotient. Über das Verhältnis von Fett zu Eiweiß in der Milch lassen sich Aussagen zum Energiestatus der Kuh ableiten. Ein Abbau von Körpersubstanz (Körperfett) führt zu ansteigenden Fettgehalten in der Milch. Dies zeigt sich vielfach in den ersten Wochen der Laktation mit Gehalten von 5 % und mehr Milchfett. Eine in Relation zum Bedarf zu geringe Aufnahme an Energie führt zu einer geringeren Milcheiweißbildung. Zum Teil sind auch die Milcheiweißgehalte dadurch erniedrigt. Dies gilt insbesondere für die 2. Milchkontrolle nach der Kalbung. Die beschriebenen Effekte auf Milchfett- und Milcheiweißgehalt bedingen ein weites Verhältnis von Fett- und Eiweißgehalt von 1,4 und mehr.

Ein enges Fett/Eiweißverhältnis von 1,1 und kleiner kann ein Zeichen für einen acidotisch bedingten Abfall des Milchfettgehaltes sein. Er kann allerdings auch über die Fütterung bewusst eingestellt sein.

Ein starker Abfall der Milchfettgehalte bei weiterhin günstigen Eiweißgehalten und den Erwartungen entsprechender Milchmenge kann über eine reduzierte Neubildung von Fett im Euter bedingt sein. Ursächlich sind sogenannte Trans-Fettsäuren. Diese können im Futter sein oder im Vormagen gebildet werden.

Höhere Fettgehalte der Milch im ersten im Vergleich zum zweiten Laktationsdrittel weisen im Zusammenhang mit einem starken Abbau der Körperfettreserven innerhalb der ersten 60 – 70 Laktationstage (mehr als eine Note des BCS) auf eine ungenügende Energieaufnahme hin. Diese kann auf eine unzureichende Futteraufnahme, aber auch auf eine ungenügende Energiedichte (Stärke- und Zuckergehalt erhöhen) zurückzuführen sein. Im Falle einer notwendigen Veränderung der Ration ist jedoch immer auf eine ausreichende Faser- bzw. Strukturversorgung zu achten.

In der fortgeschrittenen Laktation kann sich eine übermäßige Versorgung mit beständiger Stärke (Maisprodukte etc.) bei gleichzeitig stark negativer RNB in einem deutlichen Anstieg des Milcheiweißgehaltes bei sinkender Leistung, stark zunehmender Körperkondition und oftmals sinkenden Milchharnstoffgehalten äußern.

Weiterentwicklung des Harnstoffberichts: Die bisher gebräuchliche Interpretation der Milchkontrolldaten basiert noch aus der Zeit vor Einführung von nXP und RNB als Bewertungsgrößen der Ration. Eine Abstimmung auf diese Größen erfordert eine Weiterentwicklung des Systems.

Beurteilung der Milcheiweißgehalte. Maßgebend für den Versorgungsgrad ist die Relation Energie in Milch zu Milcheiweiß (s. auch Kapitel C.2.3.6). Die Beurteilung der nXP-Versorgung kann daher über die Berechnung der Relation erfolgen.

Den Tabellen C.2.65 und C.2.66 sind weitere Beispiele zur Anwendung des modifizierten Auswertungssystems zu entnehmen. In Tabelle C.2.65 sind Einzelwerte der Tiere und in C.2.66 Mittelwerte aufgeführt. Innerhalb der Herde zeigten sich erhebliche Unterschiede zwischen den Tieren. Mögliche Ursachen sind Unterschiede in der

Der Energiegehalt (MJ/kg) der Milch berechnet sich wie folgt:

0,95 + (0,21 x Eiweiß %) + (0,38 x Fett %)

- bei 3,4 % Eiweiß und 4,1 % Fett ergibt sich eine Relation von:
  10,6 g Milchprotein je MJ
- bei relativer Unterversorgung an nXP fällt der Milcheiweißgehalt
  z. B.:
  – bei 3,2 % Milcheiweiß und 4,1 % Fett auf 10,1 g Milcheiweiß je MJ
  – bei 3,0 % Milcheiweiß und 4,1 % Fett auf 9,6 g Milcheiweiß je MJ

Hieraus resultiert folgendes vorläufiges Beurteilungsschema für die Versorgung mit:

I. nXP	*Milcheiweiß, g je MJ*
Mangel	< 9,8
Unterversorgung	< 10,2
passend	10,3 – 10,9
Überversorgung	> 11,0

II. RNB	*Milchharnstoffgehalt, ppm*
Mangel	< 150
ausgeglichen	150 – 250
erhöht	251 – 300
überhöht	> 300

Beispiel:

- Kuh in der 2. Laktation mit 120 Laktationstagen
- Leistung: 29 kg Milch mit 3,42 % Milcheiweiß und 4,10 %
- Milchharnstoffgehalt: 280 ppm

I. Beurteilung der nXP-Versorgung

$$\frac{34{,}2 \text{ g Eiweiß/kg Milch}}{3{,}22 \text{ MJ/kg Milch}} = 10{,}62 \text{ g Milcheiweiß je MJ}$$

⟶ nXP-Versorgung ist passend

II. Beurteilung der RNB

⟶ Milchharnstoffgehalt weist auf erhöhte RNB hin
⟶ Ursache prüfen und gegebenenfalls anpassen

Tabelle C.2.65

Beispiele zur Beurteilung der Proteinversorgung der Milchkuh an den Milchinhaltsstoffen aus der Milchkontrolle

Kuh	Lakt. Nr.	Melk -tage	Milch, kg	Fett, %	Eiweiß, %	Eiweiß, g/MJ	nXP-Versorgung	Harnstoff, ppm	RNB
10	7	6	31,0	5,64	3,36	8,8	Mangel	210	ausgeglichen
12	1	39	28,6	4,99	3,28	9,3	"	220	"
13	1	81	30,8	3,95	3,05	9,9	knapp	260	erhöht
14	2	46	31,4	4,45	3,38	10,1	"	230	ausgeglichen
15	1	256	33,4	3,94	3,23	10,3	passend	210	"
21	4	102	30,6	4,27	3,49	10,6	"	260	erhöht
24	2	233	22,6	4,57	3,72	10,7	"	200	ausgeglichen
31	2	97	36,2	4,19	3,67	11,1	überhöht	250	"
33	1	367	18,2	4,35	3,95	11,5	"	260	erhöht

Tabelle C.2.66

Beispiel zur Beurteilung der Proteinversorgung der Milchkuh an den Milchinhaltsstoffen aus der Milchkontrolle; nach Laktationsabschnitt

Laktationsabschnitt	Anzahl	Melktage	Milch, kg	Fett, %	Eiweiß, %	Eiweiß, g/MJ	nXP-Versorgung	Harnstoff, ppm	RNB
bis 100 Tage	20	51	36,7	4,49	3,39	10,1	knapp	239	ausgeglichen
101 bis 200 Tage	11	151	28,8	4,64	3,58	10,3	passend	275	erhöht
über 201Tage	25	309	21,0	4,90	3,90	10,8	passend	245	ausgeglichen

Futteraufnahme und dem Körpersubstanzauf- bzw. -abbau in Relation zur Leistung. Bei den Tieren mit nXP-Mangel ist eine nähere Betrachtung des Einzeltieres erforderlich.

Bei den Kühen 10 und 12 lag der Milcheiweißgehalt z. B. mit 3,36 und 3,28 % im gewünschten Bereich. Dennoch ist die Versorgung mit nXP eher im Mangel. Die hohen Milchfettgehalte deuten auf den Abbau von Körperfett hin. Gleichzeitig dürfte die Futteraufnahme dieser Tiere eher niedrig liegen. Dies könnte die Unterversorgung mit nXP erklären. Eine überhöhte Versorgung mit nXP liegt auf dem ersten Blick bei den Kühen 21 und 24 auf Grund der mit 3,49 und 3,72 % hohen Milcheiweißgehalte vor. Auf Grund der hohen Fettgehalte relativiert sich jedoch die Situation. Die nXP-Versorgung der beiden Kühe ist als passend einzustufen.

Für die generelle Einschätzung der Fütterung sind die Mittelwerte der einzelnen Laktationsabschnitte in Ansatz zu bringen. Das Beispiel der Tabelle C.2.66 zeigt, dass die Einbeziehung der Eiweißgehalte je MJ Energie in Milch eine verbesserte Einschätzung der Versorgung mit nXP erlaubt. Im vorliegenden Beispiel ist die Fütterung in der Gesamtherde als weitgehend passend zu erachten.

Soweit möglich ist eine getrennte Beurteilung der Tiere in den ersten 40. Laktationstagen sinnvoll, da sich hier vielfach die größten Probleme ergeben. Weitere Untergruppen machen jedoch nur dann Sinn, wenn je Gruppe mindestens 10 Tiere erfasst werden.

2.5.4 Überwachung des Allgemeinbefindens

Die Kühe sollten stets auch im Hinblick auf das Allgemeinbefinden beobachtet werden. Insbesondere die Kotkonsistenz hängt stark mit der Fütterung zusammen. Weitere Indizien sind das Haarkleid sowie die Wiederkau- und die Bewegungsaktivität der Tiere. Vielfach kommen hier gesundheitliche Aspekte, die nichts mit der Fütterung zu tun haben, zum Tragen. Gewisse Aussagen über den Fütterungszustand der Tiere können auch Blut-, Speichel- und Harnanalysen liefern. Zu beachten ist jedoch, dass diese Analyseergebnisse nur eine Momentaufnahme über vorhandene Konzentrationen zeigen. Eine intensive Rationskontrolle mit Probewägungen und Futteranalysen ist daher der Blutanalyse in der Regel vorzuziehen. Hinsichtlich der Aussagen zur Versorgung sind Harnanalysen vielfach günstiger als Blutanalysen, da die Gehalte im Blut stärker reguliert werden als im Harn und daher weniger die aktuelle Versorgung widerspiegeln.

Bei den Analysen im Blut ist zwischen Plasma und Serum zu unterscheiden. Je nach Kriterium ist das Serum oder das Plasma günstiger. Es differieren darüber hinaus zwischen den Untersuchungseinrichtung die zur Beurteilung verwendeten Referenzwerte. Ursächlich sind unterschiedliche Lehrmeinungen zu den Referenzwerten und Differenzen in der Analytik.

Ein direkter Zusammenhang zur Fütterung ist nur bei wenigen Blutwerten gegeben. Auf Grund der starken Regelung durch das Tier ist z.B. beim Calcium keine Beurteilung der Versorgung über den Gehalt im Blut möglich (s. auch Kapitel E.6). Ein akuter Phosphormangel in der Ration führt hingegen innerhalb weniger Tage zu einem starken Abfall des P-Gehalts im Serum. Neben der Fütterung kann auch der Gesundheitszustand die Gehalte im Blut beeinflussen. So sind niedrige Zinkgehalt im Blut unabhängig von

Tabelle C.2.67

Schema zur Beurteilung der Kotkonsistenz

Note	Charakterisierung	Mögliche Ernährungsfehler
1	sehr flüssig „Erbsensuppenkonsistenz" keine Ringe oder Grübchen Kotpfützen	überschüssiges Rohprotein überschüssige Stärke niedriges Faserniveau überschüssige Mineralstoffe (z. B. Kalium)
2	macht keine Haufen, verläuft weniger als 2,5 cm hoch macht Ringe	Wie Note 1 junges Weidegras
3	„Haferbreikonsistenz" steht bei etwa 4 cm Höhe 4 – 6 konzentrische Ringe/Grübchen	ausbalancierte Fütterung
4	Kot ist dick klebt nicht an den Klauen bildet keine Ringe/Grübchen	negative RNB Überschuss an Faser, wenig Stärke z. B. Trockensteher/Färsenkot
5	feste Kotballen Stapel von 5 – 10 cm Höhe	Wie Note 4 Austrocknungserscheinungen der Kuh (Ketose)

Quelle: DLG-Information 2/2001

der Versorgung über das Futter bei Störungen der Gesundheit festzustellen. Die Fütterung sollte daher in erster Linie über die Rationskontrolle geprüft werden.

Wiederkauverhalten: Etwa 1 – 2 Stunden nach der Futteraufnahme sollten mindestens 50 – 60 % der liegenden Kühe wiederkauen. Tritt der Befund einer geringeren Rate wiederholt auf, ist von einer Unterversorgung mit physikalischer Struktur auszugehen und die Ursache dieser Unterversorgung zu beseitigen.

Bewertung des Kotes: Der Kot der Tiere ist regelmäßig zu beurteilen. Die typische Konsistenz hängt stark vom Rationstyp ab. Rationen mit hohen Anteilen an Frischgras oder jung geschnittener Grassilage führen zu flüssigerem Kot als Rationen mit hohen Anteilen an Maissilage. Außerdem ist die „ideale" Kotkonsistenz abhängig vom Laktationsstadium. Entscheidend für die Kotbildung sind die Abläufe im Dickdarm. Hier erfolgt die erforderliche Eindickung (Resorption von Wasser) und die physikalische Ausprägung des Kots.

Maßgebend für das Controlling sind insbesondere Änderungen in der Kotkonsistenz und starke Unterschiede in der Herde. Neben der ausreichenden Wasser- und Mineralstoffaufnahme sowie der Versorgung mit Protein gibt die Kotkonsistenz auch Hinweise auf die Versorgung mit im Pansen verfügbarer Energie, d. h. also auch mit Zucker und Stärke, sowie mit physikalischer Struktur.

Eine relativ einfache Methode zur Beurteilung der Kotkonsistenz bietet das an der Michigan State University entwickelte manure scoring system, das frisch gefallenen Kot nach einer fünfstufigen Bewertungsskala beurteilt (s. Tabelle C.2.67). Das Ergebnis wird zusammen mit einer Einschätzung der Faserigkeit und des Körneranteiles protokolliert.

Zusätzliche Informationen liefert die Bewertung des Rückstandes von in einem Kotsieb ausgewaschenem frisch gefallenen Kot insbesondere aus Risikogruppen (Frischmelker, Färsen). Hier kommt es darauf an, die Menge des Auswaschrestes, den Anteil unverdauter Körner, den Anteil langer Futterpartikel (> 1 cm), unverdaute, normalerweise aber verdauliche Pflanzenteile mit gut erkennbarer Herkunft und den Anteil gut erhaltener Rapsschalen zu bewerten. Eine hoher Anteil langer Futterpartikel sowie eine grobe Struktur des Auswaschrestes mit gut erkennbaren Blattanteilen weist z. B. auf eine ungenügende Versorgung der Pansenmikroorganismen mit Energie (leicht fermentierbare Kohlenhydrate) und/oder Protein, möglicherweise auch auf einen ungenügenden Synchronismus in der Versorgung hin.

2.5.5 Mischungskontrolle

Über die Kontrolle der Mischration soll sichergestellt werden, dass die verabreichte Ration der Planung und somit den Anforderungen der Tiere entspricht. Hierzu empfehlen sich beim Einsatz des Mischwagens folgende Maßnahmen:

- Nutzung und Auswertung der Mischprotokolle
- Regelmäßige Einschätzung und Überprüfung der Trockenmassegehalte; dies gilt insbesondere für die Grobfutter
- Kontrolle der hygienischen Qualität der eingesetzten Komponenten (Geruch, Farbe, Schimmel etc.; Feststellung von Nacherwärmung
- **Kontrolle der Mischqualität:** Zusammensetzung und Teilchengröße bzw. evtl. Vermusung

Über die Mischqualität ist zu gewährleisten, dass die Tiere das Futter möglichst nicht selektieren können.

Tabelle C.2.68

Beurteilung der Umsetzung der Rationsplanung einer TMR am Beispiel

Kenngröße		Kalkulation	Ist	Toleranz	Bewertung[1)]
Trockenmasse	g/kg	437	388	20	▼
Rohasche	g/kg TM	73	67	10	✓
Rohprotein	"	174	201	10% relativ	▲
Rohfaser	"	174	166	18	✓

1) Bewertung: ✓ Übereinstimmung; ▲ Oberhalb; ▼ Unterhalb

Analyse der fertigen Mischration. Zur Beurteilung der Mischgenauigkeit sollte mindestens einmal jährlich die Mischration beprobt und analysiert werden. Es ist die zur Verfütterung anstehende Ration zu beproben. In der Probe sind in der LUFA oder einem anderen Labor die Gehalte an Trockenmasse, Rohasche, Rohprotein und Rohfaser zu bestimmen. Die Ergebnisse der Futteranalysen sind den kalkulierten Werten aus der Rationsberechung gegenüberzustellen (s. Tabelle C.2.68). Die Bewertung erfolgt anhand von Toleranzen. Erfahrungen aus der Praxis zeigen, dass mit dem aufgeführten Vorgehen wesentliche Schwachstellen ausfindig gemacht werden können. Die Abschätzung der Energiegehalte in der Mischration erfolgt am besten aus der Bewertung der Einzelkomponenten und den Mischungsanteilen. Zur Überprüfung der Mischgenauigkeit ist diese nicht erforderlich. Der Probennahme ist besonderes Augenmerk zu schenken. Beprobt werden sollte die Mischration im Moment des Vorlegens, das heißt beim Auswurf aus dem Mischwagen.

Für das angegebene Beispiel gilt:

- Mischgenauigkeit und Einschätzung der Komponenten prüfen

Bei der weiteren Beurteilung der Fütterung und zum Lösen von Problemfällen sollte **der Anteil der groben Bestandteile in der TMR bzw. Mischration** geschätzt werden. Die Futterprobe ist nach Möglichkeit direkt aus dem Mischwagen zu entnehmen oder es sollten Flächen über den gesamten Futtertisch hinweg punktweise beprobt werden.

Im Hinblick auf die Stimulation der Wiederkauaktivität, der Speichelproduktion, der Schichtung im Vormagen und dem Abfluss aus den Vormägen kommen der Teilchengröße und dem spezifischen Gewicht der Teilchen eine besondere Bedeutung zu. Die in Ansatz gebrachten Strukturwerte gelten bei Grasprodukten z.B. nur bei einer

Häcksellänge von mindestens 20 mm. Maßgebend für den Strukturwert sind die physikalische Struktur und die chemische Zusammensetzung der verzehrten Ration.

Die Beurteilung der Teilchengröße (physikalische Struktur) kann über die Verwendung einer Schüttelbox vorgenommen werden. Diese ist ein dreiteiliges Siebkastensystem mit übereinander liegenden Sieben. Durch unterschiedliche Sieblochgrößen und –anordnung bzw. Siebplattenstärke wird nach einer vorgeschriebenen Schüttelprozedur das gesiebte Futter in drei Fraktionen geteilt. Bei Verwendung des Modells der Pennsylvania State University (in Deutschland hauptsächlich gebräuchlich) verbleibt im oberen Sieb das Material mit einer Partikellänge > 1,9 cm, im Mittelsieb das Material zwischen 0,8 und 1,9 cm und im unteren Siebkasten das feine Material. Als Richtlinien für TMR gelten:

oberer Siebkasten	(A)	mind. 6 – 10 %
mittlerer Siebkasten	(B)	30 – 50 %
unterer Siebkasten	(C)	40 – 60 %

Etwa 300 g Originalsubstanz (mind. 200, max. 400 g) werden unverzüglich nach Entnahme in das obere Sieb des zusammengestellten Siebkastens gegeben. Auf einer glatten Oberfläche ist der Siebkasten dann entsprechend des Schemas (s. Abb. C.2.31) kräftig zu schütteln.

Abbildung C.2.29

Schüttelbox zur Ermittlung der Korngrößen

Abbildung C.2.30

Schüttelbox: gefüllt mit Mischration für Jungrinder

Abbildung C.2.32

Schüttelbox: Siebergebnis – zuviel im oberen Siebkasten

Abbildung C.2.31

Vorgehen beim Schütteln mit der Schüttelbox

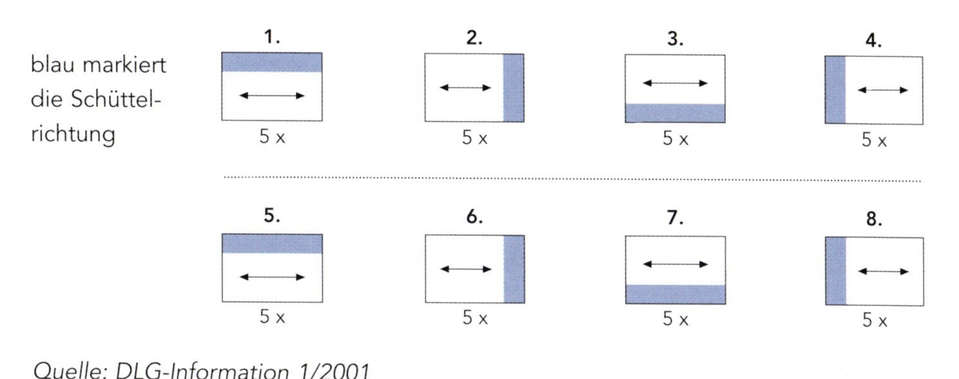

Quelle: DLG-Information 1/2001

Danach sind die Fraktionen einzeln zu wiegen. Dabei gilt:

... % fein	• das Gewicht des Materials, das durch das feinste Sieb fällt, dividiert durch das Gesamtgewicht **x 100**
... % mittel	• Gewicht des Materials, das nur durch das grobe Sieb geht, dividiert durch das Gesamtgewicht **x 100**
... % grob	• Gewicht des Materials, das im groben Sieb verbleibt, dividiert durch das Gesamtgewicht **x 100**

Zur Erzielung repräsentativer Ergebnisse ist die Prüfung mindestens einmal zu wiederholen. Dem Beispiel ist die Vorgehensweise zu entnehmen.

Die Ergebnisse dieser TMR-Prüfung zeigen nicht notwendigerweise den Verzehr an groben Partikeln auf, da im Futterrest höhere Anteile sein können. In der Praxis gibt es vielfach Probleme bei Rationen mit höheren Anteilen an Grasprodukten. Im oberen Sieb sind höhere Anteile enthalten, da sich die Rationen schlecht sieben lassen (s.Abb. C.2.32). Die Notwendigkeit zur Anpassung der Ration besteht trotz höherer Anteile somit nicht. Selbstverständlich lassen sich Rationen für Trockensteher auch nur bedingt beurteilen. Die Anwendung der Schüttelbox sollte sich auf Problemsituationen, in denen z.B. gehäuft Acidose oder Labmagenverlagerung auftreten, beschränken.

Die Beurteilung einer eventuellen **Vermusung** bei Nutzung von mit Messern versehenen Schneckenmischern (insbesondere bei selbstladenden, fräsenden Mischern) kann durch den optischen Vergleich einer von Hand gemischten Ration mit einer gleich großen Menge aus dem Mischwagen vorgenommen werden.

Beispiel zur Nutzung der Schüttelbox

In einer Hochleistungsgruppe wird die TM-Aufnahme mit 23,5 kg je Kuh und Tag geschätzt, wobei das aktuelle Futterrestniveau von 6 % auf TM-Basis nicht berücksichtigt ist. In der TMR wird der Anteil grober Partikel mit 8 % gemessen, was etwa der Mindestanforderung entspricht. Die Prüfung des entsprechenden Futterrestes ergab im oberen Siebkasten einen Anteil von 50 % grober Partikel mit nennenswerten Anteilen von Maisspindeln und langen Halmen der Grassilage.

Rechengang

23,5 kg TM-Verzehr x 0,08 grob	*= 1,9 kg geschätzter Verzehr an grobem Material*
23,5 kg TM x 0,06 Futterrest x 0,5	*= 0,7 kg nicht gefressene grobe Teile*
real verzehrte Menge an grobem Futtermaterial	*= 1,9 - 0,7 = 1,2 kg*
real verzehrte TM-Menge	*= 23,5 - 1,4 = 22,1 kg*
realer Anteil groben Materials am TM-Verzehr	*= 1,2 ÷ 22,1 = 5,3 %*

Bewertung

Die verzehrte Ration enthält nicht ausreichende Mengen an langen Futterpartikeln. Eine Anpassung der Ration bzw. der Mischtechnik ist zu empfehlen.

3. Weibliche Nachzucht

Zur Bestandsremontierung in Milchviehbetrieben, die normalerweise im Bereich von 25 bis 35 % liegt, ist eine kontinuierliche Ergänzung mit gut entwickelten und leistungsfähigen Färsen notwendig. In dem Zusammenhang ist eine gesunde Kälberaufzucht die Basis für eine leistungsorientierte und damit wirtschaftliche Milchviehhaltung. In wachsenden Milchviehbetrieben besteht ein reges Interesse, gute Voraussetzungen für eine erfolgreiche Kälberaufzucht im eigenen Betrieb zu schaffen oder die Form der kooperativen Jungrinderaufzucht zu wählen. Fällt die Entscheidung für die Aufzucht im eigenen Betrieb, so ist ein klares Konzept notwendig. Die Ziele in der Kälberaufzucht sind wie folgt definiert:

- Gesunde Kälber durch optimale Haltung und Versorgung
- Entwicklung zum Wiederkäuer durch frühzeitige Förderung der Vormagenfunktion
- Ökonomisch sinnvolle Aufzucht durch geeignete Tränkeverfahren

Die Haltung von Kälbern in zugfreien Ställen mit Außenklima sowie der Einsatz von Sauermilchtränken liefern unter Einhaltung der notwendigen Hygienemaßnahmen dazu einen hoffnungsvollen Beitrag. Die Anwendung moderner Computertechnik in der Tränkeverabreichung hat die Entwicklung von der Einzel- zur Gruppenhaltung gefördert.

Die in den Betrieben immer noch auftretenden Kälberverluste infolge von Atemwegs- und Darminfektionen sind vielfach zu hoch und nicht zu akzeptieren. War man bisher vielfach der Meinung, durch therapeutische Maßnahmen die Probleme in den Griff zu bekommen, setzt sich mehr und mehr die Erkenntnis durch, dass der Gesamtkomplex von Haltung, Stallklima, Versorgung und Hygiene einbezogen werden muss, um erfolgreich Kälber aufziehen zu können. Es ist hinreichend bekannt, dass die kontinuierliche Belegung eines Stalles mit Kälbern unterschiedlichen Alters und damit unterschiedlicher Immunitätslage zu einer Steigerung der Virulenz der Erreger führt.

Aufgrund der dargestellten Problematik gewinnt in wachsenden Milchviehbeständen die Tendenz zum geschlossenen System an Bedeutung.

Größere Bestände erfordern ein anderes Management in der Kälberaufzucht. Eine interessante Lösung ist das Rein-Raus-System, mit dem man die Infektionskette in der

Aufzucht unterbrechen kann. Die Zielsetzung eines Erstbelegungsalters von 16 Monaten mit 420 kg und 625 kg Lebendmasse bei der ersten Kalbung ist in der Praxis realisierbar, wenn die Tiere gesund aufgezogen werden können. Die Tageszunahmen liegen dann in der gesamten Aufzuchtperiode zwischen 750 bis 800 g. Daraus ergibt sich der Zwang zu einer kontinuierlichen Fütterungsintensität. Besonders in den Weideperioden kommt neben einem guten Futterangebot der gezielten Parasitenbekämpfung eine große Bedeutung zu.

3. 1
Kälberaufzucht

Die Aufzuchtperiode umfasst die ersten 16 Lebenswochen (bis 112. Lebenstag) bei einer Tränkeperiode von 8 – 10 Wochen. In dieser Zeit können weibliche Kälber mit einem durchschnittlichen Geburtsgewicht von 43 kg bei Tageszunahmen von 870 g ein durchschnittliches Endgewicht von 140 kg erreichen.

Fahrplan für die Kälberaufzucht:

- Geburt in gut eingestreutem Abkalbestall
- frühzeitige Biestmilchversorgung innerhalb der ersten drei Lebensstunden, evtl. als Mischkolostrum von älteren Kühen (in Para-Tuberculosefreien Beständen).
- Hüttenhaltung in Außenhütten bzw. Iglus für einen gesunden Start in der 1. Lebenswoche
- Gruppenhaltung im Offenstall während der ersten vier Lebensmonate
- Verminderung des Infektionsdruckes in wachsenden Beständen durch Rein-Raus-Methode
- biologische Durchfallprophylaxe durch Probiotika und die Säuerung (pH-Wert-Absenkung) der Milchtränke anwenden

Abbildung C.3.1

Fitte Kälber für die Zukunft

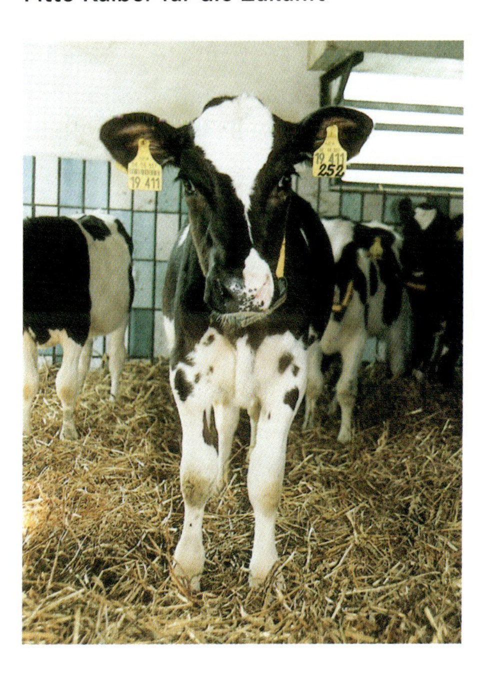

Tabelle C.3.1

Veränderung der Zusammensetzung von Biestmilch nach der Geburt

Zeit nach der Geburt: Stunden	TM %	Rohprotein %	Albumine/ Globuline %	Fett %	Milchzucker (Lactose) %
0	37,0	17,6	11,3	5,1	2,1
12	14,5	6,0	3,0	3,8	3,5
24	12,8	4,5	1,5	3,4	4,2
48	11,9	3,9	1,0	2,8	4,4
120	12,7	3,9	0,9	3,8	4,4

- die physiologischen und arbeitswirtschaftlichen Vorteile rechnergesteuerter Tränkeautomaten in größeren Betrieben nutzen

Hygiene um den Abkalbetermin. Voraussetzung für einen guten Start ist die Geburt in einem hygienischen Umfeld. Gut eingestreute Abkalbebuchten mit dicker Strohmatratze sind **trittsicher** und bieten den Kühen einen sehr **guten Komfort**. Je Kuh sollten mindestens 10 m^2 Platz angeboten werden. Optimal ist, wenn weiterhin Sichtkontakt zur übrigen Herde besteht. Auf regelmäßige Reinigung ist zu achten. Dauerbelegungen sind aufgrund des steigenden Infektionsdruckes zu vermeiden. Der Abkalbestall sollte nicht als Krankenstall genutzt werden. Es ist einleuchtend, dass Kühe mit Infektionserkrankungen im Abkalbestall nichts zu suchen haben. Infektionserreger stellen für neugeborene Kälber (Eintrittspforten über Maul und Nabel) eine große Gefahr dar.

3.1.1 Biestmilchfütterung

Bedingt durch den besonderen Aufbau der Placenta (Mutterkuchen) ist beim Rind eine Übertragung der antikörpertragenden Globuline (Schutzstoffe) über den Blutkreislauf von der Kuh auf das Kalb vor der Geburt nicht möglich. Dies bedeutet, dass das neugeborene Kalb schutzlos auf die Welt kommt und erst über eine frühzeitige Biestmilchgabe passiv immunisiert wird. In den ersten Stunden ist der Gehalt an Globulinen (s. Tabelle C.3.1) der Biestmilch am höchsten und die Durchlässigkeit der Darmschleimhaut für diese Schutzstoffe am besten.

Der hohe Gehalt an Salzen in der Biestmilch fördert den Abgang von Darmpech, der während der Trächtigkeit gebildeten Abfallstoffe. Eine kontrollierte Verabreichung der Biestmilch von 2 l, ergänzt mit 2 Mio. IE. wasserlöslichem Vitamin A, bietet dem neugeborenen Kalb einen guten Immunitätsschutz. Grundsätzlich gilt, je mehr Biestmilch vom Kalb aufgenommen wird, desto höher ist die für das Kalb schützende Wirkung des Immunglobulinspiegels. Die Resorption dieser hochwertigen Eiweißmoleküle in die Blutbahn hat eine systemische Wirkung. Aber auch dann, wenn die Immunglobuline die Darmwand nicht mehr passieren können, besitzt das Kolostrum noch eine schützende Funktion für das Kalb. Durch die lokale Wirkung können Erreger, die Durchfälle verursachen, direkt im Darm bekämpft werden.

Wenn die Biestmilch gegen Infektionen zuverlässig wirken soll, muss die Kuh mindestens **acht Wochen** vorher im Stall bzw. in der gleichen Herde gestanden haben, damit sie selbst gegen die hier angetroffenen Keime Abwehrstoffe (Antikörper) bildet und damit diese dann auch noch in der Biestmilch angereichert werden.

Wichtig ist auch daher der Hinweis, dass die Erstkalbenden frühzeitig in die Kuhherde integriert werden. Andernfalls sollte eine Biestmilchreserve vom Erstgemelk älterer Kühe des Bestandes vorrätig sein. Bei Bedarf werden verschiedene Biestmilchportionen aus der Tiefkühltruhe im Warmwasserbad bei 40° C aufgetaut und als Mischkolostrum angeboten. Untersuchungen haben ergeben, dass die Qualität des Kolostrums bei Kühen ab der dritten Laktation besser als bei Färsen und Zweitkalbskühen ist.

Tränkeplan. Für die Versorgung mit Biestmilch in der ersten Lebenswoche hat sich folgender Tränkeplan bewährt:

- Erstversorgung im Abkalbestall 1,5 – 2 l (kontrolliert)
- nach einem halben Tag wird das trockene Kalb in eine gut eingestreute Außenhütte gebracht und nochmals mit 1,5 l Biestmilch versorgt
- vom 2. Gemelk lässt man für die nächste Mahlzeit in der Kälberküche die Biestmilch auf Raumtemperatur (80 – 20° C) abkühlen, um bei Zusatz von Ameisensäure (verdünnt mit Wasser **1:10**) in einer Konzentration von 30 ml/l eine leichte Gerinnung des Kaseins zu erreichen
- die gesäuerte Biestmilch (18 – 20° C) wird über Nuckeleimer je Mahlzeit mit 2,5 bis 3 l angeboten
- durch die Methode, Biestmilch vom letzten Gemelk bei Raumtemperatur abzukühlen und zu säuern, kann die Tränkeverabreichung unabhängig vom aktuellen Melken erfolgen.

Als Vorbeuge gegen Frühdurchfälle hat sich die frühzeitige Kolostrumgabe als systemische Wirkung und die Verabreichung von Mischkolostrum (in Para-Tuberculosefreien Beständen) als lokale Wirkung mit einer gesäuerten Tränke (pH-Wert 4,5) bewährt. Es geht darum, im Dünndarm ein saures Milieu zu halten, um den Durchfallerregern keine Chance zu bieten.

Bei Verabreichung von süßer Biestmilch ist die Einhaltung der Tränketemperatur von 38 °C zwingend erforderlich. **Kolostrum niemals mit Wasser verdünnen!**

3.1.2 Milchaustauscher

Nach der Biestmilchperiode werden normalerweise die Kälber mit Milchaustauscher versorgt. Milchaustauscher müssen in ihrer Zusammensetzung den besonderen physiologischen Verhältnissen des sehr jungen Kalbes gerecht werden. Da Kälber in den ersten Lebenswochen noch nicht über ein voll entwickeltes Enzymsystem verfügen, ergibt sich daraus u. a. die Notwendigkeit, in dieser Zeit eine kaseinhaltige Milchtränke einzusetzen. Wichtig für die Auswahl eines Milchaustauchers sind u. a. folgende Kriterien:

- Rohproteingehalt 22 %
- Lysingehalt mindestens 1,7 %
- Rohaschegehalt maximal 10 %
- Rohfasergehalt maximal 0,3 %

Tabelle C.3.2

Futterwert von Milchprodukten und pflanzlichen Eiweißträgern für Tränkkälber (DLG-Futterwerttabellen, 1997, ergänzt); je kg TM

Futtermittel	Trockenmasse g/kg	Rohasche g	Rohprotein g	Kasein g	Rohfett g	Laktose (Zucker) g	Umsetzbare Energie MJ ME
Kolostralmilch	170	57	420	160	260	215	18,3
Vollmilch	140	54	264	185	321	362	19,3
Magermilchpulver	960	83	365	260	5	512	13,8
Molkenpulver	960	114	127	0	7	726	12,8
Molkenpulver, teilentzuckert	960	242	235	0	13	395	9,9
Kaseinpulver	910	34	904	900	11	-	11,9
Kartoffeleiweiß	910	31	841	0	17	(6)	15,0
Sojaprotein-kozentrat	920	66	681	0	16	(9)	
Weizennachmehl	880	37	192	0	51	(60)	13,5

Nach Verbot des Einsatzes tierischer Fette werden in Milchaustauschern vorwiegend Palmkern- und Kokosfette, die auf Grund ihres Fettsäuremusters vom Kalb relativ gut verwertet werden, eingemischt. Hochwertige Kohlenhydrate (Laktose, Stärke) können ebenfalls sehr effektive und wertvolle Energieträger für die Kälberaufzucht darstellen. Neben ernährungsphysiologischen Aspekten bestimmt sich der Wert eines Milchaustauschers durch seine fütterungstechnischen Eigenschaften wie etwa Automatentauglichkeit, Handhabung und Pulverlöslichkeit, Ausflockung u.s.w.. Grundsätzlich steigt die Wertigkeit des Milchaustauschers vorrangig mit dem Anteil an Magermilchpulver (z.Zt. 50 %). Milchaustauscher ohne Magermilchpulver und Kaseinergänzung bezeichnet man als Null-Austauscher. Diese enthalten neben Molkenpulver oft Sojaproteinkonzentrat und andere Substitute.

Welche Komponenten in Milchaustauschern für die Kälberaufzucht vorwiegend in Betracht kommen, ist der Tabelle C.3.2 zu entnehmen.

Probiotika. Der Einsatz von Probiotika in Milchaustauschern hat an Bedeutung zugenommen. Hierbei handelt es sich um spezielle Stämme von futtermittelrechtlich zugelassenen Michsäurebakterien, Sporen auch Hefen, die gerade im Kälberbereich verdauungsfördernde und –stabilisierende Wirkungen haben können. Sie wirken bioregulatorisch durch die Ausbildung eines Biofilmes an der Schleimhaut des Dünndarms. Dadurch wird eine Barriere gegen krankmachende Keime aufgebaut.

Sporenbildende Bakterienzusätze haben ebenfalls stabilisierende Wirkung auf den pH-Wert im Darm und die Freisetzung von Enzymen, die zur Verbesserung der Futterverdaulichkeit beitragen. Hefen sind vor allem in der Lage, die krankmachende Wirkung von E-Coli-Keimen zu inaktivieren und damit ebenfalls Durchfälle zu reduzieren. Pflanzenextrakte (Pektine) werden vielfach den Milchaustauschern beigemischt, um eine Schutzfunktion auf die Darmzotten zu erzielen.

3.1.3 Tränkeverfahren

Nach der Biestmilchperiode können folgende Tränkeverfahren für Kälber ab der 2. Lebenswoche angewandt werden.

- Rationierte Warmtränke
- Kaltsaure Vorratstränke
- Rechnergesteuerte Automatentränke

Dem Kälberaufzüchter stehen somit in der Tränkeverabreichung vielfältige Möglichkeiten zur Verfügung. Es geht nun darum, in Abhängigkeit von Bestandsgröße, Arbeitsbelastung und Kapitaleinsatz die richtige Wahl zu treffen (s. Tabelle C.3.3).

Tabelle C.3.3

Tränkeverfahren für Aufzuchtkälber

Tränkeverfahren	Einordnungskriterien
Rationierte Warmsauertränke (pH-Wert 5,5)	• Kombination mit Milchaustauscher und Vollmilch möglich • Verabreichung über Nuckeleimer vorteilhaft • Frühentwöhnung (Tränkedauer max. 8 Wochen) • gute Pansenentwicklung durch frühzeitige Grobfutteraufnahme
Kaltsaure Vorratstränke (pH-Wert 4,5)	• Kombination mit Milchaustauscher und Vollmilch möglich • physiologisch positiv zu bewerten • optimale Tränktemperatur bei 15° bis 18° • gute Tierbeobachtung und Gesundheitskontrolle notwendig • Vorratsbehälter mit Heizung, Temperaturregler, Thermostat und Rührwerk haben sich bewährt
Rechnergesteuerte Automatentränke	• physiologische Vorteile • portionierte Tränkeaufnahme • Frühentwöhnung möglich • gute Pansenentwicklung durch frühzeitige Grobfutteraufnahme • effektive Gesundheitsüberwachung möglich • Gruppenhaltung bis 25 Tiere je Saugstelle

Bei der Auswahl des Milchaustauschers ist es empfehlenswert, besser eine hochwertige Qualität bei reduzierter Menge zu verabreichen, als größere Mengen billiger Produkte, die schlecht verdaulich sind.

Bewährt hat sich seit Jahren ein Tränkeplan mit 30 kg Milchaustauscher je aufgezogenem Kalb (s. Abb. C.3.2) guter Qualität. Grundsätzlich sollte die Milchtränke über Nuckel verabreicht werden. **Vorteile sind:** kein hastiges Saufen, besserer Schlundrin-

Abb.: C.3.2

Riswicker Tränkeplan für 30 kg Milchaustauscher

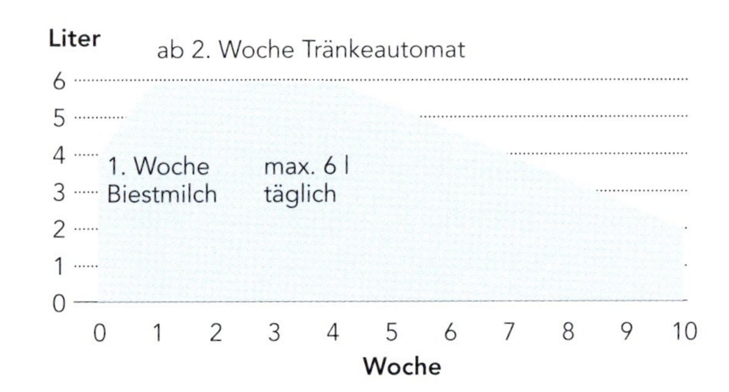

Abbildung C.3.3

Kälber am Tränkeautomat

nenreflex, höhere Speichelproduktion, positiver Einfluss der Enzyme auf die Fettverdauung der Milch.

Rationierte Warmtränke. In der Warmtränke werden normalerweise süße Milchaustauscher eingesetzt. Diese haben wie Biestmilch oder Vollmilch einen Säuregrad (pH-Wert) von 6,7. Im Labmagen des Kalbes herrscht dagegen ein pH-Wert von 3. Hieraus ergibt sich die Forderung, dass süße Milchprodukte einem Kalb bei 38 °C und in begrenzter Menge zu verabreichen sind, um eine zügige Gerinnung des Kaseins im Labmagen zu erreichen. Deshalb ist die Tränketemperatur bei süßer Milch so wichtig. Durch Tränkefehler gelangt ungeronnene Milch in den Dünndarm. Die Folge ist, dass der erste Dünndarmabschnitt ein alkalisches Mileu bekommt und von pathogenen Kolikeimen besiedelt wird.

Um diesem Problem vorzubeugen, werden seit Jahren auch Milchaustauscher für die Warmtränke mit abgesenktem pH-Wert (Ø 5,5), angeboten. In den meisten Praxisbetrieben wird die Tränke in rationierter Form zweimal täglich verabreicht. Die Milchaustauscherkonzentration liegt bei **125 g je l Wasser**. Die normale Tränkeperiode dauert 8 – 10 Wochen. Der Verbrauch an Milchaustauscher liegt bei 30 kg je Kalb. Die rationierte Warmtränke zweimal täglich über Nuckeleimer angeboten, bietet eine gute routinemäßige Gesundheitskontrolle. Es ist darauf zu achten, dass bei Gruppenhaltung während des Tränkens die Kälber im Fressgitter eingesperrt werden, um gegenseitiges Besaugen nach dem Tränkvorgang zu verhindern. Durch direktes Angebot von festem Futter wird dann der Saugreiz wieder abgebaut.

Vollmilch in der Aufzucht. Vollmilch ist aus ernährungsphysiologischer Sicht ein ausgezeichnetes Futtermittel. In der Kälberaufzucht ist jedoch die Frage nach dem wirtschaftlichen und fehlerlosen Einsatz von Vollmilch entscheidend. Vom Nährstoffgehalt her entspricht 1 kg Milchaustauscher guter Qualität dem Energiewert von etwa 6 l Vollmilch. Bei einem Preis von 1,40 € je kg Pulver kann demzufolge ein Liter Vollmilch mit 0,23 € in der Kälberaufzucht verwertet werden.

Tränkeplan mit Vollmilch

1. Lebenswoche	Biestmilch	40 l	Biestmilch
2. – 4. Lebenswoche	2 x 3 l Vollmilch	126 l	
5. – 7. Lebenswoche	2 x 2 l Vollmilch	84 l	
8. – 10. Lebenswoche	1 x 2 l Vollmilch	42 l	
insgesamt		*252 l*	*Vollmilch*

In ökologisch geführten Betrieben ist die Aufzucht der Kälber nur mit Vollmilch erlaubt und der Einsatz von Milchaustauschern verboten. Die geforderte Tränkeperiode liegt bei 12 Wochen. Zur Einhaltung der Tränketemperatur von 38° C muss die Vollmilch mit dem Tauchsieder auf die entsprechende Temperatur erhitzt werden. Die Tränke ist so zu organisieren, dass die erforderliche Tränketemperatur auch beim letzten Kalb noch eingehalten wird.

Vollmilch in Kombination mit Milchaustauscher. Zur Feinsteuerung der Milchquote ist der Einsatz von Vollmilch in Kombination mit Milchaustauscher eine bewährte Tränkemethode. Das Problem der Einhaltung der Tränketemperatur ist so einfacher zu lösen. Wird Vollmilch mit Wasser verdünnt, sind je l Wasser 100 g Milchaustauscher zu ergänzen. Als ideal ist die Kombination von dicksaurer Vollmilch (gesäuert mit 3 ccm Ameisensäure 85%-ig/l), ergänzt mit heißem Wasser und saurem Milchaustauscher (pH-Wert 5,5) anzusehen.

An einem Beispiel für 20 Kälber soll diese Methode näher erläutert werden.

Tränkemenge je Mahlzeit
20 Kälber x 3 Liter = 60 Liter Tränke

Zunächst werden 30 l dicksaure Vollmilch in den Mixer gegeben und mit 30 Liter heißem Wasser auf 60 Liter Gesamtmenge bei einer Anrührtemperatur von 40° C aufgefüllt. Bei diesem Vorgang kann beobachtet werden, wie sich die Molke vom Kasein trennt. Je Liter Wasser werden dann 100 g Milchaustauscher (pH-Wert 5,5) zugesetzt, in unserem Beispiel also 3 kg Milchaustauscher. Dieses Verfahren ist stufenlos möglich. Falls nur 15 Liter dicksaure Milch vorrätig sind, wird mit 4,5 kg Milchaustauscher auf 45 l Wasser ergänzt. Ist keine Übermilch mehr vorhanden, wird vollständig auf Milchaustauschertränke umgestellt. Dieser Wechsel vollzieht sich problemlos, wenn immer im sauren Milieu gearbeitet wird. Die Tränke muss wegen der Säuerung immer über Nuckel angeboten werden, um Akzeptanzprobleme zu verhindern.

Frühentwöhnung. Die Kälberaufzucht nach der Frühentwöhnungsmethode mit einer Tränkeperiode von 6 Lebenswochen benötigt 15 kg Milchaustauscher. Das knappe Milchangebot muss mit hochwertigen Startern nährstoffmäßig ergänzt werden. In der breiten Praxis hat sich dieses arbeitswirtschaftliche und kostengünstige Verfahren nicht durchgesetzt, da höchste Anforderungen an das Aufzuchtmanagement gestellt werden.

Kaltsaure Vorratstränke. Der Erfolg dieses Tränkeverfahrens wird entscheidend beeinflusst von der Qualität und Konservierung der Milchtränke sowie von dem Management des Landwirts. Die Vorzüge der Kalttränke liegen unbestritten in der Vorbeugung von infektionsbedingten Durchfallerkrankungen. Dazu muss sichergestellt sein, dass der pH-Wert der Tränke bei 4,2 bis 4,5 liegt und die Milchtränke bei einer konstanten Temperatur, zwischen 15 und 18° C, ständig zur Verfügung steht. Auf dem Markt werden Vorratsbehälter mit Heizung, Temperaturregler, Rührwerk und Thermostat angeboten. Über eine Zeitschaltuhr wird die Tränke in Abständen von 20 Minuten zehn Sekunden lang gerührt. Für je 5 Kälber steht ein Sauger zur Verfügung. Nachteilig beim Kalttränkeverfahren ist der erhöhte Milchaustauscherverzehr und die damit verbundene verspätete Pansenentwicklung. Hygiene, Sauberkeit und Tierbeobachtung sind bei diesem Verfahren oberstes Gebot.

Rechnergesteuerte Tränkeautomaten. Die Nachfrage der Kälberaufzüchter nach dieser Technik hat in den vergangenen Jahren ständig zugenommen. Die Hauptgründe liegen in der individuellen Tränkezuteilung bei größeren Gruppen und der Arbeitserleichterung. Diesen Vorzügen steht jedoch ein höherer Investitionsbedarf gegenüber. Zur besseren Auslastung eines Tränkeautomaten ist die Einrichtung einer zweiten Saugstelle vorteilhaft. Besonders für größere Milchviehbetriebe und kontinuierlichem Kälberanfall ist es vorteilhaft, die Kälber nach Alter in zwei Gruppen aufzuteilen. Hierdurch gelingt es, Kälber in etwa gleichem immunologischen Status zusammenzufassen, was für die Gesunderhaltung der Kälber eine wichtige Voraussetzung ist. Bei der Einteilung der Kälber in zwei Altersgruppen kann ein hervorragendes Anfütterungs- und Abfütterungsprogramm gefahren werden. Darüber hinaus wird im Hinblick auf eine optimale Gruppengröße von je zweimal 20 – 25 Kälbern die Übersicht verbessert.

Die Angebotspalette an Tränkeautomaten auf dem deutschen Markt ist in den vergangenen Jahren erheblich erweitert worden. Es werden Tränkeautomaten für Milchpulver, Frischmilch und Kombiautomaten angeboten. Gesteuert werden können die Automaten von der Fütterungsanlage der Milchkühe oder mit eigenem Prozessrechner. Die rechnergesteuerten Techniken bieten umfassende Möglichkeiten für eine tiergerechte (Kälberhaltungsverordnung), ökonomische und physiologisch optimale Kälberaufzucht. Für einen erfolgreichen Einsatz sind die Gesundheitsüberwachung durch den Betreuer sowie die Serviceleistung der Firmen von entscheidendere Bedeutung.

3.1.4 Kraftfutter

Das vorrangige Ziel der Aufzucht ist die schnelle Entwicklung des Kalbes zum Wiederkäuer, d. h., die Verlagerung der Verdauung vom Labmagen zum Pansen, von der enzymatischen auf die mikrobielle Verdauung. Die Ausbildung des Pansens wird besonders durch die Aufnahme fester Futtermittel beschleunigt. Es ist daher neben der Milchtränke schon ab der zweiten Lebenswoche Kraftfutter zur Verfügung zu stellen. Dabei ist es notwendig, am Anfang geringe Mengen jeden Tag frisch vorzulegen. In den ersten Tagen fressen die Kälber nur 50 bis 100 g. Allerdings steigt die Aufnahme schnell an und erreicht in der 8. bis 10. Lebenswoche bereits 2 kg täglich. Eine weitere Steigerung ist im Interesse des Grobfutterverzehrs nicht sinnvoll.

Bei der Auswahl des Kälberaufzuchtfutters können pelletiertes Kraftfutter, extrudiertes Kraftfutter oder Eigenmischungen aus geschrotetem oder gequetschtem Getreide empfohlen werden. Beim pelletierten Kraftfutter ist darauf zu achten, dass es sich um spezielle Kälbermischungen handelt. Bei der Verfütterung von Kuhkraftfutter, insbesondere mit einem Anteil an Sojaschalen an kleine Kälber, ist Vorsicht geboten. Aufgrund des noch nicht voll entwickelten Enzymsystems sind diese nicht in der Lage,

Abbildung C.3.4

Ganze Maiskörner für junge Kälber

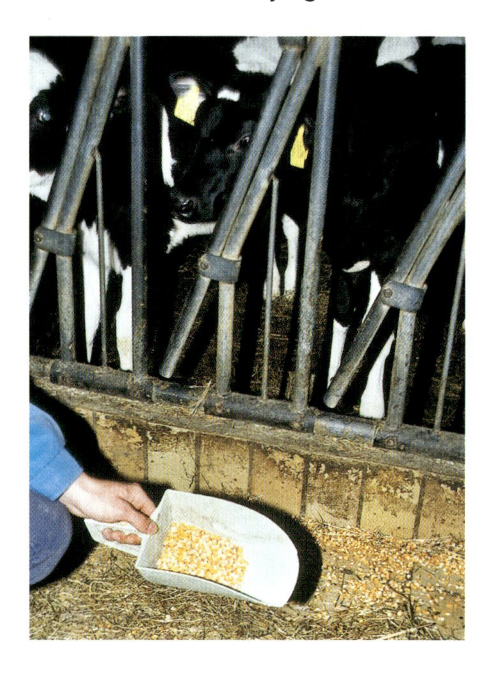

Sojaschalen zu verdauen. Dies kann zu Koliken und Tympanien (Blähungen) mit akuter Todesfolge führen. Der Einsatz von extrudierten Kraftfuttern ist in der Anfütterungsphase zu empfehlen, wenn nahezu gleichaltrige Gruppen aufgezogen werden können. Extrudierte Futtermittel werden durch ein „hydrothermisches Aufschlussverfahren" gewonnen. Durch einen besseren Aufschluss, insbesondere von Stärke und Cellulose, wird so für das junge Kalb die enzymatische Verdauung verbessert.

Seit Jahren bewährt haben sich getreidereiche Eigenmischungen nach folgender Rezeptur:

35 % Weizen, 35 % Gerste bzw. Triticale, 17 % Sojaextraktionsschrot, 10 % Leinexpeller, 2 % Mineralfutter für Kälber und 1 % Sojaöl bzw. Rapsöl zur Staubbindung. Der Nährstoffgehalt liegt bei 165 g nXP und 11,2 MJ ME/kg. Die Mischung wird kontinuierlich steigend in den ersten 4 Lebensmonaten täglich frisch gefüttert. Die Vorteile, mit einer konstanten und stärkereichen Rezeptur in der Kälberaufzucht zu arbeiten, haben viele Futtermittelhersteller dazu veranlasst, derartige getreidereiche Mischungen der Praxis anzubieten. Kälberaufzuchtfutter können über rechnergesteuerte Kraftfutterautomaten oder im Gemisch mit Silagen am Trog verabreicht werden.

Ganze Maiskörner füttern. Aus dem Elsass kommt die Empfehlung, zur Förderung der Vormagenfunktion, in den ersten drei Lebensmonaten den Kälbern ganze Maiskörner anzubieten. Die gute Verwertung der nicht geschroteten Maiskörner beruht zunächst auf dem kleinen Übergang vom Labmagen zum Dünndarm. Erst ab einem Lebensalter von etwa 15 Wochen ist der Übergang so groß, dass ganze Maiskörner ausgeschieden werden. Die Verfütterung von Maiskörnern soll das Wachstum der Pansenzotten anregen und so eine schnelle Entwicklung zum Wiederkäuer fördern.

3.1.5 Grobfutter

In der Förderung der Vormagenentwicklung des Kalbes geht es zunächst um die Entwicklung der Pansenzotten und dann um das Pansenvolumen. Bisher galt in der Kälberaufzucht die allgemeine Empfehlung, Kälbern in den ersten Lebenswochen neben Milch Kälberaufzuchtfutter und Heu anzubieten. Dem Heu wird eine positive Wirkung auf das Pansenwachstum und stabilisierende Wirkung auf die Kotkonsistenz nachgesagt. Neuere Untersuchungen aus den USA, die von der BAMN (Bovine Alliance on Management and Nutrition) veröffentlicht wurden, empfehlen nach dem Abtränken einen beschränkten Einsatz von Heu.

Welchen Hintergrund hat diese Empfehlung?

Das Wachstum der Pansenzotten wird im wesentlichen durch die aus dem bakteriellen Abbau von Kohlenhydraten frei gewordenen flüchtigen Fettsäuren angeregt. Dies ist auch der Grund, warum die BAMN bei ihren Empfehlungen für die Kälberaufzucht soviel Wert auf eine möglichst frühe Gabe von hochwertigem Kälberaufzuchtfutter legt. Leicht abbaubare Kohlenhydrate, wie sie in Getreideprodukten zu finden sind, eignen sich besonders dafür. Der Grund ist im Stärkeanteil dieser Futtermittel zu sehen. Stärke und Zucker werden im Pansen zu Propion- und Buttersäure abgebaut. Diese Säuren regen das Wachstum der Pansenzotten besonders an. Durch die zusätzliche Aufnahme von Heu wird nach Meinung der Autoren der Anteil des aufgenommenen Kälberaufzuchtfutters und damit der Anteil der leicht löslichen Kohlenhydraten verringert. Negative Auswirkungen auf die täglichen Zunahmen durch zusätzliche Heugaben konnten allerdings durch andere Untersuchungen nicht bestätigt werden. Wird in der Aufzucht kein Heu angeboten, ist zu beobachten, dass die Kälber versuchen, ihren Strukturbedarf aus der Einstreu zu decken, was zu Darminfektionen führen kann.

Fazit: Man kann das eine tun, braucht das andere aber nicht zu lassen!

Ab Mitte der Tränkeperiode hat es sich bewährt, anstelle von Heu auf gute Anwelksilage und/oder Maissilage umzustellen. Bei der Verabreichung der Silagen kommt es darauf an, dass qualitativ hochwertiges und frisches Futter angeboten wird. In der Milchviehfütterung hat der Einsatz der Total-Misch-Ration zunehmend an Bedeutung gewonnen. In vielen Betrieben wird auch den Kälbern eine Mischung aus der Hochleistungsgruppe vorgelegt. Dies ist für kleine Kälber vielfach nicht unproblematisch, da in der Kuhmischung Komponenten enthalten sein können, die aufgrund des noch nicht entwickelten Enzymsystems schwer verdaulich sind. Günstiger ist eine speziell für die Kälber ausgelegte TMR aus Kälberaufzuchtfutter und entsprechenden Silagen zu bewerten. Dies setzt jedoch größere Bestände voraus.

3.1.6 Wasser

Bei allen Tränkeverfahren ist die Versorgung mit Frischwasser über Selbsttränken ab der 2. Lebenswoche zu gewährleisten. Der tägliche Flüssigkeitsbedarf eines Kalbes liegt in den ersten 3 Monaten bei 8 – 12 Liter. Wasser spielt eine entscheidende Rolle bei der Pansenentwicklung des wachsenden Kalbes. Pansenbakterien fermentieren den durch das Kalb aufgenommenen Kälberstarter und lassen flüchtige Fettsäuren entstehen. Für diese Fermentationsprozesse bildet das Wasser das Medium im Pansen, in dem sich Pansenmikroben vermehren können und die Umstellung auf den Wiederkäuer einleiten. Freie Wasseraufnahme begünstigt die Trockenmasseaufnahme – die Flüssigkeit aus der Milch allein genügt nicht. In Außenklimaställen müssen die Wassertränken frostfrei bleiben.

Zehn Regeln für die Kälberaufzucht

- Frühzeitige Integration der Färsen vor der Kalbung (6 – 8 Wochen vor dem Kalbetermin) in den Kuhbestand (Immunitätsschutz)
- Hygiene rund um den Abkalbetermin und kontrollierte Erstversorgung mit Biestmilch innerhalb der ersten drei Stunden
- konsequentes Biestmilchprogramm in der ersten Lebenswoche in Außenhütten, um einen hohen passiven Immunitätsschutz zu erreichen
- Umstellung ab 2. Lebenswoche auf hochwertigen Milchaustauscher (mit Magermilchpulver bzw. Kaseinzusatz)
- Einsatz von Sauermilchprodukten (pH-Wert abgesenkt durch organische Säuren bzw. Milchsäurekulturen) zur Durchfallprophylaxe
- Milchtränke über Nuckel anbieten; Vorteile: kein hastiges Saufen, besserer Schlundrinnenreflex, höhere Speichelproduktion, Einfluss der Enzyme auf die Fettverdauung der Milch
- ab 2. Lebenswoche hochwertiges getreide- bzw. stärkereiches Kälberaufzuchtfutter, Heu und Frischwasser anbieten
- Tränkeprogramme mit etwa 30 kg Milchaustauscher je Aufzuchtkalb anstreben
- in Abhängigkeit von der Bestandsgröße das richtige Tränkeverfahren in Kombination mit dem Stallsystem wählen
- Förderung der Pansenzotten und des Pansenwachstums durch geeignetes Fütterungsregime sicherstellen.

3.2 Jungrinderaufzucht

In den meisten Milchviehbetrieben erfolgt der Nachersatz der Milchkühe durch die Aufzucht der weiblichen Nachzucht. Wird der größte Teil der Kälber aufgezogen, so ist hierfür etwa 1/3 des betriebseigenen Futters erforderlich. Die Aufzucht legt den Grundstein, um bei der Kuh Leistung zu erzielen. Nur gesunde, gut entwickelte Jungrinder in der passenden Kondition bieten die Voraussetzungen für eine hohe und ausdauernde Leistung. Fehler in der Aufzucht lassen sich später kaum noch ausgleichen und verteuern die Aufzucht erheblich. Das im Einzelbetrieb anzustrebende Erstkalbealter hat sich am Wachstumsvermögen der Tiere, den betrieblichen Verhältnissen und den ökonomischen Erfordernissen zu orientieren. Die Tiere sollen kontinuierlich bei optimaler Kondition (nicht zu mager nicht zu fett) durchwachsen. Das Wachstumspotential der Tiere ist auszuschöpfen.

Auf Grund der betrieblichen Situation ist für viele Betriebe der Einsatz von Weidegras bei Jungrindern von besonderer Bedeutung. Dies ist bei der Ableitung des Leistungsziels zu beachten. In Betrieben mit Mischwagen stellt sich die Frage, wie die Tiere leistungsgerecht, kostensparend und mit möglichst geringem Aufwand über Mischrationen versorgt werden können. Über die Total-Misch-Ration (TMR) kann die Energie- und Nährstoffversorgung gezielt gesteuert werden, da das gegenseitige Befressen bei altersgemischten Gruppen vermieden wird. Andererseits möchte man die Anzahl der gemischten Rationen gering halten, was bei den sich stark veränderten Ansprüchen der Jungrinder im Laufe der Aufzucht immer wieder zu Kompromissen führt.

3.2.1 Leistungsziele

Aus genetischer Sicht können die heutigen milchbetonten Rinder ohne Probleme 800 bis 1.000 g Zunahme am Tag realisieren. Zur Minderung der Futterkosten empfehlen sich grundsätzlich hohe Tageszunahmen, um den Aufwand für Erhaltung zu senken. Eine „Mast“ der Jungrinder ist jedoch unbedingt zu vermeiden, da die resultierende Fetteinlagerung zu Problemen bei der späteren Milchleistung, der Fruchtbarkeit der Rinder und der Futteraufnahme nach dem Kalben führen kann. In der Praxis liegen die Tageszunahmen bei einem mittleren Erstkalbealter von 30 Monaten jedoch lediglich bei 600 bis 650 g. Das Wachstumsvermögen der jungen Tiere wird demnach bei weitem nicht genutzt. In einzelnen Phasen liegen die Zunahmen unter 500 g je Tag

Tabelle C.3.4

Erstkalbealter (EKA), Leistung und Fitness in rheinischen Milchkontrollbetrieben

EKA der Betriebe	Anteil Betriebe	Färsen-Leistung (305 Tage) Milch-menge	Eiweiß-gehalte	Herdenleistung (je Tier und Jahr) Milch-menge	Eiweiß-gehalte	Zwischen-kalbezeit	„Nutzungs-dauer"
Monate	%	kg	%	kg	%	Tage	Monate
< 27	14,4	7.290	3,31	8.040	3,39	400	30
28 – 30	42,0	6.970	3,29	7.550	3,38	401	29
31 – 33	28,7	6.460	3,25	6.790	3,36	401	29
> 34	14,9	6.000	3,25	6.190	3,36	398	30

Quelle: LKV Rheinland, 00/01; verändert

und im ungünstigsten Fall (schlechte Weide ohne Beifütterung) stagniert das Wachstum vollkommen. Andererseits werden die tragenden Färsen bei maissilagereichen Rationen oder guter Grassilage bzw. Weide vielfach überversorgt.

Der Tabelle C.3.4 ist die Ausgangssituation beim Erstkalbealter im Einzugsgebiet des Landeskontrollverbandes Rheinland zu entnehmen. Gruppiert wurden die Betriebe nach dem mittleren Erstkalbealter. Die Mehrzahl der Betriebe liegt um etwa 30 Monate Erstkalbealter. Mit fallendem Erstkalbealter steigt die Leistung der Herde und auch der Färsen. Es ist keinerlei negativer Einfluss niedrigerer Erstkalbealter auf Leistung und Fitness erkennbar. Die Nutzungsdauer der Tiere berechnet als mittleres Alter minus Erstkalbealter beträgt unabhängig vom Erstkalbealter etwa 30 Monate. Auf den Auktionen werden gut entwickelte jüngere Färsen den älteren klar vorgezogen und mit höheren Preisen bedacht. Aus biologischer und ökonomischer Sicht spricht somit alles für ein Erstkalbealter zwischen 24 und 27 Monaten.

Aus heutiger Sicht wird ein Erstkalbealter von etwa 25 Monaten empfohlen. Dies erfordert Tageszunahmen von etwa 750 bis 800 g vor der Belegung und etwa 750 g nach der Belegung. Neben der Ausgestaltung der Fütterung sind für die Höhe des Zuwachses der Gesundheitsstatus und die Haltungsbedingungen maßgebend. In der Praxis ist zu beobachten, dass gerade durch Verbesserung der Haltungsbedingungen bei gleicher Rationsgestaltung höhere Zunahmen bis zu Verfettungen resultieren. Erklären lässt sich dies durch relativ kleine Unterschiede in der Futter- bzw. Energieaufnahme, wie die Abbildung C.3.6 zeigt. In dieser sind die Empfehlungen zur Versorgung der Rinder

Abbildung C.3.5

Mischration in der Jungrinderaufzucht

Abbildung C.3.6

Energiebedarf der Jungrinder

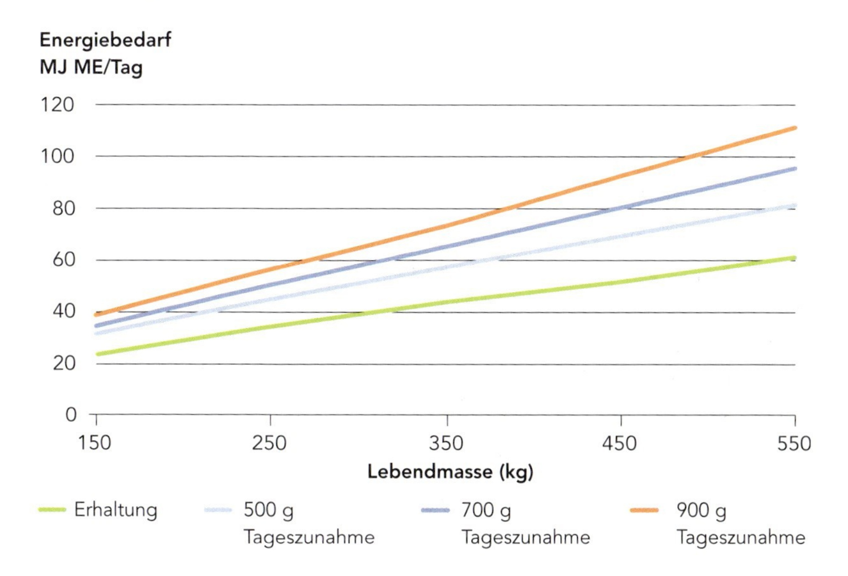

mit umsetzbarer Energie (ME) bei 500, 700 und 900 g Tageszunahme und für Erhaltung aufgeführt. Je nach Leistungshöhe werden etwa 55 bis 75 % des Bedarfs der Tiere für Erhaltung verwendet. Dies erklärt, dass bereits geringe Unterschiede in der ME-Aufnahme erhebliche Differenzen in den Tageszunahmen bewirken. Für eine erfolgreiche Färsenaufzucht ist das Nachhalten der Leistung daher unverzichtbar. Sind die

Leistungen geringer als angestrebt, ist die Energieaufnahme zu erhöhen und bei Ansatz von Verfettung entsprechend abzusenken.

Wann belegen? Die Rinder sollen zur Belegung etwa 65 % des Gewichts bei der ersten Kalbung erreichen. Werden 625 kg Lebendmasse bei der Kalbung angestrebt, so sind dies etwa 400 kg. Zur Belegung ist folglich eine Lebendmasse von 380 bis 420 kg bei guter Entwicklung des Rahmens und optimaler Zuchtkondition (nicht zu fett und nicht zu mager) anzustreben. Hieraus resultiert bei einem angestrebten Belegalter von 15 bis 17 Monaten eine mittlere Tageszunahme ab Geburt von 780 g Körpermasse je Tag, um mit 16 Monaten eine Lebendmasse von 420 kg zu erreichen. Grundsätzlich ist die Belegung zu leichter Tiere zu vermeiden. Bei der ersten Kalbung sollten die Tiere etwa 85 % des Gewichts der ausgewachsenen Kuh erreichen. Dies sind bei 750 kg zur 2. Kalbung die bereits angesprochenen 625 kg bei der ersten Kalbung.

Für die Mehrzahl der Betriebe dürfte eine Belegung ab dem 15. Lebensmonat das System der Wahl sein. Aus wirtschaftlichen Überlegungen wird in den USA und den Niederlanden eine Absenkung des Erstkalbealters auf 21 Monate bei entsprechender Intensivierung der Aufzucht diskutiert. Mittlerweile liegen hierzu eine Reihe von Versuchsergebnissen vor. Sowohl eine starke Intensivierung der gesamten Aufzucht als auch erst ab dem 10. Lebensmonat führte bei vergleichbaren Gewichten der Färsen nach der Kalbung zu einer Absenkung der Milchleistung um 1,5 bis 2,5 kg je Tag. Aus den Versuchsergebnissen ist zu schließen, dass auch für genetisch hochveranlagte Holstein-Färsen eine weitere Intensivierung der Aufzucht zur Erreichung eines Erstkalbealters von 21 unter den derzeitigen Bedingungen **nicht** zu empfehlen ist.

3.2.2 Jungrinderaufzucht mit System

Zur Erreichung der Zielsetzung einer gesunden und leistungsfähigen Färse, die mit 25 Monaten kalbt, ist eine Aufzucht mit System erforderlich. Der Tabelle C.3.5 sind die wichtigsten Punkte zu entnehmen, um ein Erstbelegungsalter von 16 Monaten und somit ein Erstkalbealter von 25 Monaten mit Erfolg zu realisieren. Zunächst bedarf es der richtigen Einstellung zur Jungrinderaufzucht. Im Umgang mit den Jungrindern muss klar sein, dass sie die Kühe von morgen und somit die Zukunft des Betriebes sind. Die Jungrinderaufzucht eignet sich daher nicht zur „Entsorgung“ von Futterresten. Arbeiten mit System heißt, dass für den Einzelbetrieb Ziele gesetzt werden, ein Plan zur Umsetzung erarbeitet und durch systematisches Controlling die Zielerreichung nachgehalten wird.

Bei der Fassung des Ziels steht die Qualität der Milchkuh im Vordergrund. Je nach betrieblichen Möglichkeiten (Stallverhältnisse, Weidesystem etc.) ist das biologisch

Tabelle C.3.5

Die 10 Punkte zur erfolgreichen Jungrinderaufzucht

1. Jungrinder sind die Kühe von morgen und somit die Zukunft des Betriebes
2. Aufzucht mit System angehen; Zielsetzung, Vorgehen im Betrieb und Controlling müssen ineinander greifen
3. Ziel der Aufzucht ist eine gut entwickelte, gesunde und leistungsbereite Milchkuh
4. Aus biologischer und ökonomischer Sicht empfiehlt sich ein Erstkalbealter von 25 Monaten
5. Jeder weitere Aufzuchttag kostet 1 bis 2 Euro
6. In der Kälberaufzucht gute Leistungen bei bester Gesundheit durch: gezielte Tränke, frühe und abgestimmte Beifütterung, passende Haltung und konsequentes Hygienemanagement
7. Haltung der Jungrinder in Liegeboxen bei optimalen Luftverhältnissen
8. Leistungsangepasst auf Kondition füttern; Ausschöpfung des Leistungspotentials im 1. Lebensjahr und Vermeidung von Überversorgung im 2. Jahr.
9. Auch auf der Weide auf Leistung füttern; Was die Weide nicht bringt ist auszugleichen
10. Gesundheitsvorsorge mit System durch Vorbeugung; Haltung, Fütterung, Parasitenbekämpfung und Impfungen aufeinander abstimmen

und ökonomisch vorgegebene Ziel von 25 Monaten Erstkalbealter früher oder später zu erreichen. Der ökonomische Vorteil der kürzeren Aufzucht ist stark abhängig von den Nutzungskosten für Arbeit, Stall, Weide etc. und die alternative Nutzung der freiwerdenden Kapazitäten (Milch, Ackerbau etc.).

Die wichtigsten Ansatzpunkte zur Steigerung der Leistung liegen in den Bereichen Haltung, Fütterung und Gesundheitsmanagement. Entscheidend ist in all diesen Bereichen das Vorgehen nach einem klaren Schema jeweils ausgerichtet auf die Möglichkeiten im Einzelbetrieb. In der Kälberaufzucht sind nicht maximale Leistungen, sondern gute Leistungen mit gesunden Tieren das Ziel. Eine Tränkedauer von über 10 Wochen hat da keinen Platz mehr. Die Haltung der Jungrinder hat in Liegeboxen zu erfolgen. Optimale Luftverhältnisse und „Jungrinderkomfort" sind hier die Stichworte.

Die Fütterung hat entsprechend der gewünschten Leistung auf Kondition zu erfolgen. Für das erste Lebensjahr erfordert dies in der Mehrzahl der Betriebe eine Intensivierung der Aufzucht. Bei den älteren Tieren ist die Situation zum Teil umgekehrt. Probleme bereitet die Weide. Deutlich wird dies an den Versuchsergebnissen des Landwirtschaftszentrums Haus Riswick, Kleve. Im Mai sind hohe Zunahmen von 1.000 g und mehr je Tag ohne Beifütterung möglich. Problematisch sind Sommertrockenheit und der Herbst mit Tageszunahmen zwischen 400 und 0 g. Die großen Unterschiede in den Zunahmen lassen sich durch relativ kleine Differenzen in der Futteraufnahme und der Futterqualität erklären, da zwei Drittel des Bedarfs an Energie auf die Erhaltung entfallen (s. Abbildung C.3.6). Konsequenz muss sein, dass das, was die Weide nicht bringt, durch Beifutter auszugleichen ist. Dass bei Weidegang eine systematische Parasitenbekämpfung (Breitbandbehandlung zu Austrieb, 8 Wochen nach Austrieb und beim Abtrieb bzw. Einsatz von Boli) zu erfolgen hat, ist in der Umsetzung nach wie vor nicht Allgemeingut.

3.2.3 Anforderungen an die Fütterung

Im Laufe der Aufzucht verschieben sich die Anforderungen der Rinder an die Versorgung mit Energie- und Nährstoffen sehr stark. Beim jungen Tier ist die Futteraufnahme beschränkt und der Ansatz an Eiweiß und Mineralstoffen hoch. Das Futter muss daher energie- und nährstoffreich sein. Außerdem sollte die Entwicklung des Vormagens gezielt gesteuert werden. Es empfiehlt sich daher beim Kalb der Einsatz von eher stärkereichen Kraftfuttermitteln zur Förderung der Bildung der Pansenzotten (s. Kapitel C.3.1). Außerdem kommt der Qualität des Futtereiweißes große Bedeutung zu, da der Anteil an Mikrobeneiweiß noch gering ist. Ganz anders sieht es bei den älteren Rindern aus. Hier wird die Eiweißversorgung weitgehend durch die Bakterien abgedeckt. Die Kohlenhydratversorgung der älteren Rinder ist so auszurichten, dass unerwünschter Fettansatz vermieden wird. Insbesondere die Gehalte an Stärke und beständiger Stärke sind (Maissilage etc.) entsprechend niedrig zu halten.

Abbildung C.3.7

Für ältere Rinder reicht Grassilage plus Mineralergänzung

Als Orientierung für die Praxis wurden in der Tabelle C.3.6 die Vorgaben auf Rationsbasis abgeleitet. Unterstellt ist ein Zunahmeniveau von 750 g je Tag, so dass die Färsen bei der Kalbung mit 25 Monaten die 625 kg Lebendmasse erreichen. Mit zunehmender Lebendmasse gehen die Anforderungen der Tiere zurück. Ab 350 kg Lebendmasse reicht eine mittlere

Tabelle C.3.6

Empfehlungen zur Energie- und Nährstoffdichte von TMR bei Jungrindern bei 25 Monate Erstkalbealter

Lebend-masse kg	Tages-zunahme g	Futter-aufnahme kg TM/Tag	ME MJ/kgTM	nXP	RNB	Calcium	Phosphor
				g/kg TM			
100	750	3,0	10,9	160	> 0	8,5	4,2
200	800	4,3	10,7	135	> 0	7,0	3,5
300	850	6,2	10,2	120	> - 1	5,5	2,9
400	800	8,0	9,8	110	> - 1	4,8	2,6
500	750	9,4	9,7	110	> - 2	4,4	2,5
600	700	10,1	9,7	110	> - 2	4,1	2,5

Grassilage zur Erzielung von 750 g Tageszunahme. Entscheidend ist die realisierte Futteraufnahme.

Der Energiebedarf für Aufzuchtrinder wird entsprechend den Empfehlungen (GfE, 2001) in Umsetzbarer Energie (ME) angegeben. Die Einheit ist Mega Joule (MJ). Der Erhaltungsbedarf beträgt 0,53 MJ ME/kg LM^{0,75} und Tag. Der Bedarf für den Lebendmassezuwachs leitet sich aus der täglich angesetzten Menge an Körperprotein und -fett ab. Dabei ist zu berücksichtigen, dass der Proteinansatz mit zunehmender Lebendmasse (Alter) abnimmt, der Fettansatz aber ansteigt. Nach Lebendmasse und Lebendmassezuwachs gestaffelte Empfehlungen für den Gesamtbedarf an ME, nXP, RNB und Mineralstoffen sind im Kapitel G enthalten.

Um die Versorgung der Mikroben mit Stickstoff zu gewährleisten, ist die RNB entsprechend einzustellen. Mit zunehmendem Alter können größere Mengen an Stickstoff über den Leber-/Pansen-Zyklus genutzt werden, so dass auch negative RNB nicht zu Minderleistungen führen. Bei Rationen für Rinder bis zu 300 kg Lebendmasse sollte die RNB ausgeglichen bzw. positiv sein. Zwischen 300 und 400 kg Lebendmasse ist eine RNB von - 0,1 g N je MJ ME und ab 450 kg von - 0,2 g N je MJ ME tolerierbar.

Der Tabelle C.3.7 sind die Richtzahlen zur Abschätzung der Futteraufnahme zu entnehmen. Die im Betrieb zu realisierende Futteraufnahme ist entscheidend für die Anforderungen an die Ration. Von Einfluss sind das Tiermaterial, die Haltungsbedingungen, die Futterqualität und die Art der Futtervorlage.

Für die eigentliche Aufzucht ab 150 kg Lebendmasse bis zur Umstallung der Tiere in den Vorbereitungsbereich zur Kalbung sind mindestens zwei im Energie- und Nähr-

Tabelle C.3.7

Richtzahlen für die tägliche Futteraufnahme von Aufzuchtrindern

Lebendmasse kg	Trockenmasseaufnahme kg/Tag
150	3,2 – 3,5
200	4,2 – 4,5
250	5,2 – 5,4
300	6,0 – 6,2
350	6,6 – 7,0
400	7,2 – 7,8
450	7,5 – 8,6
500	8,0 – 9,4
550	8,4 – 10,2
600	9,0 – 11,0

Tabelle C.3.8

Vergleich der Empfehlungen für die Mischration bei Jungrindern und Milchkühen

	Jungrinder		**Milchkühe (Milch/Tag)**		
	ab 150 kg	**ab 350/400 kg**	**22 kg**	**11 kg**	**Trocken**
ME, MJ/kg TM	10,7	9,8	(10,7)	(9,8)	(8,8)
NEL, MJ/kg TM	–	–	6,5	5,8	5,3
nXP, g/kg TM	135	115	141	115	110
Calcium, g/kg TM	7,5	4,8	5,4	4,2	4,0
Phosphor, g/kg TM	3,5	2,6	3,4	2,7	2,5

stoffgehalt abgestufte Rationen erforderlich. Die Wahl der Abschnitte orientiert sich an den Möglichkeiten des Einzelbetriebs und den Erfordernissen der Tiere. Spätestens nach der Belegung ist auf die zweite Ration umzustellen. Generell ist zu überlegen, ob die für die Kühe anzumischenden Rationen auch bei den Jungrindern Verwendung finden können.

Für Tiere von 150 bis 350 kg Lebendmasse lässt sich mit gutem Erfolg die Ration der Kühe für 22 – 25 kg Milchleistung einsetzen (s. Tabelle C.3.8). Auf eine ausreichende

Versorgung mit Calcium ist zu achten, da der Bedarf der Jungrinder auf Grund des Knochenwachstums etwas höher liegt als bei den Milchkühen. Für den Einzelbetrieb ist daher zu prüfen, ob die Anforderungen insbesondere im Hinblick auf die Mineralisierung erfüllt werden.

Die älteren und tragenden Färsen ab 350/400 kg Lebendmasse brauchen eine Ration, die mit 9,8 MJ ME je kg Trockenmasse in etwa den Anforderungen für eine Kuh mit 10 – 12 kg Tagesleistung entspricht. Es bestehen somit höhere Anforderungen als in der ersten Phase der Trockenstehzeit der Kühe. Durch einen Verschnitt der Ration für Trockensteher mit der Ration für Jungrinder ab 150 kg bzw. für Milchkühe mit 22 kg lassen sich die Vorgaben für die Jungrinder ab 350 kg einstellen.

Auch in der Rinderaufzucht lohnt eine gezielte Rationsplanung. Nur hygienisch einwandfreie Futter sind für die Rinder geeignet. Die Rinder sind die Zukunft des Betriebes und verlangen daher die entsprechende Sorgfalt. Sie eignen sich nicht als Abstellgut auf der Weide. Weidegras lässt sich hervorragend bei Rindern einsetzten. Voraussetzung ist jedoch ein gezielter Einsatz und der Ausgleich von Defiziten. Generell ist Mineralfutter beizufüttern. Junge Rinder sollten auf Grund der höheren Anforderungen generell beigefüttert werden. Im Herbst geht die Leistung auf der Weide stark zurück. Dies erfordert einen frühzeitigen Abtrieb oder eine geeignete Beifütterung. Maßnahmen im Bereich Haltung und Gesundheitsvorsorge müssen die passende Fütterung ergänzen. Das Tier muss im Mittelpunkt stehen. Die Entwicklung der Rinder ist Maßstab des Erfolgs.

3.2.4 Beispielsrationen

Einfache Beispielsrationen auf Basis der Vorgaben sind der Tabelle C.3.9 zu entnehmen. Die Rationen unterscheiden sich in der Relation von Gras- zu Maissilage und der Qualität der eingesetzten Grassilage. Unterschieden wird in einer Silage vom 1. Schnitt mit 10,2 MJ ME/kg und einer Silage aus dem 2. oder späteren Schnitt mit 9,7 MJ ME/kg Trockenmasse. Die Rationen entsprechen den Vorgaben der Tabelle C.3.6.

Es zeigt sich, dass in der ersten Aufzuchtphase durchgängig Kraftfutter erforderlich ist. In den Beispielen wurde auf ein übliches Milchleistungsfutter der Energiestufe 3 (10,8 MJ ME bzw. 6,7 MJ NEL/kg) zurückgegriffen. Selbstverständlich könnten auch Einzelkomponenten Verwendung finden. Mit dem Anteil Maissilage erhöht sich die erforderliche Ergänzung mit Calcium über das Mineralfutter. Statt Kraftfutter und Mineralfutter könnte auch ein spezieller Ergänzer für Rinder Verwendung finden. Rindermastfutter (20/3) ohne Leistungsförderer wäre z. B. möglich.

In der zweiten Aufzuchtphase ist kein Kraftfutter mehr erforderlich. Im Hinblick auf die Mineralisierung reicht der Einsatz eines Spurenelement- und Vitaminergänzers

Tabelle C.3.9

Beispielsrationen für Jungrinder (% der TM)

Einsatzbereich	ab 150 kg LM			ab 350/400 kg LM		
Ration	I	II	III	I	II	III
Grassilage; 10,2 MJ ME/kg TM	69,5	50,0	-	-	-	-
Grassilage; 9,7 MJ ME/kg TM	-	-	35	94,5	79,5	60
Maissilage, 10,6 MJ ME/kg TM	-	24	34	-	20	34
MLF (160/3)*	30	25	30	5	-	-
Stroh	-	-	-	-	-	5
Mineralfutter: (Ca/P/Na)						
- (25 /-/10)	0,5	1,0	1,0	-	-	-
- (-/-/10)	-	-	-	0,5	0,5	0,5
ME, MJ/kg TM	*10,8*	*10,7*	*10,7*	*9,8*	*9,8*	*9,8*
nXP, g/kg TM	150	145	145	133	130	127
RNB, g/kg TM	4	1,4	0,5	5,3	2,9	0,4
SW, kg TM	2,19	2,01	1,75	2,89	2,78	2,66
XZ + XS – bXS**, g/kg TM	87	122	147	48	75	99
bXS, g/kg TM	5	23	32	1	16	27
Calcium, g/kg TM	8,0	8,3	8,4	6,8	5,8	5,0
Phosphor, g/kg TM	4,3	3,9	3,8	3,8	3,4	3,1

* *160 g nXP/kg und Energiestufe 3 (10,8 MJ ME/kg)*
** *pansenverfügbare Kohlenhydrate: XZ = Zucker; XS = Stärke; bXS = beständige Stärke*

mit entsprechend Natrium. Bei höheren Anteilen an Maissilage ist auf das Problem der Verfettung zuachten. Der Anteil an beständiger Stärke (bXS) sollte auf 30 g je kg Trockenmasse beschränkt werden. In der Ration III wurde zur Einstellung der Nährstoffdichte auf Stroh zurückgegriffen.

Die Strukturversorgung ist generell kein Problem. Die Strukturwerte (**SW**) der Beispielsrationen liegen zwischen 1,8 und 2,9 SW je kg Trockenmasse. Niedrig liegen die Anteile an den pansenverfügbaren Kohlenhydraten unbeständige Stärke und Zucker (XZ + XS – bXS), da ein Kraftfutter mit entsprechend geringen Anteilen eingesetzt wurde.

Konkrete Rationen für die den kompletten Produktionszyklus sind der Tabelle C.3.10 zu entnehmen. Es wurde zwischen Grünland- und Ackerstandort unterschieden. Eine alleinige Versorgung der Tiere über die Weide kann ab etwa einem Jahr mit

Tabelle C.3.10

Rationspläne zur Färsenaufzucht für Grünlandregionen und bei höheren Maissilageanteilen bei Geburt im Oktober, Erstkalbealter 25 Monate

Abschnitt, kg LM	Futter-Woche	Grünland	Ration je Tier und Tag	Ackerfutterbau	Ration je Tier und Tag
45 – 85	**1. – 8.**	**Fütterung laut Tränkeplan**		**Fütterung laut Tränkeplan**	
85 – 150	9. – 20.	Grassilage, 2. Schnitt Kälber-Kraftfutter (170/3)	1,8 kg TM 1,5 kg	Maissilage Grassilage, 2. Schnitt Kälber-Kraftfutter (170/3)	0,9 kg TM 0,9 kg TM 1,5 kg
150 – 250	21. – 32.	Grassilage, 2. Schnitt MLF (160/3)	3,1 kg TM 1,5 kg	Maissilage Grassilage, 2. Schnitt MLF (160/3), Mineralfutter	1,6 kg TM 1,6 kg TM 1,3 kg, 50 g
	33.– 37.	Weide, Frühjahr *Beifütterung* 1) Mineralfutter	2,5 kg TM 50 g	Weide, Frühjahr *Beifütterung* 1) Mineralfutter	2,5 kg TM 50 g
250 – 350	38.– 49.	Weide, Sommer *Beifütterung* 1) Mineralfutter	4,5 kg TM 50 g	Weide, Sommer *Beifütterung* 1) Mineralfutter	4,5 kg TM 50 g
	50. – 54.	Grassilage, 2. Schnitt Melasseschnitzel/Weizen Mineralfutter	5,4 kg TM 1,0 kg 50 g	Maissilage Grassilage, 2. Schnitt MLF (160/3), Mineralfutter	2,9 kg TM 2,9 kg TM 0,5 kg, 50 g
350 – 450	55. – 72.	Grassilage, 2. Schnitt Melasseschnitzel/Weizen Mineralfutter	7,5 kg TM 0,5 kg 50 g	Maissilage Grassilage, 2. Schnitt Mineralfutter	4,0 kg TM 4,0 kg TM 50 g
450 – 550	73. – 76.	Grassilage, 2. Schnitt Mineralfutter	9,4 kg TM 50 g	Maissilage Grassilage, 2. Schnitt, Mineralfutter	4,7 kg TM 4,7 kg TM, 50 g
	77. – 93.	Weide, Frühjahr 2) Mineralfutter	9,4 kg TM 50 g	Weide, Frühjahr 2) Mineralfutter	9,4 kg TM 50 g
550 – 625	94. – 108.	Weide, Sommer 3,4) Mineralfutter	10,3 kg TM 50 g	Weide, Sommer 3,4) Mineralfutter	10,3 kg TM 50 g

1) Beifütterung: mind. 1 kg Grundfutter-TM und 1 kg Kraftfutter je Tier und Tag
2) Übergangsfütterung von ca. 2-3 Wochen im Stall oder als Beifutter
3) Beifütterung, falls Menge oder Qualität nicht ausreichen
4) mind. 4 Wochen vor d. Kalbung Beginn d. Vorbereitungsfütterung, möglichst aufstallen

ca. 300 kg Lebendmasse erfolgen. Jüngere Tiere sollten zur Weide grundsätzlich beigefüttert werden. Eine hofnahe Weide mit Zugang zum Stall ist für diese Jungrinder daher ideal. Weide mit Beifütterung ist ab etwa 200 kg Lebendmasse machbar. Das Beifutter kann aus Kraftfutter (Mischfutter, Melasseschnitzel, Getreide) oder aus Kraftfutter plus Grobfutter bestehen (s. auch Kapitel C.3.2.5).

Um das gesteckte Leistungsziel zu erreichen, sind Phasen mit Tageszunahmen unter 500 g unbedingt zu vermeiden. Bereits geringe Verschiebungen in der Futterqualität und der Futteraufnahme können merkliche Leistungseinbrüche bedingen. Gerade auf der Weide gibt es – wie bereits ausgeführt – entsprechende Probleme. Die Qualität der Weide ist hierbei außer bei der Sommertrockenheit meist nicht die Hauptursache der Minderleistung. Sinkt z.B. die Futteraufnahme um 20 % unter den unterstellten Wert, so fällt die Tageszunahme um etwa 500 g. Eine Beifütterung bei Weideaustrieb in Perioden der Sommertrockenheit und im Herbst ist daher unbedingt zu empfehlen. Bewährt hat sich die Beifütterung von Rübenschnitzeln, Mischfutter sowie Mais- und guter Grassilage oder auch Heu. Eine ausreichende Wasser-, Mineral- und Strukturversorgung ist zu gewährleisten.

Gefüttert werden sollte mindestens einmal täglich. Bei Nacherwärmung ist häufiger anzumischen oder mit Zusätzen zu arbeiten. Die Vorlage des Futters erfolgt in der Regel zur freien Aufnahme. Es kann jedoch auch rationiert gefüttert werden, wenn für alle Tiere ein Fressplatz vorhanden ist. Auf diesem Weg können auch energetisch höherwertige Rationen verfüttert werden. In der Zwischenzeit kann Stroh oder Heu und Silage mit geringeren Energiegehalten Verwendung finden, so dass die Tiere immer Futter zur Verfügung haben. Keine Kompromisse kann es bei der hygienischen Qualität der angebotenen Futter geben. Alle Komponenten müssen hygienisch einwandfrei sein. Die Nachzucht umfasst die Kühe von morgen, und dementsprechend ist Ihnen genügend Aufmerksamkeit zu widmen. Dies gilt im Besonderen für das Controlling. Die Entwicklung der Tiere in Punkto Lebendmasse, Größenwachstum und Kondition (Verfettung) ist nach einem festen Schema nachzuhalten z. B. bei der Belegung. Mit der TMR lassen sich die Jungrinder besser ausfüttern, aber auch leichter überfüttern. Dem Controlling ist daher gerade bei der TMR besondere Bedeutung beizumessen.

3.2.5 Weide in der Rinderaufzucht gezielt ergänzen!

Es ist unstrittig, dass Weidegras richtig eingesetzt hohe Tageszunahmen mit wenig Kosten ermöglicht. Wie die Weide gezielt zu ergänzen ist, wird im Weiteren erläutert. Ein Vergleich der mittleren Energie-, Nähr- und Wirkstoffgehalte von Weidegras mit den Empfehlungen zur Versorgung von Jungrindern zeigt, dass die Anforderungen für

Tabelle C.3.11

Vergleich der mittleren Gehalte in Weidegras mit den Anforderungen von Jungrindern bei Einsatz von TMR

	Weidegras		TMR	
	Frühjahr	Sommer	ab 150 kg LM	ab 350/400 kg LM
ME, MJ/kg TM	11,0	10,4	10,7	9,8
nXP, g/kg TM	145	138	135	> 110
RNB, g/kg TM	+ 9	+ 10	± 0	≥ - 1
Calcium, g/kg TM	6,2	6,2	7,5	4,8
Phosphor, g/kg TM	4,0	3,9	3,5	2,6
Natrium, g/kg TM	1,0	1,0	1,5	1,0
Magnesium, g/kg TM	1,9	1,9	1,5	1,2

Abbildung C.3.8

Jungrinder frühzeitig austreiben, um Überalterung des Aufwuchses zu vermeiden

700 – 800 g Tageszunahme mehr als erfüllt werden (s. Tabelle C.3.11). Im Mangel sind im Frühjahr wie auch im Sommer die Versorgung mit Natrium und je nach Standort mit einzelnen Spurenelementen. Eine Mineralstoffergänzung ist bei Weidegang somit grundsätzlich zu empfehlen.

Bereits kleine Unterschiede in der Energieaufnahme erklären große Unterschiede in den Tageszunahmen. Ursächlich ist der vergleichsweise hohe Bedarf der Tiere für Erhaltung von 55 – 75 % des Bedarfs je nach Alter und Leistungshöhe (s. Abbildung C.3.6). Fällt die Energieaufnahme um etwa 20 %, so sinkt die Tageszunahme um 500 g

Tabelle C.3.12

Grundsätze für die Weidehaltung von Jungrindern

- früher Auftrieb mit Übergangsfütterung
- Jungtiere möglichst in Hofnähe – Beifütterung!
- Beifütterung hat zu erfolgen, wenn Aufwuchshöhe unter 8 cm sinkt
- zeitiger Abtrieb oder Beifütterung im Herbst, um Einbrüche beim Wachstum zu vermeiden
- Anforderungen an die Weide sind mit denen der Milchkühe gleichzusetzen
- Mineralfutter anbieten
- ausreichende Wasserversorgung gewährleisten
- Systematische Behandlung gegen Ekto- und Endoparasiten

und mehr. Des Weiteren ist auch der Energiebedarf für Erhaltung gewissen Schwankungen ausgesetzt. Höhere Aktivität sowie ungünstige Witterung (Hitze, Feuchte) können den Bedarf für Erhaltung an ME erhöhen. Bei konstanter Aufnahme an Energie hat dies geringere Tageszunahmen zur Folge. Dies erklärt die zum Teil sehr niedrigen Zunahmen auf der Weide insbesondere im Herbst.

Aus den Erfahrungen im Landwirtschaftszentrum Haus Riswick ist abzuleiten, dass sich eine Beifütterung bei knappem Futterangebot und im Herbst grundsätzlich lohnt. Defizite auf der Weide sind auszugleichen, da das richtig eingesetzte Beifutter in Mehrleistung umgesetzt wird.

Welche Tiere sind nun wie auf der Weide zu versorgen? Bei einem angestrebten Erstkalbealter von 25 Monaten sind die Tiere mit 16 Monaten und mindestens 400 kg Lebendmasse zu belegen. Daraus folgt, dass bis zur Belegung eine mittlere Tageszunahme von etwa 780 g je Tier zu realisieren ist. Die entscheidende Frage ist, ob die Tiere bereits im ersten Lebensjahr auf die Weide gehen sollen oder nicht. Die angestrebten Leistungen von 750 – 800 g Tageszunahme in diesem Bereich können nur realisiert werden, wenn die Tiere grundsätzlich Beifutter erhalten. Zu empfehlen ist eine Beifütterung von mindestens einem kg Grobfutter-Trockenmasse und 1 kg Kraftfutter je Tier und Tag. Da diese Art der Beifütterung nur bei Haltung in Stallnähe möglich ist, sind hofnahe Weiden Voraussetzung für dieses System. Zu beachten ist in diesem Bereich jedoch, dass bei ständiger Nutzung der hofnahen Flächen für die Jungrinder eine hygienisch ungünstige Situation (Parasitenbefall) entstehen kann, die unbedingt zu vermeiden ist. Für die jungen Tiere sind Grünlandflächen nach dem ersten Schnitt aus hygienischen Gründen und wegen der Aufwuchsqualität besonders günstig. Aus den dargelegten Gründen ist grundsätzlich zu überlegen, ob die jungen Tiere Weidegang erhalten sollen oder ob darauf verzichtet wird, um die Tiere gezielt im Stall zu füttern.

Als Argument für die Weidehaltung wird vielfach angebracht, dass viel Weide zur Verfügung steht. Allerdings werden die hauptsächlichen Mengen an Weidegras im zweiten Lebensjahr benötigt, wo die Futteraufnahme erheblich höher ist. Grundsätzlich ist bei Weidegang sowohl zu Beginn als auch zu Ende eine Übergangsfütterung zu empfehlen. Begründet liegt dies in den unterschiedlichen Zusammensetzungen der Winterration und der Sommerration. Anzusprechen sind hier insbesondere unterschiedliche Gehalte an Zucker und Rohprotein sowie Unterschiede in der Struktur. Der Tabelle C.3.12 sind einige Grundsätze für die Weidehaltung zu entnehmen, um erfolgreich Jungrinder auf der Weide zu halten.

Der Auftrieb der Rinder sollte im Frühjahr zeitig erfolgen, damit das Gras bei stark einsetzendem Wachstum den Tieren nicht „wegwächst“ und somit immer die optimale Qualität gewährleistet ist. Zur Übergangsfütterung empfiehlt sich gutes Grobfutter wie Mais- oder Grassilage sowie gutes Heu. Ideal ist eine Fütterung im Stall und ein stundenweiser Auftrieb auf die Weide. Auf der Weide sollte – wenn der Aufwuchs entsprechend reduziert ist – grundsätzlich eine Beifütterung erfolgen. Für Standweiden ist hier als Orientierungsgröße eine Aufwuchshöhe von 8 cm anzusetzen. Entscheidend ist, dass im Herbst die Tiere entweder frühzeitig aufgestallt werden oder eine gezielte Beifütterung erfolgt, um Einbrüche beim Wachstum zu vermeiden.

Für die Beifütterung kommen sowohl gutes Grobfutter als auch Kraftfutter in Betracht. Der Vorteil der Kraftfutterfütterung ist, dass nur kurze Fütterungszeiten entstehen, die weniger Probleme (Narbenschäden) zur Folge haben. Außerdem sind geringere Mengen zu bewegen. Bei Kraftfutter ist allerdings für jedes Tier ein Fressplatz erforderlich. Gefüttert werden kann aus einfachen Trögen, die am Zaunrand stehen und von außen befüllt werden können. Einmal täglich können bis zu 2,5 kg Kraftfutter je Tier gefüttert werden.

Die erforderliche Ergänzung beläuft sich je nach Alter und Futterangebot auf etwa 15 – 30 MJ ME je Tier und Tag. Milchleistungsfutter der Energiestufe 3 hat 10,8 MJ ME je kg. Bei Rindern im Gewichtsabschnitt 250 – 400 kg reichen 1,5 bis 2 kg Milchleistungsfutter oder Melasseschnitzel je Tier und Tag aus, um statt 200 g Tageszunahme 700 g zu realisieren. Für 25 Rinder sind das z.B. 45 kg Kraftfutter je Tag. Bei einer Beifütterungsperiode von 40 Tagen im Herbst sind dies **18 dt x 14 Euro je dt = 252 Euro** Futterkosten. Durch die höhere Tageszunahme lässt sich das Erstbelegungsalter um **20 Tage** (40 Tage x 0,5 kg zusätzliche tägliche Zunahme) senken. Eine Verlängerung der Aufzucht kostet je nach betrieblichen Verhältnissen einschließlich Nutzungskosten zwischen 1 und 2 Euro je Tag. Bei Ansatz von 1,5 Euro je Tag sind dies **750 Euro** (25 Rinder x 20 Tage x 1,5 €/Tag). Als Arbeitslohn für 40 x Beifüttern resultieren somit etwa **500 €**. Nicht berücksichtigt ist bei dieser Kalkulation, dass die intensivere Betreuung weitere Vorteile bringt. Bei der Beifütterung von Kraftfutter ist darauf zu achten, dass genügend Fressplätze zur Verfügung stehen, um ein Befressen zu vermeiden.

Welches Futter zur Beifütterung eingesetzt werden sollte, hängt von der Verfügbarkeit im Betrieb und den Preisen ab. Milchleistungsfutter hat den Vorteil, dass es pelletiert und voll mineralisiert ist. Bei den Rübenschnitzeln ist die Härte der Pellets zu beachten. Die „Minipellets" sind auf Grund der geringeren Melassierung weniger hart und werden daher besser aufgenommen. Getreide hat den Nachteil, dass es staubt und auf Grund der hohen Gehalte an Stärke im Pansen stark säuernd wirkt, was der einmal täglichen Fütterung entgegensteht.

Die Anforderungen an die Weide sind bei Jungrindern mit denen der Milchkühe grundsätzlich gleichzusetzen. Bei schlechteren Futterqualitäten für die Jungrinderweiden muss entweder auf Leistung verzichtet oder wie aufgeführt ein entsprechender Ausgleich über Beifütterung geschaffen werden. Dass die Qualität der Weide von Einfluss ist, ist auch aus den Riswicker Ergebnissen ersichtlich. Die Flächen mit Weißklee hatten durchgängig eine höhere Tageszunahme auf der Weide zur Folge. Erklären lässt sich der Vorteil der Weißkleeweiden durch die höhere Nutzungselastizität des Weißklees und damit verbunden höheren Futter- und Energieaufnahmen. Wichtig ist eine ausreichende Wasserversorgung. Neben der Menge ist hier auch die Qualität zu beachten. Es empfiehlt sich gegebenenfalls eine Analyse des Tränkwassers. Grundsätzlich ist auf der Weide Mineralfutter anzubieten. Neben den Leckschalen bieten sich hierzu geeignete Automaten an. Zu ergänzen sind neben Natrium auch Spurenelemente und gegebenenfalls Magnesium zur Vorbeuge von Weidetetanie. Eine systematische Behandlung der Tiere gegen Ekto- und Endoparasiten (3 Behandlungen oder Langzeit-Boli) sollte selbstverständlich sein. Die Kosten dieser Behandlung remontieren sich.

Fazit. Wenn die Weide passend eingesetzt und ergänzt wird, lässt sich ihr Leistungspotential durch Jungrinder optimal nutzen. Damit ist sie ein gutes und kostengünstiges Fütterungsverfahren. Die Devise ist daher, Defizite auf der Weide entsprechend auszugleichen, um ein kontinuierliches Wachstum der Jungrinder zu erzielen. Beifütterung mit Kraftfutter oder Rübenschnitzel lohnt. Zur Realisierung der gewünschten Leistungen muss die Entwicklung der Jungrinder gezielt beobachtet werden.

3.2.6 Fütterungs-Controlling

Für eine erfolgreiche Färsenaufzucht ist die Rationsplanung um ein gezieltes Fütterungs-Controlling zu ergänzen. Zweck des Fütterungs-Controllings ist es, Fehler in der Fütterung und in der Wasserversorgung frühzeitig zu erkennen und zu vermeiden. Neben der Beurteilung des Futters und der Futteraufnahme soll hierbei die Tierentwicklung mit erfasst werden. Nur so kann eine Unter- als auch Überversorgung (Verfettung) der Färsen vermieden werden.

Leistungserfassung. Zu empfehlen ist eine regelmäßige Wägung der Tiere z.B. beim Wechsel der Futtergruppe. Steht eine Waage nicht zur Verfügung, so liefern Brustumfang und Kreuzbeinhöhe wichtige Anhaltspunkte. Zu empfehlen ist die routinemäßige Messung des Brustumfangs bei der Belegung, da die Tiere hier fixiert werden. Darüber hinaus kann der Futterzustand der Tiere über eine Bonitierung der Körperkondition (BCS) beurteilt werden. Haarkleid und Kotkonsistenz sind weitere Größen, die Rückschlüsse zur Fütterung zulassen.

Futterverbrauch. Der Futterverbrauch lässt sich am besten bei Einsatz des Futtermischwagens erfassen. Zu empfehlen sind dazu Futtermischwagen mit Waage und Protokolldrucker. Ansonsten empfehlen sich Probewägungen der Ration. Auf der Weide lässt sich die Wuchshöhe messen.

Futterqualität. Die Mischgenauigkeit bei Einsatz des Futtermischwagens kann über die Analyse einer Rationsprobe auf Trockenmasse, Rohasche und Rohprotein beurteilt werden. Hierbei erfolgt ein Soll-Ist-Vergleich auf Basis der Futtermittelanalysen der eingesetzten Grobfutter (s. auch Kapitel C.2.5.5).

Empfehlungen zur Fütterung der Jungrinder auf 16 Monate Erstkalbealter:

- Regelmäßige Rationsplanung auf Basis:
  - umsetzbarer Energie (ME)
  - nutzbarem Rohprotein (nXP)
  - ruminale N-Bilanz (RNB)
- Einsatz hochwertiger Silagen und Weideflächen
- Nur geeignete Kälberkraftfutter bis zum 5. Lebensmonat; danach ist MLF möglich
- Weidegang im ersten Lebensjahr nur mit Beifütterung
- Defizite aus der Weide grundsätzlich ausgleichen
- Zweiphasige Fütterung bei Mischrationen:
  - ab 150 kg LM Mischration für Milchkühe mit 22 kg Milch/Tag, Calcium-Versorgung beachten
  - ab 350/400 kg LM eine zweite Ration einsetzen

Ein gezieltes Fütterungs-Controlling sichert den Erfolg!

Teil D
Fütterung: Milchinhaltsstoffe, Gesundheit, Fruchtbarkeit und Umwelt

1.
Steuerung der Milchinhaltsstoffe

Bei den Milchinhaltsstoffen ist einmal der Gehalt an wertgebenden Inhaltsstoffen von Interesse und zum anderen die Konsistenz des Milchfettes bezüglich der Streichfähigkeit der Butter. Beide Punkte sind über die Fütterung zu beeinflussen. Welche Ziele der Fütterung zugrunde liegen sollten hängt vom Bezahlungssystem der Molkerei und den Gegebenheiten im Einzelbetrieb ab. Im Weiteren werden beide Bereiche abgehandelt.

1.1 Milchinhaltsstoffe

Die Milch besteht aus Wasser, Milchzucker (Laktose), Fett, Eiweiß, Mineralstoffen, Vitaminen und einem kleinen Rest. Milch mittlerer Zusammensetzung ist der Abbildung D.1.1 zu entnehmen. Insgesamt hat die Milch etwa 13 % Trockenmasse. Bei Abzug des Milchfettes ergibt sich die fettfreie Milchtrockenmasse, die in einzelnen Regionen auch in der Bezahlung über Mindestgehalte Berücksichtigung findet. Relativ fest sind die Gehalte an Mineralstoffen in der Milch. Lediglich der Gehalt an Jod lässt sich über die Fütterung merklich beeinflussen. Bei den Gehalten an Vitaminen ist eine gewisse Abhängigkeit zur Fütterung gegeben. Dies ist insbesondere für die Gehalte im Kolostrum und damit der Versorgung des Kalbes von Belang. Die Versorgung der Kuh mit Vitamin A in der Vorbereitungsfütterung spiegelt sich in der Biestmilch wieder.

Für die Fütterungspraxis sind in erster Linie die Gehalte an Fett und Eiweiß in der Milch von Bedeutung. Zur Beurteilung der möglichen Steuerung der Inhaltsstoffe sind zunächst die Ausgangssubstanzen für die Milchbildung zu betrachten. In Abbildung D.1.2 sind diese aufgeführt. Milchzucker wird im Euter aus Glucose, Propionsäure, Aminosäuren und weiteren glucogenen (glucosebildenden) Verbindungen gebildet. Vorstufe für die Bildung von Milchfett sind zum einen die flüchtigen Fettsäuren Essig- und Buttersäure, die vornehmlich aus den Umsetzungen des Futters im Vormagen resultieren, und zum anderen Glycerin und langkettige Fettsäuren. Es können sowohl Fettsäuren aus dem Futter als auch aus dem Tierkörper direkt in die Milch übergehen.

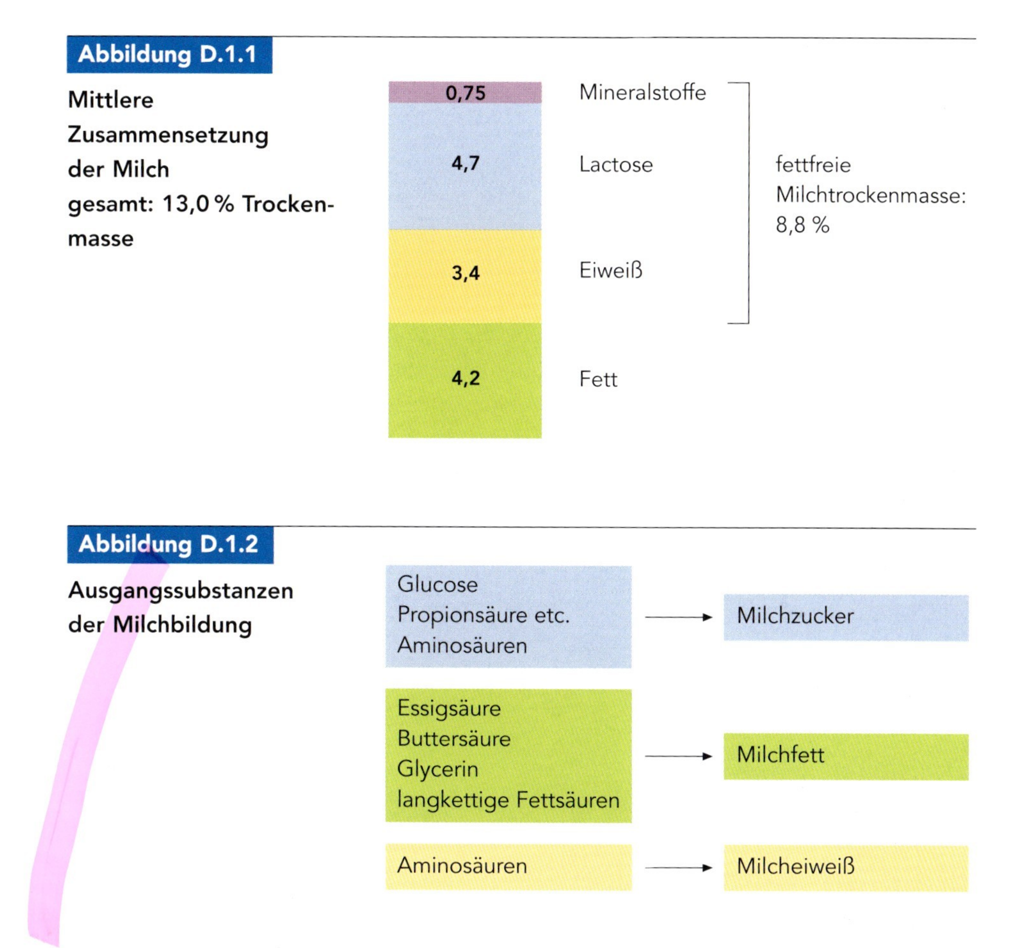

Ein Großteil der Fettsäuren wird jedoch neu im Euter gebildet. Das Milcheiweiß besteht aus Aminosäuren. Die Zusammensetzung des Milcheiweißes an einzelnen Aminosäuren ist weitgehend fest und nicht über die Fütterung zu beeinflussen. Aus dem mit dem Blut anflutenden Aminosäuren kann sowohl Eiweiß als auch Milchzucker gebildet werden.

Die Möglichkeiten der Beeinflussung der Milchinhaltsstoffe durch die Fütterung sind der Tabelle D.1.1 zu entnehmen. Der Gehalt an Milchzucker schwankt nur gering. Neuere Untersuchungen zeigen, dass eine relativ hohe Erblichkeit für den Laktosegehalt bei allerdings geringer Streubreite besteht. Eine Beeinflussung über die Fütterung ist praktisch nicht möglich. Fehlen Vorstufen für die Milchzuckerbildung so kann die Kuh, wie bereits aufgeführt Aminosäuren zur Bildung von Milchzucker nutzen oder sie muss die Milchmenge einschränken. Ein Abfall der Laktosegehalte zeigt sich bei Eutererkrankungen. Um eine ausreichende Versorgung der Milchkuh mit Vor-

Tabelle D.1.1

Milchinhaltsstoffe und Fütterung

Inhaltsstoff	Normalbereich	Einfluss der Fütterung	weitere Faktoren
Milchzucker (Lactose)	4,6 – 4,8 %	kaum	Genetik, Eutererkrankungen
Fettgehalt	3,5 – 4,5 %	Fütterungssystem, Struktur, Rohfaser, Rohfett, Stärke etc.	Genetik, Körperfettabbau, Hitze
Eiweißgehalt	3,0 – 3,5 %	Energie, nXP, Stärke, Rohfett, etc.	Genetik, Melktage
Milchharnstoff-gehalt	150 – 300 mg/kg	RNB, nXP, Energie	Genetik?

stufen der Milchzuckerbildung zu gewährleisten, ist auf eine ausreichende Bildung von Propionsäure im Vormagen und die Verfütterung von beständiger Stärke abzuheben. Stärke, die im Darm zur Verfügung steht, kann mehr oder weniger direkt zur Bildung von Milchzucker genutzt werden.

Am stärksten ist der Fettgehalt der Milch über die Fütterung zu beeinflussen. Neben der Fütterung besteht ein merklicher Einfluss der Genetik und der Stoffwechsellage des Tieres. Wird nach der Kalbung verstärkt Körperfett abgebaut, so findet sich dies in erhöhten Fettgehalten der Milch wieder. Aus Sicht der Fütterung ist zunächst entscheidend, welche Mengen an Essig- und Buttersäure im Vormagen gebildet werden. Eine entsprechende Versorgung mit im Vormagen fermentierbaren Faserbestandteilen (Cellulose, Hemicellulose) fördert die Bildung von Essigsäure. Aus Zucker wird verstärkt Buttersäure gebildet. Dies erklärt den positiven Einfluss von Futterrüben auf den Fettgehalt der Milch. Bei hohen Zuckermengen kann über die Ausbildung von Acidose und verminderten Futteraufnahmen aber auch der gegenteilige Effekt auftreten. Die Fütterung von Stärke fördert die Bildung von Propionsäure und senkt so relativ die Bildung von Essigsäure und damit den Gehalt an Milchfett. Über die Kohlenhydratversorgung kann somit der Fettgehalt der Milch beeinflusst werden.

Außerdem besteht beim Fettgehalt eine Abhängigkeit zur Strukturversorgung der Kuh und zum Fütterungssystem. Bei Abfall des pH-Werts im Vormagen reagiert der

Fettgehalt ebenfalls mit einer raschen Absenkung. Die gezielte Absenkung des Milchfettgehalts darf daher nicht zu einer subklinischen Acidose führen. **Konstante pH-Werte im Vormagen und eine gesunde Pansenschleimhaut sind Voraussetzungen für eine erfolgreiche Milchviehfütterung.** Beim verstärkten Einsatz von Stärke und Zucker z. B. über Getreide und Melasse kommt daher der Vorbereitungs- und Anfütterung besondere Bedeutung zu (s. auch Kapitel C.2.1).

Eine weitere Möglichkeit der Beeinflussung der Fettgehalte liegt in der Fütterung von größeren Mengen an im Pansen freigesetzten Futterfetten. Diese können den Abbau der faserigen Kohlenhydrate (Hemicellulosen und Cellulose) beeinträchtigen, was sich mittel- und langfristig depressiv auf die Milchfettgehalte auswirken kann, während kurzfristig nach Fütterung höherer Fettmengen oft zunächst ein Anstieg des Milchfettgehaltes zu beobachten ist. In der Fütterungspraxis hat sich daher eine Beschränkung der Fettgehalte in der Gesamtration auf etwa 4 % der Trockenmasse bewährt. Die Rohfettgehalte können sich ebenfalls auf die Eiweißgehalte in der Milch auswirken. Bei erhöhter Versorgung mit Fett gehen die Gehalte an Eiweiß zurück. Dies gilt auch bei Fütterung von „geschütztem“ Fett.

Ansonsten haben die Versorgung mit Energie und nutzbarem Rohprotein (nXP) entscheidenden Einfluss auf den Eiweißgehalt. Es gilt, eine hohe mikrobielle Proteinsynthese zu gewährleisten. Außerdem ist die Verwertung des nXP für die Eiweißbildung zu begünstigen. Dies bedeutet zum Beispiel eine ausreichende Energieversorgung und eine genügende Bereitstellung von Vorstufen der Milchzuckerbildung (siehe auch Kapitel C.2.3.7).

Weiter von Bedeutung für die Milchinhaltsstoffe sind die Wechselwirkungen zwischen den einzelnen Inhaltsstoffen und Umweltfaktoren wie Temperatur und Luftführung im Stall. Die Abhängigkeit von Milchfett- und Milcheiweißgehalten ergibt sich auch aus dem unterschiedlichen Bedarf an nXP je MJ NEL in Abhängigkeit vom Milchfettgehalt (siehe Tabelle C.2.48). Hitze und eine mangelnde Luftführung führen zu geringeren Milchinhaltsstoffen. Ursächlich sind die geringe Futteraufnahme und die verminderte Fettbildung, um damit die erforderliche Abgabe von Wärme einzuschränken.

Die Milchharnstoffgehalte werden von der RNB, der nXP-Versorgung und dem Energiestatus bestimmt. Stickstoff und Proteinüberschüsse werden in erster Linie in Form von Harnstoff ausgeschieden.

Vorgehen in der Praxis. Erhebungen in der Praxis und Auswertungen von Versuchsergebnissen zeigen, dass die Grobfutterqualität, das Fütterungssystem und die Zusammensetzung des Kraftfutters von Einfluss auf die Gehalte an Fett und Eiweiß in der Milch sind. Die Ergebnisse einer Studie aus den Niederlanden ist aus der Tabelle

Tabelle D.1.2

Einfluss der Fütterung auf die Gehalte an Milchinhaltsstoffen (Erhebung in den Niederlanden nach BOXEM, 1993)

Einfluss auf:	Fettgehalt	Eiweißgehalt
Grobfutterqualität	0	+
Fütterungssystem	+	0
Milchleistungsfutter:		
- beständiges Eiweiß	++	0/+
- Stärke	- -	0/+
- Fett	+	-
0 ohne Einfluss; + steigend; - senkend		

D.1.2 zu ersehen. Eine Verbesserung der Grobfutterqualität fördert die Eiweißgehalte. Erklären lässt sich dies über eine bessere Versorgung mit Energie und nXP.

Die Optimierung des Fütterungssystems hinsichtlich Vorlage, Konstanz und gleitenden Futterumstellungen fördert die Milchfettgehalte. Eine sachgerechte Fütterung spiegelt sich daher immer in entsprechenden Milchfettgehalten wieder.

Beim Milchleistungsfutter fördert beständiges Eiweiß die Fettgehalte, während der Einfluss auf die Eiweißgehalte eher gering ist. Umgekehrt ist die Situation bei der Zufuhr von Stärke. Auf Grund der möglichen Effekte auf den pH-Wert im Vormagen und die verstärkte Bildung von Propionsäure erklärt sich der Abfall im Fettgehalt. Über die erhöhte mikrobielle Proteinbildung sowie die verbesserte Versorgung mit Energie und von Vorstufen für die Bildung von Milchzucker erklärt sich der Anstieg im Eiweißgehalt. Bestätigt werden diese Zusammenhänge durch ein Versuchsergebnis aus Haus Riswick (siehe Tabelle D.1.3).

Verglichen wurde der Einsatz von Weizen- und Sojaextraktionsschrot im Milchleistungsfutter mit einem faserreichen Milchleistungsfutter auf Basis von Ölschroten, Melasseschnitzeln und Citrustrester. Beim weizenreichen Milchleistungsfutter waren die Milchleistung und der Eiweißgehalt höher bei gleichzeitig geringerem Fettgehalt. Bei altmelken Kühen zeigte sich kein Abfall der Fettgehalte. Zu Beginn der Laktation ist daher der Effekt auf den pH-Wert im Pansen zu diskutieren. Der Strukturwert (SW) war zu Beginn der Laktation im Grenzbereich der Empfehlungen.

Der Einfluss der Fettgehalte im Kraftfutter auf den Fettgehalt der Milch wird unterschiedlich beurteilt. Die Ergebnisse aus den Niederlanden zeigen eher ansteigende

Tabelle D.1.3

Futteraufnahme und Leistung bei Einsatz von Weizen im Milchleistungsfutter (RÜHLE, 1990); (1. bis 200. Laktationstag, n = 17)

Milchleistungsfutter	**Weizen / Sojaextraktionsschrot**	**Ölschrote / Schnitzel Citrustrester**
NEL, MJ/kg	7,3	6,7
Futteraufnahme: kg TM/Tag		
- Kraftfutter	9,5	9,4
- Grobfutter	10,5	10,3
Milchleistung:		
Menge, kg/Tag	30,5	29,0
Eiweiß, %	3,32	3,20
Fett, %	3,90	4,15

Gehalte. Deutsche Versuchsergebnisse gehen zum Teil in die gegenteilige Richtung. Übereinstimmung besteht beim negativen Einfluss überhöhter Rohfettgehalte auf die Eiweißgehalte der Milch.

Für den Milchviehhalter stellt sich die Frage, was zu tun ist, wenn die Gehalte in der Milch gezielt beeinflusst werden sollen. Die Möglichkeiten zur Steigerung der Fettgehalte wurden dargelegt. In Diskussion sind die Möglichkeiten zur gezielten Absenkung der Fettgehalte bei gleichzeitig ausreichender Strukturversorgung und der Vermeidung subklinischer Acidose. Der erste Punkt ist die Vermeidung eines unnötigen Körpersubstanzabbaus zu Beginn der Laktation. Ein optimaler Start in die Laktation schafft hier die Voraussetzungen. Der zweite Punkt ist die Ausschöpfung des Milchbildungsvermögens. Dies gilt sowohl zu Beginn der Laktation als auch im letzten Drittel der Laktation. Zu Beginn der Laktation gilt es insbesondere die Bildung von Milchzucker zu gewährleisten. Zum Schluss der Laktation muss ein verstärkter Ansatz von Körpersubstanz vermieden werden. Als weitere Maßnahme ist die Fermentation gezielt in Richtung Propionsäure zu lenken. Die faserreichen Kohlenhydrate und auch Zucker sind hierzu zu Gunsten der Stärke zu reduzieren. Eine stark maisbetonte Fütterung ist ein Ansatzpunkt. Durch den Einsatz von CCM, Feuchtmais oder hohen Anteilen an Hochschnittmaissilage in der Ration kann zum Beispiel zu Beginn der Laktation gezielt der Fettgehalt abgesenkt werden. Maisstärke hat den Vorteil, dass sie

Tabelle D.1.4

Empfehlungen zur Steigerung des Milcheiweißgehaltes

- positive Vererber einsetzen
- Top-Silagen erzeugen
- hohe Futteraufnahme gewährleisten
  durch: - Optimierung des Laktationsstarts
  - Rationsplanung und Controlling
  - Fütterungstechnik (Mischration etc.)
- mikrobielle Proteinbildung erhöhen
  durch: - Einstellung von Stärke und Zucker
  - Fütterung mit System (Controlling)
- Einsatz von beständigem Eiweiß
- Versorgung mit beständiger Stärke einstellen

langsamer abgebaut wird und somit nicht so stark acidotisch wirkt wie Stärke aus Getreide. Die gezielte Fütterung auf geringe Fettgehalte bedarf generell der gezielten Planung und eines intensiven Controllings, da der Übergang zur Acidose fließend sein kann.

Im letzten Drittel der Laktation ergeben sich durch hohe Anteile an Maisstärke oft Probleme mit unbefriedigender Milchleistung und verstärktem Ansatz von Körpermasse. Dieser auch hormonell bedingten Reaktion kann durch verstärkte Zufuhr von Futtereiweiß oder anderweitige Anpassung der Beifütterung entgegengewirkt werden. Zur Verfettung neigende Tiere sind bei hohen Maisanteilen entsprechend früh trocken zu stellen und anschließend energetisch knapp zu versorgen.

Von größerer praktischer Bedeutung ist zukünftig die Anhebung der Milcheiweißgehalte. Dies insbesondere auf Grund der veränderten Bezahlungsmodalitäten. Die Empfehlung zur Steigerung des Milcheiweißgehaltes sind aus der Tabelle D.1.4 ersichtlich.

Neben dem Einsatz positiver Vererber gilt es, Top-Silagen zu erzeugen und die Futteraufnahme zu optimieren. Die mikrobielle Proteinbildung ist durch die Einstellung der Gehalte an Stärke, Zucker und Pektin in der Ration zu optimieren. Eine gezielte Schwachstellenanalyse und darauf abgestellte Maßnahmen für den Einzelbetrieb im Rahmen der „Fütterung mit System" bringen weiteren Erfolg. Wenn die Energieversorgung und die Versorgung mit beständiger Stärke sichergestellt sind, kann der Einsatz von beständigem Eiweiß die Fütterung auf hohe Milcheiweißgehalte abrunden (Näheres zur Fütterung siehe auch Kapitel C.2.3.7). Das Problem bei der Steigerung der Milcheiweißgehalte ist der abnehmende Ertragszuwachs. Von dem zusätzlich verabreichten nXP kommt nur ein Teil als Milcheiweiß an. Einzelbetrieblich ist daher stets kritisch zu prüfen, ob der Mehraufwand beim Futter auch entsprechend beim Milcherlös zum Tragen kommt. Die Investitionen in die Milcheiweißsteigerung rechnen sich in der Regel dann, wenn gleichzeitig ein Anstieg in der Milchleistung zu erzielen ist.

1.2 Milchfettkonsistenz

Zunächst einige Hinweise zum Einfluss der Fütterung auf die Milchfettqualität:

Die Milch, und hier insbesondere das Milchfett, nimmt leicht Geruchsstoffe auf. Um den Geruch und Geschmack der Milch nicht zu beeinträchtigen, ist folgendes zu beachten:

- Milch so schnell wie möglich aus dem Stall herausbringen;
- in Ställen ohne Milchabsauganlage das Futter, vor allem Silage, nicht im Stall oder in der Nähe der Milchkammer lagern;
- fragliche Futter nach dem Melken füttern;
- kein gefrorenes, verschmutztes und verdorbenes Futter oder Silage schlechter Qualität verabreichen;
- Raps, Rübsen, Stoppelrüben, Steckrüben nur bis 30 kg, Markstammkohl bis 20 kg je Kuh und Tag (verteilt auf zwei Mahlzeiten) füttern; dazu ausreichend Grobfutter (möglichst zuerst) geben (s. auch Tabelle C.2.16).

Außerdem gilt es, die zunehmende Forderung nach guter Streichfähigkeit der Butter zu erfüllen. Fett besteht aus Glycerin und verschiedenen Fettsäuren. Die Streichfähigkeit der Butter hängt davon ab, welchen Anteil die einzelnen Fettsäuren am Milchfett haben. Es gibt Fettsäuren, die ein härteres Milchfett bewirken, während andere für ein weicheres Milchfett verantwortlich sind. Die Fettsäuren für das Milchfett stammen aus drei Quellen:

1. *Im Euter gebildet aus Fettsäuren, die als Verdauungsprodukt im Pansen entstehen*

   Etwa 50 % der in der Milch enthaltenen Fettsäuren werden im Euter gebildet. Diese Fettsäuren verschlechtern die Streichfähigkeit der Butter.

2. *Übergang von Fettsäuren aus dem Futterfett*
   Etwa 35 % der Fettsäuren stammen direkt aus dem Futterfett. Dabei sind die Fettsäuren Palmitin- und Ölsäure als Gegenspieler zu nennen. Palmitinsäure verschlechtert die Streichfähigkeit, Ölsäure verbessert sie.
3. *Übergang von Fettsäuren aus dem Abbau von Körperfett*
   Etwa 15 % der Fettsäuren stammen aus dem Abbau von Körperfett. Hierbei wird überwiegend Ölsäure in das Milchfett eingebaut, die sich günstig auf die Streichfähigkeit auswirkt.

Diese Zusammenhänge verdeutlichen, dass die Milchfettzusammensetzung von vielen Faktoren beeinflusst wird, vor allem

- von dem Laktationsstadium,
- von der Höhe und Art der Energieversorgung,
- von Rationsgestaltung und Fettzufuhr (Grobfutterart, Fettmenge und Fettquelle im Kraftfutter) sowie
- von dem Milchfettgehalt und der Milchfettleistung.

Folgende Faktoren verbessern die Streichfähigkeit der Butter:

- Viele Kühe im 1./2. Laktationsmonat – der Abbau von Körperfett (Schließung der Energielücke) führt zu vermehrtem Einbau von Ölsäure in das Milchfett;
- hoher Weideanteil im Sommer – junges Gras enthält viel Rohfett (über 4 %) mit sehr hohen Anteilen an Fettsäuren, welche die Streichfähigkeit der Butter verbessern;
- hohe Grassilageanteile – Grassilage enthält deutlich mehr Rohfett als Maissilage, Ganzpflanzensilage oder Heu; dadurch wird die Zufuhr von Fettsäuren begünstigt, die sich positiv auf die Streichfähigkeit auswirken;
- hohe Rohfettaufnahme aus fettreichen Komponenten – die positive Wirkung von Körnermais/CCM, Leinsaat, Sojabohnen, Sonnenblumensaat und Rapssaat beruht auf der speziellen Fettsäurenzusammensetzung.

Folgende Faktoren verschlechtern die Streichfähigkeit der Butter:

- Hohe Anteile aus Heu, Maissilage, Rüben, Getreide-Ganzpflanzensilage – weil diese Futtermittel sehr wenig Rohfett enthalten, steigt der Anteil an ungünstig wirkenden Fettsäuren an, die im Euter gebildet werden;
- fettarme/stärkereiche Komponenten – durch die geringe Fettzufuhr erhöht sich der Anteil negativ wirkender Fettsäuren, die im Euter gebildet werden;
- Fettherkünfte mit hohen Anteilen Fettsäuren, welche die Streichfähigkeit der Butter verschlechtern – Palmfette mit hohen Palmitinsäureanteilen führen zu hartem Milchfett;

- hohe Milchfettgehalte/Milchfettleistungen – der Anteil an Fettsäuren, die im Euter gebildet werden, steigt an.

Mit Fettzulagen, die 150 bis 400 g an günstig wirkenden (ungesättigten) Fettsäuren – bevorzugt Ölsäure – je Tier und Tag enthalten, sind fast immer ausreichende Streichfähigkeiten der Butter erreichbar. Ein gezielter Fetteinsatz lässt sich über Mischfutter oder über Einzelkomponenten realisieren (z.B. Vollraps, Rapskuchen, Sojabohnen, speziell geschützte Fette).

Allerdings sollte die tägliche Futterration nicht mehr als 4 % Rohfett (5 % bei Einsatz pansengeschützter Fette) in der Trockenmasse enthalten (etwa 800 g bis 1000 g Fett in der Gesamtration), weil sonst eventuell die Milcheiweißgehalte sinken.

2. Fütterung und Fruchtbarkeit

Über die Ausgestaltung der Fütterung werden die Leistung, die Gesundheit und die Fruchtbarkeit bei Jungrindern und Milchkühen maßgeblich beeinflusst. Beim Fruchtbarkeitsgeschehen kommen viele Aspekte zusammen. Hierbei liegen Ursachen und Wirkungen der Probleme vielfach zeitlich erheblich auseinander. Eine Einschätzung des Anteils der Fruchtbarkeitsstörungen, die auf Fehler in der Fütterung zurückzuführen sind, ist daher schwierig. Der Einfluss der Fütterung auf die Fruchtbarkeit wird in der Literatur mit etwa 25 bis 50 % eingeschätzt. Generell zeigt sich im In- und Ausland eine Verschlechterung der Fruchtbarkeitslage bei Milchkühen. Dies gilt allerdings nur für die Milchkühe und nicht für die Jungrinder. Bei den Jungrindern ist bei entsprechendem Management nach wie vor eine sehr gute Fruchtbarkeit zu realisieren. Die Probleme bei den Milchkühen deuten darauf hin, dass hier die gestiegene Leistungshöhe und das Management von Einfluss sind.

2.1 Fruchtbarkeit und Leistung

Bei Jungrindern ist die Höhe der Tageszunahmen und damit das Erstkalbealter die entscheidende Leistung. In der Praxis zeigt sich kein Unterschied in der Zwischenkalbezeit und der Nutzungsdauer in Abhängigkeit vom Erstkalbealter des Betriebes. Eine aktuelle Auswertung des LKV-Rheinland (s. Tabelle C.3.4) belegt dies. Die Auswertung zeigt jedoch auch, dass starke einzelbetriebliche Effekte gegeben sind. Betriebe mit niedrigem Erstkalbealter haben auch höhere Milchleistungen in der Herde. Das Management und die genetische Veranlagung der Tiere dürften hier entscheidend sein. Es bleibt somit festzuhalten, dass bei den Jungrindern eine Absenkung des Erstkalbealters auf 24 bis 27 Monate zu keiner Beeinträchtigung der Fruchtbarkeit führen muss. Dies gilt auch für die Belegung zum zweiten Kalb. Nach niederländischen Untersuchungen haben Färsen mit einem Erstkalbealter von 24 bis 26 Monaten bessere Befruchtungsraten als jüngere oder ältere Tiere.

Anders ist die Situation bei den Milchkühen. Hier zeigt sich in den letzten Jahren, dass mit zunehmendem Leistungsniveau der Herde die Fruchtbarkeit der Tiere schlechter wird. Deutlich wird dies an den aktuellen Auswertungen der Landeskon-

Tabelle D.2.1

Aspekte der Tiergesundheit in Abhängigkeit von der Herdenleistung – Ergebnisse des LKV-Rheinland 2000/2001

Milch kg/Kuh/Jahr	Anteil Betriebe %	Zellzahl in Tausend	mittleres Alter Jahre	NR* 56 %	BSI Anzahl/Tier	Zwischen-kalbezeit Tage
< 5.000	6,3	431	5,5	78	1,5	397
bis 6.000	12,4	376	5,2	75	1,5	398
bis 7.000	24,3	318	5,1	74	1,6	399
bis 8.000	28,1	291	4,9	71	1,6	400
bis 9.000	20,1	271	4,8	68	1,7	402
> 9.000	8,8	245	4,7	64	1,8	404

* *Non-Return-Rate: Anteil nach 56 Tagen nicht wiederbesamte Tiere*

trollverbände. Ein Beispiel ist der Tabelle D.2.1 zu entnehmen. Mit steigender Leistung der Herde sinkt das mittlere Alter der Herde. Dies kann allerdings auch durch höhere Selektion aus züchterischen Gründen und niedrigere Erstkalbealter bedingt sein. Tabelle C.3.4 zeigt, dass Betriebe mit niedrigem Erstkalbealter in der Regel auch ein höheres Leistungsniveau aufweisen.

Eindeutig ungünstiger werden jedoch die Non-Return-Rate (NR 56) und der Besamungsindex (BSI) mit steigendem Leistungsniveau der Herde. Die Zwischenkalbezeit ist unabhängig vom Leistungsniveau der Herde. Es bleibt somit festzuhalten, dass mit der Leistung der Herde die Probleme im Bereich Fruchtbarkeit zunehmen. Dies, obwohl das Management der Betriebe mit steigender Leistung besser wird, wie die Zellzahlen zeigen. Hinsichtlich des Niveaus der Zellzahlen ist zu beachten, dass in der Tabelle D.2.1 nicht die Werte der Anlieferungsmilch, sondern die aus der Milchkontrolle und somit aller Tiere aufgeführt sind. Aus den aufgezeigten Zusammenhängen zwischen Fruchtbarkeit und Leistung ergibt sich die Schlussfolgerung, dass mit steigendem Leistungsniveau Fehler im Bereich der Fütterung noch stärker auf die Fruchtbarkeit durchschlagen. Mit der Leistung muss somit auch das Management im Bereich der Fütterung steigen, um die Tiere möglichst wiederkäuer- und bedarfsgerecht zu versorgen und dadurch eine der notwendigen Voraussetzungen für eine günstige Fruchtbarkeit zu schaffen.

2.2 Fütterung und Fruchtbarkeit in der Jungrinderaufzucht

Auch in der Jungrinderaufzucht können trotz der allgemein guten Ausgangssituation Probleme in der Fruchtbarkeit auftreten, die durch Fehler in der Fütterung bedingt sein. Ein Problemfeld sind Zysten und Eierstockdegenerationen bei zu fetten Tieren. Eine „Mast" der Tiere im ersten Lebensjahr ist zu vermeiden. Es sollten Tageszunahmen um 750 g angestrebt werden. Längere Phasen über 900 g Tageszunahme sind zu vermeiden. Besondere Probleme treten bei stark maisbetonter Fütterung auf, da gute Maissilage energiereich ist und die Maisstärke über hormonelle Regelmechanismen den Fettansatz fördern kann. Eine ausgewogene Rationsgestaltung und eine intensive Kontrolle der Tierbestände ist hier die beste Gewähr, um Probleme zu vermeiden.

Eine verminderte Fruchtbarkeit auf Grund einer mangelhaften Nährstoff- und/oder Energieversorgung ist bei Jungrindern kaum zu beobachten, da die Fruchtbarkeit im Regelmechanismus der Tiere vorne ansteht. Dies sollte jedoch nicht dazu verleiten, bei den Rindern die Versorgung, und hier insbesondere die Versorgung mit Spurenelementen und Vitaminen, zu vernachlässigen. Unter- und Fehlversorgung können sich sehr negativ in der weiteren Nutzung auswirken. Ebenfalls ungünstig für die weitere Fruchtbarkeit ist eine starke energetische Überversorgung der Rinder in der Trächtigkeit. Eine verstärkte Fetteinlagerung im fünften bis siebten Trächtigkeitsmonat führt oft zu Problemen bei der Kalbung und verminderten Futteraufnahmen vor und nach der Kalbung. Der Grundstein für die Fitness der Kuh wird bei der richtigen Konditionierung und Anfütterung der Färse gelegt.

2.3 Fütterung und Fruchtbarkeit bei Milchkühen

Es gibt nur wenige direkte Zusammenhänge zwischen der Fruchtbarkeit und der Fütterung, da das gesamte Management und die gesundheitliche Vorbelastung des Einzeltieres ebenfalls von großer Bedeutung sind. Außerdem können viele Gesundheitsstörungen späterhin auch zu Problemen im Bereich der Fruchtbarkeit führen. Es sind somit die gesamten Zusammenhänge zu beachten, die zwischen Fütterung, Gesundheit und Fruchtbarkeit bestehen. Ein Überblick über die wichtigsten Verbindungen zwischen Fütterung, Erkrankung und Fruchtbarkeit sind der Tabelle D.2.2 zu entnehmen.

Der wichtigste Bereich sind die Stoffwechselerkrankungen, da sich diese auch stark auf die Lebergesundheit auswirken können. Von größter Bedeutung sind die Erkrankungen Acidose, Acetonämie (Ketose) und Gebärparese (Festliegen). Die Tetanie hat auf Grund der Beifütterung auf der Weide heute kaum noch Bedeutung bei Milchkühen. Problematisch für die Fruchtbarkeit ist die Übersäuerung (Acidose) im Vormagen sowie im

Tabelle D.2.2

Fütterungsbedingte Störungen der Gesundheit und Fruchtbarkeit der Milchkuh

• Stoffwechselerkrankungen: (Leberschäden etc.)	Acidose, Acetonämie, Gebärparese, Tetanie
• Beeinträchtigung der Fertilität (Fruchtbarkeit)	Probleme mit Eierstöcken, Gebärmutter, Hormonen etc.
• Verdauungsstörungen	Durchfall, Labmagenverlagerung etc.
• Eutererkrankungen	
• Klauenerkrankungen	Klauenrehe etc.

Dick- und Blinddarm. Hierdurch tritt auch eine Übersäuerung der Schleimhäute der Gebärmutter und Eierstöcke auf. Eine gesunde Schleimhaut ist allerdings Vorraussetzung für die Einnistung und die weitere Entwicklung der befruchteten Eizelle.

Zur Vermeidung der Acidose ist der gezielte und sachgerechte Einsatz von Komponenten mit viel Stärke und Zucker entscheidend. Vorbereitungsfütterung und Anfütterung vor bzw. nach der Kalbung und bei Futterwechsel, eine hohe Konstanz in der Fütterung, Verteilung der Futtermittel über den Tag und die Rationskontrolle sind der Schlüssel zum Erfolg. Die Acetonämie (auch Ketose genannt) tritt vielfach bei verfetteten und schlecht vorbereiteten Kühen um die Kalbung herum auf. Energetische Unterversorgung und der daraus folgende verstärkte Körperfettabbau belasten die Leber und können als Folge so auch die Fruchtbarkeit der Tiere beeinträchtigen. Vielfach sehr ungünstig für die weitere Fruchtbarkeit sind die Folgen von Milchfieber. Die Tiere fressen nicht genug und sind insgesamt eher geschwächt.

Eine direkte Beeinträchtigung der Fertilität (Fruchtbarkeit) durch falsche Fütterung ist heute eher selten. Bei extrem schlechter Eiweißversorgung am Darm werden zum Beispiel bestimmte Hormone nicht in ausreichendem Maß gebildet. Vielfach direkte Wirkungen hat ein Mangel an Vitaminen oder Spurenelementen. Vitamin A und ß-Carotin wirken z. B. direkt auf die Gesundheit der Schleimhaut in den Eierstöcken und der Gebärmutter. Natrium- und Spurenelementmangel können sich ebenfalls sehr ungünstig auswirken.

Verdauungsstörungen können sich auf Futteraufnahme und Infektanfälligkeit auswirken. Dünner und feuchter Kot kann zum Beispiel die Infektionsgefahr für die Genitalien und das Euter steigern, wenn auch vielfach nur indirekt über die höhere Feuchte im Liegebereich. Labmagenverlagerung stellt stets eine erhebliche Beeinträchtigung der Kuh dar. Hauptursache ist eine ungenügende Futteraufnahme nach der Kalbung. Die Strukturwirkung der Ration ist nur ein Punkt, der bei ungünstiger Ausgestaltung die Wahrscheinlichkeit der Labmagenverlagerung erhöht.

Eutererkrankungen sind oft nur indirekt durch Fehler in der Fütterung bedingt. Die Problematik des feuchten Kots wurde schon angeführt. Von Bedeutung kann auch die Versorgung mit Vitamin E und Selen sein. Von großer Relevanz sind Probleme mit der Klauengesundheit. Tiere mit schlechten Klauen gehen zu wenig zum Trog und fressen eher weniger. Die Futteraufnahme ist wiederum entscheidend für die energetische Ausfütterung der Tiere. Zusammenhänge zwischen Klauengesundheit und Fütterung bestehen einmal über die Klauenrehe, die durch Übersäuerung im Vormagen und Dickdarm bedingt ist und über hohe Eiweißüberschüsse (RNB) in der Ration. Über eine verstärkte Ausschüttung von Histaminen kann es hier zu Problemen kommen. Ein weiterer Aspekt ist die Feuchte und Hygiene im Klauenbereich. Auch dies kann durch die Ausgestaltung der Fütterung beeinflusst werden.

Die dargestellten Zusammenhänge zeigen, dass zwischen Gesundheit, Fruchtbarkeit und Fütterung weitreichende Zusammenhänge bestehen. Schwierig ist jedoch die konkrete Zurückführung von Problemen auf eine Ursache im Bereich der Fütterung. Dennoch werden in der Literatur eine Reihe von Abhängigkeiten angesprochen. Der Tabelle D.2.3 sind die in der Literatur beschriebenen Zusammenhänge zwischen Fruchtbarkeitsproblemen und der Fütterung zu entnehmen. Die Zusammenstellung beruht teilweise nur auf Einzelfallbeobachtungen und ist daher mit der entsprechenden Vorsicht zu nutzen.

Zunächst anzusprechen ist die Nachgeburtsverhaltung. Unstrittig ist, dass Tiere mit Nachgeburtsverhaltung oft eine gestörte Fruchtbarkeit bei der nächsten Belegung aufweisen. Zu unterscheiden ist zwischen der Nachgeburtsverhaltung auf Grund fehlender Wehen oder einer solchen auf Grund unzureichender Lösung der Nachgeburt von der Gebärmutter, da unterschiedliche Ursachen vorliegen. Aus Sicht der Fütterung sind Zusammenhänge zur Selen- und Vitamin E– Versorgung bekannt. Dies gilt insbesondere für die Versorgung der trockenstehenden Kuh. Zu beachten sind ferner die Zusammenhänge zu früheren Stoffwechselstörungen der betroffenen Tiere. Der Bereich der Nitratbelastung ist eventuell für Moorstandorte zu diskutieren. Sie kann auch auftreten, wenn nach längerer Trockenheit eine stark mit Stickstoff gedüngte Weide plötzlich Regen bekommt.

Als nächster Punkt sind die Entzündungen von Eierstock und Gebärmutter zu beleuchten. Zusammenhänge werden hier zur Energieüberversorgung und zur Eiweißüberversorgung diskutiert. Von größerer Bedeutung sind hier aber sicherlich die bereits angesprochene Problematik der Pansenübersäuerung (Acidose) und die

Tabelle D.2.3

Die häufigsten und wichtigsten durch die Fütterung beeinflussten Fruchtbarkeitsstörungen; Auswertung der Literatur

Fruchtbarkeitsstörung	Mögliche Ursache
• Nachgeburtsverhaltung:	• Selen- und Vitamin E – Mangel • Nitratbelastung • Stoffwechselstörungen
• Genitalentzündungen:	• Energieüberversorgung • Eiweißüberversorgung; stark positive RNB • Pansenübersäuerung • ß-Carotinmangel • Mangan- und Selenmangel • Natriummangel bei Kaliumüberschuss • Nitratbelastung
• Stillbrunst, Brunstlosigkeit:	• Rohfasermangel, unzureichender Strukturwert • ß-Carotinmangel • Manganmangel • Proteinüberschuss, positive RNB • Pansenübersäuerung • fehlerhafte Energieversorgung
• Unregelmäßige Brunstzyklen:	a) verkürzte Zyklen - Natriummangel - hormonhaltige Futtermittel b) unregelmäßige verlängerte Zyklen - Energiemangel - ß-Carotinmangel
• Verzögerter Eiblasensprung und Eierstockzysten:	• Energiemangel in den ersten Laktationswochen • Abbau von Körperfett vor der Kalbung • Energieüberversorgung bei Jungrindern • ß-Carotinmangel • hormonhaltige Futtermittel • Manganüberschuss
• Embryonaler Fruchttod:	• Energiemangel • Mineral- und Vitaminmangel • Eiweißüberschuss, positive RNB
• Aborte:	• verpilztes Futter • Nitratbelastung • giftige Substanzen • Futtermittel mit Pflanzenöstrogenen

Abbildung D.2.1

Embryonale Verluste bei der Milchkuh von der Besamung bis zur Kalbung bei einer Trächtigkeitsrate von 55 %

Quelle: Schmoll, 1997

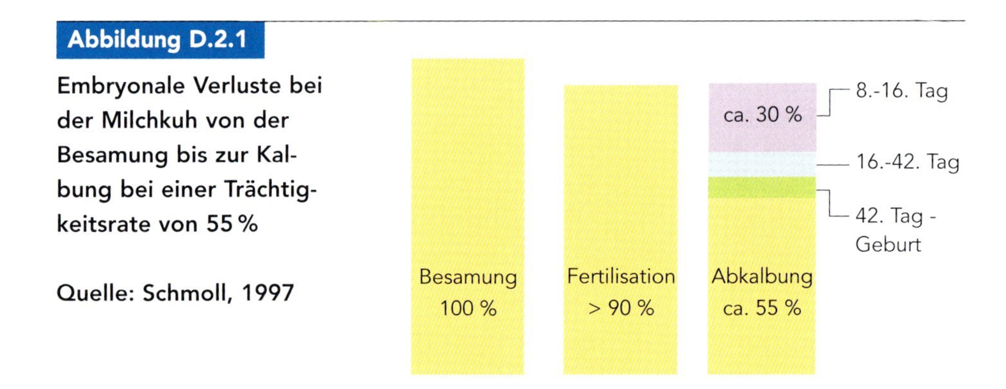

ungenügende Versorgung mit Vitamin A und ß-Carotin. Ein Mangel an Mangan kommt in der Praxis kaum vor.

Stillbrunst und Brunstlosigkeit werden ebenfalls im Zusammenhang mit Pansenübersäuerung und fehlerhafter Energieversorgung diskutiert. Unzureichende Energieversorgung ist in erster Linie ein Problem ungenügender Futteraufnahme. Hier sind Zusammenhänge zur Fütterung vor der Kalbung und der Gesamtsituation der Kuh zu sehen. Unregelmäßige Brunstzyklen können zum einen verkürzte und zum anderen verlängerte Zyklen sein. Probleme mit hormonhaltigen Futtermitteln sind bei kräuterreichen Grünlandbeständen möglich. Die Bedeutung in der Praxis ist dabei eher untergeordnet. Natriummangel ist unbedingt zu vermeiden, da sich dieser direkt auf die Leistungsfähigkeit der Tiere auswirkt. Die Bereiche Energie- und ß-Carotinmangel sind im Zusammenhang mit der Stillbrunst schon angesprochen worden.

Ein größeres Problem in der Praxis sind verzögerte Eiblasensprünge und Eierstockzysten. Hier wird insbesondere ein Zusammenhang zum Energiemangel in den ersten Laktationswochen diskutiert. Neuere Untersuchungen aus der Versuchseinrichtung Iden zeigten, dass Kühe, die bereits vor der Kalbung Körperfett (Rückenfett) abbauen, verstärkt Eierstockzysten ausbilden. Bei den Jungrindern ist im Hinblick auf Zysten besonders die Energieüberversorgung anzusprechen. Je älter und fetter die Tiere werden um so größer ist die Problematik. Der angeführte Punkt Manganüberschuss ist hier sicherlich nicht praxisrelevant. Letztlich entscheidend ist der Zusammenhang zur Energieversorgung und im Hinblick auf Zysten die Versorgung bereits vor der Kalbung.

Von großer Bedeutung für die Fruchtbarkeit ist ganz offensichtlich der Bereich der embryonalen Sterblichkeit. Aus der Abbildung D.2.1 ist ersichtlich, dass über 90 % der Eizellen der zur Besamung anstehenden Tiere zunächst befruchtet werden. Von den befruchteten Eizellen werden aber nur etwa 55 % ausgetragen. Ca. 30 % der befruchteten Eizellen werden zwischen dem 8. und 16. Tag resorbiert. Das heißt, dass die Kuh einen normalen 21-tägigen Zyklus zeigt. Für den Landwirt ist daher nicht zu ersehen,

Tabelle D.2.4

Ursachen für eine frühe embryonale Sterblichkeit beim Rind

• Embryo:	- chromosomale Anomalien (7 – 10 % der Verluste)
• Kuh:	- pathogene Organismen - Entzündungen der Gebärmutter - Fütterungsfehler - Ernährungszustand - Klima (hohe Temperaturen etc.)
• Verbindung zwischen Embryo und Kuh	- Abstoßungsreaktionen

ob eine Befruchtung stattgefunden hat oder nicht. Ein weiterer Teil der Eizellen stirbt zwischen dem 16. und 42. Tag ab. Diese Tiere sind normal nach 42 Tagen wieder brünstig. Eher von untergeordneter Bedeutung sind die Aborte, die nach dem 42. Trächtigkeitstag auftreten. In diesem Zusammenhang wird auch verpilztes Futter angesprochen. Generell gilt der Grundsatz, dass verschimmeltes Futter **nicht** in den Trog gehört.

Für die Fruchtbarkeit der Milchviehherde ist der Bereich des embryonale Starts entscheidend. Ziel muss es daher sein, die frühe embryonale Sterblichkeit zu reduzieren. In der Tabelle D.2.4 sind die Ursachen für die frühe embryonale Sterblichkeit aufgeführt. Es zeigt sich, dass nur ein sehr geringer Anteil von 7 bis 10 % der Embryoverluste auf chromosomale Anomalien zurückzuführen ist. Diese Sterblichkeit ist sicherlich nicht fütterungsbedingt. Anders ist die Situation bei den Punkten Einfluss der Kuh und Probleme in der Verbindung zwischen Embryo und Kuh. Entscheidend ist, dass für das Anwachsen des Embryos eine intakte und gut ernährte Schleimhaut in der Gebärmutter vorhanden sein muss. Krankmachende Keime, Entzündungen und ein insgesamt schlechter Ernährungszustand sind hier von Nachteil. Des weiteren ist bei hohen Temperaturen eine höhere Sterblichkeit der Embryonen gegeben.

Eine Fütterung, die die Fruchtbarkeit einschließt, muss somit darauf abzielen, eine optimale Gesundheit der Schleimhäute in den Eierstöcken und der Gebärmutter zu gewährleisten. Die Vermeidung von acidotischen Erscheinungen und die Versorgung mit Vitaminen sind für die Leistungsfähigkeit der Schleimhaut in der Gebärmutter von besonderer Bedeutung. Der Punkt der Abstoßungsreaktion zwischen Embryo und Kuh ist sicherlich nur wenig durch Fütterung bedingt und daher anderweitig anzugehen.

Fütterungsfehler vermeiden. Aus den dargelegten Zusammenhängen geht klar hervor, dass für die Fruchtbarkeit Fütterungsfehler möglichst vermieden werden müssen. Die Versorgung der Kuh muss wiederkäuergerecht und auf den Bedarf der Tiere abgestellt sein. Dennoch kommt es in der Praxis selbstverständlich immer zu Abweichungen von den empfohlenen Größen. Dies ist grundsätzlich auch kein Problem, da das Tier gewisse Differenzen von Natur aus ausgleichen kann. Allerdings ist je nach Fütterungsfehler eine unterschiedliche Problematik gegeben. Von daher sind insbesondere die Fehler mit großer Auswirkung zu vermeiden.

In der Tabelle D.2.5 sind die wichtigsten Fütterungsfehler gelistet. Die Einflüsse von Über- und Unterversorgung sind nach deren Bedeutung für die Gesundheitsvorsorge geordnet. Der größte Problembereich ist die Energieversorgung, hier sowohl die Unter- als auch die Überversorgung. Ebenfalls zu vermeiden ist eine Unterversorgung mit Protein. Neben der Sicherstellung der Proteinversorgung am Darm (nXP) gilt es eine Unterversorgung mit Stickstoff im Vormagen (stark negative RNB), die zu einer verminderten Aktivität der Mikroben führt, zu vermeiden. Überversorgungen mit Rohprotein sind im großem Maße (RNB über + 80 g je Tier und Tag) ebenfalls von Nachteil. Eine stark positive RNB allein bedingt aber nur selten Fruchtbarkeitsprobleme. Grundsätzlich zu vermeiden sind Unterversorgungen mit Natrium, wie bereits angesprochen. Bezüglich der Mineralstoffe sind die Tiere sehr wohl in der Lage, gewisse Überversorgungen zu kompensieren. In der Regel werden Überschüsse mit dem Kot oder dem Harn ausgeschieden. Beim Calcium sind jedoch die Zusammenhänge zur Milchfieberproblematik zu beachten.

Sehr hohe Natriumüberschüsse sind auch zu vermeiden, da dadurch größere Wassermengen aufgenommen werden und das Problem des Euterödems verstärkt sein kann. Extreme Kaliumüberschüsse sind zu vermeiden, da sich diese vielfach negativ auf die Strukturwirkung der Futters und die Kotkonsistenz auswirken.

Für die Praxis entscheidend ist, dass ein Fütterungsfehler allein oft zu kompensieren ist. Problematisch wird die Situation, wenn verschiedene Dinge zusammenkommen. Dies gilt zum Beispiel für Energiemangel und gesundheitliche Vorbelastungen der Tiere. Dies ist aus der Tabelle D.2.6 ersichtlich. Tiere, die Genitalentzündungen haben und schon Energiemangel und einen Leberschaden aufweisen, sind kaum durch Behandlungen wieder gesund bzw. fruchtbar zu bekommen. Aus Sicht der Fütterung gilt es daher, die von der Auswirkung gravierenden Fütterungsfehler möglichst gering zu halten oder gar zu vermeiden.

Die Maßnahmen im Bereich der Fütterung sind durch eine gezielte Rationskontrolle abzurunden. Je höher das Leistungsniveau, um so wichtiger ist eine rundum abgestimmte Vorgehensweise, damit das Regelsystem der Kuh möglichst wenig belastet wird.

Tabelle D.2.5

Fütterungsfehler und deren Bedeutung für die Krankheitsanfälligkeit der Milchkuh

Wirkung der:	Unterversorgung	Überversorgung
Energie	+++	+++
Strukturwert	++	-
Protein (nXP und RNB)	++	+
Natrium	++	-
Calcium	+	-*
Phosphor	(++)	-
Magnesium	(++)	-
Kalium	( )	+

Einfluss: +++ groß, ++ mittel, + klein, - ohne; ( ) kaum praxisrelevant
** Ausnahme: Trockenstehzeit*

Tabelle D.2.6

Einfluss des Ernährungsstatus auf den Behandlungserfolg bei Genitalentzündungen (Quelle: Escherich und Lotthammer, 1987)

Ernährungsstatus	Normal	Energiemangel/ Eiweißüberschuss	Energiemangel und Leberschaden
Trächtigkeiten in %	95	81	55
Besamungen / Trächtigkeit	1,4	2,2	2,6
Zeitraum zwischen Behandlung und Trächtigkeit (Tage)	49	67	68

Zur Verbesserung der Fruchtbarkeit der Kühe gilt es in der Fütterung folgende Punkte unbedingt zu beachten:

1. Fütterung auf Kondition
2. gezielte Vorbereitungsfütterung vor der Kalbung und Anfütterung nach der Kalbung
3. Strukturversorgung gewährleisten
4. Tiere energetisch ausfüttern
5. nXP-Versorgung sicherstellen; RNB-Mangel vermeiden und Überschüsse in Grenzen halten
6. Mineralstoffversorgung bilanzieren; ggf. ergänzen; Spurenelement- und Vitaminversorgung gewährleisten
7. Bei Bedarf Milchfieberprophylaxe anwenden

3. Wie können Fütterungskrankheiten vermieden werden?

Es gibt eine Vielzahl von Krankheiten, die durch die Ausgestaltung der Fütterung beeinflusst werden können. Im Weiteren werden einige wichtige Krankheiten skizziert und Ansatzpunkte zur Vermeidung bzw. Vorsorge im Bereich der Fütterung aufgezeigt.

3.1 Milchfieber (Gebärparese, Festliegen)

Kennzeichen: Unmittelbar nach den ersten Melkzeiten oder direkt nach dem Abkalben liegen die Tiere fest. Es werden vorwiegend Hochleistungstiere befallen.

Ursache: Eine plötzliche Verarmung des Bluts an Calcium, obwohl im Körper praktisch kein Calciummangel vorliegt. Vielmehr ist durch ein „Zuviel" an Calcium in der Ration der trockenstehenden Tiere die Regulationsfähigkeit der Nebenschilddrüse gehemmt, die den Ein- und Abbau von Calcium in den Knochen steuert. Das mit der Milch ausgeschiedene Calcium wird nicht schnell genug ersetzt, weil die Nebenschilddrüse nach dem Kalben ihre Funktion nicht rasch genug wieder aufnimmt.

Vorbeugung: Insbesondere bei Weidegang der trockenstehenden Kühe tritt gehäuft Milchfieber auf. Ursächlich sind die Überversorgung mit Energie und Calcium sowie eine vielfach unzureichende Vorbereitungsfütterung vor dem Kalben. Liegt der Anteil Kühe mit Milchfieber über 15 %, so sind spezielle Maßnahmen zu ergreifen. Der Tabelle D.3.1 sind die einzelnen Punkte zu entnehmen.

Anzustreben ist, dass die Kühe in der richtigen Kondition trockengestellt werden. In der Trockenstehzeit ist die Kuh energetisch so zu versorgen, dass die Fettreserven etwa konstant bleiben. Zur Vermeidung von Milchfieber sollte die Versorgung mit Calcium niedrig sein. Dennoch ist unbedingt Mineralfutter anzubieten, um die Versorgung mit Natrium, Spurenelementen und Vitaminen zu sichern.

Da die Voraussetzungen auf der Weide zur gezielten Milchfiebervorbeuge nicht gegeben sind, müssen in Problembeständen die Tiere aufgestallt werden. Generell empfiehlt sich eine konsequente Vorbereitungsfütterung vor der Kalbung. Abgerundet wird die Milchfiebervorbeuge durch die medizinischen Maßnahmen in Absprache mit dem Hoftierarzt. Bewährt hat sich insbesondere die Gabe von Vitamin D_3 etwa eine

Tabelle D.3.1

Was tun gegen Milchfieber (Gebärparese)?

- Fütterung auf Kondition; Verfettung vermeiden
- Knappe Versorgung mit Calcium in der Trockenstehzeit
  Zielwert: 4 g Calcium/kg TM
- Ausreichende Spurenelementversorgung sicherstellen
- Beachtung des Magnesiums; ungünstige Verwertung vermeiden
- In Problembeständen: Beschränkung des Weidegangs für Trockensteher
- Konsequente Vorbereitungsfütterung durchführen
- Medizinische Vorbeugung (Vitamin D_3)

Statt knapper Ca-Versorgung alternativ:
Optimierung der Ration auf negative Anionen-Kationen-Bilanz (DCAB):
- Einsatz von Schwefel und Chlor
- Einstellung von Kalium und Natrium (Anpassung der Düngung, Maissilage etc.)

Woche vorm Kalbetermin. Verzögert sich die Kalbung, so ist eine erneute Gabe von D_3 unbedingt zu empfehlen.

Führen die genannten Maßnahmen nicht zum Erfolg, ist die Ration in Bezug auf die Mineralstoffe zu optimieren. Überschüsse an Kalium und Natrium sind zu vermeiden. Über die Wahl der Futtermittel und die Düngung in Bezug auf Kalium kann hier Einfluss genommen erden. Durch Fütterung von Schwefel und Chlor kann ein Überschuss von Kalium und Natrium ausgeglichen werden. Ein gezielter Einsatz von „sauren Mineral- bzw. Milchleistungsfuttern" führt zu einer negativen Anionen-Kationen-Bilanz (DCAB), was dem Milchfieber vorbeugt. Da die Kühe diese Produkte nicht ohne weiteres fressen, empfiehlt sich der Einsatz entsprechend gestalteter Mischfutter, die in der Vorbereitungsfütterung mit 2 bis 4 kg/Kuh und Tag eingesetzt werden. Vor Anwendung dieser Methode sollte eine gezielte Information und Beratung erfolgen.

Die Berechnung der DCAB erfolgt nach folgender Formel:

DCAB = 43,5 x Natrium
+ 25,6 x Kalium
- 28,2 x Chlor
- 62,3 x Schwefel

- Angaben der Mineralstoffe in g/kg TM
- DCAB in meq/kg TM

Zur Vorbeuge von Milchfieber sind Werte von **- 100** meq/kg TM oder geringer in der Gesamtration anzustreben. Die Gehalte an Chlor, Schwefel etc. sind aus dem Anhang ersichtlich. Anhaltswerte zu Chlor und Schwefel sowie den resultierenden DCAB sind aus dem Anhang Tabelle 3 ersichtlich.

Behandlung: Sofort den Tierarzt hinzuziehen, der eine Calciumlösung infundiert. Andernfalls führt die Krankheit zum Tode.

3.2 Weidetetanie

Kennzeichen: Unsicherer Gang, Fressunlust, Hervortreten der Augen, Zittern der Augenlider, Krämpfe, Ohnmacht.

Ursache: Plötzlicher Magnesiummangel im Blut durch schlechte Magnesiumverwertung (in der Regel nur bei Weidegang).

Seitdem melkende Kühe auf der Weide praktisch grundsätzlich beigefüttert werden, hat die Tetanie bei diesen kaum noch Bedeutung. Betroffen sind Jungrinder und evtl. Trockensteher, die auf der Weide nicht beigefüttert werden. Das Problem tritt häufig nach Trockenperioden und Wechsel der Weideflächen auf.

Vorbeuge:

- Zufuhr eines magnesiumreichen Mineralfutters, z.B. sogenannte Magnesiumbriketts (besonders bei jungem, rohfaserarmem Weidegras);
- Ergänzung des Weidegrases durch rohfaserreiche Futtermittel, z.B. Stroh, Heu, strukturreiche Silage;

- hohe RNB (NPN) und Kaliumgehalte über angepasste Düngung und passende Rationsgestaltung vermeiden;
- auf ausreichende Versorgung mit Natrium achten.

Behandlung: Sofort den Tierarzt rufen. Eine rechtzeitige Ca-Mg-Injektion hilft in den meisten Fällen.

3.3 Pansenübersäuerung (Acidose)

Die Funktion des Pansens ist gestört, ausgelöst durch eine Übersäuerung des Pansensafts (Absenkung des pH-Werts durch kurzkettige Fettsäuren aus dem Abbau der Kohlenhydrate).

Kennzeichen: Appetitverlust, schwere Verdauungsstörungen mit gelblich-grünem Kot, Kolikerscheinungen, totale Futterverweigerung, starker Abfall des Milchfettgehaltes > 0,5 %-Punkte. Als Folge der Acidose kann es zu Klauenrehe kommen. Beeinträchtigungen der Schleimhäute in Eierstock und Gebärmutter und damit der Fruchtbarkeit sind weitere Begleiterscheinungen. Die Klauenrehe und die Probleme in der Fruchtbarkeit sind auch bei subklinischer (unterschwelliger) Acidose zu beobachten.

Ursache: Eine falsche Fütterung mit zu großen Mengen leicht verdaulicher Kohlenhydrate (Kraftfutter, Getreide, Melasseschnitzel, Melasse), die zu übermäßiger Säurebildung im Pansen führen. Oft ist nicht die Menge an Kohlenhydraten, sondern die fehlende Anpassung der Mikroben und der Pansenwand die Ursache (s. auch Kapitel C.2.1.1).

Vorbeuge:
- Kohlenhydratreiche Futtermittel (Getreide, Zuckerrüben) nicht in zu großen Portionen und Mengen einsetzen
- soweit möglich Mischration einsetzen
- die Tiere langsam an diese Futtermittel gewöhnen und
- ausreichend Strukturfutter verabreichen (Strukturwert beachten)
- Vorteile der energiereichen Saftfutter im Austausch gegen Kraftfutter in der Struktur- und Energiewirkung nutzen
- Grundsätze der Vorbereitungs- und Anfütterung beachten
- Möglichkeiten der Rationskontrolle nutzen.

Behandlung: Nur durch den Tierarzt.

In der Praxis tritt häufig die **subklinische** Acidose auf. Zur Vorbeuge sind ebenfalls obig aufgeführte Maßnahmen zu beachten. Zur Behandlung Ration umstellen und Fütterungstechnik verbessern. Gabe von Natrium-Bicarbonat reicht nicht aus. Das gleiche gilt für das Angebot von Stroh, da stark selektive Aufnahme. Strukturfutter daher möglichst einmischen (s. auch Kapitel E.4).

3.4 Ketose (Acetonämie)

Sie ist eine Störung des Energiestoffwechsels der Milchkuh.

Kennzeichen: Tritt vorwiegend bei Hochleistungstieren nach dem Abkalben auf. Die Stoffwechselstörung zeigt sich durch Appetitlosigkeit, Milchleistungsabfall, Abmagern, apfelartigen Geruch der Atemluft. Unbehandelt liegen die Tiere im weiteren Verlauf fest. Unterschwellige Ketose kann mit folgendem Praxistest festgestellt werden: Harn- oder Milchuntersuchung mit Testtabletten oder einem Teststreifen. Liegt eine Ketose vor, entsteht eine Verfärbung von lila bis tiefviolett. Bei schwacher Färbung oder Silagefütterung zwei- bis dreimal zu verschiedenen Tageszeiten untersuchen. Die Tests sind über den Tierarzt zu beziehen.

Ursache: Das fast unvermeidliche Energiedefizit einer Hochleistungskuh nach dem Abkalben. Beim vermehrten Abbau von körpereigenen Fett- und Eiweißreserven können große Mengen von Ketonkörpern entstehen. Durch körperliche Bewegung kann ein Teil der Ketonkörper energetisch verwertet werden, deshalb tritt Ketose in Anbindeställen häufiger auf als in Laufställen oder zur Weidezeit. Weitere Ursachen sind zu nährstoffreiche Versorgung in der Trockenstehphase, buttersäurehaltige Futtermittel, z.B. schlechte oder verdorbene Silage, Strukturmangel, unter Umständen erbliche Unterfunktion der Nebennierenrinde. Verfettete Tiere sind anfälliger für Ketose.

Vorbeuge:

- Bedarfsgerechte Fütterung während der Laktation → **Fütterung auf Kondition**,
- keine Überfütterung während des Trockenstehens (Verfettung),
- gezielte Vorbereitungsfütterung vor dem Kalben und Anfütterung nach dem Kalben → **gesonderte Vorbereitungsgruppe**
- optimale Futteraufnahme durch richtige Fütterungstechnik,
- leistungsgerechte Kraftfutterzuteilung,
- wiederkäuergerechte Gestaltung der Ration,
- bei hohen Milchleistungen auf niedrige Fettgehalte im Kraftfutter achten sowie

- Zufüttern von Natriumpropionat (2 x täglich 100–150 g in 1/4 Liter Wasser gelöst) oder von Propandiol (Propylenglykol) 2 x täglich 100–150 g, eventuell mit Weizenkleie oder Melasseschnitzel vermischt
- Infusion von 250 ml Propylenglykol je Tag 10 Tage vor der Kalbung bis 3 Tage nach der Kalbung
- Angebot von warmen Wasser (30 bis 50 l) nach der Kalbung; evtl. Anreicherung mit energiereichen und schmackhaften Produkten.

Behandlung nur durch den Tierarzt, der bei Ketose sofort zu rufen ist.

Weitere eng mit der Fütterung verbundene Krankheiten wie Labmagenverlagerung, Pansenalkalose und Verfettungssyndrom (Fat-Cow-Syndrom) sind mit den gleichen vorbeugenden Maßnahmen wie die zuvor aufgeführten anzugehen. Zur Vorbeuge sind insbesondere bei Labmagenverlagerung und Verfettungssyndrom die konsequente Fütterung auf Kondition und der gezielte Start in die Laktation (Vorbereitungs- und Anfütterung etc.) der Schlüssel zum Erfolg.

3.5 Zellzahl

Eine direkte Beziehung zwischen Fütterung und Eutergesundheit liegt im Allgemeinen nicht vor. Bei bedarfs- und wiederkäuergerechter Versorgung der Tiere wirkt sich daher eine unterschiedliche Ausgestaltung der Fütterung kaum auf den Zellgehalt der Milch aus. Durch Gaben hoher Mengen an Vitamin E von 3 bis 4 g je Kuh und Tag in der Vorbereitungsfütterung vor der Kalbung wurden Effekte auf die Eutergesundheit und somit dem Zellgehalt erzielt. Diese hohen Mengen gehen jedoch erheblich über die Empfehlungen zur Versorgung hinaus und ist als Behandlung der Tiere zu sehen. Aus Sicht der Fütterung steht die Vermeidung von Belastungen des Stoffwechsels im Hinblick auf den Zellgehalt im Vordergrund. Von Bedeutung sind diesbezüglich die Qualität der eingesetzten Futtermittel, das Fütterungsregime, die Rationsgestaltung und die Rationskontrolle. Unnötiger Stress, Leberbelastungen und Probleme mit der Kotkonsistenz und der Harnmenge, die zu feuchten Liegeplätzen führen, gilt es zu vermeiden.

Bei der Qualität der Futtermittel geht es in erster Linie um die hygienische Qualität und den Gehalt an unerwünschten Stoffen. Verpilztes Futter gehört grundsätzlich nicht in den Trog, unabhängig von der Frage der Toxinbelastung. Für die Praxis heißt dies, dass der Futterkonservierung und dem Silomanagement große Beachtung beizumessen sind. Verdorbenes Futter ist konsequent zu entsorgen. Zu empfehlen ist die separate Kompostierung (siehe Broschüre zur Futterkonservierung).

Im Fütterungsregime kommt der Ausgestaltung der Phasen Altmelk, Trocken und Kalbung besondere Bedeutung zu. Durch die entsprechende Ausgestaltung von Haltung, Fütterung und Gesundheitsvorsorge ist ein optimaler Start in die Laktation zu gewährleisten. Hierdurch sollen die Problembereiche Ketose, Acidose und Gebärparese möglichst gering gehalten werden. Wichtig ist die gezielte Trockensteher- und Vorbereitungsfütterung. In diesem Zusammenhang ist insbesondere die Versorgung mit Selen und Vitamin E zu beachten. Bei der trockenstehenden Kuh wird eine Versorgung mit 50 mg Vitamin E je kg Trockenmasse und 0,2 mg Selen je kg Trockenmasse empfohlen. In der konkreten Rationsgestaltung sind die Empfehlungen der DLG als Basis zu beachten. Umstellungen in der Rationsgestaltung sollten gleitend erfolgen, und grundsätzlich ist eine hohe Konstanz in der Fütterung zu gewährleisten. Zu vermeiden sind zu dünnflüssiger Kot und überhöhte Harnausscheidungen, die zu feuchten Liegeflächen im Bereich des Euters beitragen. Harnpflichtige Substanzen sollten daher nicht in vermeidbarem Überschuss verabreicht werden. Bei der Kotkonsistenz sind die Bereiche Sand (Verschmutzung) und Kalium im Grobfutter sowie die auf die Ration abgestimmte Ergänzung zu beachten.

Insgesamt kommt dem frühzeitigen Erkennen von Fehlern und der Fehlervermeidung in der Fütterung besondere Bedeutung im Hinblick auf die Zellzahlproblematik zu. Es empfiehlt sich daher ein auf den Einzelbetrieb abgestimmtes Fütterungscontrolling. Zur Absenkung überhöhter Zellzahlen werden in der Praxis auch Zinkchelate eingesetzt. Die Einsatzmengen betragen 400 mg je Kuh und Tag. Durch das organisch gebundene Zink soll die Zellzahl zumindest kurzfristig um 50.000 bis 80.000 Zellen gesenkt werden.

Fazit: Im Hinblick auf die Reduktion der Zellgehalte in der Milch kommt der Fütterung nur eine untergeordnete Bedeutung zu. Über die konsequente Umsetzung einer hygienisch einwandfreien und am Bedarf der Tiere orientierten wiederkäuergerechten Fütterung sind Belastungen des Stoffwechsels über die Fütterung möglichst gering zu halten. Eine gewisse Reduktion der Zellgehalte ist durch hohe Gaben an Vitamin E möglich.

3.6 Nitratvergiftungen

Nitrat tritt in größeren Mengen häufig bei Einsatz von Herbstzwischenfrüchten auf, aber auch bei stark gedüngtem Grünland. Aufgrund der kurzen Vegetationsperiode werden Raps, Senf, Markstammkohl und Stoppelrüben relativ stark gedüngt.

Wenn hier neben großen Mengen organischen Düngers zusätzlich noch Mineraldünger eingesetzt werden, kommt es zu Gehalten von 2 % und mehr Nitrat in der Trockenmasse dieser Futtermittel.

Normalerweise wird Nitrat im Pansen über Nitrit zu Ammoniak abgebaut, welches dann von den Mikroorganismen verarbeitet oder in der Leber zu Harnstoff entgiftet wird. Durch größere Futtermengen oder infolge von Störungen der Vormagenfunktion kommt es zu einer Anhäufung von Nitrat beziehungsweise Nitrit im Pansen. Sofern dieses durch die Pansenwand in die Blutbahn gelangt, wird das Hämoglobin in Methämoglobin umgewandelt. Dadurch verliert das Blut die Fähigkeit, Sauerstoff von den Lungen zu den Geweben zu transportieren. Gleichzeitig fällt der Blutdruck ab, und es kommt zu einer Vergiftung mit oft tödlichem Ausgang.

Die Umwandlung von Nitrat in Nitrit kann auch bereits im Futter erfolgen, wenn dieses frisch geschnitten und längere Zeit gelagert wird. Bei der unvermeidlichen Erwärmung von jungem Grünfutter auf dem Futtertisch wird sehr schnell Nitrat zu dem zehnmal giftigeren Nitrit umgewandelt.

Die Höchstmengen, die eine Kuh an Nitrat vertragen kann, sind nicht genau bekannt. Aufgrund holländischer Untersuchungen wird eine Höchstmenge je Fresszeit von 3 bis 4 g Nitrat je 100 kg Körpergewicht angegeben. Für eine 600 kg schwere Kuh bedeutet dies, dass rund 18 bis 24 g Nitrat je Fresszeit vertragen werden. Erst darüber hinaus wurde eine deutliche Steigerung des Gehalts an Methämoglobin im Blut festgestellt. Andererseits traten Vergiftungen mit Todesfolge erst dann auf, wenn etwa 15 g Nitrat je 100 kg Körpermasse und Fresszeit verabreicht wurden. Es muss allerdings davon ausgegangen werden, dass auch unterhalb dieser Grenze bei Gaben zwischen 4 und 15 g Nitrat je 100 kg Körpermasse und Fresszeit negative Einflüsse auf die Fruchtbarkeit bestehen.

Der Tierhalter kann die Anzeichen für eine Nitratvergiftung relativ schnell an der schokoladenbraunen Verfärbung der Schleimhäute erkennen. Diese Verfärbung ist an der Scheidenschleimhaut schon dann sichtbar, wenn der Methämoglobingehalt im Blut auf etwa 20 % des Hämoglobingehaltes gestiegen und damit die Gesundheit noch nicht ernsthaft gefährdet ist. In solchen Fällen ist das verdächtige Futter sofort abzusetzen. In akuten Fällen ist eine tierärztliche Behandlung erforderlich.

Als wichtige Maßnahmen zur Vorbeuge gelten:

- Der Übergang zur Fütterung von Zwischenfrüchten muss langsam erfolgen. Die tägliche Frischfuttermenge darf 30 bis 40 kg nicht überschreiten. Hochtragende und frischlaktierende Kühe sollten nach Möglichkeit geringere Mengen bekommen.
- Zur Aufrechterhaltung der Vormagenfunktionen muss einerseits strukturiertes Grobfutter, andererseits kohlenhydratreiches (energiereiches) Futter verabreicht werden.

- Zwischenfrüchte sind möglichst direkt vor der Fütterung zu mähen, nicht zu häckseln und nicht in gefrorenem Zustand zu ernten. Niemals die Gesamttagesration zu einer Fresszeit verabreichen. Eine Beweidung sollte nur stundenweise und möglichst mit Beifütterung erfolgen.
- In Silagen wird Nitrat zum Teil abgebaut. Stoppelrübensilagen zeigen keine nennenswerten Nitratgehalte. Wenn die Möglichkeit besteht, Silage zu bereiten, ist dies der Frischfütterung vorzuziehen.
- Die Tiere sind regelmäßig zu beobachten, damit die beschriebenen Symptome rechtzeitig erkannt werden.

Die größten Probleme beim Übergang von nitratarmem zu nitratreichem Futter sind etwa am dritten bis vierten Tag nach dem Futterwechsel zu erwarten.

3.7 Schwermetall-Vergiftungen

Schwermetall-Vergiftungen treten örtlich nach Aufnahme hochkontaminierter Futtermittel auf. Dabei spielen vor allen Dingen Vergiftungen durch Blei, Cadmium, Quecksilber und Arsen eine Rolle. Für Blei gibt es nach der Futtermittelverordnung seit 1981 eine Begrenzung des Höchstgehaltes bei wirtschaftseigenen Futtermitteln. Weitere Begrenzungen ergeben sich durch die Regelungen zu den unerwünschten Stoffen.

Grünfutter, Heu, Silagen und Rübenblatt dürfen höchstens 40 mg Blei je kg, bezogen auf 88 % Trockenmasse (TM), enthalten. Für andere Einzelfuttermittel ist der Höchstgehalt auf 10 mg je kg festgesetzt.

Futtermittel mit mehr als **40 mg Blei je kg (88 % TM)** dürfen **nicht** verfüttert werden.

Um die Tiere vor Schäden durch zu hohe Bleiaufnahmen zu schützen und Übertretungen der Futtermittelverordnung zu vermeiden, können in bleibelasteten Gebieten folgende Maßnahmen ergriffen werden:

Der Weideaustrieb sollte im Frühjahr hinausgezögert und im Herbst sollte früher aufgestallt werden. Untersuchungen zeigen, dass der Bleigehalt des Grases im Frühjahr und im Herbst am höchsten ist. Außerdem ist bei kurzem Gras die Gefahr gegeben, dass die Tiere zu tief weiden und dadurch Schmutz aufnehmen. Eventuell ist der Grasverzehr durch Beifütterung von Pressschnitzelsilage, Maissilage, Grassilage oder Heu einzuschränken.

Da bei verschmutztem Futter der Bleigehalt schnell ansteigt, ist von der Verfütterung von Rübenblatt, Futter- und Stoppelrüben abzusehen. Ausgenommen ist Zuckerrübenblatt, das bei der Ernte nicht mit Erde verschmutzt wird.

Bei der Werbung ist darauf zu achten, dass das Futter schmutzfrei bleibt (nicht zu tief schneiden). Der Boden darf nicht nass, sondern muss gut befahrbar sein.

Auf eine ausreichende Calciumversorgung der Kühe ist zu achten, wenn nötig, ist das Calcium-Angebot durch kohlensauren Kalk zu ergänzen. Viel Calcium enthalten auch Melasseschnitzel und Pressschnitzel. Wenig Calcium ist vor allen Dingen in Maissilage und Getreide enthalten.

Die Beifütterung von rund 50 g Viehsalz je Tier und Tag ist grundsätzlich zu empfehlen.

Jungtiere sind empfindlicher als ältere, bei Gefahr daher im Stall kontrolliert zufüttern.

Eine ähnliche Problematik besteht beim Cadmimum. Der zulässige Höchstgehalt beträgt 1 mg je kg auf 88 % TM.

4. Fütterung und Umwelt

In der Milcherzeugung sind aus Sicht der Umwelt die Freisetzung von Ammoniak und Methan sowie der Anfall von Stickstoff, Phosphor, Kalium, Zink, Kupfer etc. mit Kot, Harn und Futterresten zu beachten. Weiter von Bedeutung sind Gerüche (Silage, Tiere, Gülle) und Staub. Von größter Relevanz ist zur Zeit das Ammoniak. Ammoniak hat Bedeutung bei der Versauerung der Böden und dem Eintrag von Stickstoff in empfindliche Ökosysteme wie Heide und Wälder. Etwa 80 % des anfallenden Ammoniaks stammen aus der Landwirtschaft und hierbei wiederum etwa 80 % aus der Tierhaltung. Das Ammoniak wird aus N-Verbindungen in Harn und Kot freigesetzt. Dies gilt insbesondere für den Harnstoff im Harn. Etwa 80 % des Stickstoffs liegen im Harn als Harnstoff vor. Das Ausmaß der Freisetzung von Ammoniak hängt neben der Menge und der Art der ausgeschiedenen N-Verbindungen vom weiteren Umgang bei der Lagerung und Ausbringung der Exkremente ab. Große Oberflächen, an den denen die Gülle bzw. der Harn haftet, höhere Temperaturen, basische Verhältnisse (hohe pH-Werte) fördern die Umsetzung des Stickstoffs und damit die Freisetzung von Ammoniak. Aus Sicht der Fütterung gilt es zur Minderung des Ammoniak-Ausgasung, die N-Ausscheidungen und hier insbesondere den Anfall an Harnstoff möglichst gering zu halten.

4.1 Methan-Produktion

Das Methan ist von großer Bedeutung für die globale Erwärmung und hat eine hohe Wirkung als Klimagas. Große Emittenten für Methan sind die Reisfelder, Moore und die Tierhaltung. Das Methan fällt bei der Umsetzung des Futters im Vormagen an. Vergleichsweise hoch ist die produzierte Menge bei faserreichen Rationen. Bei der Bildung von Essigsäure fällt auch Methan im Vormagen an. Durch die Intensivierung der Milchviehhaltung und der entsprechenden Anhebung der Energiegehalte in den Rationen ist der prozentuale Anfall von Methan bezogen auf die aufgenommene Energie rückläufig. Eine darüber hinaus gehende gezielte Fütterung auf geringe Methanmengen ist zur Zeit nicht erfolgversprechend.

Kühe als Umweltsünder ?

Wiederkäuer zeichnen sich gegenüber anderen Tieren vor allem durch ihr Vormagen-System aus, in welchem mikrobielle Gärprozesse in großem Umfang stattfinden. Dies ermöglicht erst die Verwertung rohfaserreicher Futter, denn kein Säugetier produziert die für den Abbau von Cellulose, Hemicellulosen etc. notwendigen Enzyme.
Andererseits werden bei diesen Gärprozessen zwangsläufig Gärgase freigesetzt, unter anderem auch Methan (CH_4). Dieses Spurengas trägt zu einem gewissen Anteil zum sogenannten „zusätzlichen Treibhaus-Effekt" bei, der für Klimaveränderungen verantwortlich gemacht wird (zusätzlich deswegen, weil ein gewisser Treibhaus-Effekt zum Überleben auf der Erde notwendig ist).
Nach der Methan-Emission aus Reisfeldern (daher auch die Bezeichnung „Sumpfgas") und der Verbrennung von Biomasse (Abbrennen des Regenwaldes) stellen die Wiederkäuer auf der Erde den drittgrößten Methan-Produzenten dar.
Die gebildeten Methan-Mengen hängen im wesentlichen von der Futtermenge und der Futterart ab – Rohfaser führt zu hoher, Fett beispielsweise zu geringer Methan-Bildung. Im Mittel liegt die Ausscheidung (das Methan wird durch Abrülpsen ausgeschieden) zwischen 150 g (einjähriges Rind) und gut 400 g (Milchkuh mit 7.000 kg Milchleistung) je Tag. Man kann bei aller Varianz von rund 20 g je kg aufgenommener Trockenmasse ausgehen.
Die Möglichkeiten zur Verringerung der Methan-Ausscheidung sind bei gegebenem Leistungsniveau sehr begrenzt, da sie praktisch immer auf eine Verschlechterung der Faser-Verdaulichkeit hinauslaufen würden. Während dies beim Mastrind durchaus akzeptabel sein kann (z. B. durch den Einsatz von Leistungsförderern), kommt für die Milchkuh eine solche Maßnahme nicht in Betracht.
Die effektivste Möglichkeit besteht in der Steigerung der Tageszunahmen, der Verkürzung des Erstkalbealters und der Erhöhung der Milchleistung: Da der Erhaltungsbedarf praktisch konstant bleibt, sinkt dessen Anteil am Gesamtbedarf mit steigender Leistung. Somit sinkt auch die je kg Milch ausgestoßene Methan-Menge: Bei einer Tagesleistung von 10 kg sind dies rund 30 g, bei 20 kg 18 und bei 30 kg nur noch 15 g. Bei gleicher produzierter Milchmenge kann somit durch die Leistungssteigerung von z. B. 3.000 auf 6.000 kg je Tier und Jahr die Methanmenge halbiert werden. Dies ist insbesondere für Drittländer wie Indien und Brasilien von Relevanz, wo sehr viele Rinder Methan produzieren, aber kaum Leistung bringen.
Da wir letztlich auf die Verwertung der Futter angewiesen sind, die wir selbst nicht verdauen können, wäre es unsinnig, die Kühe als primär umweltbelastend einzustufen.

4.2 Nährstoff-Ausscheidung

Der Anfall von Stickstoff, Phosphor und Kalium mit den Exkrementen ist im Rahmen der Düngeverordnung zu bilanzieren. In der Regel erfolgt dies über Standardwerte in Abhängigkeit von der Futterbasis und dem Leistungsniveau. Aussagefähiger ist die Bilanzierung im Einzelbetrieb anhand der konkreten Leistungen, des Futterverbrauches und der Gehalte im Futter. Neben den angesprochenen Hauptnährstoffen N, P und K kann aus Sicht der Umwelt auch die Ausscheidung an Kupfer, Zink und weiteren Schwermetallen von Belang sein. Ob im Einzelbetrieb der Nährstoffanfall mit den Exkrementen für die Umwelt von Bedeutung ist, hängt stark von der Flächenausstattung, der Mineraldüngung und dem gesamten Düngemanagement ab. Es ist somit im Einzelbetrieb festzulegen, ob die Fütterung gezielt in Richtung Minderung der Nährstoffausscheidung ausgerichtet werden soll. Um die Möglichkeiten beurteilen zu können werden im Weiteren die Ansatzpunkte über die Ausgestaltung der Futterbasis, der Leistung und der nährstoffangepassten Fütterung dargestellt.

Der Schwerpunkt der Ausführungen liegt hierbei beim Stickstoff, da sowohl in Bezug auf Ammoniak als auch die mögliche Grundwasserbelastung dem Anfall von Stickstoff mit der Gülle zur Zeit die größte Relevanz beizumessen ist.

4.2.1 Futterbau und Futterkonservierung

Die Menge und Zusammensetzung des betriebseigenen Futters und damit auch die Notwendigkeit des Futterzukaufs wird zunächst durch das gewählte Nutzflächenverhältnis und die Gestaltung von Futterbau und Konservierung bestimmt. Durch den Anbau von Mais für Silomais, CCM oder LKS sowie den Anbau von Futterrüben kann bereits eine ausgeglichene Eiweißversorgung in Kombination mit den Grünlandaufwüchsen angestrebt werden. Daneben kann über Sortenwahl, Düngung und Nutzungszeitpunkt Einfluss auf die Nährstoffzusammensetzung bei den Grobfuttern und den Kraftfutterkomponenten genommen werden.

Im Hinblick auf die Vermeidung von N-Überschüssen im Futter gilt es, die Futterration so zu gestalten, dass im Vormagen viel Energie zur Bindung von freigesetztem Stickstoff in Bakterienprotein zur Verfügung steht und ein möglichst hoher Anteil des Futterproteins im Vormagen beständig ist (viel UDP). Beides führt zu einer hohen Anflutung an für das Tier nutzbarem Protein am Darm (nXP).

Ein weiterer wichtiger Ansatzpunkt zur Verbesserung der Futtereffizienz ist eine sachgerechte Futterkonservierung, da hierdurch die Futterqualität verbessert und der erforderliche Zukauf von Futter vermindert werden kann. Die verstärkte Umsetzung der vorliegenden Empfehlungen dürfte erhebliche Effekte bewirken. Beim Grobfutter sind die möglichen Effekte in der Regel größer als bei Getreide und Körnerleguminosen.

Weiter von Einfluss ist die Form der Nutzung. Bei Gras resultieren bei Weide und Grassilage etwa gleich hohe Konservierungs- bzw. Weideverluste. Bei der Weide wird der anfallende Harn jedoch schnell vom Boden aufgenommen, was geringere Ammoniak-Emissionen als bei Stallhaltung und der damit verbundenen Lagerung und Ausbringung der Exkremente zu Folge hat. Als Problem ergibt sich jedoch bei Weide eine verstärkte Auswaschung von Nitrat – Stickstoff.

Bei der Weide gibt es somit konkurrierende Ziele, die im Einzelbetrieb abzuwägen sind. Darüber hinaus ist Weidegras bei Hochleistungstieren nur in beschränktem Maß in die Ration zu integrieren (s. auch Kapitel C.2.4.6).

Wesentliche Ansatzpunkte, Nährstoffüberschüsse in der Milchviehhaltung zu vermindern, sind:

- verringerter Düngeaufwand,
- nährstoffangepasste Fütterung.

Verringerte Stickstoffdüngung. Eine verringerte, dem Standort und den Ertragserwartungen angepasste Stickstoffdüngung führt zu niedrigeren Rohproteingehalten im Gras, wobei sich vor allem die NPN-Verbindungen (NPN = Nicht-Protein-Stickstoff) verringern, die im Pansen zum großen Teil zu Ammoniak abgebaut werden. Dies führt zu einem Abfall der RNB. Bei intensiver Bewirtschaftung und geringer N-Düngung steigt vielfach der Anteil an Weißklee.

Eine verringerte Stickstoffdüngung führt zu weniger Massenertrag. Durch einen frühen Nutzungszeitpunkt ist jedoch Futter mit hoher Verdaulichkeit der Organischen Substanz und dementsprechend hohem Energiegehalt zu gewinnen. Verdaulichkeitsprüfungen und Weideversuche beweisen die gute Futterqualität von intensiv genutzten Mähweiden mit Weißklee – eine Qualität, die auch für Hochleistungskühe reicht. Die Tabelle D.4.1 zeigt, dass bei gleicher Leistung der Stickstoffüberschuss je ha auf der Weide ohne mineralische Düngung nur etwa 1/3 so hoch ist wie auf der konventionellen Weide.

Angepasste Kalidüngung. Die Gehalte an Kalium im Aufwuchs lassen sich ebenfalls über die Düngung beeinflussen. Mit steigender Düngung von Kalium erhöhen sich die Gehalte insbesondere im Gras. Eine am Bedarf der Pflanzen orientierte Düngung auf Basis von Bodenanalysen und konkreten Ertragserwartungen ist daher anzustreben. Dies gilt auch für die Absenkung der Gehalte an Kalium im Futter der Trockensteher zur Vorbeuge des Milchfiebers. Die Gülle ist gleichmäßig auf alle befahrbaren Flächen zu verteilen, und die Düngung von mineralischem Kalium ist auf das pflanzenbaulich notwendige Maß zu reduzieren. Da über die Milch und die Schlachttiere nur wenig

Tabelle D.4.1

Intensive Stickstoff-Düngung ist nicht unbedingt Voraussetzung für hohe Leistungen bei Milchkühen (Ergebnisse von Weideversuchen)

Verfahren		Intensive N-Düngung	Nutzung von Weißklee
Bedingungen:			
Mineraldünger-N, kg/ha		308	0
Gülle, m^3/ha		30	15
Mähflächenanteil, %		40	61
Tierbesatz, GVE/ha		3,2	2,2
Kraftfutter, kg Kuh und Tag		4,0	4,0
Milchleistungen:			
- t FCM/ha		14,2	8,6
- kg FCM/Tier/Tag		22,3	22,2
N-Bilanz:			
Eintrag,	kg N/ha	499	228
Austrag,	kg N/ha	171	117
Saldo,	kg N/ha	328	111
	kg N/t FCM	23	13

Milchkühe = *Mähstandweide, 6 Versuchsjahre*
FCM = *Milchmenge auf Fettgehalt von 4 % umgerechnet*
Eintrag = *Zufuhr über Düngemittel, atmosphärische N-Einträge, Futtermittel, N-Bindung über Leguminosen (Klee etc.)*
Austrag = *Abfuhr durch pflanzliche und tierische Verkaufsprodukte*

Quelle: Ernst und Heiting (1991 und 1993)

Kalium den Betrieb verlässt, ist allein durch den Zukauf von Kalium mit dem Kraft- und Mineralfutter bereits eine positive Bilanz gegeben.

Die vielfach diskutierte Düngung von Kainit zur Anreicherung des Weidegrases mit Natrium ist vor diesem Hintergrund zu sehen. Mit dem Kainit wird Kalium in den Betrieb eingeführt, das vielfach nicht gebraucht wird. Die Versorgung der Tiere mit Natrium kann billiger und effektiver über Viehsalz, Mineralfutter oder Leckschalen erfolgen.

Fazit: Für den Bereich Futterbau und Futterkonservierung sind daher folgende Empfehlungen auszusprechen:

- Ausrichtung des Anbaus an den Futteransprüchen der Tiere
- Maßnahmen zur optimalen Futterkonservierung nutzen
- Weide soweit möglich (→ Konkurrenz zum Ziel des Wasserschutzes beachten)

4.2.2 Nährstoffausscheidung und Leistung

Die Ausscheidung der Tiere an Stickstoff, Phosphor, Kalium sowie den weiteren Nährstoffen ist zunächst entscheidend für die mögliche Gefährdung der Umwelt. Beim Stickstoff ist die ausgeschiedene Menge maßgebend für die mögliche Höhe der Emission an Ammoniak. Kalkuliert wird die Ausscheidung über eine Bilanzrechnung. Die Ausscheidung ergibt sich als Differenz zwischen Aufnahme mit dem Futter und dem Ansatz im Produkt als sogenannte Stallbilanz.

Beeinflusst wird die Ausscheidung durch die Leistung der Tiere und die zur Verfügung stehenden Futtermittel. Im Einzelbetrieb kann die Ausscheidung bei Kenntnis der verbrauchten Futtermengen und deren Zusammensetzung sowie der Leistung der Tiere bilanziert werden (s. Tabelle D.4.4). Zur überschlägigen Kalkulation können die unter standardisierten Bedingungen abgeleiteten Größen herangezogen werden. Zur Umsetzung der Düngeverordnung wurden hierzu die Ausscheidungen für die wichtigsten Produktionsverfahren kalkuliert (DLG, 2003).

Der Tabelle D.4.2 sind die mittleren Werte für die Produktionsverfahren im Rinderbereich zu entnehmen. Unterschieden wird nach der Futterbasis, da insbesondere zwischen Grassilage und Silomais ein erheblicher Unterschied in der RNB besteht. Betriebe mit mehr als 75 % Grasprodukten an der verzehrten Grobfuttertrockenmasse gelten als Grünlandbetriebe. In den Grünlandbetrieben ist eine höhere N-Ausscheidung bei Milchkühen und Jungrindern unvermeidlich. Bei den Mutterkühen wurden keine Werte auf Ackerstandorten kalkuliert, da die Tiere in der Regel grasbetont gefüttert werden. Umgekehrt findet in der Bullenmast in erster Linie die Mast auf Basis Maissilage Anwendung.

Neben der Futterzusammensetzung ist die Höhe der Leistung der Tiere maßgebend für den Nährstoffanfall mit den Exkrementen. Deutlich wird dies an den Ausscheidungszahlen der Milchkühe in der Tabelle D.4.3. Mit der Höhe der Milchleistung steigt die Ausscheidung an Stickstoff, Phosphor und Kalium stark an. Die Unterschiede zwischen Grünland- und Ackerfutterbaubetrieben werden dabei mit zunehmender Leistung der Tiere kleiner, da ein großer Teil des Futters in Form von Kraftfutter zugekauft wird. Bezogen auf das produzierte kg Milch gehen die Ausscheidungen an Stickstoff, Phosphor und Kalium in beiden Betriebstypen zurück. Bei vorgegebener Pro-

Tabelle D.4.2

Mittlere Nährstoff-Ausscheidung beim Rind nach Futterbasis

Futterbasis	Grünland*			Ackerfutterbau		
Nährstoff	N	P	K	N	P	K
Milchkühe, 8.000 kg Milch/Kuh						
kg N/Kuh und Jahr	132	18	137	118	18	114
Jungrinderaufzucht, kg N/aufgezogenem Rind	135	18	150	111	16	124
Mutterkuh (kg N/Kuh/Jahr):						
- 500 kg LM (extensiv)	87	12	87	k. A.	k. A	k. A.
- 700 kg LM	106	14	118	k .A.	k. A.	k .A.
Mastbullen,						
kg N/produziertem Bullen	k. A.	k. A.	k. A.	53	10	45

**mehr als 75 % der Grobfutter-Trockenmasse aus Gras; k. A. keine Angabe*

duktionshöhe durch die Quotierung geht durch die Steigerung der Milchleistung die Nährstoffausscheidung stark zurück. Die Steigerung der Milchleistung ist somit ein wesentlicher Ansatzpunkt zur Minderung des Nährstoff-Anfalls und damit der möglichen Ammoniak-Emission.

Das gleiche gilt für die Absenkung des Erstkalbealters in der Jungrinderaufzucht. Durch eine Reduktion des Erstkalbealters um **1 Monat** vermindert sich die N-Ausscheidung je aufgezogenem Rind um **5 kg N** und mehr. Empfohlen und von guten Betrieben auch erreicht wird ein Erstkalbealter von 25 Monaten. Die Praxis liegt im Mittel bei 29 Monaten. Besonders hoch ist das Erstkalbealter vielfach in Grünlandregionen mit viel Weidegang. Im Herbst geht das Wachstum der Rinder auf der Weide stark zurück. Durch Beifütterung kann hier eine Kompensation erfolgen (s. auch Kapitel C.3.2.5).

Generell stellt die Steigerung der Leistung bei gleichem Produktionsumfang eine erhebliche Senkung der Nährstoff-Ausscheidungen dar. Hierdurch reduziert sich die mögliche Umweltbelastung erheblich. Die Ziele Ausschöpfung der Leistung und Umweltentlastung gehen somit Hand in Hand. Zu beachten ist jedoch, dass bei glei-

Tabelle D.4.3

Einfluss der Leistung und der Futtergrundlage auf die Nährstoff-Ausscheidungen von Milchkühen

Milchleistung, kg ECM/Kuh und Jahr	6.000	8.000	10.000
Grünlandstandort:*			
kg N/Kuh und Jahr	119	132	149
g N/kg Milch	19,8	16,5	14,9
kg P/Kuh und Jahr	17	18	20
g P/kg Milch	2,8	2,3	2,0
kg K/Kuh und Jahr	128	137	147
g K/kg Milch	21,3	17,1	14,7
Ackerfutterbau:			
kg N/Kuh und Jahr	104	118	138
g N/kg Milch	17,3	14,8	13,8
kg P/Kuh und Jahr	16	18	20
g P/kg Milch	2,7	2,3	2,0
kg K/Kuh und Jahr	104	114	128
g K/kg Milch	17,3	14,3	12,8

**mehr als 75 % der Grobfutter-Trockenmasse aus Gras*

chem Tierbesatz je Fläche die anfallende Menge an Stickstoff, Phosphor und Kalium je ha steigt. Dies ist im Hinblick auf den Wasserschutz zu beachten.

Nährstoffbilanz (N, P) am Beispiel eines Milchviehbetriebes. Die Nährstoffausscheidung in der Milchviehhaltung lässt sich nach dem Schema der Tabelle D.4.4 ermitteln. Die Ausscheidungen an Stickstoff und Phosphor errechnen sich nach folgender Formel:

Nährstoff-ausscheidung = *Nährstoffaufnahme* - *Nährstoffmenge im Produkt*

Die Nährstoffaufnahme ergibt sich aus der

Futtermenge x *Nährstoffgehalt*

Tabelle D.4.4

Schema zur Abschätzung der Nährstoffausscheidung in der Milchviehhaltung (je Wirtschaftsjahr) 40 Kühe, 252.000 kg Milchquote, 3,3 % Eiweiß

A. Nährstoffmenge in Milch und Zuwachs

1. Milch	abgeliefert	kg	252.000
	Eigenverbrauch	kg	6.000
	Gesamt	*kg*	*258.000*
	N in Milch (Eiweißmenge : 6,3)	kg	1.351
	P in Milch (1,0 g/kg Milch)	kg	258
2. Zuwachs	• Zugang Milchkühe	14 Stück	
	mittlere Lebendmasse	600 kg	- 8.400
	• Abgang Milchkühe	14 Stück	
	mittlere Lebendmasse	630 kg	+ 8.820
	• geborene Kälber	41 Stück	
	mittlere Lebendmasse	42 kg	+ 1.722
	Gesamtzuwachs		*2.142*
	N im Zuwachs (25,0 g/kg Zuwachs)	kg	54
	P im Zuwachs (6,0 g/kg Zuwachs)	kg	13

B. Nährstoffmenge im Futter

Komponente	**dt**	**Rohprotein (kg)**	**N (kg) (Rohprot.÷6,25)**	**P (kg)**
1. Grassilage I	1.200	8.160	1.306	177,6
2. Grassilage II	600	3.840	614	84,0
3. Maissilage	1.600	4.352	696	128,0
4. Weide	3.500	11.340	1.814	239,4
5. Milchleistungsfutter	600	11.100	1.776	330,0
6. Mineralfutter	14	–		84,0
Gesamt		38.792	6.206	1.043,0

C. Nährstoffausscheidung

	N (kg)		**P (kg)**
Futter	6.206		1.043
- Milch	- 1.351		- 258
- Zuwachs	- 54		- 13
Ausscheidung, kg/Wirtschaftsjahr	4.801		772
: kg Milch		258.000	
Ausscheidung, g/kg Milch	**18,6**		**3,0**

Die Futtermengen werden im Rahmen der Betriebszweigauswertung erfasst. Bei den Nährstoffgehalten werden Analysenwerte oder Tabellen-Mittelwerte herangezogen. Für die Grobfuttersilagen sollten wie in der Fütterung grundsätzlich Analysedaten Verwendung finden.

Beim Milchleistungsfutter wurde im vorliegenden Beispiel je kg ein Rohproteingehalt von 185 g und ein Phosphorgehalt von 5,5 g unterstellt. Die Nährstoffmenge im Produkt ergibt sich aus der Milchleistung und dem Zuwachs. Die Nährstoffmenge im Zuwachs ist verhältnismäßig unerheblich und kann deshalb für vereinfachte Rechnungen entfallen. Nach der genannten Formel errechnet sich unter Punkt C der Tabelle eine Stickstoffausscheidung von 4.801 kg und eine Phosphorausscheidung von 772 kg im Wirtschaftsjahr. Je kg Milch betragen die Ausscheidungen 18,6 g Stickstoff und 3,0 g Phosphor. Möglichkeiten, diese Ausscheidungen zu verringern, sind im ersten Teil dieses Kapitels und im nächsten genannt.

Die Bilanzierung der Nährstoff-Ausscheidungen empfiehlt sich grundsätzlich als Ergänzung zur ökonomischen und produktionstechnischen Auswertung des Betriebszweiges. Aus den Daten können sowohl Informationen zur möglichen Umweltbelastung und Düngung als auch zur Fütterung gewonnen werden. Sie ist eine wesentliche Ergänzung im Betriebscontrolling. In der Düngeplanung sollten die kalkulierten Werte zur Nährstoff-Ausscheidung in Ansatz gebracht werden. Beim Stickstoff sind die Verluste insbesondere in Form von Ammoniak bei der Lagerung und Ausbringung zu berücksichtigen. Zur Umrechnung auf Oxid sind beim Phosphor auf Phosphat der Faktor (**P x 2,291**) und beim Kalium zu Kali von (**K x 1,205**) in Ansatz zu bringen.

4.2.3 Nährstoffangepasste Fütterung

Eine Minimierung der Nährstoffausscheidung ohne Abfall der Leistung kann erzielt werden, wenn die Tiere exakt entsprechend des Bedarfs mit Stickstoff, Phosphor und Kalium versorgt werden. An Kalium enthalten die üblichen Futtermittel erheblich höhere Gehalte als aus Sicht des Bedarfs zur Milch- und Fleischbildung erforderlich wäre. Eine nährstoffangepasste Fütterung muss daher auf eine Absenkung der Überschüsse im Futter abheben. Beim Phosphor ist die Situation in grasbetonten Rationen vielfach ähnlich. Die Bindungsform hat bei Kalium und Phosphor im Hinblick auf die umweltschonende Fütterung praktisch keine Bedeutung. Anders ist die Situation beim Stickstoff.

Zur Bildung von Eiweiß in Milch und Fleisch sowie zur Aufrechterhaltung des Eiweißstoffwechsels brauchen die Tiere Aminosäuren, die über das Futter und die Bildung von Bakterieneiweiß am Damm zur Verfügung gestellt werden. Über die Ausgestaltung der Fütterung kann der Bedarf der Tiere gezielt gedeckt werden. Nur bei weitgehender Deckung des Aminosäurebedarfs kann die mögliche Leistung erzielt werden. Zur Minderung der Stickstoff-Ausscheidung und damit auch der Ammoniak-Emission gilt es, den Bedarf der Tiere bei möglichst geringer Stickstoff-Zufuhr abzudecken.

Fütterung nach Bedarf. Über- und Unterversorgungen sind soweit möglich zu vermeiden. Hierzu bedarf es einer gezielten Rationsplanung und der dazugehörigen Rationskontrolle. Folgende Schritte sind zu empfehlen:

1. Ermittlung der Leistung zur Abschätzung des Bedarfs
2. Abschätzung der verfügbaren Futtermengen und der Gehalte an Energie und Nährstoffen in den Futtermitteln
   (Analyse von Silagen, Heu und Getreide)
3. Rationsberechnung
4. gezielter Einkauf der Zukauffutter unter Beachtung der Deklaration und Futterwertprüfergebnisse
5. Futtervorlage nach Plan; Erfassung der Mengen
6. Rationskontrolle: Qualität, verzehrte Menge, Leistungserfassung etc.

Die Beurteilung der Grobfutter und deren Analyse sowie die Rationskontrolle stehen im Vordergrund (s. auch Kapitel C.2.5). Ziel des Controllings ist es, Fehler in der Fütterung frühzeitig zu erkennen und zu vermeiden. Beim Zukauffutter ist auf die Deklaration der Energie- und Proteinwerte sowie der Gehalte an Mineralstoffen zu achten. Überprüft werden diese durch die amtlichen Futtermittelkontrollen und die weitergehenden Prüfungen im Rahmen des Vereins Futtermitteltest (VFT) sowie den regionalen Futterwert- und Futterwertleistungsprüfungen (s. auch Kapitel B.2.4)

Eine konsequente Umsetzung und Anwendung der aufgezeigten Maßnahmen kann die Nährstoff-Ausscheidungen merklich mindern. Ein weiterer Schritt ist die systematische Planung und Optimierung der Fütterung. Diese Fütterung nach „System" läuft wie folgt ab:

1. Aufnahme der betrieblichen Verhältnisse
2. Festlegung des Ziels
3. Festlegung der erforderlichen Maßnahmen mit Ablaufplanung
4. Umsetzung
5. Controlling

Im Rahmen systematischer produktionstechnischer Planung wird diese Fütterung mit System durchgeführt (s. auch Kapitel A.1). Maßnahmen zur Reduzierung des Nährstoffanfalls können hier eingeplant werden.

Es liegt auf der Hand, dass die Ausfütterung der Einzelkuh über Mischration und Kraftfutterabrufstation der nährstoffangepassten Fütterung eher entspricht als die TMR mit ungenügender Gruppenbildung. Die Unterschiede im Nährstoffbedarf der Tiere erfordern mindestens 2 Leistungsgruppen bei den melkenden Tieren.

N-angepasste Fütterung. Es sind die Besonderheiten der Stickstoff-Umsetzungen im Vormagen zu beachten. Der größte Teil des mit dem Futter aufgenommenen Proteins wird im Vormagen bis zum Ammoniak abgebaut. Je nach Futtermittel beträgt der Abbau 70 bis 90 %. Zur Versorgung der Kuh mit Protein und der effizienten Stickstoffnutzung ist es entscheidend, dass ein möglichst großer Anteil des freigesetzten Stickstoffs für den Aufbau von mikrobiellem Protein genutzt wird. Im Hinblick auf eine möglichst bedarfsgerechte Versorgung der Kuh mit Protein am Darm und einer Minderung der Ammoniak-Emission sind daher Art und Menge des Futterproteins sowie auch alle Faktoren, die das mikrobielle Wachstum im Vormagen beeinflussen, zu beachten.

In der Fütterung der Milchkuh gibt es zwei Ansatzpunkte zur effizienteren Nutzung des Futterstickstoffs. Der eine ist die Optimierung der mikrobiellen Stickstoff-Ausnutzung und der andere der Einsatz von behandeltem Futterprotein mit geringerem Abbau im Vormagen. Beide Punkte werden heute bereits genutzt, um gesunde Tiere zu erhalten und das Leistungsvermögen auszuschöpfen (s. auch Kapitel C.2.3.7).

a) mikrobielle Stickstoff-Ausnutzung optimieren. Das Wachstum der Pansenmikroben und somit der Einbau von Stickstoff im Bakterienprotein wird in erster Linie durch die Energieversorgung im Vormagen bestimmt. Alle Maßnahmen, die zur verbesserten Futteraufnahme und zur Optimierung der mikrobiellen Eiweißsynthese führen, sind zu nutzen. Folgende Punkte sind zu beachten:

1. Start in die Laktation optimieren
   - Haltung, Fütterung und Gesundheitsvorsorge vor und nach der Kalbung nach den aktuellen Empfehlungen ausrichten
2. Energieversorgung der Mikroben verbessern
   - Kohlenhydratversorgung, Stärke, Zucker, Pektin etc. gezielt einstellen
3. Synchronisation der Bereitstellung von Energie und Stickstoff im Vormagen
   - Fütterungstechnik (Mischration)
   - gezielte Kombination der Futtermittel

Bei der Milchkuh wird der Grundstein für den Erfolg bereits in der Haltung und Fütterung vor der Kalbung gelegt. Eine angepasste Fütterung der altmelken Tiere und die zweigeteilte Haltung und Fütterung der Trockensteher wird empfohlen. Die Stichworte für die Praxis sind „Komfortstall" und Vorbereitungsfütterung. Nur bei einer gezielten Vorbereitungsfütterung vor der Kalbung und einer entsprechenden Anfütterung nach der Kalbung stimmt die Höhe der Futteraufnahme und lassen sich in der

Laktation verstärkt Stärke, Zucker und Pektin einsetzten, um die mikrobielle Proteinbildung zu erhöhen. Alle Maßnahmen müssen ineinander greifen. Dazu gehört auch die synchrone Bereitstellung von Energie und Stickstoff im Vormagen. Die Fütterungstechnik kann hier über den Futtermischwagen einen wichtigen Beitrag leisten.

Über die gezielte Ergänzung der betriebseigenen Grobfutter mit abgestimmten Futtermitteln kann die Leistungsfähigkeit der Ration weiter verbessert werden. Entscheidend ist die Abstimmung der Futtermittel auf die Situation im Einzelbetrieb.

b) Einsatz behandelter Proteine. Der Abbau des Futtereiweißes im Vormagen kann vor allem durch technische und chemische Behandlung gesenkt werden. Durch Druck und Hitze-Behandlung der Futtermittel steigt die Beständigkeit des Proteins im Vormagen an. Dies erklärt, dass die Extraktionsschrote von Raps und Soja eine höhere Beständigkeit aufweisen als die unbehandelten Ausgangsprodukte Rapssaat und Sojabohne. Weiter steigern lässt sich die Beständigkeit des Eiweißes durch eine gezielte Pelletierung.

Ein sehr hoher Proteinschutz kann durch Zugabe von Ligninsulfon (Holzzucker) oder Formaldehyd erzielt werden. Am Markt haben sich die Produkte mit „geschützten“ Raps- und Sojaprodukten zur Ausfütterung von Spitzenleistungen inzwischen etabliert.

Durch den Einsatz der behandelten Proteine kann die Eiweißversorgung am Darm mit einer geringeren Rohproteinversorgung erreicht werden. Die möglichen Effekte hängen stark von der Ausgangssituation im Einzelbetrieb ab. Aktuelle Versuchsergebnisse zeigen, dass bei Kombination der verschiedenen Maßnahmen erhebliche Einsparmöglichkeiten an Stickstoff möglich sind. Es sind jedoch noch erhebliche Fragen offen, so dass hier zunächst nur ein Einstieg erfolgen kann.

In der Jungrinderaufzucht ist außer bei den Jungtieren bis 250 kg Lebendmasse die Eiweißversorgung am Darm nicht die beschränkende Größe. Im Hinblick auf die Minderung der N-Ausscheidung gilt es in erster Linie, die Rohproteinüberschüsse zu verringern. Bei den Jungrindern heißt dies, dass bei Einsatz von Mischrationen mindestens zwei in den Rohproteingehalten abgestufte Mischungen zum Einsatz kommen: Eine Mischung für etwa 150 bis 350 kg LM und eine weitere für die älteren Tiere. Die Ausgestaltung der Weide ist ein weiterer Ansatzpunkt. Auf der Weide wird in der Regel mehr Rohprotein zugeführt als für die Deckung des Bedarfs nötig ist. Als Vorteil ergibt sich jedoch im Hinblick auf die Ammoniak-Ausgasung das schnelle Eindringen des Harns in den Boden.

Je nach Jahreszeit und angestrebter Leistung empfiehlt sich eine Beifütterung. Das Beifutter sollte energiereich und rohproteinarm sein. Bewährt hat sich die Beifütterung von Melasseschnitzeln (möglichst geringe Melassierung wegen der Härte der Pellets) im Herbst. Die oft beobachtete Minderzunahme der Jungrinder im Herbst kann so ver-

Tabelle D.4.5

Maßnahmen zur Minderung der N-Ausscheidung und damit der Ammoniak-Emission durch Anpassung von Futter und Fütterung (Eine Addition der Minderungsmöglichkeiten ist nicht statthaft)

Maßnahme	Auswirkung auf:		
	N-Anfall, Minderung in %	Ammoniakminderung im Verhältnis zur zur N-Minderung	Kosten*
1. *Futterbau und Futterkonservierung:*			
- angepasste Flächennutzung	bis 10	gleich	+ bis -
- Steuerung der Futterinhaltsstoffe	bis 10	größer	+ bis -
2. *Steigerung der Leistung*	bis 20**	gleich	-
3. *Anpassung der Fütterung:*			
- Fütterung auf den Punkt	10	größer	+ bis -
4. *Spezielle Maßnahmen*			
a) Milcherzeugung:			
- mikrobielle N-Ausnutzung	5	größer	+
- behandelte Proteine	bis 10	gleich	++
b) Jungrinderaufzucht:			
- N-Ausgleich	10	größer	+

** + = Anstieg, - = Abfall;*
*** je produzierte Einheit*

mieden und die Aufzuchtdauer gesenkt werden (s. auch Kapitel C.3.2.5). Je aufgezogener Färse sind so die Ausscheidungen an Stickstoff geringer.

Eine Übersicht über die möglichen Wirkungen der aufgezeigten Maßnahmen im Hinblick auf die Minderung der N-Ausscheidung und der möglichen Reduktion der Ammoniak-Verluste ist der Tabelle D.4.5 zu entnehmen. Die Angaben erfolgen bei der Minderung des N-Anfalls in Schritten von 5 %. Bei den ersten beiden Punkten Futterbau und Leistungssteigerung hängt der mögliche Effekt stark von der Ausgangssituation ab. Das gleiche gilt bezüglich der Frage, ob Mehrkosten entstehen oder nicht. Ebenfalls stark vom Vorgehen im Einzelbetrieb hängt der Effekt der N-Minderung auf die Ammoniak-Ausgasung ab. Da in der Regel die Minderung überproportional bei Harnstoff erfolgt, ist bezüglich Ammoniak ein größerer Effekt als bei der N-Ausscheidung zu erwarten.

Die größten Effekte in der Fütterung ergeben sich durch Einsatz von behandelten Proteinen. Hierdurch wird die Fütterung jedoch merklich verteuert. Eine Addition der aufgezeigten Minderungspotenziale ist nicht statthaft. Für den Einzelbetrieb sind die Teilgrößen zu quantifizieren. Dies gilt auch für die Aufwendungen bezüglich Betriebsausstattung und Logistik sowie für die steigenen Anforderungen an den Betriebsleiter und die Mitarbeiter.

P- und K-angepasste Fütterung. Wie bereits angeführt, ist beim Kalium die Absenkung der Überschüsse im Futter der entscheidende Ansatzpunkt. Bei den eigenerzeugten Grobfuttern sind hier die Düngung und der Anteil Grasprodukte und Zwischenfrüchte die zu beeinflussenden Größen. Maissilage hat erheblich weniger Kalium als Gras oder Futterraps. Relativ hoch sind die Gehalte im Stroh. Zu empfehlen ist die Analyse der Kaliumgehalte in der Grassilage, um die Situation besser abschätzen zu können. Beim Kraftfutter gibt es ebenfalls Unterschiede im Gehalt an Kalium. Relativ hoch sind die Gehalte an Kalium in Melasse und Ölschroten. Mischungen mit viel Getreide und Leguminosen enthalten relativ wenig Kalium.

Beim Phosphor gilt es, die Mineralergänzung der Grundration nach Bedarf auf Basis der analysierten Gehalte im Grobfutter gezielt einzustellen. Vielfach empfehlen sich Mineralfutter ohne Phosphor. Bei höheren Leistungen erfolgt eine erhebliche Phosphorergänzung über die Eiweißträger. Dies gilt insbesondere für Raps- und Sojaextraktionsschrot, aber auch für Biertrebersilage. Die Gehalte sind in der Rationsplanung zu berücksichtigen. Eine Absenkung eventueller P-Überschüsse in der Ration kann durch verstärkten Einsatz von Pressschnitzelsilage und Melasseschnitzeln erfolgen.

Um die Reserven im Betrieb besser zu erkennen und die Wirksamkeit von Maßnahmen beurteilen zu können, empfiehlt sich ein gezieltes Controlling. Die Bilanzierung der Nährstoff-Ausscheidungen und die Hoftorbilanz sind wertvolle Ergänzungen zur Betriebszweigauswertung. Die Milchinhaltsstoffe einschließlich Harnstoff können wichtige Hinweise geben. Im Futterbau ist eine Wägung der Erntemengen angezeigt.

Ansatzpunkte zum Ausgleich der Nährstoffbilanz:

- Durch Futterbau und Weidewirtschaft ist die Grundlage für weitgehend ausgeglichene Rationen zu schaffen. Beispiel: Anbau von Silomais, Futterrüben und Ganzpflanzensilage; über die Wahl der Ansaatmischung und Höhe der Stickstoffdüngung lassen sich die Rohproteingehalte im Gras senken (Welsches Weidelgras hat 2 % weniger Rohprotein bei gleichem Energiegehalt als Deutsches Weidelgras im ersten Aufwuchs im Ährenschieben).
- Möglichkeiten der Konservierung nutzen! → Top-Silagen für Top-Leistungen und günstige Nährstoffbilanz erzeugen.
- Rationen sind zu planen, zu berechnen und zu kontrollieren. Dazu sind notwendig: Grobfutteranalysen, Probewägungen, Leistungskontrolle mit ständiger Anpassung der Futterration. Die Grobfutteranalysen sind möglichst auf Calcium und Phosphor auszudehnen, um die Zufuhr dieser Elemente mit dem Mineralfutter nach den Empfehlungen zur Versorgung genau abschätzen zu können.
- Spezielle Ausgleichsfutter der Energiestufe 3 oder höher sind einzusetzen mit stark negativer RNB; das heißt 10 % Rohprotein oder weniger. Hohe Energiegehalte führen dazu, dass überschüssiges Ammoniak, das im Pansen bei hoher Rohproteinzufuhr entsteht, in mikrobielles Protein umgewandelt wird und der Kuh als hochwertiges Protein zur Verfügung steht (Beispiel für so ein Spezialfutter: 96,4 % schwachmelassierte Trockenschnitzel, 2 % Fett, 1,6 % Mineralstoffe).
- Der Einsatz von geschütztem Protein ist ebenfalls ein Ansatzpunkt, die Stickstoffausscheidung zu verringern. Durch den Einsatz von geschütztem Protein erreicht mehr unabgebautes Futterprotein den Darm. Das verbessert die Proteinversorgung der Kuh, so dass der Rohproteingehalt in der Futterration entsprechend gesenkt werden kann.

Teil E
Grundlagen der Energie- und Nährstoffversorgung

1. Milchbildung

Die Milchinhaltsstoffe Milchfett, Milcheiweiß und Milchzucker (Lactose) werden vollständig im Euter synthetisiert. Dazu müssen die entsprechenden „Bausteine“, also die Vorstufen der Milchinhaltsstoffe, mit dem Blut in das Euter transportiert werden. Die Vorstufen können einerseits aus dem Futter in das Blut überführt werden, andererseits aus dem Abbau von Körperreserven stammen. Diese Verhältnisse sind in der Abbildung E.1.1 dargestellt.

Vorstufe für den Milchzucker ist Glucose, die dem Blut entzogen wird. Die Konzentration an Lactose in der Milch ist nicht durch die Fütterung zu beeinflussen. Sofern die Glucose-Anlieferung an das Euter begrenzt ist, sinkt nicht die Konzentration an Lactose in der Milch, sondern die Milchleistung. Milchzucker und Wasser liegen also immer in einem bestimmten Verhältnis vor. Größere Abweichungen in diesem Verhältnis (Abweichungen im Lactosegehalt der Milch) zeigen eine Funktionsstörung der Milchdrüse an (Euterentzündungen). Die Glucose ihrerseits entstammt in erster Linie aus der Propionsäure, die in der Leber zu Glucose umgewandelt wurde. Zur Milchbildung ist die Kuh also auf die ständige Zufuhr von Propionsäure angewiesen, welche aus dem Abbau leicht löslicher Kohlenhydrate im Pansen entsteht. Eine weitere Quelle ist Glucose aus im Pansen beständiger Stärke (Mais). Die Konzentration an Glucose im Blut ist mit 0,5 g je Liter recht gering. Glucose wird aber nicht nur zur Bildung von Milchzucker benötigt, sondern auch zur Bildung von Milchfett, außerdem trägt sie zur Energieversorgung des Stoffwechsels der Kuh selbst bei.

Der Gehalt an Milchzucker beträgt normalerweise rund 4,8 %. In einem Liter Milch sind also 48 g Lactose enthalten. Für die Bildung von 48 g Lactose sind rund 50 g Glucose notwendig. Bei einer vollständigen Ausnutzung und einem vollständigen Entzug der Glucose aus dem Blut im Euter würden nach dieser Rechnung bereits mindestens 100 Liter Blut je Liter gebildeter Milch das Euter durchfließen müssen. Wenn man nun berücksichtigt, dass Glucose noch für andere Zwecke gebraucht wird und dass der Entzug im Euter nicht vollständig sein kann, dann bestätigt dies Messungen, nach denen rund 500 Liter Blut für jeden gebildeten Liter Milch das Euter durchfließen müssen. Die Versorgung des Euters mit Blut stellt also eine ungeheure Stoffwechselleistung dar. Bei einer 40-Liter-Kuh müssen bereits 20. 000 Liter Blut täglich durch das Euter gepumpt werden!

Abbildung E.1.1

Vorstufen der Milchinhaltsstoffe

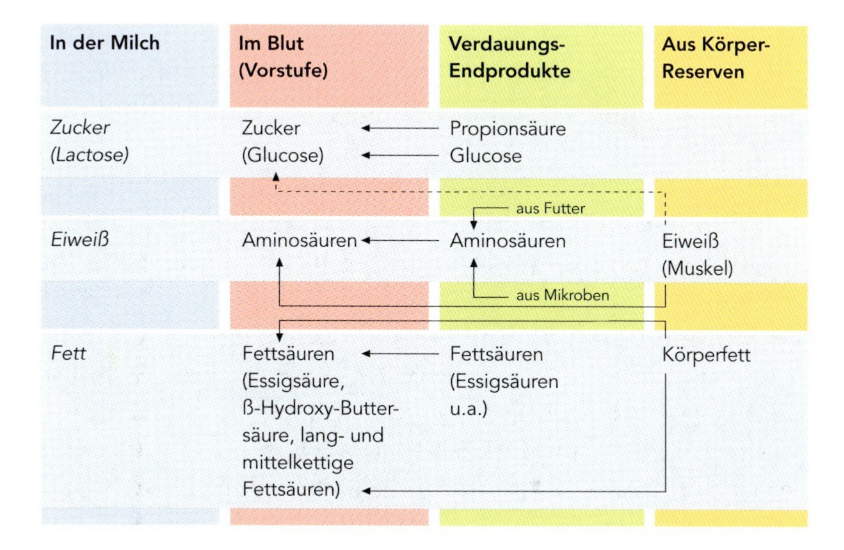

Vorstufen für das Milcheiweiß sind Aminosäuren. Diese Aminosäuren werden durch die Darmwand in das Blut überführt. Sie stammen zum größten Teil aus Mikrobenprotein, zu einem geringeren Anteil aus im Pansen nicht abgebautem Futterprotein. Die Vorstufen für die Eiweißsynthese im Euter können auch – bei kurzfristigem Mangel – aus dem Abbau von Körperprotein stammen. Die Einflüsse der Fütterung auf den Milcheiweißgehalt sind im Kapitel D.1 beschrieben.

Milchfett wird ebenfalls im Euter vollständig synthetisiert. Dabei spielt vor allen Dingen die Essigsäure eine große Rolle. Die meisten Fettsäuren, die als Vorstufe für das Milchfett fungieren, werden ebenfalls im Euter aufgebaut. Nur langkettige Fettsäuren können aus dem Blut direkt in das Euter überführt werden, sie stammen meistens aus dem Abbau von Körperfett. Diese Fettsäuren werden im Euter zum Teil in ungesättigte Fettsäuren umgewandelt, wodurch sich die hohe Streichfähigkeit der Butter erklärt, wenn Kühe im Energiemangel stehen. Die Fettsäurezusammensetzung des Milchfettes ist wesentlich abhängig von der Energieversorgung, also von dem Anteil an Fettsäuren, welche entweder im Euter synthetisiert oder aber aus dem Abbau von Körperfett in das Euter gebracht und dort in Milchfett eingebaut werden.

Die Menge an im Pansen gebildeten flüchtigen Fettsäuren und deren Verhältnis untereinander hängt im wesentlichen von der Rationsgestaltung ab. Rohfaserreiches, strukturiertes Futter führt zu einer verstärkten Bildung von Essigsäure; Futter mit hohem Anteil an leicht löslichen Kohlenhydraten wie Stärke (Mischfutter, Getreide)

Abbildung E.1.2

Einfluss der Futterration auf die Pansenvorgänge und die Leistung

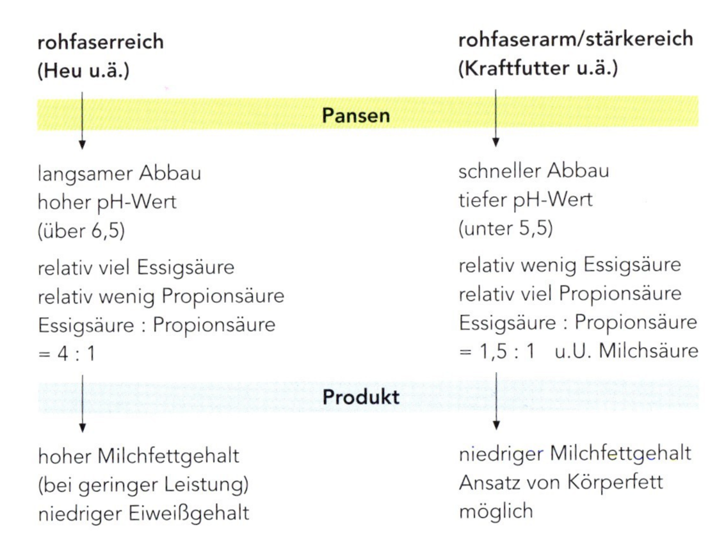

führt zu verstärkter Bildung von Propionsäure. In der Abbildung E.1.2 ist dargestellt, wie sich diese verschiedenen Fütterungsarten auf die Leistung auswirken. Bei einem Überangebot an leicht löslichen Kohlenhydraten, meist verbunden mit einem Mangel an strukturiertem Grobfutter, sinkt zunächst der pH-Wert im Pansen. Dies ist dadurch begründet, dass wegen des Mangels an Grobfutter die Wiederkautätigkeit stark herabgesetzt wird. Damit geht gleichzeitig der Speichelfluss stark zurück, womit die puffernde Wirkung im Pansen fehlt. Das Absinken des pH-Wertes ist gleichzeitig verbunden mit einer Verengung des Verhältnisses von Essig- zu Propionsäure. Damit wird einerseits zunächst Körperfett angesetzt, andererseits sinkt der Milchfettgehalt. Im weiteren Verlauf geht durch die Absenkung des pH-Wertes die Futteraufnahme deutlich zurück, sie kann im Extremfall sogar völlig eingestellt werden (feed-off). Durch die Einschränkung der Futteraufnahme sinkt auch die Energieversorgung und damit die Milchleistung.

Ein Überangebot an strukturiertem Grobfutter, verbunden mit einem Mangel an leicht löslichen Kohlenhydraten (zu wenig Kraftfutter) führt dazu, dass aufgrund des hohen Speichelflusses der pH-Wert im Pansen recht hoch ist (6,5 bis annähernd 7). Gleichzeitig entsteht ein recht weites Verhältnis von Essig- zu Propionsäure (etwa 4:1). Damit steht einerseits genügend Essigsäure für die Bildung von Milchfett zur Verfügung, andererseits aufgrund des Propionsäuremangels zu wenig Energie für die Milchzuckerbildung. Aufgrund dessen wird Körperfett abgebaut, wodurch aber der Mangel an Glucose nicht behoben werden kann. Da jetzt verschiedene chemische Reaktionen nur noch unvollständig im Stoffwechsel ablaufen können, kommt es im Blut zu einer Anhäufung von sogenannten Ketokörpern, auch Acetonkörper genannt. Diese Stoffwechselerkrankung, die sogenannte Acetonämie oder Ketose, führt zu einem kontinuierlichen Leistungsrückgang und zum starken Abmagern der Tiere (s. auch Kapitel D.3).

Ziel der Rationsgestaltung muss es daher sein, eine ausreichende Energieversorgung bei gleichzeitig genügender Futterstruktur zu erreichen und damit ein optimales Verhältnis von Essig- zu Propionsäure im Pansen zu gewährleisten. Diese Forderung ist um so wichtiger, je höher die Leistung der Tiere ist.

Für die Fütterungspraxis ist weiterhin von Belang, ob die aufgenommenen Nährstoffe und Energie in die Milchbildung einmünden oder für den Ansatz Verwendung finden. Für die Regulation sind in erster Linie hormonelle Steuerungen verantwortlich. Durch die Konzeption kommt es z. B. zu einer hormonellen Umstellung, die verstärkt zum Ansatz führt und vielfach einen Abfall der Milchleistung zur Folge hat. Auch über die Fütterung ist eine Beeinflussung möglich. Bei altmelken Tieren führen beispielsweise hohe Mengen an Maisstärke zu einem verstärkten Ansatz. Die genauen Zusammenhänge sind bisher nur zum Teil erforscht.

2. Regulation der Futteraufnahme

Bei der Fütterung hochleistender Milchkühe muss der Futteraufnahme und deren Ausschöpfung große Aufmerksamkeit gewidmet werden. Von besonderem Interesse sind die Faktoren, die die Futteraufnahme begrenzen. Vor allen Dingen ist es für eine korrekte Rationsplanung nützlich, wenn eine möglichst genaue Vorhersage der Futteraufnahme unter verschiedenen Bedingungen möglich ist.

Diese wird von einer Vielzahl unterschiedlicher Faktoren beeinflusst. Es gibt Faktoren, die im Stoffwechsel wirksam sind und solche, die von außen her einwirken.

Diejenigen Faktoren, die innerhalb des Stoffwechsels der Tiere die Futteraufnahme begrenzen, sind noch nicht alle bekannt. Es gibt wahrscheinlich verschiedene Hormone, die die Futteraufnahme beeinflussen. So wurde zum Beispiel ein positiver Einfluss des Progesterons nachgewiesen und ein negativer Einfluss von Östrogen und Östradiol. Man darf auch davon ausgehen, dass sich nach Aufnahme einer gewissen Menge Futter die Konzentration von Stoffwechselprodukten im Blut erhöht, wodurch schließlich die Futteraufnahme gebremst wird. Über die Rolle der einzelnen Stoffwechselendprodukte besteht aus wissenschaftlicher Sicht noch keine endgültige Klarheit. Unter anderem wird noch über den Einfluss der Glucose, der flüchtigen Fettsäuren und auch der freien Fettsäuren diskutiert.

Der Einfluss von Geruch und Geschmack des Futters auf die Futteraufnahme wird häufig überschätzt. Bei begrenztem Angebot an Futtermitteln haben Geruch und Geschmack kaum Auswirkungen auf die Futteraufnahme. Selbstverständlich zeigen Milchkühe ein selektives Fressverhalten, das heißt, die Annahme des Futters ist unterschiedlich, wenn verschiedene Futtermittel gleichzeitig angeboten werden. Dies darf jedoch nicht gleichgesetzt werden mit einer Begrenzung der Futteraufnahme. Stehen der Kuh nur ausgewählte Futtermittel zur Verfügung, ist die Futteraufnahme – zumindest nach einer Eingewöhnungszeit von einigen Tagen – mit wenigen Ausnahmen nicht mehr durch Geruch oder Geschmack zu beeinflussen. Die genannten Effekte können sich allerdings bei Kraftfuttermitteln unterschiedlicher Zusammensetzung dahingehend auswirken, dass für eine gewisse Zeit die Annahme verringert oder gar verweigert wird. Es hat sich aber in praktisch allen Fällen gezeigt, dass nach einigen Tagen die Futteraufnahme wieder auf ein „normales" Maß ansteigt. Da sich jedoch beim Milchleistungsfutter eine Futterverweigerung – auch kurzfristig – negativ bemerkbar macht, sollte darauf geachtet werden, dass der Futterwechsel zu Mischungen mit neuen Komponenten nicht schlagartig erfolgt und der Anteil solcher Komponenten nach Möglichkeit über längere Zeit konstant bleibt.

Vielfach besteht die Vorstellung, dass bereits bei der Aufnahme des Futters eine Begrenzung durch Ermüdung der Kaumuskulatur stattfindet. Dies erscheint einleuchtend, wenn man bedenkt, dass die Tiere beispielsweise eine längere Zeit für die Aufnahme von Weidegras benötigen. In englischen Untersuchungen konnte man jedoch nachweisen, dass dieser Einfluss zu vernachlässigen ist. Es wurden zum Beispiel Kühe mit einer Pansenfistel mit Gras gefüttert, und gleichzeitig wurde durch die Pansenfistel jeder abgeschluckte Bissen entnommen. Dadurch haben die Tiere mehrere Stunden lang gefressen und anschließend, nachdem die Pansenfistel wieder verschlossen wurde, noch die übliche Grasmenge aufgenommen. Eine Begrenzung der Futteraufnahme durch Ermüdung der Kaumuskulatur erfolgte demnach nicht. Es kann allerdings nicht ganz ausgeschlossen werden, dass bei Tieren, die sehr viel Bewegung haben (lange Triebwege), durch eine Ermüdung des gesamten Organismus die Futteraufnahme verringert sein kann.

Im Gegensatz zu anderen Tierarten ist die innere Regulation der Futteraufnahme beim Rind nicht ausreichend für eine gezielte Fütterung. Niederleistende Tiere fressen mehr als ihrem Bedarf entspricht, hochleistende Tiere oftmals nicht genug.

Einen entscheidenden Einfluss auf die Futteraufnahme hat der Grad der Pansenfüllung. Bei einer bestimmten Füllmenge wird die Futteraufnahme eingeschränkt. Es kann jeweils nur soviel Futter aufgenommen werden, wie in einer bestimmten Zeit aus dem Pansen entweder mit dem Futterstrom in Richtung Labmagen und Darm abfließt oder durch mikrobiellen Abbau in Stoffwechselprodukte überführt wird, die dann durch die Pansenwand absorbiert werden und so ebenfalls den Pansen verlassen.

Der Abfluss des Futterbreis hängt im großen und ganzen von der Partikelgröße ab. Futterpartikel werden nur dann in den Blättermagen transportiert, wenn sie eine bestimmte Größe unterschritten haben. Tatsächlich ist nachgewiesen, dass durch mechanisches Zerkleinern von Futterbestandteilen die Passagegeschwindigkeit erhöht wird. Ein Zerkleinern des Futters (Mahlen) ist dennoch nicht der Weg zu einer Verbesserung der Futteraufnahme, weil gleichzeitig die Futterstruktur zerstört wird. Bei einem Mangel an Futterstruktur wird die Wiederkautätigkeit stark eingeschränkt, und es fließt erheblich weniger Speichel. Der Speichel (bei einer ausgewachsenen Kuh fließen am Tag rund 120 bis über 200 l Speichel in den Pansen) hat wiederum die Aufgabe, die beim Abbau des Futters im Pansen entstehenden flüchtigen Fettsäuren abzupuffern. Dadurch wird ein Absinken des pH-Wertes verhindert. Wenn nun aufgrund verminderter Wiederkautätigkeit weniger Speichel fließt, werden die im Pansen entstehenden Säuren schlechter abgepuffert, es wird im Pansen sauer. Damit verschlechtern sich die Lebensbedingungen für diejenigen Mikroorganismen, welche normalerweise

Zellulose abbauen. Der Abbau von Grobfutter wird also verlangsamt, die Verdaulichkeit sinkt. Trotz schnellerer Passagerate nimmt die Aufnahme an verdaulicher Organischer Substanz erheblich ab.

Der Abbau des Futters hängt also ganz eindeutig von den Lebensbedingungen für die Mikroorganismen in den Vormägen ab. Diese sind zum einen durch die Nährstoffversorgung (zum Beispiel Stickstoff oder Spurenelemente) und zum anderen durch den pH-Wert und das Verhältnis der flüchtigen Fettsäuren zueinander (Essig- und Propionsäure) charakterisiert. Es ist in Versuchen ganz klar nachgewiesen, dass beispielsweise die Zeit für den Abbau zellulosehaltiger Substanzen im Pansen um 85 % verkürzt wird, wenn Harnstoff zu einer Strohration gegeben wird. Gleichzeitig ist in diesen Versuchen auch die Futteraufnahme deutlich angestiegen. Ein erhöhtes mikrobielles Wachstum und ein schnellerer und vollständigerer Abbau sind also die Folge der Stickstoffzulage. Dies tritt aber nur dann ein, wenn vorher Stickstoff im Mangel war.

Die Endprodukte des mikrobiellen Abbaues (die flüchtigen Fettsäuren, im wesentlichen Essig-, Propion- und Buttersäure) haben ebenfalls Auswirkungen auf die Lebensbedingungen der Mikroorganismen im Pansen. Ein erhöhter Abbau des Futters führt zu einer Anreicherung der flüchtigen Fettsäuren und damit zu einer pH-Wert-Senkung. Der pH-Wert selbst wird üblicherweise durch den Speichelfluss reguliert. Bei rohfaserhaltigen, strukturierten Futtermitteln wird die Wiederkautätigkeit stark erhöht, damit fließt wesentlich mehr Speichel, welcher die flüchtigen Fettsäuren im Pansen abpuffert.

Die Tatsache, dass bei einer Verminderung des Angebotes an strukturiertem Grobfutter der Speichelfluss nachlässt und damit der pH-Wert im Pansen sinkt, hat zu der Überlegung geführt, die Futteraufnahme durch Zugabe puffernder Substanzen zu steigern. In der Tat konnten positive Auswirkungen durch die Zulage von Natriumbicarbonat auf die Futteraufnahme beobachtet werden. Die Anwendung in der Praxis scheitert jedoch daran, dass Natriumbicarbonat sehr schnell in der Pansenflüssigkeit gelöst wird. Sofern es also beispielsweise ins Kraftfutter eingemischt wird, ist es meist schon aus dem Pansen abgeflossen, bevor die Hauptsäureproduktion durch den Abbau der leicht löslichen Kohlenhydrate des Kraftfutters einsetzt. Eine sinnvolle Wirkung ist demnach nur dann zu erwarten, wenn Natriumbicarbonat gleichmäßig über den Tag verteilt beziehungsweise nach den Kraftfuttergaben verabreicht wird. In Versuchen wurde für Natriumbicarbonat ein Strukturwert (SW) von 7 ermittelt.

Die bisherigen Ausführungen gingen immer von einem konstanten Pansenvolumen aus. Die Einengung des Pansenvolumens kann jedoch ebenfalls eine Reduktion der Futteraufnahme zur Folge haben. Dies konnte in Versuchen nachgewiesen werden, bei denen durch das Einlegen mit Wasser gefüllter Gummiblasen in den Pansen von Kühen eine deutliche Volumenminderung simuliert wurde. Dadurch wurde ein linearer Rückgang der Aufnahme von Heu erreicht. Eine solche Volumeneinengung erfolgt beispielsweise im Laufe der Trächtigkeit, weil durch das zunehmende Wachstum des Fötus der Pansenraum eingeengt wird (s. auch Tabelle C.2.3). Möglicherweise ergibt sich hieraus auch eine Erklärung für die geringere Aufnahme von Grünfutter beziehungsweise Konserven mit hohen Feuchtigkeitsgehalten. Da das in den Zellen gebundene Wasser mehr Volumen benötigt, ist hier schneller eine Pansenfüllung erreicht als bei trocknerem Futter. Obgleich die Zusammenhänge zwischen dem Trockenmassegehalt und der Futteraufnahme bisher nicht restlos geklärt sind, kann dennoch als Anhaltspunkt davon ausgegangen werden, dass im unteren Trockenmassebereich mit einer Erhöhung des Trockenmassegehaltes um 10 %-Punkte die Futteraufnahme um rund 0,5 bis 1 kg Trockenmasse je Kuh und Tag steigt.

Die beim Abbau der Futterbestandteile gebildeten flüchtigen Fettsäuren müssen durch die Pansenwand in die Blutbahn diffundieren. Dieser Vorgang läuft unter bestimmten Umständen langsamer ab als die Produktion dieser Säuren im Pansen. So lässt sich beispielsweise der Anstieg der Konzentration an flüchtigen Fettsäuren im Pansen nach Verabreichung von leicht löslichen Kohlenhydraten erklären. Die Steigerung der Konzentration an flüchtigen Fettsäuren im Pansen bewirkt offenbar einen Rückgang der Futteraufnahme. Dies wird durch Versuche bestätigt, in denen die Infusion von Essigsäure in den Pansen eine stärkere Einschränkung der Futteraufnahme zur Folge hatte als die Infusion von Essigsäure in die Blutbahn. Gerade bei der Fütterung großer Kraftfuttermengen und auch bei der Fütterung von Getreide an Milchkühe dürfte diese Erkenntnis eine wichtige Rolle spielen. Der schnelle Abfluss der flüchtigen Fettsäuren aus dem Vormagen durch eine entsprechende Adaptation der Pansenwand ist daher entscheidend für den erfolgreichen Einsatz höherer Mengen an Getreide (s. auch Kapitel C.2.1.1)

2.1 Grobfutterverdrängung

Bei den Ausführungen über die Regulation und die Einflussgrößen auf die Gesamt-Trockenmasseaufnahme der Milchkuh konnte festgestellt werden, dass vor allem das Pansenvolumen, die Pansenfüllung, der Stand der Laktation und die Leistungshöhe sowie die Verdaulichkeit und der Trockenmassegehalt des Futters die Futteraufnahme bestimmen.

Die Aufnahme an Grobfutter dagegen hängt zusätzlich von der Menge an verabreichtem Kraftfutter ab. Mit steigenden Kraftfuttermengen wird in den meisten Fällen weniger Grobfutter-Trockenmasse aufgenommen. Dieses Phänomen wird als „Grobfutterverdrängung" bezeichnet. Die Verdrängung von Grobfutter durch Zulagen von Kraftfutter ist nicht nur räumlich zu verstehen. Vielmehr muss davon ausgegangen werden, dass aufgrund der Zulagen von Kraftfutter im Pansen verstärkt Säuren produziert werden. Dadurch verschlechtern sich die Bedingungen für diejenigen Mikroorganismen, welche Grobfutter abbauen (zellulolytische Mikroorganismen). Deren Lebensbedingungen werden durch den Abfall des pH-Wertes sowie durch die Verengung des Essig-/Propionsäure-Verhältnisses eingeschränkt. Es ist ebenfalls möglich, dass eine Änderung der Passagerate (Fluss des Futterbreis durch den Pansen) die Ursache für einen schlechteren Abbau des Grobfutters ist. In dem Maße jedenfalls, in welchem der Abbau von Grobfutter im Pansen vermindert wird, kann auch pro Zeiteinheit weniger Futter aufgenommen werden.

Viele Untersuchungen befassen sich mit der Höhe der Grobfutterverdrängung. Als Maß dafür wird vielfach ein sogenannter „Verdrängungswert" verwendet. Dieser Wert gibt an, wie viel Trockenmasse aus Grobfutter weniger aufgenommen wird, wenn 1 kg Kraftfutter zur Ration zugelegt wird. Stellt man die in der Literatur aufgeführten Werte gegenüber, so liegen diese in einem relativ weiten Bereich. Es ist in einigen Fällen überhaupt keine Verdrängung festgestellt worden, manchmal sogar eine „negative", dass heißt, durch Zulage von Kraftfutter wurde mehr Grobfutter aufgenommen. Das ist zum Beispiel bei sehr schlechter Verdaulichkeit des Grobfutters der Fall. In anderen Fällen wurde durch die Zugabe von 1 kg Trockenmasse aus Kraftfutter mehr als 1 kg Trockenmasse aus Grobfutter verdrängt. Diese Spannbreite zeigt, dass es nicht gerechtfertigt ist, mit fixen oder mittleren Werten zu rechnen. Vielmehr müssen die Einflussgrößen auf die Höhe der Grobfutterverdrängung berücksichtigt werden.

Es ergeben sich in der Reihenfolge ihrer Bedeutung folgende Einflussgrößen:

- Höhe der Kraftfuttergaben,
- Verdaulichkeit des Grobfutters,
- Trockenmassegehalt des Grobfutters,
- Lebendmasse (Gewicht) der Kuh,
- Laktationsstadium,
- Milchleistung (genetische Veranlagung) der Kuh.

Allerdings spielen die beiden erstgenannten Grössen die entscheidende Rolle. Durch steigende Zulagen von Kraftfutter geht die Grobfutteraufnahme immer stärker zurück. Die Beziehung kann vielleicht so ausgedrückt werden, dass bei Kraftfuttergaben bis zu 4 kg täglich keine nennenswerte Verdrängung stattfindet, oberhalb 4 kg die Verdrängung einsetzt und oberhalb 9 bis 10 kg sehr stark wird. Die Verdaulichkeit und damit der Energiegehalt des Grobfutters wirkt sich ebenfalls aus. Von gutem (energiereichem) Grobfutter wird mehr verdrängt als von minderwertigem. Dies betrifft allerdings nur den Verdrängungswert, nicht die Höhe der gesamten Futteraufnahme. Nach wie vor wird von besserem Grobfutter insgesamt mehr gefressen.

Die bisher vorliegenden Daten reichen noch nicht ganz aus, um die Abhängigkeit der Grobfutteraufnahme von Kraftfutterzulagen und Futterqualität restlos zu quanitifizieren. Trotzdem müssen diese Zusammenhänge bei der Rationsplanung berücksichtigt werden. Es wird – wie dies auch im Kapitel Rationsplanung praktiziert ist – für die praktische Rationsgestaltung empfohlen, die Grobfutterverdrängung erst ab einer Höhe von rund 5 kg Kraftfutter täglich zu berücksichtigen, indem für 1 kg Milch nicht 500 g Kraftfutter der Energiestufe 3 verfüttert werden, sondern 550 g und so weiter. Wenn man von der maximal möglichen Grobfutteraufnahme ausgeht, dürfte dieses Vorgehen nicht falsch sein. (Siehe Tabellen zur leistungsgerechten Kraftfutterzuteilung an Milchkühe C.2.17 und 18).

Die Zusammenhänge sind auch bei Einsatz von Mischration zu berücksichtigen. Auch bei Mischration hat der Anteil Grob- und Kraftfutter in der Ration Einfluss auf die Höhe der Futteraufnahme. In der Rationsplanung ist daher zwischen Grob- und Kraftfutter zu unterscheiden.

3. Energiewechsel und -bewertung

Zur Beurteilung und Steuerung der Energieversorgung ist eine fundierte und praktikable Energiebewertung unverzichtbar

3.1 Energiebewertung

Seit mehr als 90 Jahren gibt es Energiebewertungssysteme, mit denen man den Energieanteil der Futtermittel abschätzen kann, der letztlich für die Produktion von Leistung Milch, Fleisch etc. zur Verfügung steht.

Energie ist in allen Futtermitteln, ausgenommen in den rein mineralischen, enthalten. Sie ist Bestandteil der organischen Substanz und wird beispielsweise frei, wenn diese Futtermittel verbrannt werden. Die beim Verbrennen frei werdende Energiemenge wird als Bruttoenergie oder Gesamtenergie (GE) bezeichnet. Diese ist allerdings nicht identisch mit derjenigen, die für Erhaltung und Leistung zur Verfügung steht. So hat beispielsweise 1 kg Stroh die gleiche Menge an Bruttoenergie wie 1 kg Getreide. Bekanntermaßen kann aber Stroh nicht einmal den Erhaltungsbedarf von Kühen decken, während Getreide zur Energieanreicherung von Rationen eingesetzt wird. Es müssen also Unterschiede in der „Verwertung" der Energie bestehen.

Diese Unterschiede ergeben sich aus der Höhe der Verluste an Futterenergie bei der Verdauung und im Stoffwechsel. Der erste Verlust entsteht dadurch, dass mit dem Kot Energie wieder ausgeschieden wird. Derjenige Anteil, welcher nicht ausgeschieden wird, passiert die Wand des Magen-Darm-Kanals, ist also verdaut. Er wird als verdauliche Energie bezeichnet.

Der mit dem Kot ausgeschiedene Anteil an Futterenergie variiert zwischen einzelnen Futtermitteln sehr stark. So werden beispielsweise beim Stroh rund 60 % mit dem Kot wieder ausgeschieden, beim Getreide aber nur rund 11 %.

Von der verdaulichen Energie wird ein Teil mit dem Harn ausgeschieden (der Harn enthält energiereiche Verbindungen). Ein weiterer Anteil wird bei der Vergärung durch Mikroorganismen (vorwiegend im Pansen) in Methan umgewandelt, welches mit dem Ructus (Abrülpsen) ausgeschieden wird. Die im Körper verbleibende Energie steht nun für Umsetzungen in Leistung zur Verfügung und wird daher als Umsetzbare Energie (ME) bezeichnet. Bei allen Umsetzungen im Tierkörper wird aber Wärme frei, die

Abbildung E.3.1

Von der Gesamtenergie zur Nettoenergie

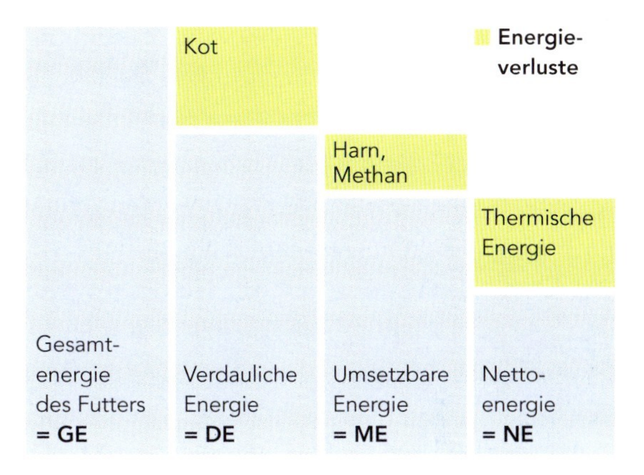

vom Körper abgestrahlt wird und somit als Energie verloren geht. Zieht man diesen Anteil von der Umsetzbaren Energie ab, so verbleibt letzten Endes die Nettoenergie (NE). Sie umfasst den Anteil der Futterenergie, welcher zur Erhaltung der Tiere dient, sowie denjenigen Anteil, welcher als Leistung erscheint (Milch, Kalb, Zuwachs) (siehe Abbildung E.3.1).

Wenn man die Leistungsfähigkeit von Futtermitteln in einer Ration vorhersagen und bei der Rationsgestaltung berücksichtigen will, muss man den Anteil an Nettoenergie kennen. Das ist das Ziel von Energiebewertungssystemen. Zur Bestimmung der Nettoenergie eines Futtermittels muss man die Summe aller Verluste ermitteln. Dies ist für die im Kot ausgeschiedene Energie relativ einfach (Verdauungsversuch), ebenso für die Harnenergie. Schwieriger ist es bereits, die Methanenergie zu erfassen, da hierbei der gesamte Gasaustausch gemessen werden muss. Am aufwändigsten jedoch ist das Messen der Wärmeproduktion. Solche Messungen sind nur in aufwändigen Anlagen möglich und lassen sich nicht für jedes Futtermittel durchführen. Es sind jedoch inzwischen weltweit zahlreiche Untersuchungen der verschiedensten Futtermittel erfolgt. Auf der Grundlage dieser Untersuchungen war es möglich, Beziehungen zwischen der verdaulichen Energie und der Nettoenergie zu ermitteln. Diese Beziehungen sind so eng, dass man für die Errechnung des Nettoenergiegehaltes der Futtermittel die verdauliche Energie benutzen kann. Diese wiederum wird mit Hilfe der verdaulichen Rohnährstoffe ermittelt. Mit dieser Methode sind praktisch alle gängigen Futtermittel zu messen. Die Ergebnisse sind in Futterwerttabellen zusammengefasst. Dennoch bleibt ein Tabellenwert immer nur ein Einzelwert, bei dem man nie genau weiß, ob er für ein augenblicklich vorliegendes Futtermittel auch zutrifft.

Der in einer Futterwerttabelle abgelesene Gehalt an Nettoenergie für ein Futtermittel ist der erste Schritt, dieses Futtermittel energetisch einzuordnen. Die Analyse bestimmter Rohnährstoffe kann die Zuordnung zu bestimmten Tabellenwerten weiter verbessern. Darüber hinaus gibt es auch bestimmte Schätzformeln, mit deren Hilfe aus analytisch ermittelten Rohnährstoffen der Nettoenergiegehalt abgeschätzt werden kann.

Ein weiterer Schritt ist der Hohenheimer Futterwerttest (HFT), durch den auch die Verdaulichkeit des Futters geschätzt werden kann. Beim HFT wird unter standardisierten Bedingungen die Gasbildung des zu prüfenden Futtermittels in Pansensaft ermittelt. Aus der Gasbildung und den Gehalten an Rohnährstoffen kann über Schätzgleichungen der Gehalt an NEL ermittelt werden. Diese an Verdauungsversuchen mit Hammeln abgeleiteten Gleichungen sind in der amtlichen Futtermittelkontrolle für Milchleistungsfutter vorgeschrieben. Eine weitere Schätzmethode für die ME ist der Cellulase-Test auf Basis der Cellulase-Löslichkeit und der Rohnährstoffe.

Die exakteste Methode, den Gehalt an Nettoenergie zu ermitteln, bleibt jedoch die Bestimmung der Rohnährstoffe und deren Verdaulichkeit (Hammeltest). Die Angaben in den Futterwerttabellen der DLG werden auf dieser Basis ermittelt. Die Bestimmung der Verdaulichkeiten erfolgt an Hammeln bei einem Fütterungsniveau im Bereich der Erhaltung. In Abhängigkeit vom Fütterungsniveau variiert die Verdaulichkeit. Mit steigendem Fütterungsniveau geht auf Grund der schnelleren Passage die Verdaulichkeit zurück. Aus Gründen der Standardisierung und der Praktikabilität wurde die Fütterung auf Erhaltungsniveau festgeschrieben.

Da die Fütterung unserer Hochleistungskühe aber bei dem **3 bis 5-fachen** Erhaltungsniveau (**25 bis 50** kg Milch/Tag) erfolgt, gibt es eine Diskussion zur Aussagefähigkeit der aktuellen Futterwerte. Es ist bekannt, dass sich die Rangierung der Futtermittel bei höherem Fütterungsniveau etwas verschiebt. Dies gilt insbesondere für die Grobfutter. Klee und Luzerne gehen beispielsweise weniger stark in der Verdaulichkeit zurück als Grasprodukte. Erklären kann man sich dies durch die schnelle und fast vollständige Verdaulichkeit der Blättchen bei Klee und Luzerne. Ein praktikabeles System zur Fassung der Unterschiede gibt es bisher nicht.

3.2 Berechnung der NEL

Die Ermittlung des Gehaltes von Rationen oder Futtermitteln an **N**etto-**E**nergie-**L**aktation (**NEL**) erfolgt auf der Grundlage der verdaulichen Rohnährstoffe. Die Verdaulichkeit dieser muss also aus Versuchen zur Bestimmung der Verdaulichkeit bekannt sein.

Zunächst wird der Gehalt an Umsetzbarer Energie (ME) berechnet:

$$ME\ (MJ) = 0{,}0312 \times g\ dXL + 0{,}0136 \times g\ dXF + 0{,}0147 \times g(dOS\text{-}dXL\text{-}dXF) + 0{,}00234 \times g\ XP$$

wobei dXL = verdauliches Rohfett usw. Werden die verdaulichen Rohnährstoffe in g/kg TM angegeben, so erhält man den Gehalt an ME als MJ/kg TM.

Der Gehalt an NEL wird aus der ME berechnet, ist aber noch von der **Umsetzbarkeit (q)**

$$q = (ME/GE \times 100)$$

abhängig. Hierzu braucht man also den Gehalt an **Bruttoenergie (GE)**, der aus den Rohnährstoffen berechnet werden kann, da jeder Nährstoff einen spezifischen Brennwert hat:

$$GE\ (MJ) = 0{,}0239 \times g\ XP + 0{,}0398 \times g\ XL + 0{,}0201 \times g\ XF + 0{,}0175 \times g\ XX$$

Der NEL-Gehalt errechnet sich nach der Formel:

$$\mathbf{NEL\ (MJ) = 0{,}6 \times (1+0{,}004 \times [q-57]) \times ME\ (MJ)}$$

Die Gehalte an Energie (GE, ME oder NEL) werden im allgemeinen in Mega-Joule (= 1 Mio. Joule) je kg oder je kg TM angegeben. Die Größenordnung beträgt (je kg TM) ca. 16 – 20 MJ GE, 9 – 13 MJ ME und 4 – 8 MJ NEL (ausgenommen fettreiche Futter).

4. Pansenstoffwechsel und Strukturbewertung

Das Besondere an der Milchkuh ist der Vormagen, der es der Milchkuh erlaubt, die Abbauprodukte der Pansenmikroben zu nutzen. Das Bestreben der erfolgreichen Milchkuhfütterung ist es, durch die Gestaltung der Fütterung diese Möglichkeiten optimal zu nutzen. Hierzu sind Kenntnisse zur Funktionsweise des Pansens und dessen Aufrechterhaltung erforderlich. Der Versorgung der Kuh mit „strukturiertem" Futter kommt hier eine zentrale Bedeutung zu.

4.1 Funktionsweise des Pansens

Unter dem Pansen der Rinder versteht man im allgemeinen eine große Gärkammer, die in verschiedene Bereiche aufgeteilt ist. Daher wird auch meistens von den Vormägen des Rindes gesprochen. Die Vormägen sind dem eigentlichen Magen, dem Labmagen, vorgeschaltet. Ankommendes Futter muss also zunächst die Vormägen passieren, ehe es den Labmagen erreicht. Der Labmagen ist in seiner Funktion ähnlich anzusehen wie der Magen der Nichtwiederkäuer (Tiere mit einhöhligem Magen).

Die in den Vormägen befindlichen Mikroorganismen erlaubt es den Wiederkäuern, Futterbestandteile zu verwerten (aufzuschließen), die normalerweise von Säugetieren nicht aufgeschlossen werden können, da deren Enzymsystem dafür nicht vorgesehen ist. In erster Linie sind dabei die Zellulose und Hemizellulosen zu nennen, welche in praktisch allen pflanzlichen Futtermitteln in mehr oder weniger großen Anteilen vorhanden sind. Nur auf diese Art ist es möglich, dass beispielsweise Gras oder Heu von den Wiederkäuern sinnvoll verwertet werden können.

Die verschiedenen Bereiche des Pansens kann man unterteilen in den oberen und den unteren Pansensack, die Haube oder Netzmagen sowie den Psalter oder Blättermagen. Diese Bereiche sind nicht vollständig voneinander getrennt, sondern bilden mehr oder weniger deutlich ausgeprägte „Säcke" in dem Vormagensystem.

Der Inhalt des Pansens ist in klare Schichten unterteilt. Während im unteren Bereich sich die Flüssigkeit ansammelt, findet man im mittleren Bereich die Futterbestandteile, welche eine Art schwimmende Schicht bilden. Im oberen Bereich hingegen findet man eine Gasblase. In einem ganz bestimmten Rhythmus führen die verschiedenen Teile des Pansens Kontraktionen durch. Das geschieht dadurch, dass sich die einzelnen Endsäcke beziehungsweise die Haube zusammenziehen. Der Rhythmus der einzelnen Kontraktionen bewirkt, dass die Masse des Panseninhaltes eine ganz bestimmte Bewegung vollführt. Diese gesamten Bewegungen stellen einen sehr komplizierten Mechanismus dar und haben im wesentlichen drei Funktionen:

- Das abgeschluckte Futter wird intensiv mit den Mikroorganismen in Verbindung gebracht, so dass diese genügend Zeit zum Abbau finden.
- Die im oberen Teil des Pansens befindliche Gasblase (Gärungsgase) wird so lange nach vorne geschoben, bis sie durch die Speiseröhre entweichen kann (Abrülpsen).
- Durch die Kontraktionen wird die Pansenflüssigkeit in die darüberliegende Futterschicht gepresst. Dadurch werden einerseits den an den Futterpartikeln befindlichen Mikroorganismen Nährstoffe zugeführt, andererseits werden die beim Abbau entstehenden Stoffwechselprodukte (flüchtige Fettsäuren) ausgespült.

Ein weiterer wichtiger Mechanismus ist der Wiederkauakt. Nur solche Futterpartikel, die bereits soweit abgebaut sind, dass eine bestimmte Teilchengröße unterschritten wird, können durch den Psalter (Blättermagen) in den Labmagen transportiert werden. Sind die Futterpartikel größer, werden sie in die Haube transportiert und mit einer sehr kräftigen Kontraktion der Haube durch die Speiseröhre in das Maul zurückbefördert. Die so zum Wiederkauen hinaufbeförderten Bissen werden etwa eine Minute lang durchgekaut und wieder abgeschluckt, worauf nach einer Pause von einigen Sekunden erneut ein Bissen in das Maul transportiert wird.

Die Wiederkautätigkeit hängt unmittelbar von der Futterstruktur ab. Bei ausreichender Versorgung mit strukturiertem Grobfutter wird ein großer Teil des Tages mit Wiederkauen zugebracht. Mit zunehmendem Kraftfutteranteil und abnehmendem Grobfutteranteil in der Ration sinkt die Wiederkauzeit. Da der Wiederkauakt gleichzeitig eng mit einer sehr starken Erhöhung des Speichelflusses verbunden ist, ist das Wiederkauen im Interesse einer Aufrechterhaltung des pH-Wertes im Pansen von größter Wichtigkeit. Eine Beobachtung des Wiederkauverhaltens der Kühe kann frühzeitig Stoffwechselstörungen erkennen helfen.

Ebenso ist es möglich, die Regelmäßigkeit der Pansenkontraktionen durch Horchen an der linken Seite der Kuh zu kontrollieren.

Eine wesentliche Charakteristik des Pansens ist die Beschaffenheit der Pansenschleimhaut. Diese besteht vor allen Dingen aus einer Unzahl von kleinen Zotten, wodurch die Oberfläche enorm vergrößert ist und damit die Möglichkeit zur Absorption der Stoffwechselprodukte stark verbessert wird. Die Ausbildung der Zotten führt zu einer bestimmten Struktur. Im Retikulum (Netzmagen) bildet sie eine netzartige Struktur, woher auch der Name für diesen Teil des Pansens stammt. In anderen Teilen des

Pansens findet man eine mehr bürstenartige Struktur, im Blättermagen schließlich erinnert die Struktur der Schleimhaut an ein leicht geöffnetes Buch.

Der Pansen mit all seinen verschiedenen Teilen und Funktionen stellt also ein äußerst kompliziert arbeitendes System dar. Es leuchtet ein, dass von außen einwirkende Störfaktoren (mangelnde Futterstruktur, stark verschmutzte Futtermittel wie zum Beispiel Rübenblattsilage) diese Funktionen stark stören oder gar außer Kraft setzen können.

4.2 Energie- und Nährstoffumsetzungen im Pansen

Die meisten Nährstoffe, die in den Pansen gelangen, werden dort von den Mikroorganismen mehr oder weniger stark abgebaut. Nur ein relativ geringer Anteil an Nährstoffen verlässt unverändert den Pansen und wird im Labmagen oder im Darm verdaut.

Bei den mikrobiellen Umsetzungen im Pansen fallen verschiedene Stoffwechselprodukte an. An erster Stelle sind die flüchtigen Fettsäuren zu nennen, vor allen Dingen Essig-, Propion- und Buttersäure. Aus diesen kurzkettigen Fettsäuren gewinnt die Milchkuh einen großen Teil ihrer Energie. Das Verhältnis der gebildeten Fettsäuren untereinander kann variieren, je nachdem, in welcher Form die Futterenergie vorliegt.

Abbildung E.4.1

Die wichtigsten Nährstoffumwandlungen im Pansen

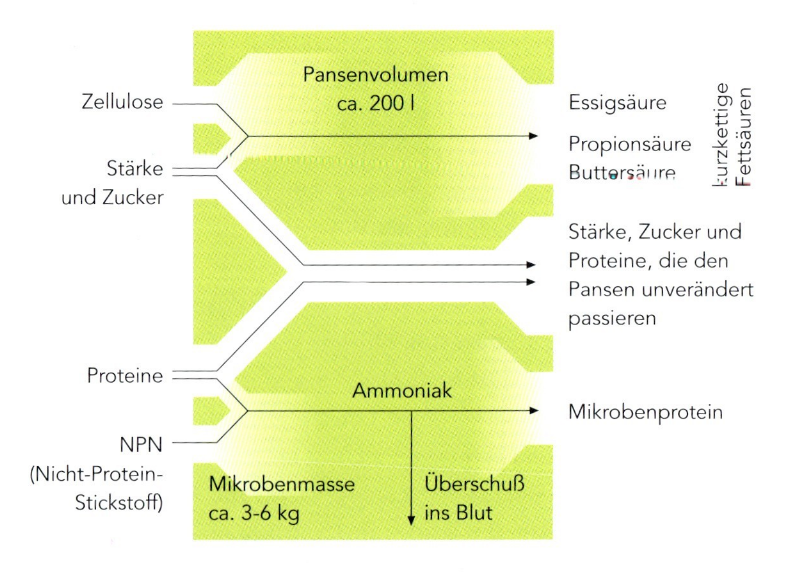

Beim Abbau von Rohfaser (Zellulose) wird vermehrt Essigsäure produziert, beim Abbau von Stärke und Zucker vermehrt Propionsäure und Buttersäure (siehe Abbildung E.4.1).

Das Verhältnis von Essig- zu Propionsäure im Pansen ist entscheidend für die „Verwendung" der Futterenergie. Es beträgt normalerweise bei einer Milchkuh etwa 3:1. Wenn es enger wird, wenn also relativ mehr Propionsäure gebildet wird und relativ weniger Essigsäure, so führt diese Verschiebung des Gärsäuremusters in Abhängigkeit vom hormonellen Status der Tiere zu einer verstärkten Körperfettbildung. Gleichzeitig geht die Fettsynthese im Euter zurück, so dass der Milchfettgehalt sinkt. Wird das Verhältnis von Essig- zu Propionsäure weiter als 3:1, ist meist die Energieversorgung der Kuh unzureichend, und sie ist deshalb gezwungen, Körperfett abzubauen.

4.3 Strukturbewertung

Bei steigenden Milchleistungen werden zur Abdeckung des Energiebedarfs energiereiche Grob- und Kraftfutter eingesetzt und der Kraftfutteranteil in der Ration erhöht. Grenzen liegen in der Sicherstellung der physikalischen Struktur, um eine wiederkäuergerechte Fütterung zu garantieren. Für eine alle Möglichkeiten ausschöpfende Rationsplanung bedarf es konkreter Maßzahlen und „Bedarfswerte" für die Strukturversorgung. Vom Ausschuss für Bedarfsnormen der Gesellschaft für Ernährungsphysiologie (GfE, 2001) wurden auf Grund der noch beschränkten wissenschaftlichen Datengrundlage keine abschließenden Empfehlungen gegeben. Als Möglichkeiten für die Anwendung in der Praxis werden die strukturwirksame Rohfaser nach Arbeiten von Piatkowski und Hoffmann und der Strukturwert (SW) nach De Brabander und Mitarbeitern (1999) vorgestellt.

Für eine „wiederkäuergerechte" Fütterung sind ein ausreichender Speichelfluss, stabile Säuerungsverhältnisse im Vormagen, eine Strukturierung des Vormageninhalts und ein gleichmäßiger Durchfluss der angedauten Futterbestandteile vom Vormagen zum Labmagen, Dünn- und Dickdarm sowie eine feste Kotkonsistenz zu gewährleisten. Maßgebend sind hierfür die Länge und Starrheit der Futterteilchen, das spezifische Gewicht, der Mahlwiderstand sowie die Art und die Abbaugeschwindigkeit der Kohlenhydrate. Ein weiterer Einflussfaktor ist die durch den Gehalt an Mineralstoffen bestimmte Kationen-Austauschkapazität (z. B. Calcium und Magnesium in Grassilage oder Luzerne).

Kauzeiten. Maßgebend für die Strukturwirkung eines Futters ist zunächst die Fress- und Wiederkauzeit, da diese direkt den Speichelfluss beeinflusst. Über den Speichel erfolgt eine weitgehende Steuerung des pH-Werts im Vormagen. Systematische Mes-

Tabelle E.4.1

Mittleres Fress- und Wiederkauverhalten von Milchkühen bei verschiedenen Rationstypen (Quelle: De Brabander et al.,1999)

Rationstyp	Frischgras	Grassilage/Heu	Maissilage
Anzahl Futter	13	30	23
Rohfasergehalt, g/kg TM	230	261	202
Grobfutterverzehr, kg TM/Tag	11,0	11,8	14,1
Kauzeiten, Minuten je kg Trockenmasse:			
- Fressen	34 ± 4	26 ± 5	20 ± 2
- Wiederkauen	37 ± 4	47 ± 6	39 ± 4
- gesamt	71 ± 8	74 ± 10	59 ± 6

sungen zur Kauzeit wurden sowohl zur Ableitung der strukturwirksame Rohfaser als auch des Strukturwerts durchgeführt. In den Versuchen von De Brabander und Mitarbeitern betrug die mittlere tägliche Fresszeit 4 3/4 Stunden und die Wiederkauzeit 8 1/4 Stunden. Je kg Trockenmasse Grundration sind dies 25 bzw. 41 Minuten fürs Fressen bzw. Wiederkauen. Zwischen den geprüften Futtermitteln bestanden erhebliche Unterschiede. Die Gesamtkauzeit aus Fressen und Wiederkauen schwankte zwischen 24 Minuten je kg Trockenmasse bei Kartoffeln und 158 Minuten bei Stroh.

Mit zunehmender Leistungshöhe und entsprechend erhöhter Futteraufnahme nimmt die Kauzeit je kg Trockenmasse ab. Außerdem bestehen erhebliche Unterschiede von Tier zu Tier. Der Tabelle E.4.1 sind die mittleren Kauzeiten der geprüften Partien Frischgras sowie Gras- und Maissilage zu entnehmen. Weitgehend unabhängig vom Rationstyp waren im Mittel 9 Mahlzeiten und 15 Wiederkauperioden je Kuh und Tag zu verzeichnen. Die Gesamtkauzeiten von Frischgras und Grassilage unterscheiden sich mit 71 und 74 Minuten kaum, obwohl zwischen den Fress- und Wiederkauzeiten deutliche Unterschiede bestehen. Erheblich niedriger liegen die Kauzeiten bei der Maissilage mit 20 Minuten Fress- und 39 Minuten Wiederkauzeit je kg Trockenmasse. Die Unterschiede von Futterpartie zu Futterpartie sind bei den Grasprodukten erheblich größer als bei der Maissilage. In den früheren Arbeiten von Piatkowski und Mitarbeitern zeigten sich längere Kauzeiten für Maissilage. Zu beachten sind diesbezüglich die Unterschiede der Maissilagen in Kornanteil, Kornausreife und Häcksellänge. Die in Belgien geprüften Qualitäten entsprechen dem heute in Deutschland üblichen Standard.

Eine Auswertung der in Belgien vorliegenden Versuchsdaten zeigte, dass die Kauzeit als Maßstab des Strukturwerts nicht immer eine wiederkäuergerechte Fütterung garantiert. Die kritische Kauzeit (minimale Kauzeit zur Gewährleistung einer intakten Vormagenfunktion) ist abhängig von der Art des Grobfutters und der Charakteristik des Kraftfutters. Für maissilagebetonte Rationen beträgt die kritische Kauzeit 27 und für Grassilagerationen 24 Minuten je kg Trockenmasse. Weiterhin wurde festgestellt, dass die Kauzeit bei Nasssilage auf Grund der längeren Fresszeit höher liegt als bei angewelkter Grassilage, obwohl kein Unterschied im Strukturwert besteht. Bei den Kraftfuttern wird über die Kauzeit die unterschiedliche Wirkung der enthaltenen Kohlenhydrate auf das Ausmaß und die Schnelligkeit der Pansensäuerung nicht berücksichtigt. Dies betrifft z.B. die unterschiedliche Wirkung von Gerste und Körnermais auf Grund der unterschiedlichen Beständigkeit und Abbaugeschwindigkeit ihrer Stärke im Vormagen. Ferner zeigen die energiereichen Saftfutter wie Futterrüben, Pressschnitzel, Biertreber und Kartoffeln geringe Kauzeiten, sind aber dennoch erheblich günstiger in der Strukturwirkung als im Energiegehalt vergleichbare Kraftfutterkomponenten.

Abbildung E.4.2

Häcksellänge beeinflusst die Futterstruktur, links größer 10 mm, rechts 4–6 mm

Kritischer Grobfutteranteil. Zur Erfassung weiterer „Struktureffekte“ wurde in über 50 Fütterungsversuchen mit 8 bis 12 Kühen je Versuch der kritische Grobfutteranteil in der Ration bestimmt. Hierzu wurde ausgehend von einem Kraftfutteranteil von 40 % an der Trockenmasseaufnahme durch Steigerung des Anteils um jeweils 5 %-Punkte der Kraftfutteranteil ermittelt, bei dem es zu einem Mangel an Struktur kam. Der Grobfutteranteil, bei dem noch keine Symptome von Strukturdefiziten auftreten, wird als kritischer Grobfutteranteil bezeichnet. Kennzeichen für den Strukturmangel sind die Abnahme des Milchfettgehalts, der Rückgang der Futteraufnahme und der Milchleistung und weitere Erscheinungen der Pansenübersäuerung. Im Mittel ging der Milch-

Tabelle E.4.2

Gegenüberstellung der Strukturbewertung nach Arbeiten von Piatkowski und Hoffmann (1990) (strukturwirksame Rohfaser) mit De Brabander und Mitarbeiter (1999) (Strukturwert)

Futtermittel	Rohfaser g/kg TM	strukturwirksame Rohfaser g/kg TM	Strukturwert SW /kg TM
Stroh	430	645	4,30
Heu	280	280	3,50
Grassilage	250	225	2,93
Maissilage	200	200	1,70
Weidegras	200	140	1,60
Biertrebersilage	190	(76)*	1,00
Kartoffeln	27	–	0,70
Sojaschalen	380	–	0,64
Mais	26	–	0,22
Weizen	29	–	- 0,15

** Faktor (f) der Strukturwirksamkeit = 0,4*

fettgehalt bei Strukturmangel um etwa 0,6 %-Punkte zurück. Ein reduzierter Milchfettgehalt ist zwar zur Zeit nicht von großer wirtschaftlicher Relevanz, weist jedoch am deutlichsten auf ein Defizit in der Strukturversorgung hin.

Bei den Versuchen zeigte sich, dass die Kraftfutterverträglichkeit in Rationen mit Grasprodukten erheblich höher ist als in Rationen mit Maissilage. Dies erscheint auch logisch, da Maissilage ein Gemisch aus Restpflanze und Korn darstellt und somit bereits „Kraftfutter" enthält. Weiter zeigen die Versuche, dass die energiereichen Saftfutter (Futterrüben, Kartoffeln, Biertreber, Pressschnitzel) einen erheblich höheren „Strukturwert" haben als Kraftfutter.

Vergleich der Bewertungsansätze. Die Angaben zur Strukturwirkung der Rohfaser basieren auf Kauzeitmessungen. Je nach Futtermitteltyp, Vegetationsstadium und Teilchengröße sind unterschiedliche Strukturfaktoren in Anwendung. Der Faktor (f) der Strukturwirksamkeit (nach Hoffmann, 1990) von Heu mittlerer Qualität ist 1. Der Strukturwert (SW) ist abgeleitet aus den Versuchen zum kritischen Grobfutteranteil und den vorliegenden Kauzeitmessungen. Angegeben wird der SW als dimensionslose

Tabelle E.4.3

Empfohlene Mindestwerte an strukturwirksamer Rohfaser und SW bei TMR

Leistungsniveau: **kg Milch/Tag (4,2 % Fett)**	**30**	**40**	**50**
Lebendmasse, kg	625	675	725
Futteraufnahme, kg TM/Tag	20	23	26
strukturwirksame* Rohfaser, g/kg TM	125	117	112
SW, /kg TM	0,96	1,06	1,16

**400 g strukturwirksame Rohfaser je 100 kg LM*

Vergleichszahl. Ein SW von 1 je kg Trockenmasse ist zur Gewährleistung der Strukturversorgung einer „Standardkuh" mit 25 kg Milch je Tag erforderlich. Der Tabelle E.4.2 sind für eine Reihe von Futtermitteln die kalkulierten Gehalte an strukturwirksamer Rohfaser und SW zu entnehmen. Die strukturwirksame Rohfaser bewegt sich zwischen 645 g je kg Stroh und 0 für die Kraftfutterkomponenten. Die SW schwanken bei den Grobfuttern von 4,3 für Stroh bis 1,6 für energiereiche Maissilage. Eine Mittelstellung nehmen die energiereichen Saftfutter mit einem SW von 0,7 bei Kartoffeln bis 1,05 bei Pressschnitzelsilage ein. Bei den Kraftfuttermitteln wird der SW mit einer Formel berechnet, die neben der Rohfaser die beständige Stärke und die schnell abbaubaren Kohlenhydrate Stärke und Zucker berücksichtigt. Futter mit hohen Anteilen schnell abbaubarer Kohlenhydrate haben begründet durch die schnelle Säurebildung im Vormagen negative Strukturwerte (z. B. Weizen und Triticale). Der Mais hat aufgrund der hohen Beständigkeit der Stärke und der dadurch verlangsamten und reduzierten Säurebildung einen positiven Strukturwert.

Beide Systeme zeigen eine vergleichbare Spanne in der Strukturwirkung zwischen Stroh und Kraftfuttermitteln. Unterschiedlich ist die Abstufung im Strukturwert zwischen Gras- und Maissilage. Zu beachten ist hierbei, dass neben Unterschieden in der Methodik insbesondere bei der Maissilage auch qualitativ unterschiedliche Futter geprüft wurden. Dies betrifft insbesondere den Sortentyp, den Reifegrad und die Häcksellänge bei den früheren Untersuchungen in der DDR.

Ebenfalls verschieden sind die Empfehlungen zur Abdeckung der erforderlichen Futterstruktur. Für die strukturwirksame Rohfaser werden die Empfehlungen auf die Lebendmasse der Tiere bezogen. Beim SW differieren die Empfehlungen mit der Leistungshöhe, dem Fettgehalt, der Anzahl Laktationen und der Art der Kraftfuttervorlage. Ein Vergleich der Empfehlungen in Abhängigkeit vom Leistungsniveau ist der Tabelle E.4.3 zu entnehmen. Bei der strukturwirksamen Rohfaser ergibt sich ein Absinken der Anforderung je kg Trockenmasse mit steigender Milchleistung. Beim SW steigen die Mindestwerte mit der Milchleistung. Die Empfehlungen beim SW wurden aus den vorliegenden Versuchsdaten abgeleitet.

Eine Beurteilung der Systeme hat auf Basis von Versuchsdaten und Erfahrungen in der Praxis zu erfolgen. Vorteile des SW zeigten sich in der Beurteilung von Rationen mit energiereichem Saftfutter und stark unterschiedlichen Kraftfutterkomponenten. Bei rationierter Grobfuttergabe zeigte sich in einem Versuch mit altmelkenden Kühen von Meyer und Mitarbeitern (2001) auf Basis Grassilage bei rechnerisch ausreichendem SW und Kraftfutteranteilen von 67 % der TM ein Defizit an Grobfutter. Die Tiere suchten nach Grobfutter, nahmen das vorgesehene Kraftfutter unvollständig auf und sanken in der Milchleistung ab. Nur beschränkt erfasst werden über die Systeme etwaige Probleme mit der Kotkonsistenz. Dies gilt insbesondere für Rationen mit größeren Anteilen an hochverdaulichen Grasprodukten.

Für die Rationsplanung wird der SW empfohlen, da hier für viele Futtermittel Werte vorliegen und der SW eine differenzierte Bewertung der Saft- und Kraftfutter ermöglicht. Die Anwendung der strukturwirksamen Rohfaser erfordert eine Vereinheitlichung der Methodik, um die erforderlichen Werte für die Futterbewertung ableiten zu können. Beide Bewertungsansätze sind zur Orientierung in der Rationsplanung anwendbar. Weitere Untersuchungen zur Klärung der aufgezeigten Probleme sind geboten.

5. Proteinstoffwechsel und -bewertung

Beim Proteinstoffwechsel sind die Umsetzungen im Vormagen für die Bereitstellung von am Darm nutzbaren Rohprotein (nXP) entscheidend. Mit der konsequenten Anpassung der Proteinbewertung durch nXP und RNB wurde in 1997 ein wesentlicher Schritt zur besseren Vorhersage der Proteinversorgung getan. Dennoch sind gerade im Bereich der Proteinversorgung noch eine Reihe von Punkten nicht abschließend erforscht.

5.1 Proteinstoffwechsel

Beim Stoffwechsel von Proteinen im Pansen spielen die Mikroorganismen eine herausragende Rolle. Futtereiweiß, welches durch die Futteraufnahme in den Pansen gelangt, wird von diesen Mikroorganismen zu einem überwiegenden Anteil abgebaut. Dabei entstehen als Endprodukte vorwiegend Ammoniak (eigentlich Ammonium-Ionen) und als Abbauprodukt der Kohlenhydrate flüchtige Fettsäuren.

Das Ausmaß des Futterproteinabbaues hängt im wesentlichen von der Art der Futterproteine ab. Das Ausmaß des Abbaus wird im allgemeinen als Abbaubarkeit bezeichnet und in Prozent angegeben.

Das Messen der Abbaubarkeit eines Futterproteins an der Milchkuh ist sehr schwierig und aufwendig. In den meisten Fällen werden dazu Kühe herangezogen, die mit einer Umleitungskanüle am Darm versehen sind. Auf diese Art kann man quantitativ die Menge des vom Labmagen in den Darm fließenden Futterbreis bestimmen und somit auch die Menge an Protein. Allerdings muss dann immer noch unterschieden werden zwischen solchem Protein, welches aus der Synthese von Mikroorganismen stammt und solchem, welches aus unabbaubarem Futterprotein (UDP) stammt. Hierfür werden verschiedene „Marker" eingesetzt, auf die hier aber nicht weiter eingegangen werden soll. Die genannten Schwierigkeiten lassen ein exaktes Bestimmen der Abbaubarkeit jedes einzelnen Futterproteins kaum zu. Man hat daher die vorliegenden Messungen zusammengefasst und die bekannten Futtermittel nach ihrem Anteil an unabbaubarem Protein (Anteil UDP) in Klassen in Abstufung von 5-%-Punkten eingeordnet. Die Werte sind den DLG Futterwerttabellen für Wiederkäuer zu entnehmen.

Abbildung E.5.1

Rohproteinumsetzungen im Pansen

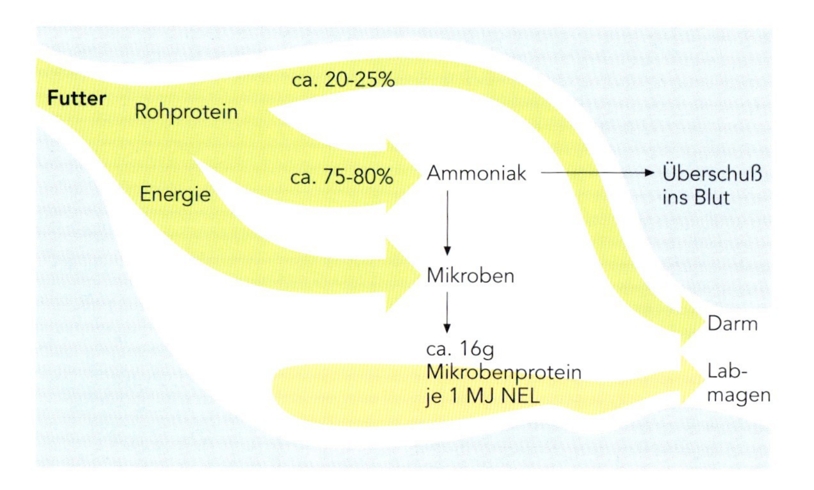

Das beim Abbau des Futterproteins im Pansen entstehende Ammoniak kann verschiedene Wege nehmen. Entweder wird es von den Mikroorganismen zum Aufbau von Mikrobenmasse benutzt, oder es wird durch die Pansenwand in die Blutbahn und von dort in die Leber transportiert, wo es zu Harnstoff umgewandelt wird. Dieser Harnstoff wiederum wird entweder mit dem Harn ausgeschieden (wodurch überflüssiger Futter-Stickstoff aus dem Körper ausgeschieden werden kann), oder er fließt mit dem Speichel beziehungsweise direkt durch die Pansenwand in den Pansen zurück. Dieser Kreislauf, der auch als rumino-hepatischer Kreislauf bezeichnet wird, stellt vor allen Dingen für wildlebende Wiederkäuer einen Sparmechanismus dar. In Zeiten knappen Angebotes an Futterprotein wird die Ausscheidung von Harnstoff stark eingeschränkt und vermehrt Harnstoff in den Pansen zurücktransportiert. Hieraus können die Mikroben unter Benutzung der Futterenergie körpereigene Masse aufbauen. Diese Mikrobenmasse, welche zu einem großen Teil aus hochwertigen Proteinen besteht, fließt kontinuierlich in den Labmagen und den Darm und kann dort verdaut werden, womit die Proteinversorgung der Tiere sichergestellt werden kann (siehe Abbildung E.5.1)

Das Ausmaß der mikrobiellen Synthese im Pansen hängt in erster Linie von der im Pansen zur Verfügung stehenden Futterenergie ab. Man geht heute davon aus, dass je MJ NEL rund 14,5 bis 16 g Mikroben-Rohprotein (das entspricht 10,5 bis 12 g Reineiweiß) gebildet werden.

Bei hochleistenden Tieren ist die Energieaufnahme der begrenzende Faktor in der Fütterung. Daher besteht bei solchen Kühen die Gefahr, dass auch bei sehr hohem

Angebot an Futterprotein nicht genügend Protein im Darm ankommt, weil infolge des begrenzten Mikrobenwachstums die beim Eiweißabbau entstehenden Ammoniakmengen nicht mehr restlos in Mikrobeneiweiß umgewandelt werden können. Zudem hat sich gezeigt, dass sich der beim Abbau anfallende Überschuss an Ammoniak nachteilig auf Gesundheit und Fruchtbarkeit der Tiere auswirken kann. In diesem Zusammenhang sind auch die Bemühungen zu sehen, mit „geschütztem" Eiweiß, also Eiweiß, welches so behandelt ist, dass der Anteil an unabbaubarem Protein im Pansen deutlich erhöht ist, die Proteinversorgung von Milchkühen zu verbessern.

Für die Proteinversorgung hochleistender Tiere sind daher vorrangig zwei Dinge zu beachten:

- Auch bei Spitzenleistungen sollte nach Möglichkeit dafür gesorgt werden, dass die Energieversorgung dem Bedarf entspricht.
- Die Versorgung mit nXP sollte den Empfehlungen zur Versorgung entsprechen.

Für den Milchviehhalter sind folgende Punkte besonders wichtig:

- Eine erhebliche Überversorgung mit RNB muss vermieden werden, da die überschüssigen Ammoniakmengen im Pansen nicht zu Mikrobeneiweiß umgewandelt werden können und daher den Stoffwechsel belasten – Fruchtbarkeitsstörungen können die Folge sein.
- Bei niedrigem Leistungsniveau (18 bis 25 kg Milch) sind stark positive RNB aus dem Grobfutter oft nicht zu vermeiden. Diese können bei niedrigem Leistungsniveau jedoch eher toleriert werden als bei hohem.
- Auf eine möglichst gute Energieversorgung, vor allem in den ersten 100 Tagen der Laktation, ist zu achten. Dies gelingt nur bei einem guten Start in die Laktation und wenn den Kühen hochwertiges Grobfutter zur Verfügung gestellt wird und die Kraftfuttergaben sehr genau angepasst werden.

5.2 Proteinbewertung, Versorgung mit nXP

Rinder benötigen wie jedes andere Säugetier auch Aminosäuren zur Aufrechterhaltung des Eiweißstoffwechsels und zur Bildung von Milch und Fleisch. Ziel der Eiweißversorgung der Wiederkäuer ist es, eine dem Bedarf entsprechende Menge an essentiellen und nichtessentiellen Aminosäuren am Darm zu gewährleisten.

Eine nähere Betrachtung der am Darm fließenden Aminosäuren zeigt, dass der größte Teil (**60 – 80 %**) nicht aus dem Futter sondern, aus den Mikroben des Vormagens stammt. Nur ein kleiner Teil (**10 – 30 %**) sind Aminosäuren aus dem Futtereiweiß. Ursache ist der starke Abbau von Futtereiweiß im Vormagen durch die bereits erwähnten Mikroben. Der Abbau des Futterproteins erfolgt bis zum Ammoniak, wobei der Ammoniak zur erneuten Bildung von Mikrobenprotein genutzt werden kann.

Die gefütterte Menge an Rohprotein gibt folglich nur wenig Aufschluss über die Menge und die Art der am Darm verfügbaren Aminosäuren. Eine erweiterte Proteinbewertung, die sich auf die Aminosäuren am Darm bezieht, ist daher erforderlich. Mit Beginn in Frankreich 1978 wurden eine Reihe verschiedener Systeme erarbeitet und mit unterschiedlichem Erfolg in die Fütterungspraxis eingeführt.

Ausgangsbasis der Betrachtung sind die Umsetzungen des Rohproteins in Vormagen, Darm, Intermediärstoffwechsel und Euter (siehe Abbildung C.2.9). Das am Darm anflutende vom Tier nutzbare Rohprotein ist in erster Linie Mikrobenprotein und zu einem geringen Anteil unabgebautes Futterprotein (UDP). Die am Darm anflutende Menge an Mikrobenprotein ist abhängig von der im Vormagen gebildeten Mikrobenmenge, deren Zusammensetzung und den Abflussraten in den Labmagen. Für die Bildung von Mikrobenprotein sind die für die Mikroben nutzbare Energiemenge und eine ausreichende Bereitstellung von Stickstoff, Phosphor, Schwefel etc. maßgebend. Da die Bildung von Mikroben kontinuierlich verläuft, sind auch alle Bausteine stets erforderlich.

Die Menge an UDP am Darm ist abhängig von der Abbaucharakteristik des Futters und den Flussraten. Zwischen UDP und Mikrobenprotein bestehen dabei Wechselwirkungen. Für die Milchkuh nutzbar ist nur der verdauliche Anteil des am Darm anflutenden Rohproteins. Die über das Blut an den Ort des Bedarfs gelangenden Aminosäuren stehen zur Bildung von Milcheiweiß zur Verfügung. Ein kleiner Teil der Aminosäuren wird zur Bildung von Körpereiweiß (Muskel) genutzt. Dies gilt insbesondere für wachsende Tiere in der ersten Laktation.

Jeweils zu Beginn der Laktation kann auch Körpereiweiß freigesetzt werden. Die Mengen sind jedoch so gering, dass sie in der Rationsplanung im Gegensatz zur Energiebereitstellung aus Körperfett außer acht zu lassen sind. Die Beobachtung, dass trotz rechnerisch ausreichender nXP-Versorgung die Milcheiweißmenge nicht befriedigt, ist in den Wechselwirkungen zum Energie- und Laktose-Stoffwechsel begründet. Aminosäuren können energetisch genutzt werden und als Ausgangssubstanz für die Bildung von Milchzucker dienen. Fazit der Betrachtung ist, dass die Proteinversorgung immer im Zusammenhang mit der Energieversorgung und dem physiologischen Stadium der Kuh zu sehen ist.

Im deutschen System zur Proteinbewertung der GfE (2001) bei der Milchkuh wurde das nutzbare Rohprotein am Darm als Größe gewählt

Nutzbares Rohprotein am Darm (nXP). Die Eiweißbewertung erfolgt auf Basis des nutzbaren Rohproteins (nXP) am Darm. Der nXP-Wert eine Futtermittels gibt an, wieviel nutzbares Rohprotein am Darm zu erwarten ist. Die Menge an nutzbarem Rohprotein ergibt sich aus der Summe von Mikrobenprotein und unabbaubarem Futterprotein (UDP). Unterstellt ist hierbei, dass die Bildung von Mikrobeneiweiß in den Vormägen durch die Bereitstellung von Energie begrenzt wird. Alle sonstigen Nährstoffe für die Mikroben wie Stickstoff, Phosphor, Schwefel etc. müssen dazu in ausreichender Menge zur Verfügung stehen, damit nicht diese das Mikrobenwachstum beschränken.

Die Berechnung des Gehaltes an nXP (g/kg TM) kann nach folgender Formel erfolgen:

$$\text{nXP (g/kg TM)} = [11{,}93 - (6{,}82 \times (\text{UDP}/\text{XP}))] \times \text{ME} + (1{,}03 \times \text{UDP})$$

XP – Rohprotein ohne Harnstoff (g/kg TM)
UDP – unabbaubares Rohprotein (g/kg TM)
ME – Umsetzbare Energie (MJ/kg TM)

Weitere Formeln gehen statt der ME vom Gehalt an verdaulicher Organischer Substanz aus. Bei fettreichen Futtermitteln (Rohfett > 7% der TM) wird das verdauliche Rohfett in Abzug gebracht.

Bei der Berechnung des nXP wird berücksichtigt, dass hohe Anteile an unabbaubarem Futterprotein die Bildung von Mikrobenprotein mindern. Rohprotein, das im Vormagen nicht abgebaut wird, liefert keine Energie für die Bildung von Mikrobenprotein, da nur die im Vormagen umgesetzten Futterbestandteile entsprechend Energie zur Verfügung stellen. Konkret heißt dies, dass mit steigendem Anteil an unabbaubarem Futterprotein die Mikrobenproteinmenge fällt und das nXP somit in geringerem Maß steigt.

Der unabbaubare Anteil des Rohproteins wird in Abstufungen von 5 % angegeben. Der Anteil UDP am Rohprotein schwankt je nach Futtermittel zwischen 5 und 65 %.

N-Versorgung der Mikroben (RNB). Der Proteinwert des Futters wird maßgebend durch den Gehalt an nXP charakterisiert. Zur Sicherstellung der Stickstoffversorgung der Pansenmikroben wird ergänzend die RNB ausgewiesen. RNB steht für **R**uminale-**N**-**B**ilanz und wird in g N je kg angegeben. Der Wert kann je nach Futtermittel positiv oder negativ sein. Positiv heißt, dass mehr Stickstoff im Pansen zur Verfügung gestellt wird, als von den Mikroben genutzt werden kann. Beispiele hierfür sind Gras und Grasprodukte. Eine negative RNB zeigt, dass im Pansen ein N-Mangel vorliegen kann, wenn nicht gleichzeitig Futter mit positiver RNB eingesetzt werden. Beispiele hierfür sind Maissilage und Melasseschnitzel. In der Gesamtration sollte die Summe der RNB-

Werte gleich oder größer null sein, um ein ungestörtes Mikrobenwachstum zu gewährleisten.

Die RNB errechnet sich wie folgt:

$$RNB\ (g/kg) = \frac{(XP - nXP)}{6{,}25}$$

XP - Rohprotein (g/kg); nXP - nutzbares Rohprotein (g/kg)

Die Gehalte an nXP schwanken für die einzelnen Futtermittel zwischen 70 und 500 g je kg Trockenmasse. Bei den Grassilagen ergibt sich eine Spannbreite von 110 bis 150 g nXP je kg TM und bei den Maissilagen von 120 bis 140 g. Die Abschätzung erfolgt bei der Grobfutteruntersuchung. Unabhängig vom nXP ergeben sich erhebliche Schwankungen in der RNB.

Die erforderliche RNB hängt stark von der Nutzung des rumino-hepatischen Kreislaufs ab. Bei niedrigleistenden Tieren ist bekannt, dass auch eine negative RNB von -20 g N/Kuh und Tag die mikrobielle Proteinbildung nicht beeinträchtigt. Ob dies auch bei höheren Leistungen gilt, ist zur Zeit noch offen. Es liegen Versuchsergebnisse vor, bei denen eine negative RNB auch bei über 30 kg Tagesleistung nicht zu Minderleistungen führte. Für die Fütterungspraxis bleibt jedoch bis zur Vorlage weiterer Ergebnisse die Empfehlung eine ausgeglichene bzw. positive RNB einzustellen.

Eine Abschätzung der Versorgung mit einzelnen Aminosäuren erfolgt bisher nicht. Neben dem Methionin sind Leucin, Histidin und Lysin von Bedeutung. Als relativ fest im Aminosäuremuster wird das Mikrobenprotein erachtet. Über das UDP ergeben sich konkrete Möglichkeiten zur Beeinflussung der Anflutung einzelner Aminosäuren. Wird davon ausgegangen, dass alle Aminosäuren im gleichen Umfang „pansenbeständig“ sind, so resultieren die in Tabelle C.2.52 aufgeführten Mengen an „nutzbarem“ Methionin, Lysin und Leucin. Die Tabelle zeigt, dass sowohl die Relation der Aminosäuren zueinander als auch die absolute Höhe extrem unterschiedlich sein können. Vergleichsweise viel Methionin liefern Biertreber, Rapsextraktionsschrot und Maisprodukte. Viel Lysin ist über Sojaprodukte zu erhalten. Bei Leucin gilt Maiskleber als der Lieferant.

Gegenwärtig empfiehlt sich keine gezielte Optimierung auf Aminosäuren am Darm, da die Möglichkeiten zur Vorhersage von Versorgung und Leistung noch gering sind. Dennoch wird der ein oder andere Effekt in der Praxis auf die Wirkung von Einzelaminosäuren zurückzuführen sein. Bei Methionin wird ergänzend eine Wirkung im

Vormagen auf die mikrobielle Synthese und ein entlastender Effekt im Fettstoffwechsel diskutiert. Durchschlagend sind die Effekte von Methionin-Zulagen jedoch nicht generell, so dass eine Einsatzempfehlung an dieser Stelle nicht gegeben werden kann. Ein kombinierter Einsatz zum Beispiel mit leucinreichen Futtermitteln macht vom theoretischen Ansatz her mehr Sinn, da wie bereits ausgeführt, nicht nur eine Aminosäure limitierend ist.

Eine Weiterentwicklung ist in Bezug auf die Abschätzung der Proteinwerte zu erwarten. Inzwischen wurden Methoden entwickelt, um den Anteil an unabbaubarem Protein (% UDP) in Einzelkomponenten und Mischfuttern zu bestimmen. Dies sind zum einen die chemische Fraktionierung und zum anderen der um die Ammoniakmessung erweiterte HFT.

6. Mineralstoffwechsel

Mineralstoffe machen nur einen geringen Anteil einer Ration aus und fallen auch kostenmäßig nicht sehr ins Gewicht. Dennoch muss bei der Rationsberechnung und -gestaltung darauf geachtet werden, dass eine bedarfsgerechte Versorgung mit Mineralstoffen erfolgt. Andernfalls können nicht nur Leistungseinbussen, sondern auch Gesundheits- und Fruchtbarkeitsstörungen die Folge sein.

Wichtig ist, dass nicht nur die Mindestanforderungen an die Mineralstoffversorgung erfüllt sein müssen, sondern dass eine schädliche Überversorgung vermieden und auch unter gewissen Bedingungen ein bestimmtes Verhältnis der Mineralstoffe zueinander eingehalten werden muss. Wird den Tieren zu wenig von einem Mineralstoff zugeführt, so wird sehr schnell die Leistung eingeschränkt, da die Konzentration an Mineralstoffen in der Milch sehr konstant ist. Die Kühe sind also nicht bereit, die Ausscheidung von Mineralstoffen mit der Milch dadurch zu bremsen, dass weniger Mineralstoffe mit der Milch abgegeben werden, sondern sie senken ganz einfach die Milchleistung. In vielen Fällen bleibt ein solcher Leistungsrückgang unbemerkt, weil keine weiteren Folgen sichtbar werden. Es kommt also durchaus vor, dass eine Kuh 2 oder 3 kg Milch weniger gibt, als sie aufgrund der Energie- und Eiweißversorgung zu leisten imstande wäre, nur weil ein Mineralstoff wie z. B. Natrium im Mangel ist. Bei längerfristiger Unterversorgung kann es dann zu schweren gesundheitlichen Störungen kommen, wie zum Beispiel Bewegungsstörungen (Festliegen bei Calciummangel beziehungsweise Tetanie bei Magnesiummangel).

Sicher ist es praktisch unmöglich, jede Kuh jeden Tag mit der angemessenen Menge an Mineralstoffen zu versorgen. Erfreulicherweise ist dies auch nicht zwingend notwendig, denn die Tiere haben für den Mineralstoffhaushalt gute Regulationsmöglichkeiten, mit denen sie Mängel oder Überschüsse in einem gewissen Rahmen kompensieren können.

Im Folgenden werden die Regulationsmechanismen für die Mengenelemente Calcium, Phosphor, Natrium und Magnesium aufgezeigt.

6.1 Calcium

Beim Calcium verfügt die Kuh über umfangreiche Möglichkeiten der Regulation, so dass eine kurzfristige starke Unterversorgung und auch Überversorgung keinen Einfluss auf den Calciumgehalt im Blut hat. Dieser beträgt normalerweise etwa 9 bis 11 mg Calcium je 100 ml Blutplasma und muss sehr konstant bleiben, weil sonst sofort bestimmte Körperfunktionen außer Kraft gesetzt werden. Bei einer Menge von etwa 20 l Blutplasma, die eine Kuh besitzt, bedeutet das aber, dass in dem gesamten Blutplasma der Kuh nur rund 2 g Calcium enthalten sind. Andererseits beträgt der Gehalt an Calcium in der Milch etwa 1,2 g je kg. Bei einer Leistung von 30 kg werden also etwa 36 g Calcium allein mit der Milch ausgeschieden. Diese Calciummengen müssen ständig mit dem Blut in das Euter transportiert, gleichzeitig muss der Gehalt an Calcium im Blutplasma in dem oben genannten Bereich aufrechterhalten werden, es muss also ständig Nachschub erfolgen. Der Nachschub erfolgt normalerweise durch das mit dem Futter aufgenommene Calcium. Dieses gelangt durch den Verdauungskanal in den Dünndarm, wo es absorbiert, das heißt, durch die Wand des Darms in das Blut überführt wird.

Hier setzt der erste Regulationsmechanismus ein. Der Anteil des Futtercalciums, welcher in den Körper überführt wird, hängt von der Menge Calcium ab, die mit dem Futter aufgenommen wird. Wird sehr viel Calcium aufgenommen, ist der Anteil dieses Calciums, welches in den Körper überführt wird, sehr gering. Ist die Versorgung dagegen knapp, wird ein relativ hoher Anteil des Futtercalciums in das Blut überführt. Tabelle E.6.1 zeigt dazu ein Beispiel.

Bei einem Bedarf an Futtercalcium von 80 g je Kuh und Tag werden 50 g (Mangel), 80 g (bedarfsdeckend) oder 110 g (Überschuss) angeboten. Die im Blut benötigte

Tabelle E.6.1

Beispiel für die Regulation des Calcium-Stoffwechsel – Brutto-Bedarf: 80 g Calcium je Kuh und Tag

Versorgungsgrad:	Mangel	bedarfsgerecht	Überschuss
Calcium über Futter, g	50	80	110
Calcium absorbiert, g	40	40	40
Absorption, % des Futter-Calciums	80	50	36

Abbildung E.6.1

Beispiel für die Regulation der Calcium-Versorgung bei unterschiedlichem Angebot über das Futter

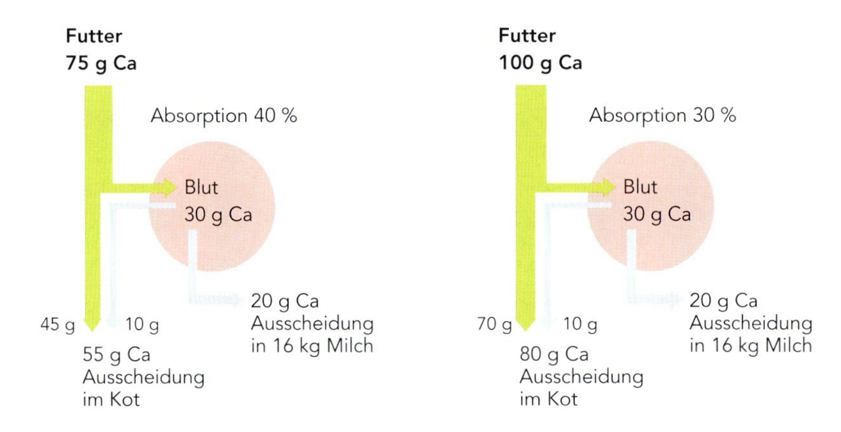

Menge soll 40 g betragen. Dann werden jeweils diese 40 g dem Blut entzogen, die Absorption beträgt also 80, 50 beziehungsweise 36 %.

So exakt kann das ganze System natürlich nicht immer funktionieren, bei einer deutlichen Unterversorgung wird trotzdem ein Mangel auftreten, da der absorbierte Anteil niemals 100 % betragen kann. Umgekehrt wird nicht jede überschüssige Menge an Futtercalcium mit dem Kot ausgeschieden (siehe Abbildung E.6.1).

Es gibt aber zusätzlich noch einen zweiten Regulationsmechanismus.

Das Knochenskelett enthält große Anteile an Calcium, bei einer ausgewachsenen Milchkuh 6 bis 7 kg. Dieses Calcium macht rund 99 % des gesamten Calciums im Körper aus. Das in den Knochen eingelagerte Calcium ist zum Teil austauschbar und kann daher als Reserve dienen. Wenn also mit dem Futter zu wenig Calcium in das Tier gelangt, kann auf die Reserve in den Knochen zurückgegriffen werden. Umgekehrt werden Überschüsse zum Teil wieder in die Knochen eingelagert. Auch diese beiden Vorgänge – das Auslagern aus den Knochen beziehungsweise das Einlagern in die Knochen – werden hormonell gesteuert. Bei einem Calciummangel wird Parathormon produziert, welches den Stoffwechsel veranlasst, Calcium aus den Knochen abzubauen. Bei reichlichem Calcium-Angebot hingegen bewirkt das Calcitonin den Einbau von Calcium in die Knochen.

Es besteht also ein doppelt abgesichertes regelbares Rückkoppelungssystem, welches in der Lage ist, den Calciumgehalt im Blut selbst bei sehr unterschiedlicher Calciumversorgung annähernd konstant zu halten (s. Abbildung E.6.2). Nur so sind Milchkühe

Abbildung E.6.2

Regulation des Calcium-Stoffwechsels bei der Milchkuh

a) Calcium-Mangel

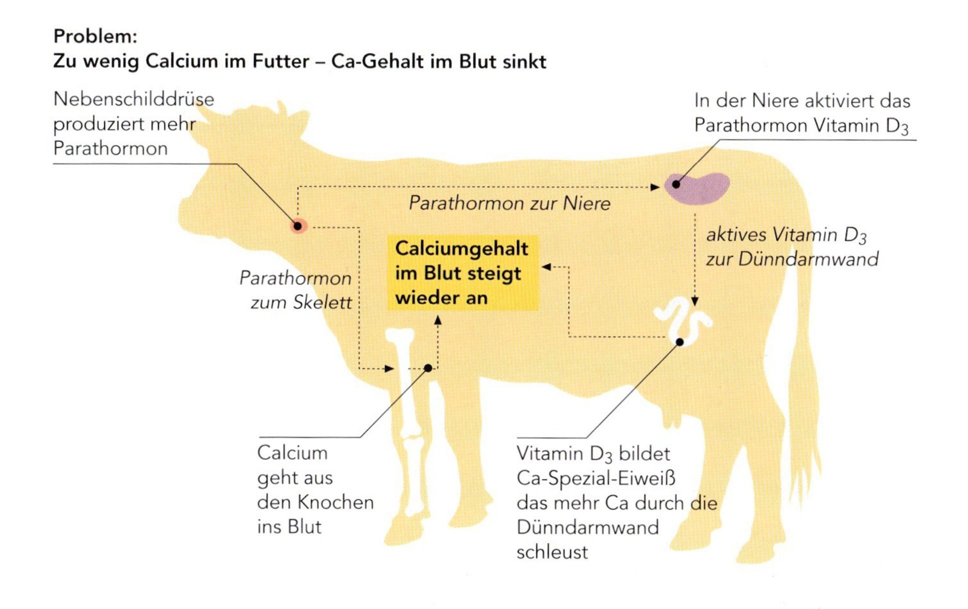

b) Calcium-Überschuss

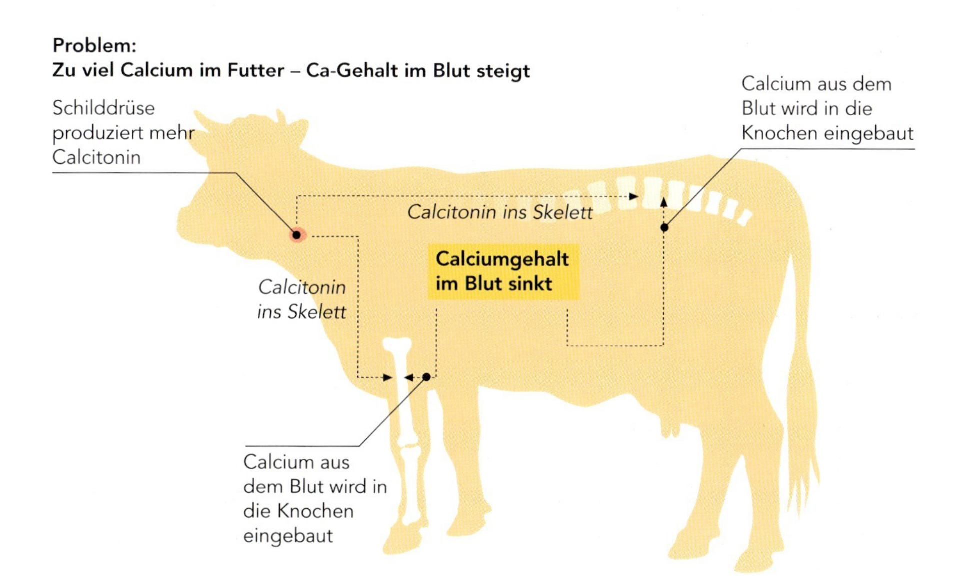

in der Lage, mit den häufig wechselnden Versorgungslagen aus verschiedenen Futtermitteln fertig zu werden. Selbstverständlich haben aber auch diese Regulationsmechanismen ihre Grenzen. Eine langfristige Unterversorgung kann auf Dauer nicht ausgeglichen werden. Ziel der Fütterung muss es daher sein, den Bedarf der Tiere zu decken.

Die Grenzen dieses Regulationssystems liegen besonders auch darin, dass das „Umschalten" von Über- zur Unterversorgung, also die Ausschüttung von Parathormon beziehungsweise Calcitonin, relativ langsam erfolgt. Das kann sich zum Beispiel sehr nachteilig auswirken, wenn in der Trockenstehzeit zuviel Calcium verabreicht wird. Dann nämlich ist der Stoffwechsel darauf eingerichtet, Calcium in die Knochen einzulagern und so Reserven zu bilden. Wenn nach der Geburt die Laktation einsetzt und mit der Milch enorme Mengen Calcium entzogen werden, ist der Stoffwechsel der Kühe nicht in der Lage, die notwendigen Calciummengen aus dem Futter direkt in die Milch zu überführen. Es wird zunächst sogar weiterhin Calcium in die Knochen eingebaut. Dies hat zur Folge, dass der Calciumgehalt im Blutplasma schlagartig sinkt und es somit zum „Festliegen" der Gebärparese kommt. Versuche haben gezeigt, dass eine knappe Versorgung mit Calcium etwa in den letzten 10 Tagen vor dem voraussichtlichen Kalbetermin die Gefahr dieser Stoffwechselerkrankung erheblich mindern kann. Der Stoffwechsel wird so darauf eingerichtet, einerseits Futter-Calcium in größeren Mengen durch höhere Absorption in den Körper zu überführen und andererseits Calcium aus den Knochen auszulagern. Eine leichte Unterversorgung kurz vor dem Kalben kann – wie oben beschrieben – ohne weiteres verkraftet werden. Es empfiehlt sich also, Calciumgaben von etwa 45 g je Tier und Tag (4 g/kg TM) nicht zu überschreiten. Nach dem Kalben dagegen sollten große Calciummengen verabreicht werden, nötigenfalls in flüssiger Form.

In den letzten Jahren wird vor allen Dingen aus den USA über einen neuen Weg zur Vermeidung bzw. Behandlung der Gebärparese mittels der Differenz aus Anionen (Kalium, Natrium) und Kationen (Chlor, Schwefel) berichtet (Dietary Cation anion balance, DCAB oder DCAD). Auch aus Deutschland werden Erfolge gemeldet, wenngleich die Zusammenhänge noch nicht restlos bekannt sind. Ziel dieser Bilanz- oder Differenzrechnung ist es, das Verhältnis der Kationen (K, Na) zu den Anionen (Cl, S) in der Ration zu ermitteln und gegebenenfalls durch gezielte Gaben von Anionen in Richtung einer negativen Bilanz „anzusäuern". Ein Überschuss an Kationen ist nach vielen Berichten mit einem erhöhten Risiko für die Gebärparese verbunden. Die Ergänzung erfolgt in Form von Ammoniumsulfat [$(NH_4)\,2\,SO_4$], Ammoniumchlorid [NH_4Cl] oder Magnesiumsulfat [$MgSO_4 \times 7\,H_2O$]. Auch über Gaben von Calciumsulfat oder Calciumchlorid wird berichtet; die Folgen der letztlich gesteigerten Calcium-Zufuhr sind aber noch nicht klar. Angegeben wird die Bilanz in Milliäquivalent je kg Trockenmasse (meq/kg TM). Um einen Wert von -100 bis -150 zu erreichen, müssen jedoch beachtliche Mengen der genannten Salze verabreicht werden, was in der Praxis auf Grenzen bei der Aufnahme stoßen dürfte. Für die Vermeidung der Gebärparese sind daneben aber auch die Vermeidung von Verfettung der trockenstehenden Kühe sowie die Vermeidung allzu großer Kalium-Überschüsse wichtig (s. auch Kapitel D.3.1) .

6.2 Phosphor

Die Regulation des Phosphor-Stoffwechsels erfolgt nicht so „elegant" wie dies beim Calcium der Fall ist. Jedoch ist die Kuh auch beim Phosphor in der Lage, auf Unter- und Überversorgung ausgleichend zu reagieren. Eine wesentliche Rolle spielt hierbei nicht so sehr die Höhe der Absorption (wie beim Calcium), sondern vor allem die Sekretion von Phosphor mit dem Speichel in den Verdauungstrakt. Die Konzentration von Phosphor im Speichel der Kühe ist mit rund 0,4 bis 0,6 g/l rund 10mal so hoch wie diejenige im Blut (0,04 bis 0,07 g/l). Der Phosphorgehalt im Speichel hängt aber dennoch in seiner Höhe vom Gehalt im Blutplasma ab. Wird beispielsweise mit dem Futter wenig Phosphor angeboten, so sinkt der Phosphorgehalt im Blut. Parallel dazu sinkt auch der Phosphorgehalt im Speichel.

Bei einer ausgewachsenen Kuh fließen in Abhängigkeit von der Futterration rund 120 bis 20 0 l Speichel pro Tag in den Pansen. Mit diesem Speichel gelangen also Mengen von 40 bis 100 g Phosphor in den Verdauungstrakt. Untersuchungen haben gezeigt, dass durch die Pansenwand kein Phosphor transportiert wird. Der Speichel-Phosphor (wie auch der Futterphosphor) gelangt also in den Darm. Da hier nur ein bestimmter Anteil des ankommenden Phosphors absorbiert (ins Blut überführt) wird, wird auch ein bestimmter Anteil des Speichel-Phosphors mit dem Kot ausgeschieden. Wenn nun bei einer knappen Versorgung weniger Speichel-Phosphor in den Verdauungstrakt fließt, so wird auch weniger davon im Kot ausgeschieden. Damit setzt ein gewisser Sparmechanismus ein. Wenn umgekehrt sehr viel Phosphor angeboten wird, steigt die Phosphor-Konzentration im Blutplasma und parallel dazu auch diejenige im Speichel an. Es wird eine größere Phosphormenge in den Verdauungstrakt transportiert, hiervon wird ebenfalls wieder ein gewisser Anteil im Kot ausgeschieden, so dass die Menge an Phosphor, welche mit dem Kot ausgeschieden wird, ansteigt (siehe Abbildung E.6.3).

In gewissen Grenzen kann natürlich auch die Höhe der Absorption variiert werden, hierbei spielt Vitamin D_3 eine wichtige Rolle.

Der Phosphor-Stoffwechsel ist jedoch nicht völlig getrennt vom Calcium-Stoffwechsel zu sehen. Es bestehen gewisse Wechselbeziehungen. So wirkt beispielsweise das Parathormon, welches bei Calciummangel die Freisetzung von Calcium aus den Knochen beeinflusst, ebenfalls auf den Phosphor-Stoffwechsel ein. Bei Calciummangel wird also nicht nur Calcium, sondern auch Phosphor aus den Knochen freigesetzt.

Abbildung E.6.3

Beispiel für die Regulation der Phosphorversorgung bei unterschiedlichem Angebot von P über das Futter bei gleichbleibender Absorption von 70 %

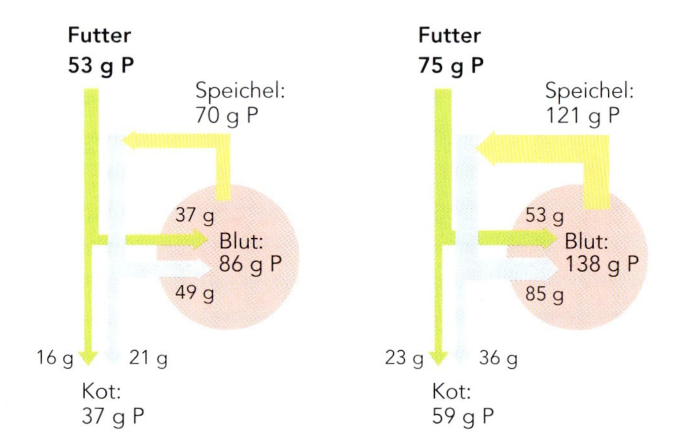

Im Stoffwechsel der Kühe liegen Calcium und Phosphor in einem konstanten Gewichtsverhältnis zueinander vor. Dieses Verhältnis (das Ca:P-Verhältnis) beträgt rund 2:1.

Die Einhaltung eines solchen Verhältnisses von Calcium zu Phosphor im Futter ist jedoch **nicht** notwendig. Betrachtet man die tatsächliche, in den Verdauungstrakt fließende Menge an Phosphor, so hängt sie sehr stark von den Phosphormengen ab, die mit dem Speichel in den Pansen fließen. Diese Phosphormengen sind meist größer als diejenigen, die mit dem Futter aufgenommen werden. Ein noch so gut eingestelltes Ca:P-Verhältnis im Futter wird also durch die „Hinzugabe" des Speichel-Phosphors völlig verändert. Demnach ist es nicht gerechtfertigt, von negativen Folgen eines falschen Ca:P-Verhältnisses zu sprechen, wenn eines der beiden Elemente im Mangel ist. Wenn beispielsweise Calcium bedarfsdeckend verabreicht wird und Phosphor im Mangel ist, ergibt sich automatisch ein sehr weites Ca:P-Verhältnis. Es wäre jedoch sicher nicht gerechtfertigt, das Verhältnis dieser beiden Elemente untereinander für Störungen verantwortlich zu machen, die letztlich auf einen Phosphormangel beruhen.

Amerikanische Untersuchungen zeigen, dass beispielsweise Fruchtbarkeitsstörungen nur bei Ca:P-Verhältnissen von unter 1:1 beziehungsweise über 4:1 beobachtet werden konnten – vorausgesetzt, beide Elemente wurden mindestens bedarfsdeckend gefüttert.

Es muss also zunächst eine bedarfsgerechte Versorgung mit diesen beiden Elementen gesichert sein. Das Ca:P-Verhältnis dagegen ist ein geeignetes Kriterium beispielsweise zur Auswahl des richtigen Mineralfutters. Weist eine Ration einen starken

Calciummangel auf bei geringem Phosphormangel, so empfiehlt sich ein Mineralfutter mit weitem Ca:P-Verhältnis. Bei Rationen mit Phosphormangel (Rübenblattsilage, Maissilage, Pressschnitzelsilage, Melasseschnitzel oder Futterrüben) sollte – nicht zuletzt zur Vermeidung von weiteren Calcium-Überschüssen in der Ration – ein Mineralfutter mit einem möglichst engen Ca:P-Verhältnis (zum Beispiel 0,8:1) verfüttert werden.

6.3 Natrium

Beim Natrium besteht der klassische Fall einer Regulation, indem bei Mangel die Ausscheidung stark eingeschränkt und bei Überschüssen stark erhöht wird.

Natrium wird in erster Linie über den Harn ausgeschieden. Je nach Versorgungslage kann daher die Konzentration von Natrium im Harn erheblich schwanken. Sie geht bei Mangel fast auf Null zurück, indem in der Niere das Natrium aus dem Harn entzogen und in das Blut zurücktransportiert wird. Bei Natrium-Überschuss kann die Konzentration im Harn auf einige Gramm je Liter ansteigen. Neben diesem Regulationsmechanismus wird auch die Ausscheidung über den Kot in gewisser Weise von der Versorgung beeinflusst. Hier allerdings kann die Konzentration nur etwa um den Faktor 10 schwanken, während dies beim Harn wesentlich größer ist. Beide Regulationsmechanismen – die Ausscheidung im Harn und auch diejenige im Kot – werden durch das Hormon Aldosteron gesteuert.

Eine wesentliche Rolle spielt der Speichel beim Natrium-Transport. Die Konzentration von Natrium im Speichel beträgt rund 3 g/l. Dieser Wert sinkt, wenn mit dem Futter zuwenig Natrium verabreicht wird.

Insofern sind die Aussagen über den Versorgungsstatus anhand von Speichelproben wesentlich sicherer als anhand von Blutproben. In äußerst weiten Bereichen der Versorgung wird der Natriumgehalt im Blut sehr konstant gehalten. Im Speichel dagegen wird bei Mangelsituationen die Natrium-Konzentration sinken und die Kalium-Konzentration gleichzeitig ansteigen. In Praxisbetrieben wird die Entnahme von Speichelproben mit Hilfe von Schwämmen bereits als Methode zur Feststellung von Mangelzuständen angewendet.

In vielen Grundrationen für Milchkühe herrscht ein Natriummangel vor. Vor allem bei Grünfutter und dessen Konserven ist praktisch immer mit Natriummangel zu rechnen. Die Konzentration von Natrium in der Milch beträgt etwa 0,5 g/l. Somit werden allein über die Milch bei einer Kuh mit 30 l Leistung 15 g Natrium ausgeschieden. Wie schon ausgeführt, kann die Konzentration von Natrium in der Milch nicht eingeschränkt werden, die Kuh ist also unbedingt auf die Zufuhr über das Futter angewiesen.

Arm an Natrium sind Maissilage, Biertrebersilage, Getreide und Ölkuchen- beziehungsweise -schrote.

Natriumreich sind nahezu alle Rübenprodukte wie Zuckerrübenblatt, Futterrüben, Stoppelrüben, Melasseschnitzel, Melasse sowie Milchprodukte. Es empfiehlt sich in der praktischen Fütterung mit Natrium lieber etwas „vorzuhalten“, als einen Mangel in Kauf zu nehmen. Überschüsse können leicht über den Harn ausgeschieden werden, sofern genügend Tränkwasser zur Verfügung steht. Da dies als selbstverständlich in der Fütterung angesehen werden kann, empfiehlt sich gerade bei der Fütterung natriumarmer Grobfutter immer die Beifütterung von Viehsalz oder die Vorlage eines Lecksteins, sofern nicht ohnehin ein natriumreiches Mineralfutter in ausreichender Menge verabreicht wird.

Vielfach werden Fruchtbarkeitsstörungen auf Über- oder Unterversorgung mit Natrium zurückgeführt. Es lässt sich nachweisen, dass diese Störungen dann vermehrt auftreten, wenn der Natriumgehalt im Blut den Normalwert unter- oder überschreitet. Eine starke Überversorgung mit Natrium bedeutet aber noch lange nicht, dass der Natriumgehalt im Blut steigt. In Fütterungsversuchen konnte nachgewiesen werden, dass der Natriumgehalt im Blut von Kühen, die natronlaugeaufgeschlossenes oder ammoniak-aufgeschlossenes Stroh (ohne Natrium) erhielten, nicht unterschiedlich war. Hier darf also die Regel gelten: Lieber etwas zuviel als zuwenig. Anders ist die Situation in der Vorbereitungsfütterung bei zu Ödembildung anfälligen Tieren. Hier empfiehlt sich eine Beschränkung des Natrium-Überschusses, da Natrium die Ödembildung fördern kann.

Eine gewisse Beziehung besteht zur Kaliumversorgung, da Natrium und Kalium über die gleichen Transportwege im Tier aufgenommen werden. Um auch einen kurzfristigen relativen Mangel an Natrium zu vermeiden und eine mögliche Anreicherung von Kalium im Speichel zu vermeiden, sollte die Relation von Natrium zu Kalium nicht zu weit sein (bis 1 : 20).

6.4 Magnesium

Magnesium wird in der Fütterung fast immer nur im Zusammenhang mit der gefürchteten Weidetetanie behandelt. Daneben gibt es Berichte, nach denen Gaben von Magnesium an Schlachtschweine zu einer Verminderung der Stressanfälligkeit führen sollen, umgekehrt weiß man, dass Mangelzustände Unruhe und im Extremfall Krämpfe hervorrufen können.

Im Gegensatz zu den anderen Mineralstoffen gelangt das Magnesium zum größten Teil durch die Pansenwand in die Blutbahn. Dies deutet an, dass die Verhältnisse im Pansen bei der Regulation eine Rolle spielen. Dabei ist in erster Linie der Anteil des Futtermagnesiums wichtig, welcher durch die Pansenwand absorbiert wird. Normalerweise beträgt dieser Anteil nur 20 %. Rund 80 % des Futtermagnesiums werden im Kot ausgeschieden.

Unter bestimmten Bedingungen kann der Anteil des absorbierten Futtermagnesiums noch weiter sinken, und zwar auf rund 10 %. Als Folge kommt es sehr rasch zur Tetanie, weil der Magnesiumgehalt im Blut absinkt. Zwar sinkt zunächst auch die Magnesium-Ausscheidung mit dem Harn, allerdings reicht dies allein nicht zur Regulation und zur Aufrechterhaltung des Magnesiumgehaltes im Blut aus. Die Reaktion des Stoffwechsels auf Magnesiummangel ist folglich am Harn schneller abzulesen als am Blut. Beim Blut dauert es einige Tage, bis ein Absinken des Gehaltes festgestellt werden kann, der dann meist schon einen ausgeprägten Mangel anzeigt.

Die schlechte Ausnutzung des Futtermagnesiums wird vor allen Dingen durch einen Strukturmangel der Ration bei gleichzeitigem Überschuss an Stickstoff (stark positive RNB) und Kalium verursacht. Dies trifft in besonderem Maße für stark gedüngte Weiden im Frühjahr oder Spätsommer nach Trockenheit zu. Da die Kühe heute fast durchgängig gut beigefüttert werden, sind in erster Linie die Jungrinder oder evtl. Trockensteher betroffen. Hier gilt es, folgende Maßnahmen zu treffen:

- Nach Möglichkeit eine ausreichend Energieversorgung der Tiere anstreben. Rohproteinüberschüsse (RNB) im Weidegras durch Gaben an energiereichem, rohproteinarmem Ausgleichsfutter (Maisprodukte, Getreide, Melasseschnitzel) ausgleichen.
- Anbieten von Grassilage, Maissilage, Heu oder Stroh als Strukturfutter.
- Verabreichung eines Weidemineralfutters mit rund 10 % Magnesium (bereits 2 Wochen vor dem Weideauftrieb anfüttern!).

Eine unnötige Überversorgung mit Magnesium sollte allerdings auch vermieden werden, einige Wochen nach dem Weideauftrieb ist daher wieder ein Mineralfutter mit üblichem Magnesiumgehalt zu verwenden. Der Kalium-Fluss in den Pansen steigt vor allen Dingen dann stark an, wenn im Futter ein Natriummangel herrscht. Wie bei der Regulation des Natrium-Haushaltes beschrieben, reagiert die Kuh auf Natriummangel mit einer Senkung des Natriumgehaltes im Speichel. Zur Aufrechterhaltung der osmotischen Verhältnisse wird das fehlende Natrium durch Kalium ersetzt, der Kaliumgehalt im Speichel steigt also stark an. Damit fließen große Kaliummengen in den Pansen, welche zu der Verschlechterung der Magnesium-Absorption beitragen. Dieses Missverhältnis zwischen Kalium und Natrium kann durch zusätzliche Natriumgaben ausgeglichen werden, die sich zur Fütterung von Weidegras ohnehin anbieten.

Teil F
EDV, Management

1.
Informationsbeschaffung / -Verarbeitung

Es ist sehr hilfreich, die EDV für Rechen- und Planungsvorgänge im Bereich des Futterbaues, der Futter- und Rationsplanung sowie des Fütterungscontrollings einzusetzen. Allerdings sollte streng darauf geachtet werden, dass die Programme einen echten Bezug zur Praxis haben. Sie müssen die jeweiligen betrieblichen Verhältnisse berücksichtigen, einfach in der Anwendung und Bedienung sowie übersichtlich und verständlich im Ergebnisausdruck sein. Ferner ist auf die Kompatibilität der Programme in der Erfassung von Daten, der Auswertung und Dokumentation großen Wert zu legen.

Die Entwicklung leistungsfähiger und zum Teil netzunabhängiger Kleincomputer (PC) ermöglicht die Durchführung der Berechnung direkt bei einer Beratung auf dem landwirtschaftlichen Betrieb. Das hat den Vorteil, dass die eingegebenen Daten und vor allem auch die Ergebnisse mit dem Milchviehhalter gemeinsam besprochen werden können. Dabei können dann auch noch weitere Wünsche berücksichtigt werden.

Die EDV ist allerdings nur ein Hilfsmittel, keineswegs aber ein Ersatz für die Beratung. Die im Weiteren angesprochenen Programme können die Effizienz der Beratung verbessern. Selbstverständlich können die Programme auch durch den Milchviehhalter selbst oder die Mitarbeiter im Betrieb genutzt werden.

Neben der Nutzung des PC als Rechner sollten auch die Möglichkeiten der modernen Technik zur Informationsbeschaffung über das Internet genutzt werden. Die Daten aus der Milchkontrolle können hierüber zeitnah übermittelt werden und stehen direkt für weitere Auswertungen zur Verfügung. Des Weiteren können Informationsquellen zur Fütterung wie das **www.futtermittel.net** der DLG oder von Versuchsanstalten wie **www.Riswick.de** genutzt werden.

Innerbetrieblich gilt es, die Verknüpfung der Daten von Fütterungsanlage, Mischwagen, Melken, Milchkontrolle, Besamung, Bestandsregister, Gesundheitsdaten etc. zu gewährleisten, um diese für Planungs- und Controllingzwecke gezielt zu nutzen.

1.1 Rationsplanung

Die relativ aufwendigen Berechnungen zur Erstellung der Ration bei Einbeziehung der Grobfutterverdrängung, der Proteinwerte und der Kohlenhydratversorgung führen verstärkt zum Einsatz von PC-Programmen. Neben der Handhabbarkeit und den Kosten derartiger Programme sollten auch die fachlichen Vorgaben bei der Kaufentscheidung Beachtung finden.

Folgende Punkte sollten geprüft werden:

- Verwendung der aktuellen Vorgaben zur empfohlenen Versorgung mit Energie, Nähr- und Wirkstoffen der GfE bzw. der DLG,
- einfache Einbeziehung der betriebseigenen Analysen,
- Abschätzung der Futteraufnahme auf Basis anerkannter Formeln (z.B. modifizierte Formel der DLG),
- die Inhaltsstoffe der gespeicherten Futtermittel sollten den DLG-Futterwerttabellen oder den Tabellen der jeweiligen regionalen Beratungsorganisation entsprechen,
- Verwendung der üblichen Kenngrößen wie z.B. nXP, RNB etc.,
- Einbeziehung der aktuellen Größen zur Struktur- und Kohlenhydratbewertung,
- übersichtliche und nachvollziehbare Ausdrucke der Rationsberechnung,
- Erstellung einer Kraftfutter-Zuteilungsliste unter Einbeziehung der Grobfutterverdrängung,
- Möglichkeit zur Kalkulation der Futterkosten.
- Bei Bedarf:
  1. Ergänzung der Futterberechnung um die Futterplanung,
  2. Berechnung von Mischrationen für die kombinierte Fütterung bzw. TMR.
  3. Planungshilfe für die Befüllung des Mischwagens (Listen etc.)

Bei der Kaufentscheidung sollte neben den aufgeführten Punkten und der Preiswürdigkeit auch der Service bei späteren fachlichen Veränderungen Berücksichtigung finden.

Beispiel: An einem Rationsbeispiel Tabelle F.1.1. (Betrieb Mustermann) werden die Aussagen der Rationsberechnung mittels PC erläutert. Unterstellt ist eine Herde mit 650 kg Lebendmasse, 4,1 % Fett und 3,4 % Eiweiß. Gefüttert werden soll auf Basis Trockenmasse: 55 % Grassilage und 45 % Maissilage. Die Analysenergebnisse stimmen mit den mittleren Gehalten der Tabelle im Anhang überein.

Bei einem mittleren NEL-Gehalt im Grobfutter von 6,3 MJ je kg/TM können 14,2 kg verzehrt werden. Dies entspricht 22 kg Grassilage plus 19 kg Maissilage. Die Ruminale-N-Bilanz ist mit -19 g negativ. Ein Ausgleich erfolgt durch 1,5 kg Ausgleichskraftfutter. Aus der Grundration wird der Bedarf für Erhaltung und 17,8 kg Milch nach NEL und 20,2 kg Milch nach nXP gedeckt.

Die Grundration aus Silage und Ausgleichskraftfutter wird am Trog zur freien Vorlage vorgelegt. Hinsichtlich der Mineralisierung ist diese ausgeglichen. Oberhalb von 18 kg Milch wird Milchleistungsfutter nach Leistung zugeteilt. Gefüttert wird ein MLF mit 7,2 MJ NEL und 170 g nXP je kg. Bei steigender Leistung und somit Kraftfuttergabe geht der veranschlagte Verzehr an Mischration von 43 auf 28 kg je Tag zurück. Dies hat durch Verschiebung der Kraftfutter-/Grobfutterrelation einen entsprechenden Rückgang im Strukturwert zur Folge. Bei der Kuh mit 45 kg Tagesleistung ist eine verminderte Futteraufnahme und ein Abbau von Körpersubstanz unterstellt, wie es bei frischmelken Tieren typisch ist.

Die Versorgung der Kühe mit nXP ist ausreichend. Mit steigender Leistung und erhöhten Kraftfutteranteilen sind positive RNB zu verzeichnen. Probleme sind dadurch jedoch nicht zu erwarten. Im gewünschten Bereich liegen die Gehalte an beständiger Stärke sowie unbeständiger Stärke und Zucker. Für die Färsen empfiehlt sich eine ergänzende Rationsberechnung, da die Futteraufnahme merklich niedriger liegt.

1.2 Betriebszweigkontrolle

Produktionstechnische Maßnahmen im Bereich der Futtererzeugung und Fütterung finden ihren Niederschlag im betriebswirtschaftlichen Ergebnis. Es ist sinnvoll, zur Aufdeckung noch vorhandener Reserven eine möglichst detaillierte Betriebszweigauswertung vorzunehmen. Voraussetzung dafür ist jedoch eine exakte Erfassung und Zuteilung der Daten. Dazu gehören:

- Viehbestand: Anfangs- und Endbestand in Stück; Zu- und Verkäufe in Stück, kg und Euro; Geburten; Abgänge und Versetzungen → Anzahl Futtertage.
- Grobfutter: Flächen; Düngung; Kosten; Nettoerträge; Nährstoffgehalte (Analysen); Zukauf.
- Saftfutter: Anfangs- und Endbestände; zugekaufte Mengen in dt und Euro; Kosten für Folie etc.; Inhaltsstoffe (Deklaration, Tabellenwerte, Analysen); Verluste.
- Kraftfutter: Anfangs- und Endbestände; zugekaufte bzw. verbrauchte Mengen in dt und Euro; Inhaltsstoffe (Deklaration, Tabellenwerte, Analysen).
- Sonstiges: Tierarzt, Besamung, allgemeine Kosten.

Wichtig ist, dass über die fortlaufende Datenaufnahme auch eine entsprechende Kontrolle erfolgt. So zum Beispiel der Vergleich zwischen Milcherzeugung und Kraft-

Tabelle F.1.1

Rationsbeispiel
Rationsvorschlag für Kühe für Betrieb: Mustermann

Mischration:	**TM**	**MJ NEL**	**nXP**	**RNB**	**SW**	**€/dt F**	**% M.-Rat.**
G: Grassil.1.Sch., mittel	350	6,1	137	4,5	3,05	3,5	51,8 %
G: Maissilage, gut	340	6,6	133	-8,5	1,56	3	44,7 %
K: MLF 170/7,2	880	7,2	170	4,8	0,15	17	
K: MLF Ausgleich +23/2	880	6,2	205	23,2	0,3	20	3,5 %
Mittel (pro kg TM; € pro dt F): (G: g/kg TM, K: g/kg frisch)	364	6,39	144	0,9	2,2	3,86	
Zuteilung für Kühe mit ...	Grundrat.	25 kg M.	30 kg M.	35 kg M.	40 kg M.	45 kg M.*	
Lebendmasse (kg) ...	670 kg	670 kg	660 kg	650 kg	640 kg	640 kg	
Fett-% / Eiweiß-%	4,2/3,5	4,2/3,4	4,2/3,4	4,1/3,4	4,0/3,3	4,0/3,3	
* incl. 3 kg Milch/Tag nach NEL aus Körpersubstanz							
Mischration (kg):	42,5	41,1	40,6	39,4	37,1	28,4	
Grassil.1.Sch., mittel	22,0	21,3	21,0	20,4	19,2	14,7	
Maissilage, gut	19,0	18,4	18,2	17,6	16,6	12,7	
MLF 170/7,2		3,7	6,2	8,7	11,3	14,9	
MLF Ausgleich +23/2	1,5	1,5	1,4	1,4	1,3	1,0	
TM insgesamt (kg)	15,5	18,3	20,3	22,0	23,5	23,5	
TM-Gehalt (%)	36,4	40,7	43,2	45,8	48,5	54,2	
Energiekonz. (MJ NEL/kg TM)	6,4	6,7	6,9	7,0	7,2	7,4	
E.-Konz. Gf (MJ NEL/kg TM Gf)	6,3	6,3	6,3	6,3	6,3	6,3	
TM aus Grobfutter (kg)	14,2	13,7	13,5	13,1	12,4	9,5	
Milch aus Grobfutter (kg)	15,1	14,4	14,2	13,7	12,6	10,0	
Milch aus NEL (kg)	**17,9**	**25,0**	**30,1**	**35,1**	**40,0**	**44,8**	
Milch aus nXP (kg)	20,3	27,3	32,0	36,3	41,2	44,0	
Ruminale-N-Bilanz (g N)	14,5	31,7	43,3	55,2	66,8	81,1	
Rohfaser (% der TM)	21,8	19,7	18,6	17,7	16,8	15,2	
Strukturwert (je kg TM)	**2,19**	**1,83**	**1,64**	**1,48**	**1,33**	**1,05**	
Zucker (g/kg TM)	32	42	47	52	56	64	
beständige Stärke (g/kg TM)	45	44	44	43	43	42	
unb.Stärke+Zucker (g/kg TM)	140	164	177	187	198	217	
Mineralstoffbilanz:							
Calcium (g)	2	4	5	6	6	5	
Phosphor (g)	5	8	10	11	12	12	
Natrium (g)	- 3	- 2	- 2	- 2	- 2	- 2	
Magnesium (g)	1	7	12	17	22	27	
Kosten gesamt (€)	1,64	2,22	2,62	3,00	3,35	3,63	
Kosten, Cent/kg Milch	9,2	8,9	8,7	8,5	8,4	8,1	

futterverbrauch. Daraus ergibt sich die Möglichkeit zu einer schnellen Reaktion, wenn das Ergebnis nicht befriedigt.

Der Betriebszweigabschluss am Ende des Jahres bietet einen wertvollen Vergleich zu den Vorjahren beziehungsweise zu gleichgelagerten Betrieben.

1.2.1 Betriebszweigauswertung

Betriebszweigauswertungen haben u. a. zum Ziel, produktionstechnische Schwachstellen im Betrieb zu analysieren. Außerdem sollen im Rahmen von Betriebsvergleichen produktionstechnische Kennwerte direkt sowie in Relation zum wirtschaftlichen Erfolg beurteilt werden. In der Milchviehhaltung sind die Kennwerte „Grobfutterleistung“ und „Futterflächenleistung“ wichtige produktionstechnische Kennwerte. Um regionale und insbesondere auch überregionale Vergleiche zu ermöglichen, ist ein einheitliches Vorgehen bei der Berechnung dieser Kennwerte Voraussetzung. Aus Sicht der Fütterungsreferenten der Bundesländer und Landwirtschaftskammern wurden folgende Vorgaben gemacht:

Möglichkeiten und Grenzen der Aussagefähigkeit. Unter praktischen Bedingungen ist in der Milchviehhaltung der Kraftfutterverbrauch relativ einfach und sicher zu erheben. Er stellt daher eine sinnvolle Ausgangsgröße zur Beurteilung der Futterrationsgestaltung in Relation zur Milchleistung dar.

Die Unterstellung eines bestimmten Milcherzeugungswertes je Dezitonne Kraftfutter und die daraus resultierende Grobfutterleistung als Differenzbetrag zur Gesamtmilchleistung stellt allerdings ein auf Konvention beruhendes beratungsmethodisches Vorgehen dar, das keine Aussage hinsichtlich „Verwertung“ von Grobfutter oder Kraftfutter zulässt. Es muss deutlich erkannt werden, dass bei diesem Vorgehen sämtliche Fehler im Fütterungsmanagement dem Grobfutter angelastet werden.

Andererseits ist der umgekehrte Weg, die über das Grobfutter verzehrte Energiemenge und die daraus mögliche Milcherzeugung nach Abzug des Erhaltungsbedarfes festzustellen, nur in bestimmten Fällen möglich (Intensivberatungsbetriebe).

Definition der Futtermittel Gruppen. Begriffe wie wirtschaftseigenes und Zukauf-Futter sowie Raufutter, Halmfutter u. a. sind für die hier gesetzte Zielrichtung ungeeignet. Eine Differenzierung nach der Energiekonzentration wäre eindeutig und deshalb wünschenswert. Allerdings bestehen hier zwischen den Gruppen fließende Übergänge, die durch zusätzliche Kriterien wie Wassergehalt und Zuteilung (leistungsbezogen bzw. rationsbezogen) abgegrenzt werden können.

Unter Berücksichtigung dieser Kriterien erscheint die Bildung von drei Futtermittelgruppen möglich und sinnvoll:

1. Grobfutter: Alle Ganzpflanzenprodukte (frisch, siliert und natürlich getrocknet) sowie Cops und Stroh. Grobfutter zeichnen sich durch eine hohe Strukturwirksamkeit aus. Bei Grobfutter-Zukauf (frisch) sind Silierverluste in Ansatz zu bringen (bei Gras **15 %**, bei Mais **10 %** jeweils auf die Trockenmasse bezogen).
2. Saftfutter: Teile von Pflanzen bzw. Verarbeitungsprodukte mit einem TM-Gehalt < 55 %: Rüben, Wurzeln, Knollen, Maisnebenprodukte, Biertreber, Pressschnitzel, Zitrus- und Apfeltrester, Schlempen, LKS, Molke, Magermilch, Vollmilch u. a. Saftfutter liegen im Strukturwert zwischen Kraft- und Grobfutter. Bei der Mengenerfassung müssen die Verluste bei der Silierung von Pressschnitzeln, Pülpe und Biertreber berücksichtigt werden, und zwar entweder auf Trockenmassebasis (generell **10 %**) oder auf Frischsubstanzbasis (Sickersaft- und Trockenmasseverluste) bei Biertreber **20 %**, bei Pülpe **15 %** (bei Sickersaftbildung) und bei Pressschnitzel **10 %**.
3. Kraftfutter: Industriell hergestellte Mischfutter, Einzelkomponenten (Energie- und Proteinträger): Alle einmischbaren Komponenten mit einem TM-Gehalt > 55 % und einem Energiegehalt > 7 MJ NEL/kg TM, also auch Feuchtgetreide, Sodagrain, CCM, Melasse und Trockengrün. Abweichend hiervon muss allerdings Mineralfutter zu dieser Gruppe gezählt werden. Kraftfutter hat praktisch keinen Strukturwert.

Berechnung der Grobfutterleistung. Ausgangsbasis ist die Milchleistung je Kuh und Jahr, die wie folgt berechnet wird:

Molkereianlieferung in kg
\+ Haushaltsmilch, kg
\+ Kälbermilch, kg
\+ Ab-Hof-Verkauf, kg
\+ Hemmstoffmilch, kg

Um diese bei unterschiedlichen Milchinhaltsstoffen hinsichtlich des Energieverbrauchs vergleichbar zu machen, muss eine Umrechnung auf fett- und eiweißkorrigierte Milch (ECM, 4,0 % Fett, 3,4 % Eiweiß) nach folgender Formel erfolgen:

$$\text{ECM (kg)} = \frac{(0{,}38 \times \text{Fett (\%)} + 0{,}21 \times \text{Eiweiß (\%)}) + 1{,}05) \times \text{Milchmenge (kg)}}{3{,}28}$$

Das Ergebnis der Milchleistungsprüfung (MLP) kann methodisch bedingte Abweichungen beinhalten und ist deshalb für die Beurteilung der Fütterung nicht genau genug. Die Berechnung der Grobfutterleistung erfolgt in zwei Stufen:

1. Stufe: Kraftfutterbereinigte Milchleistung. Hierfür wird die Milch aus Kraftfutterenergie berechnet, indem die Energiesumme aus der verfütterten Kraftfuttermenge durch den Energiebedarf je Liter Milch mit 4,0 % Fett und 3,4 % Eiweiß (3,28 MJ NEL/kg) dividiert und von der Gesamtleistung abgezogen wird. Über die Division der Energiemenge durch 670 MJ NEL wird der Kraftfutteraufwand in Dezitonnen auf der Basis der Energiestufe 3 ermittelt. Bei der Kraftfutter-Mengenberechnung werden keine Verluste (Schwund o. ä.) berücksichtigt.

2. Stufe: Grobfutterleistung: Ermittlung des Milcherzeugungswertes (MEW) aus der über Saftfutter zugeführten Energie. Der Verzehr wird über die Zukaufmengen errechnet, die bei Konservierung um die genannten Silierverluste korrigiert werden müssen. Auf Frischmassebasis wird die Mengenerfassung nach folgender Formel vorgenommen:

$$\text{MEW Saftfutter (kg)} = \frac{(\text{Zukaufmenge - Verluste}) \times \text{Energiegehalt* als Silage}}{3{,}28\ \text{MJ NEL}}$$

** Tabellenwerte*

Bei Saftfuttermitteln mit stärker schwankenden Trockenmassegehalten sollte die Menge auf TM-Basis ermittelt werden, wobei dieser entsprechend häufig gemessen werden muss. Die Energiekonzentration schwankt dagegen in diesen Futtermitteln nur in engen Grenzen, so dass mit Tabellenwerten gerechnet werden kann.

Nach Abzug der Milchmenge aus Saftfutter von der kraftfutterbereinigten Milchleistung ergibt sich die Grobfutterleistung.

In der Tabelle F.1.2 ist der komplette Rechengang für zwei Betriebsbeispiele aufgeführt. Hierbei werden folgende Einflussfaktoren sichtbar:

- Bedeutung der Milchinhaltsstoffe hinsichtlich der vergleichbaren Milchmenge (ECM).
- Einfluss des Energiegehaltes des Kraftfutters auf die vergleichbare Kraftfuttermenge (Energiestufe 3).
- Berücksichtigung des Einsatzes von Saftfuttermitteln für die vergleichbare Grobfutterleistung.

Zusammenfassung. Für eine differenzierte Beurteilung der Bestimmungsgründe unterschiedlicher Grobfutterleistungen ist eine möglichst exakte Ausgangsbasis erforderlich. Dies beginnt bei der Milchleistung, die auf Basis der ermolkenen Menge ermittelt und auf ECM umgerechnet werden sollte.

Bei den Futtermitteln ist neben den beiden Gruppen Kraftfutter und Grobfutter die Gruppe der Saftfutter gesondert zu berücksichtigen. Diese hat hinsichtlich der Ener-

Tabelle F.1.2

Beispiele für die Berechnung der Grobfutterleistung

Betrieb	**A**	**B**
Milchmenge, kg/Kuh und Jahr	8.000	8.000
Fettgehalt, %	3,80	4,20
Eiweißgehalt, %	3,30	3,50
ECM, kg/Kuh und Jahr	7.773	8.246
Futteraufwand:		
MelasseschnitzeL, dt/Kuh und Jahr	5 = 3.450 MJ NEL	–
Eigenmischung (180/7,2), "	16 = 11.200 MJ NEL	–
MLF (160/3), "	–	15 = 10.050 MJ NEL
Summe, NEL	14.650	10.050
entspricht MLF Energiestufe 3, dt	21,9	15,0
Milcherzeugungswert, kg/Kuh	4.466	3.064
Kraftfutterbereinigte Milchleistung, kg/Kuh und Jahr	3.307	5.182
Biertrebersilage, dt TM/Kuh und Jahr	–	4,5 = 2.997 MJ NEL
Pressschnitzelsilage, "	–	3,6 = 2.664 MJ NEL
Summe, NEL	–	5.661
Milcherzeugungswert, kg/Kuh	–	1.726
Grobfutterleistung, kg/Kuh und Jahr	**3.307**	**3.456**

giekonzentration vielfach Kraftfuttercharakter, ist jedoch bezüglich des Handlings (Silierung, Futtervorlage) dem Grobfutter vergleichbar. Je nach Berechnungsart sollte entweder die Kenngröße „Kraftfutter bereinigte Milchleistung" oder „Grobfutterleistung" verwendet werden, um die Vergleichbarkeit der Ergebnisse zu gewährleisten.

Abschätzung des Energieverbrauchs. Da der Futterverbrauch der Tiere durch Wägung nicht immer erfasst werden kann, empfiehlt sich für die Betriebszweigauswertung die Abschätzung des Energieverbrauchs anhand der erbrachten Leistung und praxisüblicher Zuschläge für nicht erfasste Milch, nicht erfasste Verluste, Körpermasseauf und –abbau, Laufarbeit etc. Je kg Zuwachs sind etwa 25 MJ NEL anzusetzen. Für Laufarbeit betragen die Zuschläge 5 bis 10 % zur Erhaltung. Auf dieser Basis können nach Abzug der erfassten Werte für die Kraft- und Saftfutter die Nettoerträge der Futterflächen abgeschätzt werden. Ausgegangen wird bei dieser Betrachtung vom Bedarf der Tiere. Für die Milchkuh ergibt sich die Abschätzung des „NEL-Verbrauchs" je Kuh und Jahr wie folgt:

Lebendmasse: 650 kg

I. Erhaltung:	13.800 MJ NEL
II. Trockenstehend/Kalb:	1.500 MJ NEL
„Grundbedarf"	**15.300 MJ NEL**

+ Verbrauch je kg Milch*

1,05 x (0,38 x Fett % + 0.21 x Eiweiß % + 1,05)

** einschließlich 5 % Zuschlag für nicht erfasste Milch, nicht erfasste Futterverluste, Körpermasseauf- und –abbau, Laufarbeit im Laufstall bzw. bei Weide etc.*

In gleicher Weise kann auch der Verbrauch an Energie für die Kälber, Jungrinder und Mast- bzw. Zuchtbullen abgeschätzt werden. Der Tabelle F.1.3 sind die unter Standardbedingungen anzusetzenden Aufwendungen an NEL bzw. ME zu entnehmen. Bei den Rindern und den Mastbullen sind die Angaben an ME je produzierter Einheit und je Platz und Jahr in der jeweiligen Tierkategorie aufgeführt. Eine „sehr grobe" Umrechnung in NEL ist hilfsweise durch Multiplikation mit 0,6 möglich.

Tabelle F.1.3

Kalkulatorischer Energieverbrauch von Rindern

Verfahren			Energieverbrauch MJ je Platz und Jahr
Milcherzeugung			
	6.000 kg	ECM/Kuh und Jahr	36.000 NEL
	8.000 kg	"	43.000 NEL
	10.000 kg	"	50.000 NEL
Kälberaufzucht			
	4 Monate bis 125 kg LM		9.500 ME
	3150 MJ ME/Kalb		
Jungrinderaufzucht			
27 Monate Erstkalbealter, 625 kg LM			
53.000 MJ ME/Produktionseinheit einschließlich Aufzucht			
	0 – 6 Monate		11.500 ME
	6 – 12 Monate		19.000 ME
	13 – 24 Monate		29.000 ME
	über 24 Monate		35.000 ME
Rindermast			
18 Monate, 625 kg Lebendmasse			
35.000 MJ ME/Produktionseinheit einschließlich Aufzucht			
	0 – 6 Monate		12.000 ME
	6 – 12 Monate		24.000 ME
	über 12 Monate		34.000 ME
Mutterkuhhaltung			
	500 kg LM: 0,9 Kalb 180 kg Absetzgewicht		37.000 ME
	700 kg LM: 0,9 Kalb 220 kg Absetzgewicht		43.000 ME

Monatliche Auswertung von Milchleistung und Futterverbrauch. Um eine kontinuierliches Controlling zu ermöglichen, empfiehlt sich eine monatliche Auswertung (siehe Tabelle F.1.4). Neben der Milchleistung wird der Aufwand an Saft- und Kraftfutter erfasst. Es resultiert die Milch aus Grob-, Saft- und Kraftfutter. Ferner werden die Kosten für die Zukaufsfutter erfasst. Entscheidend ist der zeitgleiche Vergleich mit

Tabelle F.1.4

Monatsauswertung Milchvieh vom 15. Juli 2002
Monatliche Auswertung von Milchleistung und Futterverbrauch; Wirtschaftsjahr: 2001/2002

		Betrieb in Auswertung										alle Betriebe	
Monat		**Okt.**	**Nov.**	**Dez.**	**Jan.**	**Feb.**	**März**	**April**	**Mai**	**Juni**	**Ø**	**Juni**	**Ø**
	Anzahl											**3**	**31**
gemolkene Kühe	Stk	77	73	71	61	66	68	74	73	73	73	75	88
Milchpreis	Cent/kg	43,0	43,7	40,5	38,5	35,2	32,4	31,2	29,3	29,1	36,4	31,2	37,4
Fett	%	4,31	4,39	4,10	4,28	4,22	4,11	4,08	4,04	3,98	4,18	3,95	4,11
Eiweiß	%	3,49	3,55	3,48	3,46	3,39	3,36	3,40	3,38	3,39	3,42	3,37	3,41
Zellgehalt	Tsd	169	145	127	132	137	211	194	233	336	174	272	203
Keimzahl	Tsd	10	10	10	10	10	10	10	10	10	10	10	16
Milch Kuh/Tag	kg	26,7	26,4	25,9	31,5	31,1	30,2	31,3	32,0	31,2	29,3	27,8	25,4
Milch aus:													
Grobfutter	**kg**	**11,9**	**11,8**	**10,3**	**13,6**	**13,3**	**11,4**	**14,1**	**13,5**	**13,1**	**12,5**	**9,1**	**7,0**
Milchleistungsfutter	kg	14,8	14,6	15,6	17,9	17,8	18,8	17,3	18,5	18,1	16,8	15,4	14,2
Saftfutter	kg											3,3	4,3
sonstiges Futter	kg											0,0	0,0
Futterkosten pro kg Milch													
Zukaufsfutterkosten ges.	**Cent/kg**	**5,7**	**5,8**	**6,0**	**5,7**	**5,7**	**6,1**	**5,5**	**5,7**	**5,5**	**5,8**	**5,8**	**6,2**
Kosten Kraftfutter	Cent/kg	5,6	5,7	5,9	5,6	5,5	6,0	5,4	5,6	5,4	5,7	5,2	5,4
Kosten Saftfutter	Cent/kg											0,6	0,8
Kosten sonstige Futter	Cent/kg	0,1	0,1	0,1	0,1	0,1	0,1	0,1	0,1	0,1	0,1	0,0	0,0
Kraftfutter-Menge/kg Milch	**g**	**290**	**294**	**309**	**297**	**296**	**317**	**280**	**292**	**292**	**295**	**267**	**274**

anderen Betrieben. Dies erfordert eine Einbindung in entsprechende Beratungseinrichtungen.

Im vorliegendem Beispiel betrug die mittlere Milchleistung 29,3 kg Milch/Kuh bei 4,1 % Fett und 3,4 % Eiweiß. Im aktuellen Monat Juni lag die Leistung des Beispielsbetriebs höher. Als Problem ergab sich ein überhöhter Zellgehalt. Die Milchleistung aus dem Grobfutter lag bei etwa 13 kg Milch/Kuh und Tag. Dies waren 4 kg Milch mehr als das Mittel der zum Vergleich herangezogenen Betriebe. Dennoch lag der Verbrauch an Milchleistungsfutter mit etwa 290 g/kg Milch vergleichsweise hoch, da im Gegensatz zur Mehrzahl der Vergleichsbetriebe kein energiereiches Saftfutter eingesetzt wurde.

Betriebszweigabrechnung nach den Vorgaben der DLG. Um Betriebe unterschiedlicher Rechts- und Organisationsform vergleichen zu können wurden die Vorgaben für die Betriebszweigabrechnung angepasst (s. Arbeiten der DLG/Band 197). Die Kosten für die betriebseigenen Futtermittel werden danach ebenfalls als Vollkosten erfasst. Im Folgenden sind für einen fiktiven Beispielsbetrieb in Ostdeutschland die Abrechnung von Gras- und Maissilage sowie den Betriebszweig Milchviehhaltung einschließlich Färsenaufzucht angeführt.

Aus der Tabelle F.1.5 sind die Kenndaten des Beispielsbetriebs der DLG ersichtlich. Der Betrieb hielt im Wirtschaftsjahr 2000/2001 117 Milchkühe mit kompletter Nachzucht. Hierdurch ergab sich ein GV-Besatz von 2,08/Kuhplatz. Dies wird als Produktionseinheit bezeichnet. Milchleistung, Erstkalbealter und Fruchtbarkeitsdaten lagen im mittleren Bereich. Etwas höher als anzuestreben lag der Kraftfutteraufwand mit 19,4 dt/Kuh und Jahr und 276 g/kg erzeugter Energiekorrigierter Milch (ECM).

Der kalkulatorische Verbrauch an Trockenmasse lag bei 1,06 kg TM/kg ECM und somit bei 20,4 kg TM je Kuh und Tag. Das Grobfutter basierte auf Gras- und Maissilage. Die Kosten und Leistungen sind den folgenden Tabellen F.1.6 und F.1.7 zu entnehmen

Grassilage. Die Grassilage wurde innerbetrieblich mit 3,6 €/dt verrechnet. Je Hektar ergab sich damit eine Leistung von 537 €. An Direktkosten stehen dem 149 €/ha gegenüber. Hinzu kamen die Arbeitskosten einschließlich Maschinen. Hierfür waren 280 €/ha in Ansatz zu bringen. Da kaum Pachtkosten anfielen, stimmen Leistung und Kosten überein. Bei höheren Kosten für Pacht oder Arbeit wäre der innerbetriebliche Verrechnungssatz entsprechend höher anzusetzen (s. Tabelle F.1.6).

Tabelle F 1.5

Kenndaten des Beispielbetries im Wirtschaftsjahr 2000/2001

Futterfläche:	- Grassilage:	75 ha mit 6,5 t TM/ha
	- Maissilage:	20 ha mit 11,5 t TM/ha
Tierbesatz:	- Kühe	117 Stück
	- Jungrinder und Kälber	120 Stück
	- GV/Kuhplatz [1)]	2,08
Leistungen:	- Erstkalbealter	28 Monate
	- Milchmenge	6.860 kg/Kuh und Jahr
	- Fettgehalt	4,10 %
	- Eiweißgehalt	3,40 %
	- ECM	7.040 kg/Kuh und Jahr
	- Zwischenkalbezeit	397 Tage
	- Remontierungsrate	30 %
Futteraufwand:	- Trockenmasse je kg ECM	1,06 kg
(Milchkühe)	- NEL je kg ECM	6,9 MJ
	- Milchleistungsfutter der Energiestufe 3:	19,4 dt je Kuh
		276 g je kg ECM
Milchpreis:	29,1 Cent/kg	
Arbeitskräftebesatz:	34 Stunden je Kuh	
Haltung:	- Boxenlaufstall	
	- 2 x 6 Fischgrätenmelkstand	

1) eine Produktionseinheit sind somit 2,08 GV
Quelle: DLG/Band 197, modifiziert

Silomais. Beim Silomais erfolgte eine innerbetriebliche Verrechnung mit 2,6 €/dt. An Leistungen wurden die Flächenprämien hinzugerechnet. Die Kosten für den Maisanbau beliefen sich auf 1.051 €/ha. Es verblieb somit ein Überschuss von 154 €/ha. Weitere 77 €/ha resultierten als Zinsansatz (s. Tabelle F.1.7).

Betriebszweig Milchviehhaltung/Färsenaufzucht. Aus der Tabelle F.1.8 sind die Ergebnisse der Betriebszweigauswertung ersichtlich. Die gesamten Leistungen betrugen 36 cent/kg ECM. Dem standen Direktkosten von 18,4 cent/kg gegenüber. Davon entfielen auf das Futter 13,3 cent/kg ECM für die Milcherzeugung einschließlich Färsenaufzucht. Zur Entlohnung für die Faktoransätze verblieben 61.000 €/Jahr.

Produktionstechnisch ist aus den vorliegenden Daten nur wenig zu ersehen. Reserven sind in der Höhe der Milchleistung, dem Futteraufwand, insbesondere dem Milchleistungsfutter und dem Ertrag auf dem Grünland ersichtlich. Weitere Betrachtungen zur Futterqualität, zum Futtermanagement sowie Haltung und Controlling sind geboten (s. Tabelle F.1.8).

Tabelle F.1.6

Betriebszweigabrechnung Ackerfutterbau und Grünland: Grassilage

Betrieb:	**DLG-Beispiel**	**Betriebszweig:**	**Beispiel Grassilage**
Abrechnungszeitraum:	**01.07.2000 – 30.06.2001**	**ha:**	**75**
		erzeugte dt/ha:	**150**

1		2 Leistungsart / Kostenart	3 Leistungen, Direktkosten, Gemeinkosten EUR	4 Ansätze für Faktorkosten EUR	5 EUR je ha
2	Leistungen	Marktleistung,			537,0
3		Innerbetriebliche Verrechnung	40.264		
4		Bestandsveränderungen			
5		Öffentliche Direktzahlungen			
6	Summe Leistungen		40.264	-	537,0
7	Direktkosten	Saat-, Pflanzgut (Zukauf)	537		7,2
8		Saat-, Pflanzgut (eigen)			
9		Dünger (Zukauf)	8.053		107,4
10		Dünger (eigen)	1.917		25,6
11		Pflanzenschutz	192		2,6
12		Wasser (incl. Beregnung)			
13		Sonstige			
14		Zinsansatz Feldinventar		460	6,1
15	Summe Direktkosten		10.699	460	146,3
16	Direktkostenfreie Leistung		29.565	-	394,2
17	Arbeitserledigungskosten	Personalaufwand (fremd)	2.301		30,7
18		Lohnansatz	2.301		30,7
19		Berufsgenossenschaft	1.227		16,4
20		Lohnarbeit/ Masch.miete (Saldo)	4.602		61,4
21		Leasing			
22		Maschinenunterhaltung	2.914		38,9
23		Treibstoffe	2.378		31,2
24		Abschreibung Maschinen	2.838		37,8
25		Unterh./Absch./Steuer/Vers. PKW	307		4,1
26		Strom			
27		Maschinenversicherung			
28		Zinsansatz Maschinenkapital		2.109	28,1
29	Summe		18.867	2.109	279,7
30	Gebäudekosten	Unterhaltung	192		2,6
31		Abschreibung	1.227		16,4
32		Miete			
33		Abschreibung	77		1,0
34		Zinsansatz Gebäudekapital		997	13,3
35	Summe		1.496	997	33,2
36	Flächenkosten	Pacht, Pachtansatz	3.835		51,1
37		Grundsteuer	767		10,2
38		Flurbereinigung/Wasserlasten	38		0,5
39		Drainage/Bodenverbess., Wege			
40	Summe		4.640	0	61,9
41	Sonstige Kosten	Beiträge und Gebühren	192		2,6
42		Sonst. Versicherungen	153		2,0
43		Buchführung und Beratung	192		2,6
44		Büro, Verwaltung	268		3,6
45		Sonstiges	192		2,6
46	Summe		997	0	13,3
47	Summe Kosten		36.698	3.566	536,0
48	Saldo Leistungen und Kosten		3.566	-3.566	0,00
49	Gewerbesteuer				

	Direktkostenfreie Leistung	**Gewinn des Betriebszweiges**	**Kalk. Betriebszweigergebnis**
EUR absolut	29.565	3.566	±0
EUR je ha	394	48	±0

Quelle: DLG Band 197

Tabelle F.1.7

Betriebszweigabrechnung Ackerfutterbau und Grünland: Silomais

Betrieb:	DLG-Beispiel	Betriebszweig:	Silomais
Abrechnungszeitraum:	01.07.2000 – 30.06.2001	ha:	20
		erzeugte dt/ha:	344

1		2 Leistungsart / Kostenart	3 Leistungen, Direktkosten, Gemeinkosten EUR	4 Ansätze für Faktorkosten EUR	5 EUR je ha
2	Leistungen	Marktleistung,			
3		Innerbetriebliche Verrechnung	17.588		879,4
4		Bestandsveränderungen			
5		Öffentliche Direktzahlungen	6.504		325,2
6	Summe Leistungen		24.092	-	1.204,6
7	Direktkosten	Saat-, Pflanzgut (Zukauf)	2.137		106,9
8		Saat-, Pflanzgut (eigen)			
9		Dünger (Zukauf)	205		10,2
10		Dünger (eigen)	1.898		94,9
11		Pflanzenschutz	1.176		58,8
12		Wasser (incl. Beregnung)			
13		Sonstige	82		4,1
14		Zinsansatz Feldinventar		205	10,2
15	Summe Direktkosten		5.497	205	285,1
16	Direktkostenfreie Leistung		18.595	-	929,7
17	Arbeitserledigungskosten	Personalaufwand (fremd)	1.769		88,5
18		Lohnansatz			
19		Berufsgenossenschaft	327		16,4
20		Lohnarbeit/ Masch.miete (Saldo)	3.886		194,3
21		Leasing			
22		Maschinenunterhaltung	695		34,8
23		Treibstoffe	757		37,8
24		Abschreibung Maschinen	2.076		103,8
25		Unterh./Absch./Steuer/Vers. PKW	102		5,1
26		Strom			
27		Maschinenversicherung			
28		Zinsansatz Maschinenkapital		971	48,6
29	Summe		9.612	971	529,2
30	Gebäudekosten	Unterhaltung	184		9,2
31		Abschreibung	920		46,0
32		Miete			
33		Abschreibung	20		1,0
34		Zinsansatz Gebäudekapital		358	17,9
35	Summe		1.125	358	74,1
36	Flächenkosten	Pacht, Pachtansatz	2.403		120,2
37		Grundsteuer	225		11,2
38		Flurbereinigung/Wasserlasten	143		7,2
39		Drainage/Bodenverbess., Wege			
40	Summe		2.771	0	138,6
41	Sonstige Kosten	Beiträge und Gebühren	51		2,6
42		Sonst. Versicherungen	82		4,1
43		Buchführung und Beratung	184		9,2
44		Büro, Verwaltung	82		4,1
45		Sonstiges	72		3,6
46	Summe		470	0,00	23,5
47	Summe Kosten		19.476	1.534	1.050,5
48	Saldo Leistungen und Kosten		4.616	-1.534	154,1
49	Gewerbesteuer				

	Direktkostenfreie Leistung	Gewinn des Betriebszweiges	Kalk. Betriebszweigergebnis
EUR absolut	18.595	4.616	3.082
EUR je ha	930	231	154

Quelle: DLG Band 197

Tabelle F.1.8

Milcherzeugung einschließlich Färsenaufzucht

Betrieb:	**DLG-Beispiel**	**Betriebszweig:**	**Milchproduktion**
Abrechnungszeitraum:	**01.07.2000 – 30.06.2001**	**erz. kg ECM:**	**822.871**

1		2 Leistungsart / Kostenart	3 Leistungen, Direktkosten, Gemeinkosten EUR	4 Ansätze für Faktorkosten EUR	5 Ct je kg ECM
2	Leistungen	Milchverkauf	235.518		28,6
3		Innerbetriebl. Verbrauch/Naturalent.	4.151		0,5
4		Tierverkauf/Tierversetzung	48.846		5,9
5		Bestandsveränderungen	501		0,1
6		Öffentliche Direktzahlungen			
7		Ausgl.Lieferrechtsmind.,Entschäd.			
8		Organ. Dünger (Güllewert)	6.902		0,8
9	Summe Leistungen		295.919	-	36,0
10	Direktkosten	Tierzukauf	1.202		0,1
11		Besamung, Sperma	3.681		0,4
12		Tierarzt, Medikamente	7.976		1,0
13		(Ab) Wasser, Heizung	6.270		0,8
14		Sonstige	12.987		1,6
15		Kraftfutter	52.110		6,3
16		Saftfutter			
17		Grobfutter	57.853		7,0
18		Zinsansatz Viehkapital		9.575	1,2
19	Summe Direktkosten		142.079	9.575	18,4
20	Direktkostenfreie Leistung		153.840	-	18,7
21	Arbeitserledigungskosten	Personalaufwand (fremd)	34.900		4,2
22		Lohnansatz		31.317	3,8
23		Berufsgenossenschaft	908		0,1
24		Lohnarbeit/ Masch.miete (Saldo)	7.669		0,9
25		Leasing			
26		Maschinenunterhaltung	4.305		0,5
27		Treibstoffe	1.505		0,2
28		Abschreibung Maschinen	6.944		0,8
29		Unterh./Absch./Steuer/Vers. PKW	1.153		0,1
30		Strom	9.224		1,1
31		Maschinenversicherung			
32		Zinsansatz Maschinenkapital		2.967	0,4
33	Summe	Abschreibung	66.608	34.283	12,3
34	Kosten für Lieferrechte	Pacht, Kauf, Superabgabe			
35	Gebäudekosten	Unterhaltung	1.304		0,2
36		Abschreibung	14.454		1,8
37		Miete			
38		Versicherung	1.651		0,2
39		Zinsansatz Gebäudekapital		16.714	2,0
40	Summe		17.409	16.714	4,1
41	Sonstige Kosten	Beiträge und Gebühren	941		0,1
42		Sonst. Versicherungen	1.389		0,2
43		Buchführung und Beratung	3.200		0,4
44		Büro, Verwaltung	1.784		0,2
45		Sonstiges	1.410		0,2
46	Summe		8.724	0,00	1,1
47	Summe Kosten		234.820	60.573	35,9
48	Saldo Leistungen und Kosten		61.099	-60.573	0,1
49	Gewerbesteuer				

	Direktkostenfreie Leistung	**Gewinn des Betriebszweiges**	**Kalk. Betriebszweigergebnis**
EUR absolut	153.840	61.099	527
Ct je kg ECM	19	7	0,1

Quelle: DLG Band 197

2. Verknüpfung der EDV

Im landwirtschaftlichen Betrieb fallen an vielen Stellen Daten an. Diese gilt es miteinander zu verknüpfen und auszuwerten. Schon in der Betriebsplanung sind diese Punkte zu berücksichtigen. Die Übernahme der Daten von der einen zur anderen Ebene, den sogenannten Schnittstellen, gilt es speziell zu planen und aufeinander abzustimmen.

Einen besonderen Schwerpunkt hat hierbei das gesamte Controlling. Die Informationen müssen zeitnah und in aufbereiteter Form zur Verfügung stehen. Die Auswahl der Technik und der Software sollte auf die Erfordernisse im Einzelbetrieb abgestimmt werden. Ob die Auswertung zugekauft oder selbst erledigt wird, hängt somit vom Zeitbedarf, den Möglichkeiten und dem Interesse des Einzelbetriebes ab.

Milchkontrolldaten stärker nutzen! Im Rahmen der Milchkontrolle fallen regelmäßig eine Vielzahl von Daten an, die direkt für die Ausgestaltung der Fütterung und das Rationscontrolling zu nutzen sind. Anhand der aktuellen Milchkontrolldaten erfolgt die Gruppierung der Tiere und die Zuteilung des Kraftfutters über die Abrufstation. Eine direkte Übernahme der Daten in das Herdenmanagementprogramm ist vielfach möglich. Für die Bemessung der Kraftfuttermenge empfiehlt sich die Verwendung der ECM.

Zum Fütterungscontrolling müssen die Daten der Milchkontrolle weiter aufgearbeitet werden. Hierzu werden Dienstleistungsangebote von den Landeskontrollverbänden und weiteren Beratungsträgern angeboten. Es ist aber auch eine Aufarbeitung mit Herdenmanagementprogrammen möglich. Hierzu können die Daten per Internet abgerufen und eingespielt werden. Auf Basis der Daten lassen sich besondere Alarm- und Arbeitslisten erstellen. Die Form der Aufarbeitung sollte an den betrieblichen Notwendigkeiten und der bevorzugten Arbeitsweise orientiert sein.

Die Nutzung sollte weiterhin mit den Partnern in der Produktion in den Bereichen Beratung und Tiergesundheit abgestimmt sein. Eine Aufarbeitung der Daten macht dann Sinn, wenn diese auch genutzt werden. Bezüglich der Auswahl der Software ist darauf zu achten, dass die fachlichen Vorgaben zur Auswertung der Daten den aktuellen Stand des Wissens entsprechen und regelmäßig bei Vorlage entsprechender Neuerungen ein Update erfolgt.

Abbildung F.2.1

Nutzung der Milchkontrolldaten am PC

Testergebnisse verwenden. Für das Herdenmanagement wird eine breite Palette von Software angeboten. Zur Auswahl empfiehlt sich die Nutzung der Testergebnisse der DLG Anwenderberater. Der Bereich Fütterung ist hier nur ein Teilbereich, weshalb auf eine weitere Darstellung an dieser Stelle verzichtet wird. Grundsätzlich hat sich die Programmauswahl an den Erfordernissen im Einzelbetrieb zu orientieren. Von Vorteil ist es vielfach, wenn die gesamte Software aus einer Hand ist.

Abschließend ist zum Herdenmanagement mittels Computer Folgendes festzuhalten:

- Herdenmanagementprogramme können die wirtschaftliche Führung des Milchviehbetriebs wirkungsvoll unterstützen.
- Mit der Kopplung zur Prozessrechnertechnik und Schnittstellen für den Datenimport und -export lässt sich bei optimierter Datennutzung der Aufwand der Datenerfassung begrenzen.
- Viele Arbeitsschritte lassen sich automatisieren. Die Aufmerksamkeit der Betriebsleitung wird auf die entscheidenden Ereignisse in der Herden- und Betriebsführung gelenkt.
- Langfristig sind offene Systeme der richtige Weg, um die Datenerfassung und -nutzung zu optimieren.

Teil G
Empfehlungen zur Versorgung (Bedarfswerte)

1. Wasserbedarf der Rinder

Am Institut für Tierernährung der Bundesforschungsanstalt (FAL) in Braunschweig wurden die Daten zur Wasseraufnahme der Milchkühe ausgewertet und Schätzgleichungen zur Abschätzung der Tränkewasseraufnahme aufgestellt.

Von Einfluss auf die Wasseraufnahme waren:

1. Lufttemperatur, Luftfeuchtigkeit
2. Milchmenge
3. Ration: Aufnahmemenge und Wassergehalt
4. Tier: Lebendmasse und Laktationstage

In den Versuchen lag bei 31 kg Milch/Tag die mittlere Wasseraufnahme bei 82 l je Kuh und Tag. Neben der Milchleistung hatte die Umgebungstemperatur den höchsten Einfluss. Je °C erhöhte sich die Wasseraufnahme um 1,5 kg und je kg Milch um 1,4 kg je Tier und Tag.

Wasseraufnahme (kg/Tag) = - 39,2
+ 1,54 je °C (Umgebungstemperatur)
+ 1,44 je kg Milch (Tagesleistung)
+ 0,37 je kg Futteraufnahme (kg TM je Tag)
+ 0,15 je % TM in der Gesamtration
+ 6,5 je 100 kg Lebendmasse
+ 0,05 je Laktationstag (Anzahl)

Tabelle G.1.1

Kalkulierte Aufnahme von Tränkwasser (l/Tier und Tag) von Rindern bei Stallfütterung und unterschiedlicher Temperatur im Stall

Jahreszeit **Temperatur, °C**	**Winter** **5**	**Sommer** **25**
Jungtiere:		
- 100 kg LM	9	13
- 300 kg LM	21	30
- 500 kg LM	30	42
Milchkühe:		
- Trocken	40	70
- 15 kg Milch/Tag	58	89
- 25 kg Milch/Tag	70	101
- 35 kg Milch/Tag	82	113
- 45 kg Milch/Tag	95	126

Auf Basis der Gleichung wurden in der Tabelle G.1.1 die mittleren Aufnahmen an Tränkwasser bei Stallfütterung in Abhängigkeit von Leistungsstadium und Temperatur kalkuliert. Die Werte sind nur als Anhaltswerte zu sehen. Wasser ist grundsätzlich zur freien Aufnahme anzubieten. Der hohe Wasserbedarf ist durch genügend Tränken (Wasserdurchfluss, Anzahl und Tränkebeckenlänge) sicherzustellen. Zu beachten ist, dass beim Fressen auch „Wasserbedarf" entsteht. Die Tränken sollten daher räumlich so angeordnet sein, dass ein Wechsel vom Trog zur Tränke gut möglich ist.

Abbildung G.1.1

Wasserversorgung über Trogtränken

2. Jungrinder

Die Empfehlungen zur Versorgung wurden vom Ausschuss für Bedarfsnormen der Gesellschaft für Ernährungsphysiologie erarbeitet (GfE, 2001). Näheres zur Umsetzung ist der DLG-Information 3/1999 des DLG-Arbeitskreises Futter und Fütterung zur Jungrinderaufzucht zu entnehmen. Für weitere Aspekte im Bereich der Jungrinderaufzucht sei auf die Broschüre der Landwirtschaftskammern NRW zur Jungrinderaufzucht (1999) verwiesen (s. weiterführende Literatur).

Der Energiebedarf für Aufzuchtrinder wird entsprechend den Empfehlungen (GfE, 2001) in Umsetzbarer Energie (MJ ME) angegeben. Der Erhaltungsbedarf beträgt demnach 0,53 MJ ME/kg LM ^{0,75} und Tag. Der Bedarf für den Lebendmassezuwachs leitet sich aus der täglich angesetzten Menge an Körperprotein und -fett ab. Dabei ist zu berücksichtigen, dass der Proteinansatz mit zunehmender Lebendmasse (Alter) abnimmt, der Fettansatz aber ansteigt. Nach Lebendmasse und Lebendmassezuwachs gestaffelte Empfehlungen für den Gesamtbedarf an ME, nXP, RNB und Mineralstoffen sind in den Tabellen G.2.1 und G.2.2 angegeben.

Hochtragende Färsen benötigen zusätzlich in der 6. bis 4. Woche vor dem Kalben täglich 21 MJ ME und in den letzten 3 Wochen vor dem Abkalben 30 MJ ME/Tag. Ebenfalls höher ist der Bedarf an nXP (s. auch hochtragende Kühe).

Um die Versorgung der Mikroben mit Stickstoff zu gewährleisten, ist die RNB entsprechend einzustellen. Mit zunehmendem Alter können größere Mengen an Stickstoff über den Leber-/Pansen-Zyklus genutzt werden, so dass auch negative RNB nicht zu Minderleistungen führen. Bei Rationen für Rinder bis zu 300 kg Lebendmasse sollte die RNB ausgeglichen bzw. positiv sein. Zwischen 300 und 400 kg Lebendmasse ist eine RNB von - 0,1 g N je MJ ME und ab 450 kg von - 0,2 g N je MJ ME tolerierbar. Näheres zur Ableitung der nXP- und RNB-Werte ist der DLG-Information 3/1999 zu entnehmen.

Tabelle G.2.1

Richtzahlen zur täglichen Versorgung von Aufzuchtrindern mit ME, nXP sowie RNB

	Zunahmeniveau, g								
	650			750			850		
LM kg	ME MJ	nXP g	RNB* g	ME MJ	nXP g	RNB* g	ME MJ	nXP g	RNB* g
100	27	420	0	29	460	0	31	505	0
150	33	460	0	35	500	0	37	535	0
200	41	505	0	43	545	0	45	580	0
250	48	545	0	51	575	0	54	605	0
300**	55	605	- 5	59	650	- 6	63	695	- 6
350**	63	695	- 6	67	740	- 7	71	780	- 7
400**	70	770	- 7	75	825	- 8	80	880	- 8
450**	77	850	- 15	83	915	- 16	89	980	- 17
500**	84	925	- 17	91	1.000	- 18	97	1.070	- 19
550**	92	1.015	- 18	99	1.090	- 20	107	1.180	- 21
600**	99	1.090	- 20	107	1.180	- 21	116	1.275	- 23

** größer gleich; ** 11 g nXP je MJ ME*

Tabelle G.2.2

Richtzahlen für die tägliche Versorgung von Aufzuchtrindern mit Mengenelementen

	Zunahmeniveau, g											
	650				750				850			
LM/ kg	Ca g	P g	Na g	Mg g	Ca g	P g	Na g	Mg g	Ca g	P g	Na g	Mg g
100	24	11	3	4	27	12	4	5	30	13	4	5
150	25	12	3	4	28	13	4	5	31	14	4	6
200	27	13	4	5	30	15	4	6	33	16	4	7
250	29	14	5	6	32	16	5	7	35	17	5	8
300	30	16	5	7	33	17	6	8	36	18	6	9
350	32	17	6	8	35	19	6	9	38	20	6	10
400	33	19	6	9	36	20	7	9	40	21	7	10
450	34	20	7	9	38	22	7	10	41	22	7	11
500	36	22	7	10	40	24	8	11	43	25	8	12
550	38	24	8	11	41	26	8	12	44	27	8	12
600	39	25	8	11	42	27	9	12	45	28	9	13

3.
Spurenelemente und Vitamine

Aus den folgenden Ausführungen sind die Empfehlungen zur Versorgung von Jungrindern und Milchkühen mit Spurenelementen und Vitaminen ersichtlich.

3.1 Spurenelemente

Sieben Spurenelemente gelten in der Fütterungspraxis als „essentiell", d. h. lebenswichtig. Die von der Gesellschaft für Ernährungsphysiologie empfohlenen Werte für die Versorgung von Aufzucht- und Milchrindern werden in Milligramm (mg) je kg Futtertrockenmasse (TM) angegeben, wobei ein mittlerer TM-Verzehr von mindestens 2 % der Lebendmasse unterstellt wird (s. Tabelle G.3.1). Da keine gesicherten Erkenntnisse vorliegen, erfolgt keine Differenzierung nach der Art der Spurenelementverbindung. Organische Verbindungen sind somit nicht höher einzuschätzen als mineralische Verbindungen. Zur Gewährleistung der Versorgung enthalten die Empfehlungen ausreichende Sicherheitszuschläge.

3.2 Vitaminversorgung

Die Vitamine sind lebensnotwendige Eiweißverbindungen, die regelmäßig zugeführt werden müssen. Es wird unterschieden in wasserlösliche (B-Vitamine etc.) und fettlösliche Vitamine. Von den Mikroben im Vormagen werden eine Reihe von Vitaminen gebildet, so dass bei der Milchkuh nur die Vitamine A, D und E über das Futter gegeben werden müssen. Das Beta-Carotin dient als Vorstufe für das Vitamin A. Einige Funktionen und Symptome bei Mangel sind der folgenden Tabelle G.3.2 zu entnehmen.

Das Niacin als B-Vitamin ist im eigentlichen Sinne als Vitamin nicht im Mangel. Eine Zufuhr von etwa 6 g je Tier und Tag kann jedoch bei hochleistenden Tieren den Fettstoffwechsel und damit die Leistung stabilisieren. Bei der Entscheidung über den Einsatz sind die Kosten zu beachten. Beim Biotin gibt es Hinweise, dass durch Zulage

Tabelle G.3.1

Empfehlungen zur Versorgung mit Spurenelementen (mg je kg Futter-TM) für Aufzucht- und Milchrinder

Spurenelement		mg/kg TM*	Bedeutung, Funktionsbeteiligung
Eisen (Fe)		50	Jungtiere in der Säugezeit, Blutbildung
Kobalt (Co)		0,20	Vitamin B_{12}-Synthese
Kupfer (Cu)		10	Blutbildung, Knochen und Haar, Fortpflanzung
Mangan (Mn)	Aufzucht	40 – 50	Skelettentwicklung, Stoffwechsel,
	Milchkuh	50	Geschlechtsfunktion
Zink (Zn)	Aufzucht	40 – 50	Jugendentwicklung, Zell-Stoffwechsel,
	Milchkuh	50	Schutzfunktion für die Haut, Klauen
Jod (J)	Aufzucht	0,25	im Schilddrüsenhormon, Regulierung des
	Milchkuh	0,50	Stoffwechsels und Energiehaushaltes
Selen (Se)	Aufzucht	0,15	Trächtigkeit, Vitamin E-sparende Wirkung
	Milchkuh	0,20	

Quelle: GfE, 2001

Tabelle G.3.2

Funktion und Mangelerscheinungen einiger Vitamine beim Rind

Vitamin	Funktion im Stoffwechsel	Symptome bei Mangel
A	- Epithelbildung (Schleimhäute)	- erhöhte Krankheitsanfälligkeit; verminderte Fruchtbarkeit
Beta-Carotin	- Vorstufe des Vitamin A	- erhöhte Krankheitsanfälligkeit, verminderte Fruchtbarkeit
D	- Steuerung des Knochenstoffwechsels (Ca und P)	- Rachitis
E	- Schutz des Körperfettes (Verbindung zum Selen)	- Zellschäden
Biotin	- intermediärer Stoffwechsel	- verminderte Klauengesundheit
Niacin	- Energiestoffwechsel der Zelle	- verminderte Leistung, höheres Ketoserisiko

Tabelle G.3.3

Empfohlene Versorgung von Milchkühen (650 kg Lebendmasse) und Aufzuchtrindern mit Vitaminen

Vitamin	je Kuh und Tag	je kg TM		
		Trockensteher	laktierende	Aufzucht
A, I.E.	70.000 – 115.000	10.000	5.000	2.500 – 5.000
D, I.E.	10.000	500	500	500
E, mg	500	50	25	15*
ß-Carotin, mg	300	15	15	15

*Quelle: GfE, 2001; * zwei Monate vor der Kalbung 50 mg/kg TM*

die Gesundheit der Klauen positiv zu beeinflussen ist. Abschließende Empfehlungen stehen auf Grund der beschränkten Datenlage noch aus.

Die durch die GfE (2001) empfohlene Versorgung mit Vitaminen ist der folgenden Tabelle G.3.3 zu entnehmen. Bei den Vitaminen A und E ergeben sich in der Trockenstehzeit höhere Anforderungen je kg TM. Der Spurenelement- und Vitaminversorgung der hochtragenden Tiere kommt somit eine besondere Bedeutung zu.

4.
Milchkühe

Basis der Empfehlungen zur Versorgung der Milchkühe mit Energie- Nähr- und Wirkstoffen sind die Vorgaben der GfE (2001). Erarbeitet werden die Empfehlungen vom Ausschuss für Bedarfsnormen der Gesellschaft für Ernährungsphysiologie auf Basis der aktuellen international verfügbaren Informationen zur Milchkuhfütterung. Zur Umsetzung der Empfehlungen in die Praxis dienen die Schriften des DLG-Arbeitskreises für Futter und Fütterung.

4.1 Energie und nutzbares Rohprotein

Bei der Versorgung mit Energie und nutzbarem Rohprotein wird in die Bereiche Erhaltung und Leistung unterschieden. Die empfohlene Versorgung für Erhaltung variiert mit der Lebendmasse und die je kg Milch mit dem Fett- und Eiweißgehalt der Milch. Im einzelnen sind die Größen aus der Tabelle G.4.1 ersichtlich.

Anhand der Größen Lebendmasse, Milchmenge sowie Fett- und Eiweißgehalt lässt sich die erforderliche Versorgung mit Energie und nXP berechnen.

Beispiel:
Kuh 600 kg LM; 30 kg Milch 4,0 % Fett 3,4 % Eiweiß

Energie:	35,5 + (30 x 3,28) =	134 MJ NEL/Tag
nXP:	430 + (30 x 85) =	2.980 g nXP/Tag

Tabelle G.4.1

Empfehlungen zur Versorgung von Kühen mit NEL und nXP

	Energie MJ NEL	nutzbares Rohprotein g
Erhaltung (je Tag)		
Lebendmasse: 550 kg	33,3	410
Lebendmasse: 600 kg	35,5	430
Lebendmasse: 650 kg	37,7	450
Lebendmasse: 700 kg	39,9	470

Leistung (je kg Milch)	Energie MJ NEL	Leistung (je kg Milch)	nutzbares Rohprotein g
Fettgehalt: 3,5 %	3,05	Eiweißgehalt 3,2 %	81
Fettgehalt: 4,0 %	3,28	Eiweißgehalt 3,4 %	85
Fettgehalt: 4,5 %	3,52	Eiweißgehalt 3,6 %	89

Der Energiebedarf je kg Milch berechnet sich bei bekanntem Fett- und Eiweißgehalt wie folgt:

$$\text{NEL/kg Milch (MJ)} = (0{,}38 \times \text{Fett (\%)} + 0{,}21 \times \text{Eiweiß (\%)} + 1{,}05)$$

Ergänzend ist der Bedarf für die Änderungen in der Lebendmasse zu berücksichtigen. Für den Ansatz von 1 kg Lebendmasse sind 25 MJ NEL zu veranschlagen. Beim Abbau werden etwa 20 MJ NEL je kg Körpermasse bereitgestellt. Der Rohproteingehalt im Zuwachs beträgt ca. 16 %.

4.2 Mineralstoffe

Die erforderliche Mineralstoffversorgung leitet sich aus den unvermeidlichen Verlusten und der Versorgung für die Milchleistung ab. Bei Calcium, Phosphor und Magnesium werden diese Verluste auf die Aufnahme an Futtertrockenmasse bezogen. Beim Natrium wird das Kotwasser als Kenngröße verwendet. Die Größen sind der Tabelle G.4.2 zu entnehmen.

Die Rechenweise ist folgendem Beispiel zu entnehmen:

Beispiel:
Kuh 600 kg LM; 20 kg Milch; 16 kg Trockenmasseaufnahme

Calcium:	(16 x 2,0)	+	(20 x 2,5)	=	82 g/Tag
Phosphor:	(16 x 1,43)	+	(20 x 1,43)	=	51 g/Tag
Natrium:	(16 x 0,6)	+	(20 x 0,6)	=	22 g/Tag
Magnesium:	(16 x 0,8)	+	(20 x 0,6)	=	25 g/Tag

Tabelle G.4.2

Vorgaben zur Ableitung der erforderlichen Mineralstoffversorgung

	Calcium	Phosphor	Natrium	Magnesium*
Unvermeidliche Verluste g/kg Trockenmasse	2,0	1,43	(0,6)*	0,8
Versorgung für Milchbildung g/kg Milch	2,5	1,43	0,6	0,5

** näherungsweise; beim Magnesium variiert die Verwertbarkeit*

4.3 Empfehlungen zur Versorgung

Aus der Tabelle G.4.3 ist die empfohlene Versorgung mit Energie, nXP und Mineralstoffen in Abhängigkeit von der Leistung zu entnehmen. Unterstellt ist eine Lebendmasse von 650 kg und freier Zugang zum Grobfutter. Der Fettgehalt der Milch ist mit 4,0 % und der Milcheiweißgehalt mit 3,4 % angesetzt.

Bei Calcium und Phosphor sind für die niedrigleistende bzw. trockenstehende Kuh mit 4 g Calcium und 2,5 g Phosphor je kg Trockenmasse Mindestgehalte in Ansatz zu bringen. Die angegebenen Konzentrationen je kg Futtertrockenmasse dienen auch als Anhaltswerte bei der Erstellung von Mischrationen.

4.4 Strukturversorgung

Zur Sicherstellung der Strukturversorgung sollten folgende Größen erfüllt sein:

- SW der Gesamtration: mindestens 1,1
- Anteil Kraftfutter: maximal 60 % der TM-Aufnahme
- Gehalt an unbeständiger Stärke und Zucker: maximal 250 g/kg TM der Gesamtration
- Grobfuttermenge: mindestens 6 kg TM je Kuh und Tag

Tabelle G.4.3

Empfohlene Versorgung von Milchkühen mit Energie, nutzbarem Rohprotein und Mineralstoffen (650 kg LM, 4,0 % Fett, 3,4 % Eiweiß)

Leistung (kg Milch)	TM-Aufnahme* (kg/Tag)	Energie MJ NEL	nXP g	Ca g	P g	Na g	Mg g
1. Angaben je Kuh und Tag							
10	12 – 13	71	1.300	50	32	14	18
15	14 – 15	87	1.725	67	42	18	22
20	16 – 17	103	2.150	84	53	21	25
25	17,5 – 18,5	120	2.575	99	62	25	29
30	19 – 20	136	3.000	115	71	28	32
35	21 – 22	153	3.425	131	82	32	33
40	23 – 24	169	3.850	148	91	35	34
45	24,5 – 25,5	185	4.275	163	100	38	36
50	26 – 27	202	4.700	178	109	41	37
2. Angaben je kg Trockenmasse							
10	12 – 13	5,7	107	4,1	2,6	1,3	1,6
15	14 – 15	6,1	123	4,7	2,9	1,3	1,6
20	16 – 17	6,4	137	5,2	3,3	1,3	1,6
25	17,5 – 18,5	6,6	146	5,5	3,5	1,4	1,6
30	19 – 20	6,8	155	5,9	3,6	1,4	1,6
35	21 – 22	7,0	162	6,1	3,8	1,4	1,6
40	23 – 24	7,1	167	6,3	3,9	1,4	1,6
45	24,5 – 25,5	7,2	174	6,5	4,0	1,5	1,6
50	26 – 27	7,3	177	6,7	4,1	1,5	1,6

** ab 60. Laktationstag*

Anhang

Tabellen, Literatur, Stichwortverzeichnis

Tabellen

Erläuterungen und Hinweise zur Anwendung der Tabellen

In den Tabellen Anhang 1 bis 3 sind die im Mittel anzusetzenden Gehalte an Energie-, Nähr- und Mineralstoffen aufgeführt. Basis sind die DLG Futterwerttabellen sowie Daten der Landwirtschaftskammern. Dort, wo keine Angaben vorliegen, steht an der Stelle ein „ * “. Für Gras- und Maisprodukte wurden unterschiedliche Qualitäten definiert. Bei der einzelnen Futtercharge können die Werte erheblich abweichen. Beim Grobfutter sollten daher Analysen in Auftrag gegeben werden, und bei den Zukauffuttern sind die konkreten Lieferzusagen bzw. die Deklaration in Ansatz zu bringen. Die in den Tabellen verwendeten Abkürzungen sind im Verzeichnis der Abkürzungen erklärt. Zu den einzelnen Tabellen folgende Anmerkungen:

zu Tabelle Anhang 1:

- Sortierung der Futter nach Grobfutter, energiereiche Saftfutter und Kraftfutter.
- Zum Vergleich: Angabe der Werte je kg TM (1.000 g) und je kg Frischmasse.
- Der Anteil UDP (%) ist Basis der Berechnung von nXP und RNB.
- **Berechnung nXP:** Mais- und Grasprodukte (ME-Formel), sonst verdauliche Organische Substanz (s. DLG Futterwerttabellen; Wiederkäuer).
- Die Berechnung der beständigen Stärke (**bXS**) erfolgt auf Basis der in Tabelle C.2.10 angeführten Beständigkeiten der Stärke.
- Die Angaben zu NDF, NFC und ADF erfolgen in TM auf 5 g/kg gerundet.

zu Tabelle Anhang 2:

- aufgeführt sind Ausmaß des Abbaus und Abbaugeschwindigkeit von Rohprotein und Kohlenhydraten im Vormagen (Quelle: DLG 2/2001)
- die Klassifizierung erfolgte nach den Maßgaben in den Tabellen C.2.11 und C.2.12
- es wurden die gleichen Gehalte an Rohnährstoffen wie in der Tabelle Anhang 1 verwendet

zu Tabelle Anhang 3:

- Die angeführten Gehalte an Spurenelementen sind als Anhaltswerte zu verstehen.
- Beim Grobfutter wurden die Werte teils nach unten gerundet. Auf Grund der großen Schwankungen wurden für die Gras- und Maisprodukte nur eine Qualität angeführt.
- Die **DCAB** wurden nach der Berechnungsformel aus den unterstellten Gehalten an Natrium und Kalium (s. Tabelle Anhang 1) sowie Chlor und Schwefel kalkuliert.

Tabelle Anhang 1

Energie- und Nährstoffgehalte in Futtermitteln für Milchkühe und Aufzuchtrinder, Gehalte je kg in Trocken- und Frischmasse

*** = keine Angabe**

Inhaltsstoff Einheit	TM g	ME MJ	NEL MJ	XA g	XP g	UDP %	nXP g	RNB g	XL g	XF g	SW	XS g	bXS g	XZ g	XZ+XS-bXS g	NDF g	NFC g	ADF g	Ca g	P g	Na g	Mg g	K g
Grobfutter																							
Feldgras, jung	1000	11,5	7,0	110	190	15	155	5,6	35	186	1,46	0	0	158	158	*	*	*	6,0	4,2	0,9	1,7	33,0
	160	1,8	1,1	18	30		25	0,9	6	30		0	0	25	25				1,0	0,7	0,1	0,3	5,3
Feldgras, Herbst	1000	10,5	6,3	160	200	10	139	9,8	40	220	1,80	0	0	100	100	570	30	290	6,4	3,5	0,9	1,4	30,0
	180	1,9	1,1	29	36		25	1,8	7	40		0	0	18	18	103	5	52	1,2	0,6	0,2	0,3	5,4
Feldgrassilage, gut	1000	10,9	6,6	120	150	15	142	1,3	30	220	2,55	0	0	80	80	*	*	*	5,9	3,8	0,9	1,7	33,0
	400	4,4	2,6	48	60		57	0,5	12	88		0	0	32	32				2,4	1,5	0,4	0,7	13,2
Feldgrassilage, mittel	1000	10,0	6,0	135	145	15	131	2,2	30	270	3,18	0	0	50	50	*	*	*	5,7	3,6	0,9	1,7	30,0
	400	4,0	2,4	54	58		52	0,9	12	108		0	0	20	20				2,3	1,4	0,4	0,7	12,0
Futterraps	1000	11,3	7,0	147	194	15	157	5,9	37	133	0,93	0	0	111	111	*	*	*	13,8	3,5	1,7	1,5	38,0
	110	1,2	0,8	16	21		17	0,7	4	15		0	0	12	12				1,5	0,4	0,2	0,2	4,2
GPS Gerste,	1000	9,6	5,7	59	97	20	124	-4,3	21	227	1,94	268	27	10	251	510	315	295	2,9	3,1	0,4	1,1	9,0
50 % Kornanteil	450	4,3	2,6	27	44		56	-1,9	9	102		121	12	5	113	230	142	133	1,3	1,4	0,2	0,5	4,1
GPS Weizen	1000	9,3	5,5	60	93	15	118	-4,0	19	227	1,94	279	28	10	261	485	345	290	2,6	2,7	0,2	1,1	9,0
50 % Kornanteil	450	4,2	2,5	27	42		53	-1,8	9	102		126	13	5	117	218	155	131	1,2	1,2	0,1	0,5	4,1
Grassilage,	1000	10,7	6,5	110	180	10	139	6,6	40	230	2,68	0	0	60	60	420	250	260	6,2	4,0	1,5	2,0	31,0
1. Schnitt, jung	350	3,8	2,3	39	63		49	2,3	14	81		0	0	21	21	147	88	91	2,2	1,4	0,5	0,7	10,9
Grassilage,	1000	10,2	6,1	110	165	15	137	4,5	35	260	3,05	0	0	40	40	495	195	290	5,9	3,8	1,5	2,0	29,0
1.Schnitt, mittel	350	3,6	2,1	39	58		48	1,6	12	91		0	0	14	14	173	68	102	2,1	1,3	0,5	0,7	10,2
Grassilage,	1000	9,5	5,6	120	150	15	127	3,7	30	300	3,55	0	0	20	20	570	130	330	5,7	3,6	1,5	2,0	27,0
1.Schnitt, überständig	350	3,3	2,0	42	53		44	1,3	11	105		0	0	7	7	200	46	116	2,0	1,3	0,5	0,7	9,5
Grassilage,	1000	10,1	6,1	110	180	10	132	7,7	40	230	2,68	0	0	60	60	430	240	270	7,0	3,9	1,5	2,3	29,0
Sommer, jung	350	3,5	2,1	39	63		46	2,7	14	81		0	0	21	21	151	84	95	2,5	1,4	0,5	0,8	10,2
Grassilage,	1000	9,7	5,7	110	165	15	131	5,4	35	260	3,05	0	0	40	40	505	185	300	6,7	3,7	1,5	2,3	27,0
Sommer, mittel	350	3,4	2,0	39	58		46	1,9	12	91		0	0	14	14	177	65	105	2,3	1,3	0,5	0,8	9,5
Grassilage,	1000	9,0	5,3	120	150	15	121	4,6	30	300	3,55	0	0	20	20	580	120	340	6,4	3,5	1,5	2,3	25,0
Sommer, überständig	350	3,2	1,9	42	53		42	1,6	11	105		0	0	7	7	203	42	119	2,2	1,2	0,5	0,8	8,8

Tabelle Anhang 1

Energie- und Nährstoffgehalte in Futtermitteln für Milchkühe und Aufzuchtrinder, Gehalte je kg in Trocken- und Frischmasse

** = keine Angabe*

Inhaltsstoff	TM	ME	NEL	XA	XP	UDP	nXP	RNB	XL	XF	SW	XS	bXS	XZ	XZ+XS-bXS	NDF	NFC	ADF	Ca	P	Na	Mg	K
Einheit	g	MJ	MJ	g	g	%	g	g	g	g		g	g	g	g	g	g	g	g	g	g	g	g
Grassilage,	1000	8,2	4,9	120	100	15	105	-0,8	20	310	3,68	0	0	20	20	590	170	370	5,5	3,0	1,0	2,0	20,0
Spätschnitt	350	2,9	1,7	42	35		37	-0,3	7	109		0	0	7	7	207	60	130	1,9	1,1	0,4	0,7	7,0
Grünmais, mittel	1000	10,8	6,5	45	85	25	132	-7,5	28	200	1,65	225	52	125	298	405	440	235	2,5	2,4	0,1	1,2	14,0
	280	3,0	1,8	13	24		37	-2,1	8	56		63	15	35	83	113	123	66	0,7	0,7	0,0	0,3	3,9
Heu, gut	1000	9,9	5,9	80	140	20	133	1,1	25	260	3,23	0	0	80	80	500	255	300	5,2	3,6	0,6	1,7	20,0
	860	8,5	5,1	69	120		114	1,0	22	224		0	0	69	69	430	219	258	4,5	3,1	0,5	1,5	17,2
Heu, mittel	1000	9,1	5,3	80	120	20	121	-0,2	25	300	3,76	0	0	60	60	625	150	345	4,8	3,1	0,6	1,7	19,0
	860	7,8	4,6	69	103		104	-0,1	22	258		0	0	52	52	538	129	297	4,1	2,7	0,5	1,5	16,3
Heu, überständig	1000	8,3	4,7	80	95	20	107	-1,9	25	320	4,03	0	0	40	40	660	140	370	4,5	2,8	0,6	1,7	18,0
	860	7,1	4,0	69	82		92	-1,7	22	275		0	0	34	34	568	120	318	3,9	2,4	0,5	1,5	15,5
Kleegras-Heu	1000	9,5	5,5	85	139	20	132	1,[illegible]	25	300	3,76	0	0	*	*	*	*	*	10,2	3,1	0,7	1,8	24,0
	860	8,2	4,7	73	120		114	1,0	22	258		0	0						8,8	2,7	0,6	1,5	20,6
Maissilage, gut	1000	11,0	6,6	42	80	25	133	-8,5	30	185	1,57	350	105	15	260	365	480	215	1,7	2,2	0,1	1,1	12,0
	340	3,7	2,2	14	27		45	-2,9	10	63		119	36	5	88	124	163	73	0,6	0,7	0,0	0,4	4,1
Maissilage, mittel	1000	10,6	6,4	47	85	25	130	-7,2	30	210	1,79	280	78	15	217	415	425	245	2,5	2,4	0,1	1,2	14,0
	310	3,3	2,0	15	26		40	-2,2	9	65		87	24	5	67	129	132	76	0,8	0,7	0,0	0,4	4,3
Maissilage, mäßig	1000	10,2	6,1	52	90	25	127	-5,9	30	235	2,02	210	44	15	181	480	350	280	3,2	2,6	0,1	1,4	14,5
	280	2,9	1,7	15	25		36	-1,7	8	66		59	12	4	51	134	98	78	0,9	0,7	0,0	0,4	4,1
Rapssilage	1000	10,8	6,6	173	169	15	143	4,2	56	155	1,67	0	0	*	*	*	*	*	21,0	3,8	2,1	3,2	35,0
	120	1,3	0,8	21	20		17	0,5	7	19		0	0						2,5	0,5	0,3	0,4	4,2
Roggensilage	1000	10,2	6,1	130	130	15	131	-0,2	45	280	3,29	0	0	*	*	*	*	*	3,8	3,8	0,3	1,2	34,0
	240	2,4	1,5	31	31		31	0,0	11	67		0	0						0,9	0,9	0,1	0,3	8,2
Rotkleegras, jung	1000	10,8	6,5	110	190	15	147	6,9	32	202	1,62	0	0	*	*	*	*	*	10,5	3,5	0,8	2,4	32,0
	160	1,7	1,0	18	30		24	1,1	5	32		0	0						1,7	0,9	0,1	0,3	5,1
Stoppelrüben	1000	11,2	7,0	188	197	15	153	7,0	22	139	0,95	0	0	160	160	*	*	*	14,0	5,0	1,4	1,3	36,0
	110	1,2	0,8	21	22		17	0,8	2	15		0	0	18	18				1,5	0,9	0,1	0,3	4,0

Tabelle Anhang 1

Energie- und Nährstoffgehalte in Futtermitteln für Milchkühe und Aufzuchtrinder, Gehalte je kg in Trocken- und Frischmasse

*** = keine Angabe**

Inhaltsstoff Einheit	TM g	ME MJ	NEL MJ	XA g	XP g	UDP %	nXP g	RNB g	XL g	XF g	SW	XS g	bXS g	XZ g	XZ+XS-bXS g	NDF g	NFC g	ADF g	Ca g	P g	Na g	Mg g	K g
Stoppelrübensilage	1000	10,6	6,5	182	171	15	142	4,6	51	190	1,85	0	0	15	15	*	*	*	13,4	5,9	1,4	0,8	32,0
	140	1,5	0,9	25	24		20	0,6	7	27		0	0	2	2				1,9	0,8	0,2	0,1	4,5
Stroh, Weizen	1000	6,4	3,5	78	37	45	76	-6,2	13	429	4,30	0	0	0	0	780	90	480	2,9	0,9	0,9	0,9	10,5
	860	5,5	3,0	67	32		65	-5,4	11	369		0	0	0	0	671	77	413	2,5	0,8	0,8	0,8	9,0
Stroh, Weizen, NH_3	1000	7,4	4,2	74	93	25	105	-1,9	12	432	4,30	0	0	0	0	*	*	*	2,9	0,9	0,9	0,9	10,5
	860	6,5	3,6	64	80		90	-1,7	10	372		0	0	0	0				2,5	0,8	0,8	0,8	9,0
Weide, Frühjahr, jung	1000	11,3	6,9	100	200	10	148	8,3	35	200	1,60	0	0	90	90	420	245	225	6,4	4,2	1,0	1,9	32,0
	160	1,8	1,1	16	32		24	1,3	6	32		0	0	14	14	67	39	36	1,0	0,7	0,2	0,3	5,1
Weide, Frühjahr, älter	1000	10,6	6,4	100	180	15	143	5,9	40	240	2,00	0	0	80	80	480	200	260	6,0	3,8	1,0	2,0	28,0
	180	1,9	1,2	18	32		26	1,1	7	43		0	0	14	14	86	36	47	1,1	0,7	0,2	0,4	5,0
Weide, Sommer, jung	1000	10,6	6,4	100	200	10	140	9,6	35	200	1,60	0	0	90	90	420	245	225	6,2	4,0	1,0	1,8	32,0
	160	1,7	1,0	16	32		22	1,5	6	32		0	0	14	14	67	39	36	1,0	0,6	0,2	0,3	5,1
Weide, Sommer, älter	1000	10,2	6,1	100	180	15	139	6,6	40	240	2,00	0	0	80	80	480	200	265	6,0	3,7	1,0	2,0	28,0
	180	1,8	1,1	18	32		25	1,2	7	43		0	0	14	14	86	36	48	1,1	0,7	0,2	0,4	5,0
Weißklee, blühend	1000	11,0	6,7	110	220	20	162	9,3	32	190	1,50	0	0	35	35	400	240	250	15,1	3,6	1,9	2,8	24,0
	130	1,4	0,9	14	29		21	1,2	4	25		0	0	5	5	52	31	33	2,0	0,5	0,2	0,4	3,1
Zuckerrübenblattsilage	1000	9,7	5,9	171	149	15	130	3,0	34	159	1,19	0	0	16	16	*	*	*	13,4	2,3	5,8	3,5	26,0
	160	1,6	0,9	27	24		21	0,5	5	25		0	0	3	3				2,1	0,4	0,9	0,6	4,2
energiereiche Saftfutter																							
Biertrebersilage, gepreßt	1000	11,3	6,7	50	245	40	180	10,4	110	190	0,85	10	1	5	14	570	25	254	3,4	6,0	0,3	2,1	1,0
(Preßtreber) (frisch 25% TM)	280	3,2	1,9	14	69		50	2,9	31	53		3	0	1	4	160	7	71	1,0	1,7	0,1	0,6	0,3
Biertrebersilage	1000	11,5	6,9	50	245	40	184	9,8	100	190	1,00	20	2	30	48	570	33	254	3,4	6,0	0,3	2,1	1,0
(frisch 21% TM)	240	2,8	1,7	12	59		44	2,3	24	46		5	0	7	12	137	8	61	0,8	1,4	0,1	0,5	0,2
Futterrüben,	1000	12,0	7,6	83	77	20	149	-11,5	7	63	1,05	0	0	614	614	125	710	100	2,0	2,7	3,3	2,1	27,3
(Gehaltsrüben)	150	1,8	1,1	12	12		22	-1,7	1	9		0	0	92	92	19	107	15	0,3	0,4	0,5	0,3	4,1
Kartoffeln, frisch	1000	13,1	8,4	59	96	20	162	-10,6	4	27	0,70	710	213	31	528	75	765	45	0,4	2,7	0,3	0,9	21,4
	220	2,9	1,8	13	21		36	-2,3	1	6		156	47	7	116	17	168	10	0,1	0,6	0,1	0,2	4,7

Tabelle Anhang 1

Energie- und Nährstoffgehalte in Futtermitteln für Milchkühe und Aufzuchtrinder, Gehalte je kg in Trocken- und Frischmasse

* = keine Angabe

Inhaltsstoff	TM	ME	NEL	XA	XP	UDP	nXP	RNB	XL	XF	SW	XS	bXS	XZ	XZ+XS-bXS	NDF	NFC	ADF	Ca	P	Na	Mg	K
Einheit	g	MJ	MJ	g	g	%	g	g	g	g		g	g	g	g	g	g	g	g	g	g	g	g
Kartoffelpülpe, siliert	1000	12,3	7,7	40	70	25	150	-12,8	2	210	0,80	380	95	16	301	365	525	315	1,9	1,3	0,1	1,2	13,2
	150	1,8	1,2	6	11		23	-1,9	0	32		57	14	2	45	55	79	47	0,3	0,2	0,0	0,2	2,0
Pressschnitzelsilage	1000	11,9	7,4	71	111	30	157	-7,4	11	208	1,05	0	0	31	31	420	385	275	13,6	1,4	0,9	2,3	4,1
	220	2,6	1,6	16	24		35	-1,6	2	46		0	0	7	7	92	85	61	3,0	0,3	0,2	0,5	0,9
Schlempe, Kartoffeln	1000	12,0	7,5	133	307	30	209	15,7	17	72	0,00	16	3	0	13	*	*	*	3,2	6,5	0,3	1,7	45,0
	60	0,7	0,5	8	18		13	0,9	1	4		1	0	0	1				0,2	0,4	0,0	0,1	2,7
Schlempe, Weizen	1000	12,9	7,9	60	360	35	237	19,7	71	102	0,00	174	26	0	148	*	*	*	3,5	5,3	0,7	2,3	7,0
	60	0,8	0,5	4	22		14	1,2	4	6	0	10	2	0	9				0,2	0,3	0,0	0,1	0,4
Zuckerrüben	1000	12,6	8,0	80	60	20	147	-13,9	4	52	0,80	0	0	696	696	*	*	*	2,4	1,7	0,7	1,7	9,0
	230	2,9	1,8	18	14		34	-3,2	1	12		0	0	160	160				0,6	0,4	0,2	0,4	2,1
Kraftfutter																							
Ackerbohnen	1000	13,6	8,6	39	298	15	195	16,5	16	89	0,12	422	84	41	379	165	480	125	1,4	5,8	0,2	1,2	14,0
	880	12,0	7,6	34	262		172	14,5	14	78		371	74	36	334	145	422	110	1,2	5,1	0,2	1,1	12,3
CCM	1000	12,9	8,1	21	105	35	159	-8,6	43	52	0,50	634	190	4	448	165	665	60	0,4	3,2	0,2	1,1	4,8
	600	7,7	4,9	13	63		95	-5,2	26	31		380	114	2	269	99	399	36	0,2	1,9	0,1	0,7	2,9
Erbsen	1000	13,5	8,5	34	251	15	187	10,2	15	67	0,08	478	115	61	425	120	580	80	1,0	4,7	0,2	1,4	11,4
	880	11,9	7,5	30	220		165	9,0	13	59		421	101	54	374	106	510	70	0,9	4,1	0,2	1,2	10,0
Gerste	1000	12,8	8,1	27	124	25	164	-6,4	27	57	-0,06	599	90	18	527	185	640	65	0,7	3,9	0,2	1,3	5,0
	880	11,3	7,1	24	109		144	-5,6	24	50		527	79	16	464	163	563	57	0,6	3,4	0,2	1,1	4,4
Hafer	1000	11,5	7,0	33	121	15	140	-3,0	53	116	0,04	452	45	16	423	320	470	160	1,2	3,7	0,2	1,1	4,7
	880	10,1	6,2	29	106		123	-2,7	47	102		398	40	14	372	282	414	141	1,1	3,3	0,2	1,0	4,1
Leinextraktionsschrot	1000	12,0	7,3	66	385	30	232	24,5	27	103	0,35	20	2	45	63	310	210	185	4,0	9,7	1,0	5,7	12,2
	890	10,7	6,5	59	343		206	21,8	24	92		18	2	40	56	276	187	165	3,6	8,6	0,9	5,1	10,9
Leinkuchen	1000	13,0	7,9	64	357	35	224	21,3	98	100	0,29	0	0	45	45	*	*	*	3,7	8,8	1,1	5,2	13,0
	900	11,7	7,0	58	321		202	19,1	87	90		0	0	40	40				3,3	7,9	1,0	4,7	11,7
Mais	1000	13,3	8,4	17	106	50	164	-9,3	45	26	0,22	694	291	19	422	115	720	30	0,5	3,2	0,2	1,1	3,4
	880	11,7	7,4	15	93		144	-8,2	40	23		611	257	17	371	101	634	26	0,4	2,8	0,2	1,0	3,0

Tabelle Anhang 1

Energie- und Nährstoffgehalte in Futtermitteln für Milchkühe und Aufzuchtrinder, Gehalte je kg in Trocken- und Frischmasse

** = keine Angabe*

Inhaltsstoff Einheit	TM g	ME MJ	NEL MJ	XA g	XP g	UDP %	nXP g	RNB g	XL g	XF g	SW	XS g	bXS g	XZ g	XZ+XS-bXS g	NDF g	NFC g	ADF g	Ca g	P g	Na g	Mg g	K g
Maiskleberfutter	1000	12,5	7,7	60	258	25	189	11,0	41	90	0,27	201	42	23	182	385	255	115	1,2	9,1	2,4	4,3	13,8
	890	11,1	6,9	53	230		168	9,8	36	80		179	37	20	162	343	227	102	1,1	8,1	2,1	3,8	12,3
Melasse, Zuckerrüben	1000	12,3	7,9	105	136	20	160	-3,8	2	0	0,45	0	0	629	629	0	750	0	2,2	0,3	8,8	0,3	48,3
	770	9,5	6,1	81	105		123	-3,0	2	0		0	0	484	484	0	578	0	1,7	0,2	6,8	0,2	37,2
Melasseschnitzel	1000	11,9	7,5	85	125	30	162	-5,9	8	143	0,16	0	0	245	245	325	455	180	7,8	0,8	2,1	1,5	19,9
	910	10,8	6,8	77	114		147	-5,4	7	130		0	0	223	223	296	414	164	7,1	0,7	1,9	1,4	18,1
„Minipellets"	1000	12,0	7,6	65	107	40	159	-8,3	19	184	0,35	0	0	120	120	360	450	205	11,7	0,9	1,0	1,3	6,7
	900	10,8	6,8	59	96		143	-7,5	17	166		0	0	108	108	324	405	185	10,5	0,8	0,9	1,2	6,0
Rapssaat, 00-Typ	1000	17,6	11,0	45	227	20	100	20,3	444	75	0,30	38	4	52	86	180	70	120	5,0	7,5	0,5	3,0	9,1
	880	15,5	9,7	40	200		88	17,9	391	66		33	4	46	76	158	62	106	4,4	6,6	0,4	2,6	8,0
Rapsextraktionsschrot, 00-Typ	1000	11,8	7,2	76	392	30	232	25,7	35	143	0,33	12	1	98	109	295	200	235	9,0	14,0	0,5	5,7	15,6
	890	10,5	6,4	68	349		206	22,9	31	127		11	1	87	97	263	178	209	8,0	12,5	0,4	5,1	13,9
Rapsöl	1000	30,0	19,3	1	0	0	0	0,0	999	0	0,00	0	0	0	0	0	0	0	0	0	0	0	0,0
Roggen	1000	13,3	8,5	21	112	15	167	-8,8	18	27	-0,17	632	95	68	605	130	720	40	0,6	3,5	0,1	1,2	5,6
	880	11,7	7,5	18	99		147	-7,7	16	24		556	84	60	532	114	634	35	0,5	3,1	0,1	1,1	4,9
Sojaextraktionsschrot, schalenreich	1000	13,5	8,4	69	485	30	279	33,0	17	93	0,23	65	7	106	165	230	200	125	3,8	7,2	0,3	3,5	23,8
	880	11,9	7,4	61	427		245	29,1	15	82		57	6	93	145	202	176	110	3,3	6,3	0,3	3,1	20,9
Sojaextraktionsschrot, 44 % XP	1000	13,7	8,6	67	510	30	288	35,6	15	67	0,20	69	7	108	170	150	260	90	3,4	7,3	0,2	3,2	24,4
	880	12,1	7,6	59	449		253	31,3	13	59		61	6	95	150	132	229	79	3,0	6,4	0,2	2,8	21,5
Sojaextraktionsschrot, Formaldehyd behandelt	1000	13,7	8,6	58	507	65	436	11,4	12	53	0,23	22	2	103	123	150	270	90	3,4	7,3	0,2	3,2	22,9
	890	12,2	7,7	52	451		388	10,1	11	47		20	2	92	109	134	240	80	3,0	6,5	0,2	2,8	20,4
Sojaöl	1000	30,6	19,8	1	0	0	0	0,0	999	0	0,00	0	0	0	0	0	0	0	0	0	0	0	0,0
Triticale	1000	13,1	8,3	22	145	15	170	-4,0	18	28	-0,14	640	96	40	584	120	695	35	0,5	4,3	0,1	1,1	5,3
	880	11,5	7,3	19	128		150	-3,5	16	25		563	84	35	514	106	612	31	0,4	3,8	0,1	1,0	4,7
Weizen	1000	13,4	8,5	19	138	20	172	-5,4	20	29	-0,15	662	99	33	596	120	705	30	0,5	3,8	0,1	1,3	5,0
	880	11,8	7,5	17	121		151	-4,8	18	26		583	87	29	524	106	620	26	0,4	3,3	0,1	1,1	4,4

Tabelle Anhang 2

Abbauverhalten der Kohlenhydrate und des Rohproteins im Vormagen, Angaben je kg Trockenmasse

Inhaltsstoff	TM	ME	NEL	Kohlenhydrate *				Rohprotein			
				Gehalt	Ausmaß ** des Abbaus,	abbau-bare Menge,	Geschwindig-keit des Abbaus	Gehalt	Ausmaß** des Abbaus,	abbaubare Menge,	Geschwindig-keit des Abbaus
Einheit	%	MJ	MJ	g/kg	%	g/kg		g/kg	%	g/kg	
Grobfutter											
Ackergras, Herbst	18	10,5	6,3	600	60	360	++	200	80	160	+++
Ackergras, jung	16	11,5	7,0	665	70	466	+++	190	80	152	+++
Ackergrassilage, gut	40	10,9	6,6	700	70	490	++	150	90	135	++++
Ackergrassilage, mittel	40	10,0	6,0	690	60	414	+	145	90	131	++++
Futterraps	11	11,3	7,0	622	70	435	++	194	80	155	+++
GPS Gerste, 50% Kornanteil	45	9,6	5,7	823	60	494	+	97	90	87	++++
GPS Weizen, 50% Kornanteil	45	9,3	5,5	828	60	497	+	93	90	84	++++
Grassil.1.Schnitt, jung	35	10,7	6,5	670	70	469	++	180	90	162	++++
Grassil.1.Schnitt, mittel	35	10,2	6,1	690	60	414	++	165	90	149	++++
Grassil.1.Schnitt, überst.	35	9,5	5,6	700	50	350	+	150	80	120	+++
Grassil.Sommer, jung	35	10,1	6,1	670	60	402	++	180	90	162	++++
Grassil.Sommer, mittel	35	9,7	5,7	690	60	414	++	165	90	149	++++
Grassil.Sommer, überst.	35	9,0	5,3	700	50	350	+	150	80	120	+++
Grassilage-Spätschnitt	35	8,2	4,9	760	50	380	+	100	80	80	+++
Mais, grün, mittel	28	10,8	6,5	842	60	505	++	85	80	68	+++
Heu, gut	86	9,9	5,9	755	60	453	++	140	80	112	+++
Heu, mittel	86	9,1	5,3	775	50	388	+	120	80	96	++
Heu, überständig	86	8,3	4,7	800	50	400	+	95	65	62	++
Kleegras-Heu	86	9,5	5,5	751	60	451	++	139	65	90	++
Luzernesilage	35	9,3	5,4	636	50	318	++	207	80	166	+++
Maissilage, gut	34	11,0	6,6	848	60	509	++	80	80	64	+++
Maissilage, mittel	31	10,6	6,4	838	60	503	++	85	80	68	+++
Maissilage, mäßig	28	10,2	6,1	828	60	497	++	90	80	72	+++
Rapssilage	12	10,8	6,6	602	70	421	++	169	90	152	++++
Roggensilage	24	10,3	6,1	695	60	417	++	130	90	117	++++
Rotkleegras, jung	16	10,8	6,5	663	60	401	++	190	80	152	+++
Stoppelrüben	11	11,2	7,0	593	70	415	+++	197	90	177	++++
Stoppelrübensilage	14	10,6	6,5	595	70	417	+++	171	90	154	++++
Stroh, Weizen	86	6,4	3,5	872	40	349	+	37	65	24	++

Tabelle Anhang 2

Abbauverhalten der Kohlenhydrate und des Rohproteins im Vormagen, Angaben je kg Trockenmasse

Inhaltsstoff	TM	ME	NEL	Kohlenhydrate *				Rohprotein			
				Gehalt	Ausmaß ** des Abbaus,	abbau-bare Menge,	Geschwindig-keit des Abbaus	Gehalt	Ausmaß** des Abbaus,	abbaubare Menge,	Geschwindig-keit des Abbaus
Einheit	%	MJ	MJ	g/kg	%	g/kg		g/kg	%	g/kg	
Weide, Frühjahr, jung	16	11,3	6,9	665	70	466	+++	200	90	180	++++
Weide, Frühjahr, mittel	16	11,0	6,7	660	70	462	++	200	80	160	+++
Weide, Frühjahr, älter	18	10,6	6,4	680	60	408	++	180	80	144	+++
Weide, Sommer, jung	16	10,6	6,4	665	60	399	++	200	80	160	+++
Weide, Sommer, mittel	16	10,4	6,3	660	60	396	++	200	80	160	+++
Weide, Sommer, älter	18	10,2	6,1	680	60	408	++	180	80	144	+++
Weißklee, blühend	13	11,0	6,7	638	70	447	+++	220	80	176	+++
Zuckerübenblattsilage	16	9,7	5,9	646	70	452	++	149	90	134	++++
Engergiereiche Saftfutter											
Biertrebers. gepreßt	28	11,3	6,7	595	60	357	++	145	45	65	+++
Biertrebersilage	24	11,5	6,9	605	60	363	++	145	45	65	+++
Gehaltsrüben, sauber	15	12,0	7,6	833	80	666	+++	77	80	62	++++
Kartoffel, frisch	22	13,1	8,5	841	80	673	++	96	80	77	++
Kartoffelpülpe, siliert	15	12,3	7,7	888	80	710	++	70	80	56	++
Maiskleberfuttersilage	44	12,8	8,1	750	70	525	+++	170	65	111	+++
Preßschnitzelsilage	22	11,9	7,4	807	80	646	+++	111	65	72	++
Schlempe, Kartoffeln	6	12,0	7,5	543	70	380	+++	307	65	200	+++
Schlempe, Weizen	6	12,9	7,9	509	70	356	+++	360	65	234	+++
Zuckerrüben	23	12,6	8,0	856	80	685	+++	60	80	48	++++
Kraftfutter											
Ackerbohnen	88	13,6	8,6	647	80	518	++++	298	80	238	++++
CCM	60	12,9	8,1	831	50	416	+	105	65	68	++
Citrustrester	90	12,3	7,7	736	70	515	++++	132	80	106	+++
Erbsen	88	13,5	8,5	700	80	560	++++	251	80	201	++++
Gerste	88	12,8	8,1	822	80	658	++++	124	80	99	+++
Hafer	88	11,5	7,0	793	70	555	++++	121	80	97	+++
Kokosexpeller	90	12,5	7,7	634	70	444	++	229	45	103	+

Tabelle Anhang 2

Abbauverhalten der Kohlenhydrate und des Rohproteins im Vormagen, Angaben je kg Trockenmasse

Inhaltsstoff	TM	ME	NEL	Kohlenhydrate *				Rohprotein			
				Gehalt	Ausmaß ** des Abbaus,	abbau-bare Menge,	Geschwindig-keit des Abbaus	Gehalt	Ausmaß** des Abbaus,	abbaubare Menge,	Geschwindig-keit des Abbaus
Einheit	%	MJ	MJ	g/kg	%	g/kg		g/kg	%	g/kg	
Leinextraktionsschrot	89	12,0	7,3	522	70	365	+++	385	65	250	+++
Lupinen, gelb	88	14,3	8,9	456	80	365	+++	438	80	350	++++
Mais	88	13,3	8,4	832	50	416	+	106	45	48	+
Maiskleberfutter	89	12,5	7,7	641	70	449	+++	258	65	168	++
Melasse,Zuckerrohr	74	12,1	7,8	830	80	664	++++	47	90	42	++++
Melasse, Zuckerrüben	77	12,3	7,9	757	80	606	++++	136	90	122	++++
Melasseschnitzel, z.reich	91	11,9	7,5	782	70	547	++++	125	65	81	++
Palmkernexpeller, 4-8 % Fett	91	12,3	7,5	674	60	404	++	207	45	93	+
Rapsextr.schrot, 00-Typ	89	11,8	7,2	497	70	348	++	392	65	255	+++
Rapsöl	99	30,0	19,3	0		0		0		0	
Rapssaat	88	17,6	10,8	252	70	176	++	227	80	182	+++
Rapskuchen	90	13,1	8.0	454	70	318	++	370	65	241	+++
Roggen	88	13,3	8,5	849	80	679	++++	112	80	90	+++
Sojabohnenschalen	90	10,9	6,6	795	70	557	++	131	80	105	+++
Sojaextr.schrot, 44% XP	88	13,7	8,6	408	80	326	+++	510	65	332	+++
Sojaextr.schrot, Formald.	89	13,7	8,6	423	80	338	+++	507	30	152	+
Sojaextr.schrot, schalenreich	89	13,5	8,4	429	80	343	+++	485	65	315	+++
Sojaöl	99	30,6	19,8	0		0		0		0	+++
Sonnenblumenextr.-schrot, teilgeschält	90	10,2	6,0	524	50	262	++	379	80	303	+++
Sonnenblumenextr.-schrot, ungeschält	88	9,3	5,3	587	40	235	++	324	80	259	+++
Tapioka Typ 55	88	12,0	7,6	905	80	725	++++	29	65	19	++
Triticale	88	13,1	8,3	815	80	652	++++	145	80	116	+++
Weizen	88	13,4	8,5	823	80	Tab	++++	138	80	110	+++
Weizenkleie	88	9,9	5,9	7[illegible]2	50	366	++	160	80	128	+++

Klassifizierung der Futtermittel nach Geschwindigkeit des Nährstoffabbaus in den Vormägen
+ = langsam, ++ = mittel, +++ = schnell, ++++ = sehr schnell
* = (TM-(XA+ XP+ XL) s. Tabelle Anhang1
** Charakterisierung s. Tabelle C.2.11

Tabelle Anhang 3

Mittlere Gehalte an Chlor, Schwefel und Spurenelementen sowie die kalkulierte Kationen-Anionen-Bilanz (DCAB) Angaben je kg Trockenmasse, * = keine Angabe

Futtermittel	Cl g	S g	DCAB meq	Fe mg	Mn mg	Cu mg	Zn mg	Co mg	Se mg
Ackerbohnen	1,3	4,5	3	86	17	12	45	0,05	0,23
Biertrebersilage	0,5	1,5	- 69	183	54	17	92	0,21	0,83
CCM	0,7	2,8	- 62	95	8	3	30	0,08	0,17
Erbsen	0,7	2,3	139	93	17	8	36	0,20	0,23
Feldgras, Herbst	5,5	1,3	571	*	83	9	72	0,22	0,05
Feldgras, jung	5,6	2,6	569	760	115	9	50	0,44	0,05
Feldgrassilage, mittel	6,0	2,5	482	1000	120	8	55	0,20	0,05
Futterraps	11,6	6,7	304	355	90	6	25	0,09	0,00
Futterrüben (Gehaltsrüben)	10,0	1,5	469	140	93	7	33	0,20	*
Gerste	1,1	1,6	7	100	18	4	32	0,10	0,11
GPS Gerste, 50 % Kornanteil	5,6	2,0	118	149	56	7	42	0,16	0,52
GPS Weizen, 50 % Kornanteil	2,5	1,6	127	167	53	8	58	0,09	*
Grassil.1. Sch., mittel	8,9	3,1	477	1143	114	10	57	0,23	0,06
Grünmais, mittel	5,7	1,1	136	100	21	3	14	0,05	*
Hafer	1,0	2,3	- 42	65	48	5	26	0,02	0,22
Heu, gut	7,8	2,1	188	238	86	7	33	0,20	0,11
Heu, mittel	7,8	2,1	162	200	108	6	28	0,20	*
Heu, überständig	7,8	2,1	136	152	116	9	28	*	*
Kartoffel, frisch	2,9	1,8	366	45	55	5	23	0,18	0,09
Kleegras-Heu	4,7	1,6	414	208	14	6	26	*	*
Leinextraktionsschrot	0,6	4,2	79	328	47	20	66	0,30	0,79
Mais	0,7	1,7	- 33	32	7	2	23	0,12	0,10
Maiskleberfutter	2,2	4,7	100	191	28	7	80	0,11	0,60
Maiskleberfuttersilage	2,1	2,6	217	140	16	3	60	*	*
Maissilage, mittel	5,7	1,1	131	200	30	4	35	0,09	0,02
Melasse, Z.-rüben	9,9	3,1	1149	753	36	11	31	0,91	*
Melasseschnitzel	1,2	6,0	190	615	66	6	36	0,51	0,11
Minipellets	1,2	6,0	- 193	622	67	6	22	0,50	0,11
Pressschnitzelsilage	1,4	2,2	- 32	523	77	9	50	*	0,45
Rapsextr.schrot, 00-Typ	0,3	8,4	-110	324	86	7	82	0,26	0,11
Rapssaat, 00-Typ	0,2	9,0	- 312	386	45	4	45	0,09	0,11
Roggen	1,1	1,1	45	52	53	6	34	0,05	0,20
Rotkleegras, jung	8,0	1,0	564	275	100	10	63	*	*
Sojaextr.schrot, 44 % XP	0,4	4,8	324	180	38	19	50	0,24	0,25
Sojaextr.schrot, schalenreich	0,4	4,7	328	238	45	17	57	0,24	0,22
Stroh, Weizen	3,6	1,8	98	291	38	2	16	0,06	*
Triticale	1,0	1,1	42	49	27	7	50	0,10	0,23
Weide, Frühjahr, mittel	8,9	2,6	405	500	100	9	45	0,40	*
Weißklee, blühend	6,4	2,8	326	192	38	9	30	0,12	*
Weizen	0,9	1,5	14	45	35	5	30	0,10	0,13
Zuckerrüben	4,0	0,4	102	213	61	4	35	0,13	*

Tabelle Anhang 4

Raumgewichte gebräuchlicher Futtermittel

		1 m^3 wiegt: … kg	1 dt umfasst: … m^3
Wiesenheu:			
lang, lose		70 – 80	1,3 – 1,4
Belüftung, abgelagert		100 – 110	0,9 – 1,0
Heuturm:		bis 180	0,6 – 1,0
Hochdruckballen:	12 – 15 kg Ballen	50 – 80	1,3 – 2,0
	15 – 20 kg Ballen	80 – 100	1,0 – 1,3
Rundballen (1,5 x 1,2 m)		100 – 160	0,6 – 1,0
Quaderballen (2,0 x 1,2 x 0,7 m)		120 – 160	0,6 – 0,8
Stroh:			
Hochdruckballen:		50 – 80	2,0 – 1,2
Rundballen (1,2 x 1,2 m)		80 – 120	1,2 – 0,8
Quaderballen (2,4 x 1,2 x 0,7m)		100 – 140	1,0 – 0,7
Grassilage:			
Fahrsilos			
Feuchtsilage,	bis 20 % TM	750 – 800	0,13 – 0,14
Welksilage,	25 – 35 % TM	550 – 650	0,15 – 0,18
Heulage,	40 – 60 % TM	350 – 500	0,20 – 0,3
(Hochsilos über 7 m)			
Feuchtsilage,	bis 20 % TM	800 – 900	0,11 – 0,13
Welksilage,	25 – 35 % TM	600 – 800	0,13 – 0,17
Heusilage,	40 – 60 % TM	450 – 550	0,18 – 0,22
Rundballensilage:	(1,2 x 1,2 m) 35 – 45 % TM	350 – 450	0,2 – 0,3
Packensilage:	(1,3 x 1,2 x 0,7m) 45 – 55 % TM	300 – 400	0,25 – 0,35
Maissilage:			
Fahrsilos			
milchreif,	20 – 26 % TM	700 – 770	0,13 – 0,14
siloreif,	27 – 32 % TM	610 – 660	0,15 – 0,16
(Hochsilos über 7 m)			
milchreif,	20 – 26 % TM	850 – 900	0,11 – 0,12
siloreif,	27 – 32 % TM	740 – 790	0,13 – 0,14
Nasssilage, Zuckerrübe, Raps, Stoppelrüben			
18 – 21 % TM		700 – 900	0,11 – 0,14

Siloraumbedarf je GV
230 Stalltage x 30 kg = 70 dt/GV Futterbedarf (1 m^3 = 6 – 8 dt)
70 dt = 6 – 8 m^3 + 15 – 20 % Leerraum + Bedarf Sommerreserve = 12 – 15 m^3/GV

Getreide-Körner:	oft in Hektoliter (hl)-Gewicht (1 hl = 1/10 m^3)		
Getreide	ø	6,5 dt/m^3	0,15 m^3/dt
Gerste		610 (580 – 640)	0,16
Hafer		450 (400 – 500)	0,22
Mais		700 (600 – 800)	0,14
Roggen		720 (660 – 780)	0,14
Weizen		760 (710 – 820)	0,13
Kraftfutter Rindvieh		550 – 650	0,18 – 0,15

Weiterführende Literatur

1. **DLG-Futterwerttabellen – Wiederkäuer,**
   7. Auflage
   DLG-Verlag, Frankfurt a. M. 1997

2. **Energie- und Nährstoffbedarf landwirtschaftlicher Nutztiere**
   Nr. 8: Empfehlungen zur Energie- und Nährstoffversorgung der Milchkühe und Aufzuchtrinder
   Ausschuss für Bedarfsnormen der Gesellschaft für Ernährungsphysiologie
   DLG-Verlag, Frankfurt a. M. 2001

3. **Futterkonservierung – Siliermittel, Dosiergeräte, Silofolien.**
   Arbeitsgemeinschaft der Nordwestdeutschen Landwirtschaftskammern
   Bearbeitet von: J. THAYSEN; C. KALZENDORF, M. SOMMER; U. von BORSTEL; J. MATTHIAS; H. SPIEKERS; F. RAUE; G. PAHLOW; H. NUSSBAUM; W. RICHTER; F. HERTWIG; H. JÄNICKE; 207 Seiten
   6. Auflage, 2002

4. **Die Fütterung der 10.000-Liter-Kuh.**
   Erfahrungen und Empfehlungen für die Praxis,
   DLG-Verlag, Frankfurt a. M. 1999

5. **Übersichten zur Tierernährung**
   z. B. 1/2002: Praxisrelevante Aspekte der Wasserversorgung von Nutz- und Liebhabertieren; J. KAMPHUES und I. SCHULZ, Seite 65 –107
   DLG-Verlag, Frankfurt

6. **DLG-Informationen.**
   Empfehlungen des DLG-Arbeitskreises Futter und Fütterung
   1/1997 Anpassung der Energiebewertung bei der Milchkuh
   1/1998 Die bedarfsgerechte Proteinversorgung der Milchkuh
   3/1999 Leistungs- und qualitätsgerechte Jungrinderaufzucht
   1/2001 Empfehlungen zum Einsatz von Mischrationen bei Milchkühen
   2/2001 Struktur- und Kohlenhydratversorgung der Milchkuh
   erhältlich bei der DLG in Frankfurt

- aktuelle Hinweise unter www.futtermittel.net

**7. Die neue Betriebszweigauswertung.
Der Leitfaden für Beratung und Praxis**
Arbeiten der DLG/Band 197
(DLG-Auschuss für Wirtschaftsberatung und Rechnungswesen)

8. Fachinformationen der Landwirtschaftskammern NRW

1. Anforderungen an die Tränkwasserqualität und der Wasserverbrauch von landwirtschaftlichen Nutztieren, 1998
2. Jungrinderaufzucht mit System, 1999
3. Futterwerttabellen Milchkühe, 2001
4. Riswicker Ergebnisse; z.B. 1/2002: Energetische Futterwertprüfung

- aktuelle Hinweise unter www.riswick.de

9. AID/KTBL
z:B: Ammoniak-Emissionen in der Landwirtschaft mindern
Gute fachliche Praxis
Heft Nr. 1454/2003

Stichwortverzeichnis

F

G

H

I

J

K

L

M

N

O

P

Q

R

S

T

U

V

W

Z

Bildnachweis

Agrar-Foto-Raiser, Reutlingen: 157, 223, 224, 227, 249, 250 (rechts), 297
Norbert Heiting, Emmerich: 278
Annette Menke, Alfter: 20, 60, 78, 86, 87, 88, 91, 95, 102, 106, 109, 120, 122, 174, 190, 228, 235, 236 (2), 239, 243, 250 (links), 251, 252, 256 (4), 257 (2), 268 (3), 272, 282, 287, 290, 371, 412, 415
Hubert Spiekers, Meckenheim: 110, 135